WHY IS THERE PHILOSOPHY OF MATHEMATICS AT ALL?
# IAN HACKING

数学はなぜ哲学の問題になるのか

イアン・ハッキング [著]

金子洋之・大西琢朗 [共訳]

森北出版

WHY IS THERE PHILOSOPHY OF MATHEMATICS AT ALL?
by Ian Hacking
Copyright © Ian Hacking, 2014
Japanese translation rights arranged with
Cambridge University Press
through Japan UNI Agency, Inc., Tokyo

●本書のサポート情報を当社 Web サイトに掲載する場合があります.
下記の URL にアクセスし，サポートの案内をご覧ください.

http://www.morikita.co.jp/support/

●本書の内容に関するご質問は，森北出版 出版部「(書名を明記)」係宛
に書面にて，もしくは下記の e-mail アドレスまでお願いします．なお，
電話でのご質問には応じかねますので，あらかじめご了承ください.

editor@morikita.co.jp

●本書により得られた情報の使用から生じるいかなる損害についても，
当社および本書の著者は責任を負わないものとします.

■本書に記載している製品名，商標および登録商標は，各権利者に帰属
します.

■本書を無断で複写複製（電子化を含む）することは，著作権法上での
例外を除き，禁じられています．複写される場合は，そのつど事前に
(社)出版者著作権管理機構（電話 03-3513-6969，FAX 03-3513-6979,
e-mail：info@jcopy.or.jp）の許諾を得てください．また本書を代行業者
等の第三者に依頼してスキャンやデジタル化することは，たとえ個人や
家庭内での利用であっても一切認められておりません.

1960 年に本書の最初の読者となった
ポール・ウィトル（1938 ～ 2009）を偲んで

# 序文

　これは、証明、応用、その他の数学的活動についての哲学的考察からなる本である。

　哲学者たちは数学的「知識」を強調する傾向があるが、G. H. ハーディが『ある数学者の弁明』（1940）の最初のページで述べたように、「数学者の役割は、何かを行うこと、新たな定理を証明すること、数学に何かを付け加えることである」。この「行う」の強調は私が加えたものである。ここでハーディが書いているのは、彼にとっての『我が生涯の弁明（*Apologia pro vita sua*)』[†]であると同時に、いまや自分も年をとってさらに多くの数学を作り出すことができなくなってしまったという、一人の数学者の『哀歌』でもある。彼はまた、悪名高いことに、数学を純粋に保とうと欲していた。これに対し、私は数学の使用、すなわち「応用」は、証明される定理と同じくらい重要なのだと信じている。しかしながら、証明も応用も、期待されているほどには明晰判明な観念ではない。

　数学を行うことについて反省すること、あるいは、活動としての数学について反省することは、数学の社会学を実践することではない。この分野が急成長しているのは喜ばしいことであり、そこから多くのことを学ぶことはできる。しかし、以下で展開されるのは、昔ながらの問いの数々に動かされた哲学的な議論である。そこに私はもう一つの問い、すなわちプラトンから現在まで、これらの問いはなぜ永続的に問われてきたのかという、本書のタイトルになっている問いを加えたいと思っている。

　本書は、2010 年にオランダのティルブルフ大学で行われたルネ・デカルト講義として始まった。（その年の夏至に私はこれらの講義原稿を書き始めた。）3 回からなる連続講義で、私が話したあと、各回ごとに別の研究者が二人ずつコメントを

---

[†] イギリスの聖職者ジョン・ヘンリー・ニューマン（1801 ～ 1890）の著書。

i

くれる、という形式であった。元々の意図では、これらの講義とコメントは、講義が終わったすぐあとに出版されるはずであった。

私は、その週の終わりになって、この講義の素材をどれくらい熟成させる必要があるかをはっきりと理解し始めた。コメンテーターたちは寛容にも自分たちのコメントをそのまま保持して出版を待つことに同意してくれた。だから、私の最初の義務は、彼らのたいへんな労力に深く感謝することである。どれくらいたいへんな労力だったのか？　だいたいいつも、一講義につきおよそ 20,000 語の原稿が、ぎりぎりの段階になってようやく彼らに送られた。そのうち講義で話されたのは 7,000 語程度ということになっていたが、彼らはそれがどの部分なのかさえ知らされずにコメントを考えなければならなかったのである。

- 最初の講義「なぜ数学の哲学が存在するのか？」については、メアリー・レングとハンネス・ライトゲープ
- 2 番目の講義「意味と必然性——そして証明」については、ジェームズ・コナントとマーティン・クシュ
- 3 番目の講義「数学的推論のルーツ」については、マーカス・ジャキントとピエール・ジャコブ

これらのみなさんに感謝する。

私は元々この講義シリーズのタイトルとして「証明」を提案した。それは、様相論理についてのある研究とともに、1962 年にケンブリッジ大学で学位を授与された学位論文のタイトルであった。それは要するに、当時出版されたばかりであったヴィトゲンシュタインの『数学の基礎』を私なりに読むとすればどう読むか、という論文であったのだが、その一方で、私がそれを書き始めた頃のケンブリッジ大学では、イムレ・ラカトシュが彼の博士論文を完成させようとしていた。のちに『数学的発見の論理—証明と論駁』となるその論文もまた、私の博士論文に大きな影響を与えている。

私は、数学の哲学についてはごくわずかしか発表してこなかったとはいえ、数学の哲学は私の考えの背後につねにあったのだから、デカルト講義はその仕事を完成させるチャンスであった。たんに「証明」というだけのタイトルでは、それが何についての講義なのか見当がつかないので、この一連の講義のオーガナイザーであるスティーブン・ハートマン（彼にはたいへん感謝している）と私で考えた結果、思いついたのが「証明、計算、直観、そしてアプリオリな知識」というタイトルであった。

デカルト講義のすぐあと、2010年10月の終わりに、私はカリフォルニア大学バークレー校で、三つの同じような内容の講義を行った。その一つ目は、「証明、真理、手、そして心（Proof, Truth, Hands and Mind）」と題されたハウイソン講義であった。〔英語では〕一音節の単語をうまく選んだでしょうと自画自賛したあとで、そこではこのタイトルの意味を次のように説明した。

> なぜこのタイトルなのか？　第一に、**証明**は、プラトン以降ずっと西洋数学の本質的な一部であり続けてきたからだ。そしてプラトンは、数学が**真理**への確かな導き手だと考えた。私はさらに、プラトンが決して認めなかったであろう観点から、すなわち物質的な観点から、数学がどのように行われるかについて考えたい。われわれは、われわれの**手**でもって、われわれの全身でもって考える。われわれは、話したり、書いたりすることによってだけでなく、身振りを交えることによっても互いにコミュニケートする。もし私が数学的に考えているならば、一連の思考へとあなた方を導くのに、図形を描くだろうし、そしてこのようなやり方でもって私の**心**にある私の様々な思考をあなた方の心へと受け渡すのである。

カリフォルニアのあと、私はこの素材を脇において、ケープタウン大学で他の話題について教えるとともに、その驚くべき国土とそこに住む人々とを、あまりにわずかではあるが濃厚に経験してきた。2011年1月に、ダーバンの近くで行われた南アフリカ哲学会の年次総会と、同時に開かれた科学哲学会に出席した。そこでは、それぞれの学会で、最初の二つのデカルト／ハウイソン講義の要約版を発表した（Hacking 2011a, 2011b）。さらに、2011年12月にイスラエルで開かれた、マーク・スタイナーを称える学会への寄稿にも言及してよいであろう。これは、ピタゴラスに始まりP. A. M. ディラックで終わる論文である（Hacking, 2012b）。それから、2012年の11月に、ロンドンの王立人類学研究所のためのヘンリー・メイヤーズ講義として、3番目のデカルト講義の一部を発表した。

2012年の3月と4月に、カルロス・ロペス・ベルトランとセルジオ・マルチネスの招きで、メキシコ国立自治大学で6回のガオス講義を行った。彼らにもたいへん感謝している。その講義のタイトルは「数学的動物」であったが、実際にはそのうちの5回の講義でデカルト講義の初回をカバーするのがやっとであった。その結果として、本書はティルブルフで行った講義の全体ではなく、初回の講義だけから成立しているということになってしまった。

本書と1962年の私の学位論文がどうつながっているかは明白ではないだろうが、よく言われるように「変われば変わるほど同じになっていく」ということである。本書に私がつけたタイトル〔原題：Why Is There Philosophy of

Mathematics At All?〕は、「なぜそもそも数学の哲学というものが存在するのか」である。本書の出版のための準備をしているときに、1962年の学位論文の短いまえがきを読み直して驚いてしまった。そこで私は「何が驚くべきことなのかを見てとるために、もっと言えば、なぜそもそも数学の哲学が存在するのかを理解するために、われわれは単純な例に立ち返らなくてはならない。」と書いていたのである。そして私は、自分の話題の選択がヴィトゲンシュタインの『数学の基礎』初版（1956）から来ているということも言っておきたい。私はその版の自分用の索引を作ったのだが、そこで最も頻繁に使われていた二つの重要な名詞がBeweis と Anwendung、すなわち「証明」と「応用」だったのである。

　研究のための年次ゴールドメダルを私に授与してくれたことに関して、カナダの社会科学・人文学研究評議会に感謝する。メダルに付随する資金は、さらなる研究のために適正に供され、その多くは本書を準備するために使われた。最後の追い込みに入って多くの手助けをしてくれたことに関してトロントのジェームズ・デイヴィスとテヘランのカアーヴ・ラジェバルディに感謝する。いくつかの話題が最終的に一つの筋にまとまったのは、2013年3月にステーレンボッシュ高等研究所で至福の時間を過ごしているときであった。

# 目次

序文 i

**第1章 デカルト的序論 ———————————————————— 1**

1 証明、応用、その他の数学的活動 1
2 独特のジャーゴンについて 2
3 デカルト 3

**A 応用**

4 幾何学に応用された算術 5
5 デカルトの「幾何学」 6
6 驚くべき同一性 7
7 理屈に合わない有効性 8
8 幾何学の算術への応用 10
9 数学の数学への応用 11
10 同じ素材？ 13
11 過剰決定か？ 14
12 多様性の背後にある統一性 17
13 名誉をたたえることについて——フィールズ賞 18
14 アナロジー——そしてアンドレ・ヴェイユ 1940 20
15 ラングランズ・プログラム 22
16 応用、アナロジー、対応 25

**B 証明**

17 証明についての二つの見方 26
18 とり決め 26
19 永遠の真理 27
20 必然性に対するものとしてのたんなる永遠性 28
21 ライプニッツ的証明 29
22 ヴォエヴォドスキーの極端な証明観 31
23 デカルト的証明 32
24 証明についてのデカルトとヴィトゲンシュタインの考え方 33
25 デカルト的証明の体験：買い手側の危険負担 35
26 グロタンディークのデカルト的展望：すべてを明白にすること 36
27 証明と論駁 38
28 正方形を正方形に切り分けることと、立方体は立方体に切り分けられないことについて 41
29 正方形分割から電気回路へ 43
30 直観 45
31 デカルトは基礎づけに反対したのか 47

v

32 証明の二つの理念 48

33 コンピュータ・プログラム：誰が誰をチェックするのか 50

## 第2章　何が数学を数学たらしめているのか ―――――――――― 52

1 われわれは数学を当たり前のものと受け取っている 52

2 ヒ素 53

3 いくつかの辞典 55

4 これらの辞典は何を示唆するか 57

5 ある日本語の会話 58

6 不機嫌でアンチ数学的な抵抗運動 60

7 雑談 60

8 制度的な答え 64

9 神経歴史学的な答え 65

10 パース親子、父と息子 66

11 プログラム的な答え：論理主義 67

12 第二のプログラム的な答え：ブルバキ 69

13 ヴィトゲンシュタインだけが問題を抱えていたように思われる 71

14 方法についての余談――ヴィトゲンシュタインを使うことについて 74

15 意味論的な答え 75

16 さらに雑談 77

17 証明 78

18 実験数学 79

19 問い「数学たらしめているものは何か」に対するサーストンの答え 82

20 進歩について 84

21 ヒルベルトとミレニアム問題 85

22 対称性 89

23 バタフライモデル 91

24 「数学」は「歴史の偶然」でありうるか 92

25 ラテン語モデル 93

26 不可避なのか、偶然なのか？ 94

27 遊戯 95

28 数学的ゲーム、遊び証明 96

## 第3章　なぜ数学の哲学というものが存在するのか ―――――――― 100

1 永続的なトピック 100

2 それはそうと、数学の哲学って何なの？ 101

3 カントを入れるか入れないか 103

4 古代と啓蒙 105

**A 古代からの回答：証明と探検**

5 永続する哲学者のこだわり…… 106

6 永続する哲学者のこだわり……はまったく例外的 108

7 思考の糧 110

vi　　目次

8 モンスター　111

9 網羅的な分類　112

10 幻覚　113

11 最長の人力証明　114

12 そこにある、という体験　115

13 寓話　116

14 きらめき　117

15 神経生物学からの反論　118

16 私自身の立場　119

17 自然主義　120

18 プラトン！　123

B 啓蒙時代からの回答：応用

19 カントが叫ぶ　124

20 ジャーゴン　125

21 必然性　127

22 ラッセルは必然性を打ち捨てる　128

23 必然性はもうポートフォリオには載っていない　131

24 脱線してヴィトゲンシュタイン　132

25 カントの問い　134

26 ラッセル的に言うと　136

27 ラッセルは謎を解消する　137

28 フレーゲ：二階の概念としての数　139

29 カントの難問は 20 世紀のディレンマとなった：(a) ウィーン　140

30 カントの難問は 20 世紀のディレンマとなった：(b) クワイン　141

31 エイヤー、クワイン、そしてカント　143

32 数学の哲学を論理主義化する　143

33 素敵な一文要約（帰ってきたパトナム）　145

34 まっとうな数学の哲学の必要性についてのジョン・スチュアート・ミルの見解　146


第4章　証明 ——————————————————————————— 148

1 数学の哲学の偶然性　148

A 小さな偶発事

2 不可避性と「成功」について　149

3 ラテン語モデル：無限　151

4 バタフライモデル：複素数　154

5 設定を変更する　156

B 証明

6 証明の発見　158

7 カントのお話　159

8 もう一つの伝説：ピタゴラス　163

9 宇宙の秘密を解き明かす　164

10 理論物理学者プラトン　166

vii

11 和声学はうまくいく 168
12 なぜ論証的証明は受容されたのか 169
13 誘拐犯プラトン 171
14 もう一人の容疑者？ エレア派哲学 172
15 論理（と弁論術） 175
16 幾何学と論理 密教と顕教 176
17 証明をもたない文明 177
18 階級バイアス 179
19 証明という理念は知識の成長を妨げたのか 180
20 どの最高基準？ 181
21 証明の格下げ 182
22 科学的推論のスタイル 183

## 第5章 応用 ———————————————————— 186

1 過去と現在 186
### A 区別の出現
2 哲学的数学と実践的数学の違いに関するプラトンの見解 187
3 純粋と混合 188
4 ニュートン 192
5 確率——枝から枝へと揺れ動く 192
6 純粋と応用 Rein and angewandt 193
7 純粋カント 194
8 純粋ガウス 196
9 アフォリズムに見るドイツの19世紀 197
10 応用ポリテクニシャン 198
11 軍隊の歴史 201
12 ウィリアム・ローワン・ハミルトン 203
13 ケンブリッジ純粋数学 205
14 ハーディ、ラッセル、そしてホワイトヘッド 207
15 ヴィトゲンシュタインとフォン・ミーゼス 208
16 SIAM 210
### B とても不安定な区別
17 応用の種類 211
18 堅固だが鋭利でない 216
19 哲学とアプリ 217
20 対称性 219
21 表現 - 演繹的描像 221
22 分節化 223
23 領域から領域へ動くこと 223
24 剛性 225
25 マクスウェルとバックミンスター・フラー 226
26 剛性の数学 229

viii　　目次

27 航空力学 232

28 競合状態 234

29 イギリスの制度的背景 236

30 ドイツの制度的背景 238

31 力学（あるいは機械学） 239

32 幾何学、「純粋」と「応用」 240

33 一般的教訓 241

34 科学的推論のもう一つのスタイル 241

## 第6章 プラトンの名において ———————————————— 243

1 憑在論 243

2 プラトニズム 244

3 『ウェブスター』 245

4 そのように生まれた 246

5 出典 247

6 意味論的上昇 248

7 議論の構成 249

A プラトニスト、アラン・コンヌ

8 非番のときと非公式のとき 251

9 コンヌの昔からある数学的実在 253

10 不完全性とプラトニズムについての挿話 257

11 二つの「態度」、構造主義者とプラトニスト 258

12 数は何ではありえないか 259

13 ピタゴラス主義者コンヌ 261

B 反プラトニスト、ティモシー・ガワーズ

14 公によく知られた数学者 262

15 数学は哲学を必要とするか？　答えはノー 263

16 反プラトニストになることについて 265

17 数学は哲学を必要とするか？　イエス 266

18 存在論的コミットメント 268

19 真理 270

20 観察できる数と抽象的な数 271

21 ガワーズ対コンヌ 274

22 「標準的」意味論的説明 276

23 有名な格言 279

24 チョムスキーの疑念 281

25 指示について 282

## 第7章 プラトニズムに対抗する立場 ———————————————— 284

1 さらに二つのプラトニズム——とそれらへの反対者 284

A 直観主義に敵対する、総体化についてのプラトニズム

2 パウル・ベルナイス（1888〜1977） 286

ix

3 状況設定　287

4 総体　288

5 他の総体　291

6 算術的総体と幾何学的総体　292

7 当時といま：異なる哲学的関心　294

8 さらに二人の数学者、クロネッカーとデデキント　295

9 デデキントが語ったいくつかのこと　297

10 クロネッカーは何に抗議していたのか？　300

11 数学者の構造主義と哲学者の構造主義の違い　301

B　現代のプラトニズム / 唯名論論争

12 免責条項　303

13 今日の唯名論の短い歴史　304

14 唯名論のプログラム　305

15 なぜ否定するのか？　307

16 ラッセル的ルーツ　308

17 存在論的コミットメント　311

18 コミットメント　312

19 不可欠性論証　313

20 前提　316

21 数学における現代のプラトニズム　319

22 直観　321

23 プラトニズムの眼目は何か？　323

24 パース：かつて人間文化を進歩させてきた唯一の種類の思考　324

25 現在のプラトニズム / 唯名論論争における私の立場　327

26 最後の一言　328


情報開示　330

訳者あとがき　334

参考文献　340

索引　357

というのも、数学はとりわけ人類学的な現象だからである。

(Wittgenstein 1978: 399)


数学的活動は人間の活動である。……しかし、数学的活動は数学を作り出す。数学、この人間活動の生産物は、それを作り出した人間活動から「自らを疎外」する。それは生きた、成長する有機体とな（る）。

(Lakatos 1976: 146, 邦訳，p.176)


数学の誕生もまた、人間精神の、あるいは人間の思考の一つの能力の発見とみなされうる——ここに、哲学にとって数学のとてつもない重要性がある。ギリシャのなかば伝説に属する時代の知的伝統において、タレスが最初の哲学者としても、初めて幾何学の定理を証明した人物としても名指されているのは確実に重要である。

(Stein 1988: 238)


正方形は有限個の相異なる正方形に分割されうるが、立方体は有限個の相異なる立方体に分割され得ない。後者の証明：

正方形分割においては、最小の正方形は端にくることはないことに注意する(理由は明らか)。そこで立方体分割ができたと仮定しよう。立方体の底面に立っている立方体（の底面）はこの面の正方形分割を引き起こす。したがって、底面上に立っている立方体のうちで最小のものは内部にある正方形上に立っているはずである。この最小の立方体の頂面は壁で囲まれているから、頂面上に立方体が何個か立っていなければならない。そのうちの最小のものをとる。以下同様に、このプロセスがどこまでも続けられることになる。

(Littlewood 1953: 8, 邦訳，p.41)

xi

凡例
- （　）、〔　〕は原著者による注釈。
- ＊マークは巻末の「情報開示」を参照。
- 〔　〕は訳者による注釈。†は訳者による脚注。
- 邦訳書からの引用では、一部表記を本書に合わせて変更している。

# 第1章

# デカルト的序論

Ch.1 A cartesian introduction

## 1 証明、応用、その他の数学的活動

数学の哲学と呼ばれるまるごと一つの研究領域、お好みなら学問分野と言ってもよいが、そういうものはなぜ存在するのか。このなじみのない問い、本書のタイトル〔原題〕そのものでもある問いについて、本書では第3章から注意深く吟味していくことになるが、二つの短い答えならただちに述べることができる。

第一に、〔そういう領域が存在するのは〕証明という**体験**があるからだ。新たな事実そしてしばしばありそうもない事実を完璧に満足のいく形で証明するという体験、あるいは、良い証明を教えられ、読み、あるいは誰かにそれを説明したとき、その証明によってもたらされる力と正しさの確信とを端的に体験することがあるからなのである。たんなる言葉、たんなるアイディア、ときにはたんなる図像でしかないものが、いかにしてそういう効力をもちうるのだろうか。

第二に、その応用の豊かさのゆえである。数学はしばしば机上の思索と鉛筆をもてあそぶことによって導き出されるのだが、そのような数学がどうしてこれほど豊かな応用をもつのか、あるいは、もっと詩的に、科学史家 A. C. クロムビーの言葉（1994, I, ix）を使えば、「数学と自然との、そして自然による数学の謎めいた適合」のゆえである。

したがって、本書では、証明、応用、そしてその他の数学的活動についての一連の考察を行う。

本書冒頭の2番目と3番目のエピグラフの著者、ラカトシュとスタインと同様に、私は、証明することや数学を使用することを一種の活動と捉えていて、静的になされることだとはみなしていない。だが、すぐさま注意を一言。数学的に考えるためには証明が必ずしも必要なわけではない。証明こそが現在の数学者たちが目指す最高基準である（そしてかつてはユークリッド的な最高基準であった）というのは、偶然的な歴史的事実にほかならない。純粋数学と応用のあいだに引か

れるわれわれにとってありふれた区別も、同様に、決して避けられないものというわけではない。(これらの主張は第4章と第5章で立証される。)したがって、証明と応用によって引き起こされる哲学的な困難がまさしく困難としてもちあがるのは、数学的実践の歴史的軌跡のゆえであり、いかなる意味でも、この主題にとって「本質的」なわけではない。しばしばきわめて明晰な観念として提示されてきたもの、すなわち証明と応用は、われわれが想像する以上にはるかに流動的なのである。

二人の人物が、数学の哲学によく出没する。プラトンとカントだ。私がプラトンを読むかぎりでは、彼は、証明の体験に強く心を動かされた。一方のカントは、私が理解するかぎりでは、見たところ人間理性の産物である数学が、これほどまで完璧に自然世界を記述できるのはなぜなのか、その謎めいた能力を説明するために、自らの哲学の主要部分を念入りに作り上げてきた。かくして、プラトンは、数学について哲学することを開始し、カントは、全体としてまったく新しい問題圏を創造したのである。「なぜ数学の哲学か」という問いに対する私の答えのもう一つのヴァージョンは、それゆえ、「プラトンとカント」ということになる。

もう一人の人物が、私自身の数学についての哲学的思考には頻繁に入り込んでくる。ヴィトゲンシュタインである。1959年の4月6日に私は自分用の『数学の基礎』を購入し、以来ずっと夢中になってきた。本書のこれ以降の部分は、「ヴィトゲンシュタイン的」内容ではないが、彼は本書の背景につきまとっている。だから、一つの戒めから始めるのがよいだろう。


## 2 独特のジャーゴンについて

冒頭1番目のエピグラフ「というのも、数学はとりわけ人類学的現象だからである」は、はるかに長い段落——その一部は第2章の13節(これ以降、§2.13とする)で引用される——から、文脈を無視して取り出したものである。さらには、この長い段落そのものが、何ページかにわたって繰り広げられている内的対話の一部分なのである。エピグラフのために私が用いた言葉は聞こえはよいが、ヴィトゲンシュタインによる1939年の『数学の基礎についての講義』(1976: 293, 邦訳, p.559)の最後に記録された文を心に刻んでおこう。「私が蒔いている種はおそらく、ある種のジャーゴンである」。

素晴らしい先見の明だ。彼の言葉から引き出されたいくつかの独特なジャーゴンを思い出そう。

言語ゲーム

生の形式

家族的類似性

規則遵守の考察

一望できる / 見渡せる

論理的な「ねばならない」の困難さ

……など。さらに、

人類学的現象

われわれが提供しているのは人間の自然誌についての覚え書きである

また、言うまでもなく有名な——しかし彼は実際には語らなかった——「意味を問うてはならない、使用を問え」もある。(彼が実際に何を語ったかについては、§6.23を見てもらいたい。)

これらは素晴らしい文句だ。だが、それらは注意して扱われるべきだし、文脈のなかで読まれるべきである。それらはいずれも、あまりに容易に理解したという感じを呼び込んでしまう。それらはしばしば、一連の思考の、中間ではなく、最後に来るかのように引用されている。本書は、ヴィトゲンシュタインからの切り抜きを頻繁に引用するだろう。だから、私が忘れないように、この「買い主が自ら危険を負って買うべし」という原則から始めるのが分別あることであろう。

始めるにあたってもう一つの通告。私はしばしば、ヴィトゲンシュタインの観察のあれこれに遠回しに言及するつもりである。しかし、無限、直観主義、カントール、あるいはゲーデルについての彼の考えに言及するつもりはない。しかも、§3.24で述べられる理由から、規則に従うことについての彼のアイディアを論ずることもしない。

## 3　デカルト

デカルトもかなりのジャーゴンを作り出した。これら二人の例外的な哲学者たちは、通常気づかれているよりもはるかに多くのものを共有しているかもしれない (Hacking 1982)。それはともかく、以下の話は、私の若い頃のヴィトゲンシュタインへの心酔に端を発し、その後、ティルブルフ大学でのルネ・デカルト講義として現在の形をとり始めたものである。

2年にわたって続いたこの講義のタイトルは、デカルト（1596〜1650）がオランダという自由な知的環境で生き、研究するのを選んだことを思い起こさせるものであり、それだけでも名誉あるものだ。その地で、1628年から1649年にかけて、彼は近代を支配することになる哲学を作り出した。私は、歴史的人物としてのデカルトに敬意を表するいかなる義務も負ってはいないが、二つの明白にデカルト的なテーマが、以下では繰り返し現れるだろう。

　第一のテーマは、算術の幾何学への応用である——数学の数学への応用の中心的な事例であり、それ自体が、数学の（数学を含む）科学への応用の事例でもある。応用の偉大なる連鎖におけるこのステップ、すなわち、算術の幾何学への応用は、格別の注目に値する。

　第二のテーマは、証明についての並外れて異なった二つの捉え方である。一方はデカルトが、もう一方は、少しのちにライプニッツが保持していたと思われる捉え方であり、これらは、数学者たちが用いるきわめて多様なタイプの証明のうち、最も極端な二つの事例である。近代における、証明についてのこれら二つの理念的構想のあいだの衝突は、今日大きな議論を呼んでいるトピックを先取りしている。すなわち、「純粋」数学の実践に対する高速計算のインパクトという話題である。しかし、おそらくこれよりも重要なのは、それほど遠くない過去にわれわれはその答えを知っていたと思っていたにもかかわらず、いま新たに重要になってきた問い、数学的証明とは何か、であろう。

　いずれの話題も、本書でのちに詳しく展開される話題の一部である。どちらも、ふつうはデカルト的だとは考えられていない。どちらも、数学について現代的に哲学する際にはたいした役割を果たしていないし、デカルト研究においてもたいした役割を果たしていない。かくして、この最初の「デカルト的」章において、われわれは比較的未知の縄張りへと乗り出すが、この縄張りは、のちに、今日の哲学者なら自然に入っていけるようなすでに地図の整った領域と関係づけて議論されることになるだろう。

　本書に「方法論的」アイディアがあるとすれば、それはこうである。数学というのはたくさんの藁が絡み合ってできた鳥の巣のようなものなので、数学について哲学的に考えるときには、そのごちゃごちゃした巣全体を相手にするのではなく、そこから何本かだけ藁を抜き出してきて考えるのがよい。本書ではとくに、最近ではあまり取り上げられることのない藁を抜き出すことから始めたいと思う。この章が進んでいくなかで、私はいくつかの他の話題にも言及するつもりである。これらの話題は、のちに論ずるように、確実に数学者たちの興味をかきた

4　　第1章　デカルト的序論

てるにもかかわらず、数学の哲学者たちからはほとんど注意を払われてこなかった話題である。したがって、本章は、たんなる序論というよりも、むしろ実用的な導入として考えられている。

　証明と応用という二つのテーマは、無関係のように思われるので、この章は二つの部分に分割されている。私は**思われる**と言ったが、それは、ヴィトゲンシュタインなら違ったように考えただろうからだ。「私は、数学とは諸証明技術の雑色の混ぜものであると言いたい。──そして数学の多様な応用可能性と重要性は、そのことに基づいている。」(Wittgenstein 1978（これ以降 *RFM*）: III, §46, 176, 邦訳『数学の基礎』, p.171）すでに序文で述べたように、『数学の基礎』の最初の版で、最も頻出する二つの実名詞（とその同族語）は、「証明（proof, Beweis)」と「応用（application, Anwendung)」なのである。ただし、独特のジャーゴンに注意！

## A　応用

## 4　幾何学に応用された算術

> 私は、最初にデカルトを読んだときの生き生きとした幸福な感じを憶えているが、それは、1970年の夏にローマのボルゲーゼ公園の木陰に座って、かぎりない熱意をもって『方法序説』をむさぼるように読んだからである。(Gaukroger 1995: vii)

　人々は、『方法序説』が出版された1637年以来、この種の体験をしてきた。その正式なタイトルは、『理性を正しく導き、学問において真理を探究するための方法序説』である。われわれは、この本を独立した作品だと考え、「気象学（*the Meteors*)」、「屈折光学（*the Dioptrics*)」、「幾何学（*the Geometry*)」という三つの科学的論考の序文として出版されたものであることを忘れてしまいがちである。

　*The Meteors* は、水蒸気から虹までをカバーすると考えられていた「気象学（meteorology)」について書かれた書物である。これ〔この学問の区分の仕方〕は、T. S. クーンが前パラダイム的議論と呼んだものの完璧な例である。のちに彼は、パラダイム以前の科学という観念を取り下げるが、それでもなお、この観念は、ある一群の現象を研究するうえで重要な何かを指し示していた（Kuhn 1977: 295, n.4）。クーン自身の例は、フランシス・ベーコンの時代の**熱**であった。ベーコンの場合には、腐食肥料の熱が太陽の熱とともに熱として数え上げられている。*the Meteors* においても同様に、広大な範囲の現象が一つのグループに取りまと

められており、それらが大地の上の現象であって、見かけのうえでは天空に生じているわけではないということを除けば、それらの現象が互いにどのようにかかわっているのかについていかなる明確な観念もなしに取りまとめられているのである。

光の理論についての「屈折光学（*the Dioptrics*）」は、はるかに進んだ段階にあったが、それは、この理論の多くが幾何光学にかかわっており、これに付随する反射と屈折の理論は、デカルト自身が重要な貢献をなしたものだったからである。もっともその貢献がいつも正しかったわけではない。この論考は、眼がいかにはたらくかについての物理－生理学的議論で終わっている。

「幾何学（*the Geometry*）」は徹底して近代的な研究である。その驚くほど多くの部分は，興味ある読者ならたいして困難なく読むことができる。私は、この第三の論考を、科学において理性をいかに行使し、真理を探究するかの一つのモデルと考えたいと思う。

私は、一方で、「ミスターコギト」とか「ミスター二元論」の哲学としてデカルト哲学の説明に乗り出すつもりはないし、他方、マルシャル・ゲルーによって（Guéroult 1953）、続いてダニエル・ガーバーによって（Garber 1992）きわめて鮮やかに描かれたように、機械論的哲学者としてのデカルトの説明に乗り出すつもりもない。以下の話は、とても大きいケーキから切り取ったごく小さい一切れにすぎない。


## 5 デカルトの「幾何学」

「幾何学」は、幾何学と算術のあいだに深い関係があることを誰にも見てとれるようにした。いまでは、デカルトは代数を幾何学に応用したと言うほうが自然であるとわれわれは思っているが、デカルトは必ずしもそのように捉えていたわけではなかった。彼は、算術的演算を幾何学的作図と比較することから始め、たくさんの算術用語をリストアップしたあとで、自分は「より大きな明晰性のために、これらの算術用語を幾何学に導入することに躊躇しない」だろうと語った（Descartes 1954: 5）。

幾何学と算術のあいだのつながりは、デカルトから始まったというわけではない。彼以前の多くの人が同じ諸問題に取り組んでいた。この件でいつも名前が挙がるのは、フランスではフランソワ・ヴィエト（1540 〜 1603）であり、ドイツでは、イエズス会の天文学者にして数学者のクリストファー・クラヴィウス（1538

～ 1612）である。当時のイタリアでは、大学の数学者を頼りにするよりも、算盤の伝統に注目すべきかもしれない。すなわち、三次方程式その他を解いたカルダーノやタルタリアのような偉大な革新者よりも、実際に算術を使っていた商人たちの仕事のほうが、この点では見るべきものがありそうだ、ということである。

著名な科学史家ジョン・ヒールブロンは、著書『ガリレオ』に、ガリレオの思考の「合理的再構成」を収めている。これは注目に値する。その再構成では、「ガリレオ」が、代数を幾何学と統合しようと試みるだけでなく、時間が幾何学的／代数的表示に入り込むような仕方で時間を表現しようと試みるという、驚くべき対話になっている。ミンコフスキーの前触れだろうか？

おそらく、幾何学に応用された算術の歴史は、これらのイタリア人たちよりもさらにさかのぼって、10 世紀に代数が成熟したことで知られる、バグダードの知恵の館にまで、そしてたぶん、アレクサンドリアのパップス（およそ 290 ～ 350）にまでさかのぼるだろう。デカルトはどこからともなくやって来たのではなく、いたるところからやって来たのだ。彼は、たとえば円錐曲線についての成果のような幾何学の成果を、自分で認めたいと思う以上にはるかに多くアポロニウス（262 ～ 190 BCE）に負っていた。とはいえ、これらのあらゆる探究を、初心者にも習得できるような見通しの利いた全体へと仕上げたのは彼だったのである。

## 6　驚くべき同一性

幾何学の難しい問題の多くは、それらを算術と代数へと転換することによって解かれうるし、数の理論と代数における問題の多くは、それらを幾何学へと転換することで解かれうる。まもなく具体例で述べるように、このことはデカルトの時代から現代まで続いている。それは、まるで幾何学と数の理論とが同じ素材を扱っていることが判明したかのようである。私はこれを驚くべきことだと考える。

対照的に、多くの人は、そのことについて考えたことがないか、あるとしても、それを当然のこととして受け取っている。私のたいへん尊敬している研究者にこの関心を表明したところ、その研究者はこう言った。「それは明らかに過剰決定だ。」そうかもしれない。とはいえ、ここは控えめに、一つの科学のもう一つの科学への応用、具体的には、デカルトが算術と代数を平面幾何学に、のちに立体幾何学にいかに「応用した」かについての考察から始めることにしよう。

## 7 理屈に合わない有効性

代数——算術から生まれた——は、幾何学に応用されうる。それは、ある目的のために発展してきた数学が、別の目的のために発展してきた数学に応用されるという、数学の理屈に合わない有効性の、最初の疑いようのない実例である。(他の、私よりももっと博識な人々は、デカルトよりもアルキメデスを引き合いに出すかもしれない。)

ここでの表題「理屈に合わない有効性」は、ユージン・ウィグナーによる有名な論文「自然科学における数学の理屈に合わない有効性」(Wigner 1960) のタイトルを意図的に強調しようとしたものだ。ウィグナーの表現はいまや決まり文句になっている。彼が述べるところでは、そもそもが美的な目的のために生み出された「純粋数学」が、科学において計り知れない価値をもつ道具であることがあまりにも頻繁に判明する。ウィグナーはこのことに驚愕させられたのだ。最もなじみのある例——使われすぎではないかと思われるが——は、リーマンの非ユークリッド幾何学がまさしく特殊相対論に必要とされる道具であったとされる話である。

ウィグナーのような疑問はしばしば発せられてきた。とはいえ、マーク・スタイナーの『一つの哲学的問題としての数学の応用可能性』(Steiner 1998) ほどのこだわりをもって問われることはめったにない。しかし、これらの問題にはあとで取り組みたい。デカルトがわれわれに思い起こさせたのは、めったに扱われることがないもう一つの問題が存在することである。一群の関心からある領域で発展させられた数学が、見かけ上異なった主題をもつ別の領域で発展させられた数学に決定的な違いを生み出すということが、いかにして生じるのか。物理学にではなく、数学に応用された数学の、ウィグナーが言うところの「理屈に合わない有効性」を私は強調してきたが、それはすでに Corfield (2003) でも強調されていた。

代数の幾何学への応用はなぜ「理屈に合わない」のか、あるいは少なくとも予期されないものであるのか。出発点とすべき三つの理由がある。

「西洋」数学の伝統的な歴史によれば、幾何学はギリシャ固有のもので、算術と代数はインドで始まり、ペルシャとイスラムを通して西洋に伝わった。この説明では、それらは異なった歴史的起源をもつ。第二に、カントはうまいこと、算術を時間のアプリオリで総合的な真理として説明し、その一方、幾何学は空間のアプリオリで総合的な真理をなすとした。第三に、現代の認知科学によれば、脳

のなかのいわゆる「数覚」は大概、空間知覚をつかさどる部分とは異なる部分に位置づけられている。

たいていの社会では人々が数の列を直線上に配列されたものとしてイメージする傾向にあるというのは、何か自明のことであるかのようになっている。しかしながら、たいていの自明の理は、かりにそれが真だとしても、せいぜいが「たいていの部分に関して真」であることを思い出してもらいたい。ヌニェスは、数のこうした線型の表現が西洋においてさえ最近のものであり、バビロニアの数学のなかやアマゾンの人々のあいだには何の痕跡もないと論じている（Nunez 2011）。もっと興味深いのは、マヤ文明に関するものだ。マヤ暦のばかげた誤読によって空想好きの人々が恐れたように、2012 年に世界が終末を迎えることはなかったが、マヤの人々はたぶん数について、線型というよりも循環的な感覚をもっていたのだろう。とはいえ、もちろんそれも、数についてのもう一つの幾何学的、空間的表象にすぎないのだが。

それにしても、幾何学と代数のあいだの相互連関は出来すぎだ。幾何学は空間的であり、代数は算術の子供である。算術は数えるためのものであり、それは、カントが強調したように、時間のなかで生じるプロセスである。私は、時間がなければ算術を行えないとか、数えることなしには基数を知ることはできないとか言いたいわけではない。あるグループが正確に四つのメンバーをもつのか五つのメンバーをもつのか、場合によっては六つのメンバーをもつかさえ、通常は見るだけで言えるだろう。（この能力は、「即座の把握（subitizing）」と呼ばれる。幼児は二つのもののグループと三つのもののグループを識別できる。サル、ハト、カラスそしてイルカも同様に数を識別できる。）それ以降は、確かめるために数えなくてはならない。数えることは時間のなかで進展すると、カントなら主張しただろうし、しかも数えることはほとんど確実に生得的ではなく、学ばれなければならないのである。だが、ものの一方のグループがもう一方のグループより大きいことを、ただ見るだけで言えるということが頻繁にある。二つの集合が同じ数のメンバーをもつことを、フレーゲのウェイターのように（Frege 1952: 81）、両者を対応させることによって述べることができる。とはいえ、カントが最初に算術を時間に位置づけたことは重要であるし、そのことが算術と空間における幾何学とのあいだの一つの差異を浮き彫りにしたと、私はまさしく考えている。

図形を作図するのに時間がかかるし、線を引くのに時間がかかる。とはいえ、円が円であることは見るだけでわかるし、不規則な図形を名指すことができないとしても、それを一つの形として見てとることができる、という点でカントは正

9

しかった。幾何学と算術において表に現れてくる空間と時間は、カントの超越論的感性論の両極である。(なぜ「感性論」か？ 感性論は彼が感性（sensibility）と呼んだものを扱い、理性を扱うわけではないからだ。) 彼は、空間と時間、幾何学と算術から出発して、それ以降われわれにつきまとうことになる一つの哲学全体への道を切り開いた。

よろしい。だが、こう抗議されるかもしれない。カントはまさに、算術と幾何学は根本的に異なると考えていた。だが、彼の哲学のその部分はきわめて説得力があるというわけではなかった、と。たいていの人は次のように言うだろう。幾何学に関する彼の考えは、1905 年の特殊相対論によって反駁された。空間と時間に関する彼の考えは、1916 年の一般相対論によって反駁された。因果性に関する彼の考えは、1926 年の量子力学の第二波によって反駁された。20 世紀のはじめに L. E. J. ブラウワー（1881 ～ 1966）は、時間のなかで連続する列についてのカント的原理に基づいて直観主義を創始したが、彼の主要な遺産は構成的数学であり、それは、カントを動機づけたような考えをめったに利用していない。そうすると、算術が幾何学に応用されうるというよく知られた事実に、今日なぜわれわれはこれほど強くひきつけられるのだろうか。

一つの答えは、すでに示唆したように、現代の認知科学から出てくる。脳と認知について、いまやポピュラーになったモジュール説がある。われわれの空間環境を把握し方向づけ、かつ幾何学の誘因となるモジュールは、『数覚（*The Number Sense*)』——スタニスラス・ドゥアンヌの著書（Deheane 1997）のタイトルを使えば——をわれわれに与えるモジュールとは独立に存在しているというのは、納得のいく推測だ。誇張して言えば、われわれには異なる二つの認知システムがあり、それぞれが独自のニューラル・ネットワークによって脳内ではたらいているというわけである。とても説得力がある。(まさしくカントが予期していたと思われる種類のことだ。) 異なった「核となるシステム」があって、その一方のグループが多数性の判断を可能にし、もう一方のグループが単純な幾何学的判断を可能にするというのが、今日では一致した見方になっている。けれども、どういうわけか、算術と幾何学という二つのものは同じ素材にかかわっているようなのだ。

## 8 幾何学の算術への応用

デカルトは算術を幾何学に応用した。しかし主客を変えて、幾何学を数に応用することもできる。たとえば、すでに言及した、ヘルマン・ミンコフスキー（1864

～1909）の名前を持ちだそう。彼は、アインシュタインの先生の一人であり、弟子よりも優れた数学者であった。1907年に、特殊相対論が四次元時空において概念化できるはずだということをはっきり認識したのは、彼であった。1908年、ドイツの科学者と物理学者の年次総会において基本的な講義を行った。それは次のような熱烈な言葉で始まる。

> これ以降、空間そのもの、そして時間そのものは、たんなる影へと徐々に薄まっていく運命にあり、それら二つのある種の結合体が独立した実在性を保持するだろう。（Minkowski 1909）

空間と時間についてのカントはたった一文で打破されたのか。おそらくそうだろう。だが、ミンコフスキーがここで重要なのは、まったく異なった理由からだ。彼は最初、数論における並外れた革新者として名声を確立した。ところが彼は、数論における——そしてのちに数理物理学と相対性理論における——発見の多くを、幾何学を用いて成し遂げた。（Galison 1979 を参照。学部生のときに彼が書いた素晴らしい論文である。）それは、代数を幾何学に応用するというデカルト的応用の逆である。


## 9　数学の数学への応用

幾何学の数論への応用、そして代数の幾何学への応用は、数学の数学への応用の特殊ケースである。幾何学と数は認知的に異なる起源をもつと主張されており、それに私が興味を抱いているがゆえに、私はこれらの応用が可能であることに対して深い当惑を覚える。一方、より一般的な話題、すなわち、ある一片の数学の別の一片の数学への応用という話題は、面白いことに哲学者たちからほとんど注目されてこなかった。そのような応用は、数学者たちのあいだでは、つねに楽しみと業績の源泉となってきたものだ。これ以降、最近の数学からいくつかの例を取り上げるが、これらはどれも、ある分野の数学からアイディアをもってきて、別の分野の根本問題を創造したり解決したりするのにそれを使うという事例である。

ケネス・マンダースは、この話題をとても真摯に受け取っている稀有な哲学者である。「われわれは、一見したところ知的に強力な何かが数学の経験的応用において起こっているという考えに慣れ親しんできたが、哲学者たちは、……数学から数学への世界（the math-math world）においても似たところがあるのをさ

らに認めなくてはならない」。これは 1990 年代に書かれた未発表の論文「なぜ数学が応用されるのか」からの引用である。彼のタイトルは一目見ただけでは誤解を招くかもしれない。というのも、このタイトルは経験的応用を想起させるからであるが、それは正確には彼のターゲットではない。とはいえ、このタイトルが不適切だというわけでもない。なぜなら、数学が応用可能であるための根拠は、数学から経験的なものへの応用と数学から数学への応用とによって同様に共有された諸特性にあるのではないか、と彼は考えているからだ。私もこの推測を共有する。

　マンダースは、「数学から数学へ」に対する哲学的無関心を、数学がすべて演繹であり、すべて証明だという 20 世紀の態度によって説明している。「この観点からすれば、ある数学の定理を数学の証明に応用することには、実際何ら特別なことはない。それは、証明につぐ証明（just proofs and more proofs）にすぎないからだ。」この態度の具体的な説明として、ヒルベルトのフレーゲへの手紙（1899 年 2 月 21 日：Frege 1980）と、最初 1945 年に American Mathematical Monthly 誌に発表された C. G. ヘンペルの有名な論文を引いている。ヘンペルは明らかに、どんな分野への数学の応用も、公理の集まりを新たな文脈で解釈する問題だと信じていた。これは、マンダースが、数学の応用についての「解釈的」捉え方と呼ぶものだ。私はさらに進みたい誘惑にかられる。ゲーデルとタルスキ以降、論理学者たちと哲学者たちは、仕方のないことではあるが数学への意味論的アプローチにとりつかれてきた。そのことが、数学のある領域が別の領域に応用されるとき実際になされていることから、注意をそらしてきたのである。マンダースを言い換えると、それが応用をモデルにつぐモデルにすぎないように思わせてきた。

　マンダースが確認し、われわれを誤解させてきたと彼が言うところの観念、そして上で私が意味論的アプローチに結びつけた観念は、抽象的形式体系という観念である。われわれはその体系の中で妥当な演繹を行うが、その体系には様々な解釈が存在する。ひとかたまりの数学がある主題に応用されるのは、その主題がその数学に対して一つの解釈を与えるときである。一方において妥当なすべての演繹は、その解釈のもとで、他方における健全な結論へと導く。これこそが、ある分野の数学を他の分野の数学に応用することのすべてである。ところが、マンダースは、ものごとがまったくそのようではないことを見てとったのだ。

　彼は、「数学から数学」への応用の例として、デカルトではなく、ジラール・デザルグ（1591 ～ 1661）によって 1647 年に発見されたある定理を取り上げて

いる。これは、デカルトが「幾何学」を出版した 10 年後に証明された定理である。この結果は、19 世紀における射影幾何学の復興まで長いあいだ、顧みられることはなかった。射影幾何学の復興によるユークリッド幾何学の捉え直しは、たんに公理を再解釈するという問題ではなく、むしろ空間が概念化され、心に提示される様々な仕方が変化したのだ、とマンダースは論じている。射影幾何学は（マンダースの微妙なニュアンスを含んだ論文を単純化すれば）ユークリッド幾何学に応用されたのであり、両者についてのわれわれの理解はこの交流によって影響されたのである。（射影幾何学については、§4.5 と §5.11 でもう少し述べてある。）公理から解釈へという無味乾燥な一方向だけの物語は、そのようなダイナミズムを完全に無視している。このようにマンダースは論じている。これは重要な洞察であり、だんだんと広範に受け入れられるようになってきた。これについては、厳密性についての「純粋」数学と「応用」数学に結びつけて、§5.24 〜 26 において詳細に説明する。

　この、技術的な発明によって、人間が空間について考える可能性がいかに変わるかというテーマは、それ自体哲学的に考えてみるに値する。それが、ヘルマン・ミンコフスキーが自分のダイアグラムでやったことであり、1960 年代にロジャー・ペンローズとブランドン・カーターが、今日ペンローズ・ダイアグラムと呼ばれる共形図でやったことである。とても賢い若い人ならば、たくさんの訓練を積むことにより、無限次元空間の因果的諸性質を平らな紙やホワイトボードの上で表現できるようになる。そのうえで、ブラックホールやもっと深遠な多くのことを生産的に考えることを学ぶのである。これはスティーヴン・ホーキングがやっていることだが、もう長いことダイアグラムを描くことができない彼は、いったいどのようにしてそれを行うのだろうか。エレーヌ・ミアレは、ホーキングが、自分に近い分野の高度な学位研究を携え、トップで入ってくる博士課程の学生を毎年どうやって選んだかを描いている（Mialet 2012）。そういう学生は、ホーキングが興味をもっていることのなかから研究題目を割り当てられ、ホーキングが必要とするダイアグラムの描き方を学ぶのである。学生は彼のために 4 年間研究を行うのだから、どんなときも彼には四つの「思考補助器官」がついている——学生がホーキングに考えることを可能にするのだ。

## 10　同じ素材？

　プラトニストは、多くの可能な読み方のうち一つの読み方で歴史上のプラトン

を読んでいるのだが、そういうプラトニストなら、幾何学と数論は、結局は同じ素材を扱っているのだと言うかもしれない。すなわち、視野の狭い人間は算術と平面幾何学という別々のアプローチで始めるのだが、それらは同じ数学的実在を扱っていることが最終的には判明するのだ、というわけである。同様に、数学の本質は、それが研究する対象でもなければ、それが証明する定理でもなく、むしろ構造の研究にあると語る哲学者や数学者ならこう結論づけるかもしれない。デカルトは、幾何学的構造が代数的構造と密接に関係しているか、もしくは同一であることを、きっぱりと立証したのだ、と。チャールズ・チハラの「唯名論的な数学の哲学者のための新たな指針」（Chihara 2010）は、まさしくそれを論証するために、数学の数学への応用を表立って活用している。したがって、「プラトニスト」と「唯名論者」は、数学から数学への応用を、自分たちの主張を支持するための議論に使うことができる。これは意外にも思える。というのも、哲学のこれら三つの学派——プラトニスト、唯名論者、構造主義者——は、互いに相容れないと想定されているからである。「プラトニズム」、「唯名論」、「構造主義」。これらのあまり明晰でないラベルを、私はできるかぎり長く脇によけておくつもりだ。

　論理学者で哲学者のパウル・ベルナイスは、1934 年の講義で、カントに由来する考え方を通して、私なりの荒削りな言い方をすれば、幾何学と算術は同じ素材（と私が呼ぶようなもの）などでは**ない**と結論づけているように思われる（Bernays 1983: 268-9）。彼はこう語った。「幾何学において、空間のプラトニズム的観念は原初的である」。対照的に「数の総体という観念は」算術に「押しつけられて」おり、それゆえ数論は直観主義的な「傾向」に訴えるのである。たかだか「算術と幾何学の二重性が」あるにすぎないのであり、その二重性は「直観主義とプラトニズムの対立に無関係というわけではない」（1983: 269）。これについては、§7.6 でもう少し語る。

　算術と幾何学のあいだのカント的区分は、新カント主義や現象学の伝統のもとで教育を受けた人々——そこには、ベルナイスと並んでブラウワーとヒルベルト両人も含まれる——には所与であったため、一方の他方への応用可能性は、経験主義者や論理主義者にとってよりもはるかに深い印象を彼らに与えたのである。


## 11　過剰決定か？

　もしかすると私の驚きはいわれのないものかもしれない。はるか昔から、幾何学は測定にかかわっており、測定は数字で表される。建築家は、それ以外にどう

やって仕事を進めることができただろうか。ジェームズ王の欽定訳聖書には、寺院の建築のためにソロモンに雇われたフェニキア人の職人ヒラムが語ったこととして、「海を鋳造れり此邊より彼邊まで十キユビトにしてその周圍は圓くその高さは五キユビトその周圍は三十キユビトの縄をめぐらすべし」(2 Chronicles 4.2 歴代志略下第四章二、Kings 7.23 も参照)とある。これは、著者たちが、われわれがπと呼ぶものの値が正確に3だと信じていたことを示唆している。キリスト教の護教家たちはこの解釈を退けるが、もとのテキストが何を意味するにしろ、この一節は、円周とその円の直径(幾何学的概念)とのあいだに比(算術的概念)が存在するという自覚を指し示している。

　別の文明からもう一つの例を挙げると、ピタゴラスの狂信的教団は調和(ハーモニー)の重要性を深く認識していた。ここでは、幾何学的対象として、竪琴の弦、つまり直線から出発する。(理念的対象としての直線と物理的なぴんと張った弦の違いは、ずっとあとになって新プラトン主義者たちによって初めて区別されるようになる。)すると、竪琴の弦が、様々なオクターブ音を生み出すように様々な比で分割されうることが見て取れる(あるいはむしろ、聞き取れる)。一つの調和級数は、数列 $x/1$、$x/(1+d)$、$x/(1+2d)$、……として定義される。プラトンとちょうど同じ時代の人で、彼にとってピタゴラス的推論についての主要な情報提供者でもあったアルキタスは、調和級数 1、2/3、1/2、……[すなわち、2/2、2/3、2/4、……]を発見した(と思われる)が、この級数は張られた弦から聞き取れる倍音に対応する。

　弦は直線(幾何学的)だが、それが様々な比(算術的)でぴんと張られたとき、耳に合う音を生み出す。算術的級数と聞き取られる倍音のあいだには、もっと複雑な多くのつながりがあるが、ピタゴラス学派の人々はそれを一つの全体的な宇宙論——「天球の音楽」——へと仕上げた。この宇宙論はまずもって、算術——整数ではなく、整数間の比——を、直線の様々な性質とひとまとめにして考えることから始まる。そこからピタゴラス学派の人々はこう夢想する。宇宙は性格上まさしく数学的なのだ、と。この考えは、何人かの数理物理学者に関してはいまだに元気に生き残っている。「われわれの物理的世界は、抽象的な数学的構造な**のだ**。」(Tegmark 2008: 101, 太字にしたのは、彼が、宇宙がそのような構造であると言っており、たんに宇宙がそのような構造をもつと言っているわけではないことを強調するためである。)それが、テグマークの数学的宇宙仮説である。ディラックはもう少し穏健に、次のように主張している。「自然のうちには何らかの**数学的性質**」が存在しなければならず、「その性質は、無頓着な観察者なら気づくこともないが、

それでも自然の図式（Nature's scheme）においては重要な役割を果たしている」
（Dirac 1939: 122, 大文字と太字は原典による）。

　ピタゴラス学派の夢——あるいは幻想——は、Steiner（1998）という例外は
あるものの、後世の哲学者たちの関心をたいして引いてこなかった。私は、それ
を§4.8 〜 11 で簡潔に論じるが、Hacking（2012b）ではより詳細に論じている。
この夢を私は幻想に分類しているが、数理物理学というアイディアそのもの、数
学は自然の最も深遠な秘密を解き明かすのに使われうるという考えそのものは、
ピタゴラス的伝統のおかげを大いに受けている。

　われわれは、歴史上のピタゴラスについてはほとんど知らないが、ピタゴラス
派の狂信的な教団についてはかなりよくわかっており、それについては、Kahn
（2001）が簡潔で最良の案内である。「ピタゴラスの定理」という語句がある。直
角三角形の斜辺の平方が作る面積は、他の二辺の平方が作る面積の和に等しい。
これをピタゴラス的**事実**と呼ぼう。これについてわかっていることの一つは、ギ
リシャ人たちが数学的推論に取り組むようになる以前から、この事実はよく知ら
れていた、ということである。おそらく、教団のメンバーたちが最初に、ユークリッ
ド原論第 10 巻 9 節のような形で証明をしたのだろう。ハーディは、この定理を
数にかかわるものとみなしている（Hardy 1940）。その特別なケースでは、$\sqrt{2}$ は「無
理数」である。だが、アルキタスであれ、誰であれ、事態を本当にそのように見
ていたのだろうか。私は疑わしいと思うが、もし彼がそう見ていたのであれば、
それはまさしく、数と図形が親密に関係しているという原初的感覚のもう一つの
実例だということになる。

　数と幾何学とのこうした結びつきは過剰決定されているだろうか。プラトン
の読者にはたいていおなじみの『メノン』における事例——与えられた正方形
の対角線を一辺とする正方形はもとの面積の 2 倍になるというユークリッド的
結果（しばしばピタゴラスの定理の一事例と呼ばれる）——のなかにすら、倍増、あ
るいは「2 倍（two times）」という言葉が含まれている。英語（他の言語のいくつ
か）では、われわれの多くが口ずさむようにして「4 かける 7 は 28（four times
seven makes twenty-eight）」と言うのを学んだが、そのときの凝固した記憶をわ
れわれはいまだ忘れてはいない。この "times" に注目せよ。この言い方は、四
つの同じ「単位」長からなる長さを端から端へと動かし、直線に沿ってそれを 7
回（seven times）繰り返すことにまさに由来する。その結果が 28 というわけだ。
それには時間（time）がかかる。私の子供時代には、子供たちはまだそれを「九九
表（times table）」と呼んでいた——時間と数、そして幾何学的な長さはすべて、

16　第 1 章　デカルト的序論

小学校では結びついていたのだ。

## 12 多様性の背後にある統一性

　数学の歴史は、多様化と統一化の歴史である。多様性のほうから始めよう。ある人々、すなわち古代ギリシャ人たちは、幾何学を第一義的なものと捉え、その一方、他の人々、インドにおいてサンスクリット語で研究をしていた人たちは、数を第一義的なものに据え、その数への執着をイスラムとアラビアに伝えた。だが、これらはすべて同じ素材であることが何度も判明してきた。

　科学記事を読む人々にとって、最近最も広範に報道された数学の大発見は、アンドリュー・ワイルズによってなされた。彼は、楕円関数の難解な諸特性を、算術におけるある耳の痛い事実、すなわちフェルマーの最終定理に「応用した」。ある目的のために展開された構造が、最初はかろうじてそれと見える森の中の足跡をたどりながら、やがてよく知られた小道と合流し、そして突然その問題の解決への道につながることを発見するというのは、数学的な喜びの源である。

　多様なものを統一するという例の多くは、はるか以前のものであるため、われわれはそれらを忘れてしまっている。たとえば、算術のいくつかの初等的な事実を証明するために複素平面が必要であったという事実を思い出そう。虚数は、整数を選り分けるために持ち込まれる。数学の何らかの特定の分野——それが何であろうと——になじんでいるどんな読者も、その分野が、それとは無関係な洞察と動機から始まった別分野の研究によっていかに進展してきたかを知っているはずだ。

　複素数が数論上の多くの発見に必要とされてきたからといって、複素数が証明のために本質的に必要だとつねに考えられるわけではない。証明を最小の仮定に帰着させたいという衝動は、主要な証明論研究者を含めて、あるタイプの数学者のあいだではよくあるものである。たとえば、アトル・セルバーグ（1917～2007）は、1959年にフィールズ賞を受賞したのだが、その理由の一部は素数定理の最初の初等的証明を発見したことにかかわっていた。

　素数定理とは、整数のなかでの素数の分布についての定理であり、その分布は本質的にランダムだと述べるものである。素数の部分集合をわれわれがどのように選ぼうとも、それらの素数の配列は、まるでそれらがルーレット盤からやって来たかのようになるだろう。しかしこれは、素数の謎とでも呼べるようなものを作り出す一組の事実の半分にすぎない。素数は整数の列にでたらめに現れる。そ

の一方、すべての素数に当てはまるとびきり強力な法則が存在する。

　素数定理について、整数の理論の外に出ない証明を導き出すことは、当然ながら注目すべき成果であると考えられてきた——それほど注目に値するものであったために、誰が何を発見したかをめぐってセルバーグとポール・エルディシュ（1913 ～ 96）のあいだで卑劣な優先権争いがあったほどだ。（Spencer and Graham 2009 を見よ。ただし、Graham がエルディシュの親密な共同研究者であったことに注意せよ。）これは、基本的な定理の証明に必要な仮定を減らすという手法の美しい事例であった。

　マイケル・アティヤ（1929 年生まれ、1966 年にフィールズ賞）は、驚くべき統一に陶酔しているのだが、これは数学者のあいだでは珍しい態度ではない。

> しかし数学において私は二つの事柄を好んでいます——そう、統合（unification）、思いもよらない仕方で結びつく二つの事柄です。数学で美しいことの多くは、主題 A の何かを証明します。それが、驚嘆すべき、そして思いもよらないつながりによって遠くあちらの隅っこにある主題と結びつくかもしれない。このアイディアを適用してみよう、するとただちにそれらの問題の解決にいたる、私が好きなのはそういう種類のことなのです。それが予期できないことの一つの形です。〔要するに私が好きなのは〕概して、思いもよらなかったことなのです。（Atiyah, n.d.）[†]

## 13　名誉をたたえることについて——フィールズ賞

　そういうわけでセルバーグは自らの証明でフィールズ賞を獲得したのだが、なぜそんなことをたたえるのか。私は、名誉勲章を引き合いに出すのは好きではない。というのも、そうすることは、権威に訴えているように思えるからだ。とはいえ、たぶん多くの読者は、私が取り上げて意見を紹介する数学者たちの名前にはなじみがないだろう。だから、彼らのコミュニティで認められてきた何人かに注目するつもりである（そうすることで、容易にググることができる）。フィールズ賞は、**数学における顕著な発見に対する国際賞**の通称である。フィールズ賞は、4 年ごとに 40 歳以下の数学者の少なくとも二人、多くても 4 人に授与される。この賞は、それ以外では忘れ去られたトロントの数学者によって 1936 年に設けられ、彼にちなんでこの賞（とフィールズ数理科学研究所）が名づけられた。この賞にはごくつつましい賞金しかないけれども、数学のコミュニティではたいへん

---

[†] 原書では Atiyah 1984 とされているが、そのインタヴューにこの部分は含まれていない。含まれているのは、日付不明（n.d.）とされるインタヴューのほうである。

18　　第 1 章　デカルト的序論

な名誉を授けてくれる。

　調べればすぐに出てくるが、数学には他にも多くの賞があり、なかにはずっと多くの賞金をもたらしてくれるものもある。数学にはノーベル賞がないというのはよく知られているけれども、賞金の点でノーベル賞の半分に匹敵する（しかもノーベル科学賞は通常共同で受賞するものだから、事実上は等しい金額の）他の北欧の賞があることはそれほどよく知られていない。スウェーデン王立科学アカデミーによって授けられるクラフォード賞というのがあるが、これは、ノーベル賞が授けられる分野とは重ならない主題の研究に授与される。たとえば、2012年は「調和解析、偏微分方程式、エルゴード理論、数論、関数解析および理論計算機科学」と題される研究に対してジャン・ブルガンに授与された。ノルウェーには、数学での生涯の功績に対して与えられ、同様に価値あるものとされるアーベル賞がある。

　それから、ミレニアム懸賞（§2.21）、クレイ研究賞、そしてウルフ賞があり、応用数学では、レイド賞、フォン・カルマン賞、ウィルキンソン賞がある、等々、リストは続く。しかしここではフィールズ賞だけに言及することにしよう。

　繰り返すが、私は、数学者の言葉に権威を与えるためにそうするわけではない。科学史家たちは通常、大御所たちが、自分たちが名声を博した科学分野について、哲学的ないし歴史的洞察という点では格別に優れているわけではないことを発見する。だが、なかには優れた人もいるし、彼らが、訓練された哲学者としてではなく、数学者として自分の経験から書いたものは興味深い。第6章は、プラトニズム vs 反プラトニズムの論争を、二人の歯切れのよいフィールズ賞受賞者を互いに競わせることで、展開する。

　さらに言えば、偉大な数学的革新のすべてが40歳以下の人物によってもたらされるわけではないとはいえ、フィールズ賞受賞者全員の簡単な一覧表が、たとえば過去60年間の注目すべき数学的発見と革新を記録するのに大変役立つと言っても、真実からそれほど遠くはないだろう。これは、アーサー－セルバーグ跡公式のジェームズ・アーサー——ちなみに相方のセルバーグは12節で出てきたセルバーグである——がトロントのフィールズ研究所において2012年10月15〜18日に開かれたフィールズ賞シンポジウムで、少しばかり研究所へのお世辞を交えて開会宣言をしたときに述べたことの言い換えである。熱心な4日間のシンポジウムは、ラングランズ・プログラムの基本補題を証明したことで2010年にフィールズ賞を受賞したゴ・バオ・チャウに捧げられた。このラングランズ・プログラムについては以下15節で簡単に取り組む。

19

実際、私は頻繁にフィールズ賞に言及するつもりだが、過度な崇拝への解毒剤として、ロバート・ラングランズ自身による所見を思い起こしておくのは有用である。

> 数学は共同作業である。共同作業は、後に続く者たちに対してある数学者がもたらす影響と同じように、時間を超えて、異なる世代間で実現されるであろう——そして、私にとってより啓発的であるのは、まさにこのことなのである——が、それはまた同時に、良かれ悪しかれ、競争や連携の結果でもあるだろう。どちらも本能的であり、つねに有害だというわけではないが、そうした競争や連携は現在ではあまりに多くの刺激によって駆り立てられている。それは、現在の財政支援の性格に基づく連携であったり、賞による競争であったり、あるいは自分たち自身や数学に関心をひきつけようという数学者たちの企てであったりする。(Langlands 2010: 39f, n. 2)

## 14　アナロジー、そしてアンドレ・ヴェイユ 1940

　もしかすると、算術と代数の幾何学への応用可能性についてではなく、むしろそれらのあいだのアナロジーについて、あるいはまた——先の10節で引用されたベルナイスのように——それらのあいだの二重性について語るべきなのではないか。ここで、1940年にアンドレ・ヴェイユ（1906〜98）が妹シモーヌ・ヴェイユ（1909〜43）に宛てて書いた手紙を参照してみるのが役立つかもしれない。

　この二人のヴェイユは並外れた兄妹であった。数論、代数幾何、その他いろいろの研究者であるアンドレ・ヴェイユは、20世紀数学に計り知れない影響を及ぼした。それは、ブルバキグループ（§2.12）のリーダーとしてだけではなかった。シモーヌ・ヴェイユは、しばしば神秘主義者として記述される、最も深い哲学的道徳家の一人であった。公正な理由から、アルベール・カミュは、彼女を「われわれの時代の唯一の偉大なる精神」——つまり、**エスプリ**であり、これはまた「心（mind）」を意味する——と呼んだ（Pierce（1966: 121）で引用された1961年2月11日の新聞論説において）。手紙は、第二次世界大戦の始まりにフランスでの兵役を逃れようとしたことでアンドレ・ヴェイユが短期間収監されたときに書かれた。彼は自分が良心的兵役拒否者であると主張していたが、その意志を貫くことができずに入隊し、それから合衆国に逃亡した。シモーヌ・ヴェイユは、同時期、レジスタンス活動にきわめて熱心であったが、これらのエピソードはパスしよう。

　ヴェイユが京都賞（あらゆる分野の活動に対して与えられる、日本の大きな賞）を受賞したときの表彰文の一部によれば、彼は「抽象的代数幾何学の基礎およびアー

ベル多様体の現代的理論を構築することによって**代数幾何学と数論の急速な進展**をひき起こした。代数曲線についての彼の研究はきわめて広範な領域に影響を及ぼし、そこには、素粒子物理学と弦理論のように、数学外のいくつかの分野も含まれる」(*Notice of the American Mathematical Society* 41 (1994), 793-4)。私は、彼が代数幾何と数論の両方を前進させただけでなく、部分的にはこれら二つのあいだにアナロジーを打ち立て、展開することによって両者を前進させたことを強調するために太字を用いた。これは、妹への 1940 年の手紙で彼が記述していることにほかならない。

　1940 年 3 月 26 日の手紙で記述されているのは、彼の「算術的 / 代数的研究」、数論の歴史におけるいくつかの出来事、そして「数学的発見におけるアナロジーの役割」である。このアナロジーについては「一つだけ実例を取り上げて検討しますが、たぶんあなた[シモーヌ]にもそこから得るものがあると思います」と続けている (Weil 2005: 335)。彼は、この手紙のすべてを、いやそれどころか大部分さえも妹が理解できるとは期待していなかった。実際それを理解しようとすれば、非常な困難に入り込むことになるし、私もそれに立ち入ろうとは思わない。私がここでその手紙に言及したのは、ヴェイユが、数学のある分野を別の分野に応用することについて考えていたのではなく、むしろ両分野のあいだにアナロジー、すなわち基底的な構造のアナロジーを見てとろうと考えていたことがわかるからである。この見方によって、ヴェイユとブルバキ集団の彼の仲間たちは、数学が構造についてのものであると考えるようになったのである (§2.12)。

　ついでながら、ヴェイユが挙げた最初の例は、ガウス (1777 ～ 1855) が「黄金定理」と呼んだものであることには言及してよいかもしれない。「黄金定理」とは、もっと説明的に言えば、素数と多項式の解についての平方剰余の相互法則のことである。この法則はルジャンドル (1752 ～ 1853) によって見いだされていた。若きガウスが最初は、およそ 9 ヶ月かけてそれを証明し、1801 年に公表した。生涯を通じて彼は八つの証明を公表している。今日ではこの定理は、数論のどんなコースでも最初のほうに出てくる。クーラントとロビンスによる教科書 (Courant and Robbins 1996) は、高校数学以上の素養をたいしてもたないビギナー向けに書かれたものだが、そこでも 37 ページにそれが出てくる。Tappenden (2009: 256-63) には、ルジャンドルとガウスの時代以降にこの結果がなぜ数学者たちを魅了してきたかについての有用な哲学的分析がある。この定理は、12 節で先に言及した謎のうちの後者、すなわち、整数のなかで素数が純粋に「ランダム」に現れる一方で、素数どうしのあいだに深い法則が成り立つと

いうことの、一つの美しい例である。

　妹への手紙で、ヴェイユは相互法則から始め、代数の手短な歴史をたどりながら、数学の見かけ上無関係な分野どうし——その起源が互いにどんな歴史的結びつきももたない諸分野どうし——のあいだにとてつもないアナロジーがあることに自分がどうやって気づいたのかを説明している。ある分野で行き詰まったとき、前進するために類比的な分野に向かうというのはよくあることだ。これは、ある分野をもう一つの分野に応用するというよりも、ゆっくりと明らかになってきた対応を活用するという趣旨の事柄である。平方剰余の相互法則は、新たな数学的問題、そしてまったく新しい数のクラスを果てしなく生み出してきた。タッペンデンは、「2002 年のフィールズ賞が、平方剰余の相互法則の一層野心的な一般化であるラングランズ・プログラムについての研究に対して〔ローラン・ラフォルグに〕授けられた」と述べている（Tappenden2009 n.12）。では、このプログラムはどういうものなのか。

## 15　ラングランズ・プログラム

　算術は幾何学に応用されうるし、その逆もまた同様であるという発見は、大昔の発見であり、すでに終わったことのように思われるに違いない。それゆえ、それを思い起こさせるような現代的実例を出すべきだろう。だがその場合、一つ問題がある。重要な例はきわめて高度に発展した領域から取ってこなければならないから、数学者にとってすら、その分野で研究していなければ、難解になってしまうだろう。けれども、今日ですら驚くべき何かがあることを示さないならば、私の問いは、歴史家のほこりにまみれた記録保管庫に追いやられてしまうかもしれない。数学の哲学者は、少なくとも現代の本物の数学に注意を払うべきである。ここでは〔歴史の〕ぬかるみにはまるよりも科学ジャーナリストであるほうがましである。しかしここはまた、気をつけなければならないところでもある。ジャーナリズムはセンセイショナリズムにひきつけられるからだ。われわれは、過度にセンセイショナルな、あるいはたんにエキゾチックな数学の「きらめき」——ヴィトゲンシュタインがそう呼んだ——を当てにするべきではない。

　そういうエクスキューズをつけたうえで、いまや私が明らかに理解していないことに言及しよう。

　13 節で触れたように、2010 年のフィールズ賞はラングランズ・プログラムの「基本補題」を証明したことに対してゴ・バオ・チャウに授与された。このプロ

グラムは信じられないほど豊かであることが判明してきており、したがって、私にはそのすべてを説明することはできない。私がこのプログラムを紹介するのは、数論の幾何学への現代的な応用とその逆の応用とを具体的な例で説明するためである。それとも、それは両者のあいだにアナロジーを見てとることだと考えたほうがよいだろうか。これらの話題に近いところで研究を行っている卓越した数学者ピーター・サルナックは、ゴの結果について説明しながら、次のように述べたと（プリンストンの高等研究所によって刊行された大判の新聞で）報告されている。

> 幾何学的な背景のもとでなされた証明を取り上げ、それを真に数論的な背景のもとへと変換できるというのはきわめて珍しい。それこそが、ゴの成果を通して起こってきたことだ。ゴは橋を提供したのであり、いまや誰もがこの橋を使っている。彼が成し遂げたことは深淵である。それは、表面下にある、真に根本的な何かを理解することにほかならない。（高等研究所 2010: 4）

ここには、算術を幾何学に応用できることがはっきり自覚された 17 世紀初頭におけるのと同じ驚きがある。だが、いまや私はこれについて何らかの説明を行わなくてはならない。

ラングランズ・プログラムは、ロバート・ラングランズ（1936 年生まれ）による研究にちなんで名づけられたものであり*†、その研究は、1967 年に彼がアンドレ・ヴェイユに書いた、いまでは有名になったある手紙から始まる（ラングランズのウェブサイトを見よ）。ラングランズは、自分のプログラムを、「19 世紀と 20 世紀初頭に作られた代数的数の——代数的かつ解析的——理論における発展の続きから」ほとんど継ぎ目のない形で成長してくるものだと見ている（2010 年 8 月 24 日の e メール）。研究のこの実質的な部分は、説明するどころか、言及することさえ容易ではない。その難しさをかいま見るために、初期の「ラングランズ・プログラムへの初等的入門」を見てみよう。それはこう始まる。

> ここには、ラングランズ・プログラムの恍惚感と並んで苦悶がある。この推測をたんに正確に述べるだけでも、類体論、代数群の構造理論、実および p-進群の表現論そして（少なくとも）代数幾何の言語といった数学的装置の多くを必要とする。言い換えれば、約束された報奨は大きいとはいえ、そこに入り込むためのプロセスには人を寄せつけないものがある。（Gelbart 1984: 178）

この文章が書かれてから 25 年以上経っているわけだから、いまではプログラムにはずっと多くの内容が加わっている。新たな研究分野がまるごと創造され続けてきたのである。（13 節で言及したアーサー‐セルバーグ跡公式はその構成要素の

---

† * は、本書の最後にある「情報開示」セクションで所見が述べられていることを指し示している。

23

一つである。）それでも、このプログラムがいかに様々なアナロジーの密集した全体から捻り出された成果であるのか、その意味合いを少なくともかいま見ることはできるかもしれない。一方に、数論において自然に生じてくる諸構造がある。これは、多項式の根から派生してくるものだ。（これらの構造は、エヴァリスト・ガロア（1811 〜 32）、すなわち群論の伝説的先駆者、の研究にそのルーツがあることを認める意味で、ガロア表現と呼ばれている。）他方、幾何学ないし数理物理学において生じてくる諸構造があり、これらは、深い対称性を示す。（問題の構造は、保型形式と呼ばれ、アンリ・ポアンカレ（1854 〜 1912）によって初めて明確にその一端が捉えられたものだ。）

　ヴェイユへの手紙のなかで、ラングランズは、二つの見かけ上無関係なタイプの構造のあいだに基礎的なアナロジーがあること、そして一方の分野で研究を行うことによってもう一方の分野での結果を導き出すことができるということを、事実上提案していた。これらの関係の特別なケースを立証することは、数学的研究の一分野になってきた。ラングランズ・プログラムにまったく無知な人々にとって、このプログラムへの最良の入門は、美を論ずる哲学会議のためにラングランズが用意した——彼は数学の諸理論における美を論じる役割を与えられていた——長い論文であるかもしれない（Langlands 2010）。彼は「美学」に異常に敏感であったし、注意深くもあったと私は考えているが、論文の関心は、数学史の彼なりの説明にあり、それは、彼の e メールの言葉を繰り返せば「ほとんど継ぎ目なしに」——彼自身の研究につながる 2 世紀にわたる出来事を強調するものであった。一般の人に向けてアイディアを紹介するこうしたやり方と、アンドレ・ヴェイユがシモーヌ・ヴェイユに対して 1940 年に書いた手紙での書き方とのあいだに一定の類似があることに気づかれるかもしれない。

　先に引用したピーター・サルナックも見てとっていたことだが、基本補題のゴによる証明が、いかに数論と幾何学の相互応用可能性を具体的に示しているかを私は強調してきた。「補題」というとたんなる足がかりのように聞こえるが、はじめはまさしくそのようなものだと考えられていた。ラングランズは、1979 年にパリで行われた講義でそれを導入した（後に講義ノートとして印刷された。ラングランズのウェブサイトを見よ）。アンドレ・ヴェイユは、それが補題と呼ばれるのはまったく奇妙だと気づいていたと（サルナックのと同じ所内の新聞において）報告されている。「それは定理だ。最初、それはささいな問題だと考えられていたが、それが補題ではなく、むしろその分野の中心的問題だったことがのちに明らかになった」（高等研究所 2010: 1）。

「応用」という点では、ラングランズ・プログラムは、少なくとも一つの物理学コミュニティ——それを先導してきた著名な弦理論の研究者エドワード・ウィッテン（彼は、1990 年にフィールズ賞を授与されたそれまでで最初の物理学者であった）を含む——では熱狂的に受け入れられてきた。ウィッテンは、幾何学的ラングランズ・プログラムが、電磁気学の双対性という 19 世紀に発見された現象を深く理解するのにどれほど役立つかを、一冊の本に匹敵する長さの共著論文に書いている（Kapustin and Witten 2006）。ここにあるのは、数学の物理学に対する応用は、数学の数学に対する応用に密接に結びついているのではないかというマンダースの推測を裏づける見事な証拠だ。実際、幾何学的ラングランズ・プログラムと呼ばれているものは、ウラジーミル・ドリンフェルト（1954 年生まれ、1990 年フィールズ賞）が十代の頃に突然思いついたアイディアに端を発しており、これは、見かけ上つながりのない領域間のラングランズ対応の範囲を大きく拡張したアイディアであった。ドリンフェルトはその後、数理物理学に対して根本的な貢献を行ってきた。これは応用だろうか。それとも、より一層深いアナロジーから捻り出された成果なのだろうか。

## 16　応用、アナロジー、対応

「応用」という観念そのものにまつわる欠陥は、それが一方向の概念だということである。われわれは A を B に応用する。これに対抗して、私は「相互応用可能性」という語を考案した。これらの領域で研究を行う数学者たちは、対応（correspondence）という言葉をよく使うが、これは対称的な観念である。私はこの議論を応用という語を用いて始めたが、デカルトは算術と幾何学のあいだにある対応を打ち立てたのだと言ったほうがよかったのかもしれない。かつて私は、会話のなかで、デカルトが幾何学を算術化したことについて話したことがある。私が話していた相手は、その時代の代数的問題が今日では幾何学的に解かれることを念頭において、デカルトが代数を幾何学化したと見てとったのである。まさしくそのとおりだ。

ヴェイユの「アナロジー」も同様に対称的である。もし A が B に類比的であるならば、B は A に類比的である。それならば、われわれはマンダースの言葉遣いを改訂し、数学 – 数学の応用についてではなく、数学 – 数学の対応ないしアナロジーについて語るべきなのだろうか。その場合には、応用についての話は、その通常の在りか、すなわち応用数学や数学の外での数学の応用に返上され、そ

25

こに限定されることになるだろう。哲学者たちが応用について書いていることに対するマンダースの批判の一つは、そうなると議論の余地を残すことになるかもしれない。その批判は、私がのちに使命指向型の応用数学と呼ぶものにも当てはまるからである。そこでは、われわれは科学技術の諸問題を解決するために数学を行う。それは、一方に数学を、もう一方にその応用を伴う、きわめて非対称的で一方向的なタイプの推論である。しかし、第 5 章のパート B で具体的に示すように、応用数学の大部分は、両方向のやりとりを含んでいる。あるときは数学が自然について教えてくれる一方で、別のときには自然が数学者に教えてくれるのである。

## B　証明

### 17　証明についての二つの見方

ユークリッドの時代からずっと、西洋では証明こそが数学的成果の最終的な判断基準であり続けてきた。私は、それが不可避であったとは思っていない。いずれにしても、それは単純な物語ではまったくない。その紆余曲折のいくらかは第 4 章で素描するつもりである。いまのところは、証明の歴史における一つの決定的な分岐点、一方はデカルトによって、もう一方はライプニッツによって表明された二つの理念的な捉え方の対比についてだけ注目したい。

いくらかの省察と学習ののち、何から何まで理解し、「一挙に」把握できるような証明が存在する。これがデカルトの理念である。

すべてのステップが慎重に配列され、一行一行機械的なやり方でチェックされうるような証明が存在する。これがライプニッツの理念だ。

### 18　とり決め

これら二つの理念を、デカルト的およびライプニッツ的と呼ぶことにしよう。

英語では、たとえばマルクス主義（Marxism）とかマルクス主義者（Marxist）のように、偉人にちなんだアイディアや学説を大文字にする傾向がある。ドイツ語では、Marxismus は、名詞なので自動的に大文字になる一方、marxistische は、通常の形の形容詞である。フランス語では、marxisme と marxiste は、しきたりで両方とも小文字になる。英語はもっとフレキシブルだ。ある学説が、強い歴史的伝統によってある歴史的人物に結びつけられるとき、私はそれを大文字

にしたい†。二つの実体、心と身体についてのデカルト的（Cartesian）学説。その考えがそれほど強く結びついていないときには、大文字にはしない。したがって、私は証明についてのデカルト的（cartesian）理想について語る。

　もっとあとで、私はプラトニズムとピタゴラス主義について語るが、これは、歴史的なプラトンやどちらかと言えば伝説となっているピタゴラスの歴史的なカルト教団にかなり強く結びつくと思われるような、数学についてのアイディアに言及しているからである。他方、プラトニズムとピタゴラス主義は、昔の人たちを思い出させるものの、彼らとの厳密な歴史的つながりという点ではほとんどつながりのない現代の考えを指示するだろう。この区別ははっきりしたものにはなりようがない。というのも、なによりプラトンはピタゴラス主義者であったし、多くの現代的なピタゴラス主義者はたんなるプラトニストではなく、プラトニストだからである。


## 19　永遠の真理

　私のとり決めは、証明とのつながりにおいては有用である。証明について二つのたいへん異なった考え方があって、その一つは、デカルトの執拗なほど注意深い著作から読み取ることができるし、ライプニッツによる無数のテキストのいくつかからは、もう一つの考え方がもっとあからさまに引き出されうる。このように言うことは間違っていないが、これら二つの考え方は、20 世紀になって初めて明瞭に分離できるようになったのであり、それは例によって、それぞれの場所で起こった多くの出来事が複雑に絡み合いながら、新たなコンセンサスへと収斂していくお話なのである。

　近代数学とはっきり認められるものができた当初から、この区別はおおまかに存在していたとみるのは有益だと思うが、当のデカルト、あるいはライプニッツですら事態を明晰判明に見通していたと言うのは誤りだろう。二人の哲学者を分かつ多くの事柄の一つは、数学において知られる、あるいは立証される真理の本性と諸特性であった。それは、中世のキリスト教哲学者とイスラムの哲学者たちがそうであったように、全知全能の神を信ずる誰もが大いに悩まされた古い論争であった。正方形はつねに四つの辺をもち、2 ＋ 2 はつねに 4 になるだろう。だが、神は、自らそう選択すれば、5 辺の正方形を作ったり、2 ＋ 2 が 5 になるよ

†　翻訳では、大文字のプラトニズムとピタゴラス主義については、傍点を付して「プラトニズム」「ピタゴラス主義」のように表記する。

うにしたりすることはできるのだろうか。もしできないならば、彼にはなしえないことが存在するのだから、全能ではないことになる。

この論争は、『論考』（3.031）においてすら想起されていた。ヴィトゲンシュタインはこう書いている。「かつてひとはこう言った。神はすべてを創造しうる。ただ論理法則に反することを除いては、と。」〔邦訳，p.23〕では、何が神を止めるのだろうか。その時点でのヴィトゲンシュタインの答えは、「「非論理的」な世界について、それがどのようであるかなど、われわれには語りえないのである。」であった。（私は最初のオグデンの翻訳（Ogden 1922）を使った。ペアーズ・マックギネスの翻訳（McGuiness1961）は、「われわれは「非論理的」な世界がどのようなものであるかを語ることはできない」となっている。）

## 20  必然性に対するものとしてのたんなる永遠性

神は $2 + 2 = 5$ にすることもできたと考えた点で、デカルトは近代の哲学者としては稀有な存在であった。永遠の真理は、実際、永久に真であろうが、それらの真理が必ずしもそういうものである必要はない。様相論理学者は必然性の種類を区別し、永遠の真理は必然的に真であるが、必然的に真であることが必然なわけではないと言うかもしれない（S4 だが S5 ではない）†。私は、このより古い考え方のほうが、デカルトにとってだけでなく、バートランド・ラッセルのような思想家たちにとってもいっそうふさわしいのではないかと思う。ラッセルは、明晰に考えるために必要なのは普遍量化子、すなわちすべてのものの上を走り、それゆえ永遠の上を走る普遍量化子だけだと考えたのである。必然性を引き合いに出す必要はない。必然性についてのラッセルの見解（クワインによって受け継がれた）についてこれ以上のことは §3.21 ～ 25 で述べる。

ライプニッツは、今日われわれが論理的必然性と呼ぶものについて明晰な理解をもった最初の人物かもしれない。一方で、彼は可能世界——神にとって創造することが可能であるような世界——という、それ自体は彼のオリジナルではない観念をもっていた。この可能世界という観念は、スコラ哲学盛期の本質的な観念の一部であった。他方、彼は、同一性と定義のみから証明可能であるもの——すなわち、あらゆる可能世界で真であるもの——という注目すべきアイディアをもっており、さらになぜそれが真なのかを説明している。それは、あらゆる可能

---

† ここでハッキングが何を言いたいのか明確ではないが、S4 でも $\Box A \rightarrow \Box\Box A$ は成立する。

性のなかから選択を行う神の能力にとっては、いかなる制限でもない。

あるよく知られた論理学者がかつて私に、ライプニッツは完全性という考えをもっていたと語った。つまり、あらゆる可能世界における真理は、証明可能性と一致する、というわけである。現在の言い方で言えば、意味論的なアイディア（あらゆる可能世界における真理）が、統語論的アイディア（証明可能性ないし有限回のステップでの導出可能性）と一致する、ということになろう。

さて、そのような完全性は著しく自明でないことがわかっている。クルト・ゲーデルは、最初の偉大な完全性定理、一階論理の完全性を証明し、それによってすべての未来の論理学者たちの心に完全性という考えを明確に植えつけた。ゲーデルはしばしばプラトニストとして記述されている。そのとおり、だが、彼はそれ以上にライプニッツ主義者であり、いったん適切な考え（集合について、現在通用しているよりもはるかに深い理解）をもったならば、われわれは完全な集合論をもつだろうと信じていた。そうなれば、それは、一階論理の完全性に関する証明でもってゲーデルが開始したことを実現するだろうが、それは、あらゆる可能世界における真理が証明可能性と一致するという、究極のライプニッツ的完全性定理にわれわれを一歩たりとも近づけてくれるわけではないだろう。とはいえ、ライプニッツもまた、この究極の完全性が、正しい概念を入手することにかかっている、しかも集合についての正しい概念だけでなく、すべてのものについての正しい概念を入手することにかかっている、と考えていたのである。

## 21　ライプニッツ的証明

何十年か前、私は厚かましくもある講義（Hacking 1973）を次のような言葉で始めた。「ライプニッツは証明が何たるかを知っていた。デカルトは知らなかった。」私は、無防備なアフォリズムをあえてもてあそぶことができた若かりし頃を取り戻すことができたらなあと思っている。むしろ私が言わなければならないのは、今日われわれが初等論理で教わる証明概念を予期するような理解をライプニッツがもっていたということだ。それは、次のような理解である。「証明とは文の有限列であり、その各々は公理であるか、推論規則の一回の適用によってその列の先行するメンバーから帰結するかのいずれかであるようなものである。」先の講義で私はこう続けた。「ライプニッツに関する私の主張は、彼は証明が何たるかを知っていたというにすぎない。彼は、形式的に正しい証明を書き記すのがうまかったわけですらない。というのも、デカルト——形式的なものを軽蔑し、

しかしほとんどつねに形式的に正しかった——とは対照的に、彼は生来性急なたちだったからだ」。私は、いまではデカルトが形式的なものを軽蔑していたとは言わないが、それは、彼が行った幾何学の代数化を新たな形式化の導入と見ることもできるからである。いまでは、彼がほとんどつねに形式的に正しかったとも言わないだろう。しかし、二人の偉大な哲学者兼数学者のあいだの違いは、証明と真理に関しては、十分明白なはずである。私は、この二人の哲学者たちについて行った以上のようなぶしつけな一般化に対して、ここでテキスト上の正当化を行うつもりはない。そうした正当化の一部については Hacking（1973）を参照してもらいたい。

　証明についてのライプニッツの説明は、真理に関する彼の驚くべき学説の中心にあった。彼は、偶然的真理は無限に長い証明をもつというありそうもないことに確信を抱いていた。「さもなくば、私は真理が何たるかを知らない」。たぶん、この奇妙な考え方は、1930 年代のゲアハルト・ゲンツェンの証明論という観点から考えれば、最もうまく想像できるかもしれない（Hacking 1974）。われわれは、真理に関するライプニッツの考えの半分しか吸収してこなかった。すなわち、必然的真理は有限回のステップしか要求しないというアイディアである。これは、論理的に厳密な証明についての核となる 20 世紀的アイディアだ。もっとも、ある人たちは、有限回のステップでは証明できない必然的真理が存在するかもしれないことを根拠にして、警告を発するかもしれないが。

　各ステップが合法的であることを確かめるために、証明の機械的なチェックを行うとしても、そうしたチェックを行うことが、人間の我慢やおそらくは人間の能力をも超えていることに、ライプニッツは十分気がついていた。ラッキーなことに、彼は計算機械を考案した。パスカルもまた考案した。しかしパスカルの計算機械は、私の信ずるところでは、彼自身の時代にあってこそ興味深く、潜在的に有用だと言えるような装置にすぎない。他方、ライプニッツの機械は、未来をかいま見るようなものであった。その未来とは、普遍記号法とコンピュータの使用によってすべてのものを計算したり、その計算をシミュレートしたりできるような未来である。彼は、そうした装置が発見の技を計り知れないほど拡げるだろうと考えたし、だからこそ彼はコンピュータによって生成される証明を愛したのだろう。ライプニッツからチューリングへといたる魅惑的な道行きについては、Davis（2000）を参照してもらいたい。

　実験数学（§2.18）——たんなる証明の検査ではなく、コンピュータによる数学的探究——は、ライプニッツが想像したものの直系の子孫とみなすことができ

る。コンピュータによる現実世界のシミュレーションもそうであり、これはほとんどすべての科学においてまったく標準的な実践になっているのであり、ただ哲学者だけがいまになってこの実践と折り合いをつけようとし始めているにすぎない。私は、デカルト的証明とライプニッツ的証明の分岐が 17 世紀に起こったように思われると主張しているが、ライプニッツの非常に多くの思弁と同様に、その分岐はかなり最近になるまで重要な意味をもたなかったのである。

## 22　ヴォエヴォドスキーの極端な証明観

たぶんわれわれは、時々刻々ライプニッツ的になっているのだろう。ウラジミール・ヴォエヴォドスキー（1966 年生まれ、2002 年フィールズ賞）は、プリンストンの高等研究所での講義（Voevodsky 2010b）で、次のような懸念を表明した。われわれが知るような数学、そして現在の数学基礎論で分析されるような数学は、もしかすると矛盾しているかもしれない、と。たとえば 1935 年をとれば、それ以降で影響力ある他の数学者のほとんどすべての意見とは反対に、数学が矛盾しているというのはもっとありうることだと彼は考えたのである。だが、それは、「〔矛盾への懸念から意識を〕解放しろ」ということではないだろうか。というのも、その場合、アイディアを展開するのに日常の「直観」により近い推論を使うこと（すべてを矛盾した枠組みの内部で行うこと）もできたからである。その後に、健全であることがわかっている数学の一部分において証明を作り上げればよい。

たいていの数学者と論理学者たちは、無矛盾性の何がそれほど偉大なのかとヴィトゲンシュタインが問うのを酷評してきた。矛盾した基盤の上で、それが矛盾していることを知らずに、完璧に良い数学を行うことは、はたしてできなかったのだろうか。さらに悪いことに、ヴィトゲンシュタインが書いたものを理解しようと試みてきた哲学者たちには、私の意見では、この発言を矮小化する傾向がある。しかし、ヴォエヴォドスキーはまったく本気である。

彼は数学のある分野でフィールズ・メダルを獲得したのだが、その分野では証明がとても長く、一人の人物では、あるいは一つのチームでさえ自信をもって検証できないほどである——これは、以下 §3.11 で議論される現象だ。メダルを獲得した研究ののち、彼は「現在の数学において最も興味深く、最も重要な方向は、新たな時代への移行にかかわるような方向だと確信するようになった。新たな時代とは、証明の構成と検証のために自動化された道具が広範に使用されることによって特徴づけられるような時代である」（Voevodsky 2010a）。

31

私はこの情報をマイケル・ハリス*に負っているが、彼はさらに、進展中の著作からいくらかの情報を使うのを許可してくれた。彼は、プリンストンの高等研究所での非公式な集会で 2011 年の 2 月に行われたある議論を報告している。「ヴォエヴォドスキーは、ユニヴァレントな基礎［Voevodsky（2010a）が発展させている分野］に基づいた**証明検証**プログラムを設計することがまもなく可能になるだろうと予言した。それは、機械可読な適切な言語で書かれた証明の正しさを実効的に検証することができるようなものである」(Harris（2015）"*Mathematics Without Apologies*", Ch. 3)。

ヴォエヴォドスキーの推測は、ライプニッツ的証明の極端なヴァージョンである。もちろん、無限遡行について懸念はいつまでもつきまとう。ある人が、証明ないし証明の概略を記した論文を、その証明を検証するためのプログラムおよび、そのプログラムを走らせたとき、コンピュータが「オーケー」と言う確証とともに投稿するとしよう。そのプログラムが健全であることを誰が検証するのか。(以下 33 節を見よ。)

## 23 デカルト的証明

デカルトは、文からなる証明というライプニッツ的アイディアをもっていなかった（あるいは、詳しく論じなかった）。多くの研究者が見てとってきたことだが、デカルトは、思ったほど「現代風」ではない。彼は、現に研究を行っているほとんどすべての数学者たちの胸にいまなお生きている、証明についての古い考え方を抱いていた。

デカルト的方法論では、真理を把握するには、証明全体を心のなかに一挙に取り込まなくてはならない。彼はこれを、数学的な著述ではなく、『省察』Ⅰの終わりのほうの、ある明解なアドバイスのなかで説明している。「私の諸々の議論をすばやく通過してはならない」と彼は要請した。むしろそれらの議論それぞれをその全体において習得し、心の前にそれを保持せよ。あなたは、一つの全体として証明をたどり、適切にそれを把握する以前にその証明の全体を見てとることができなくてはならない。推論は、それが完璧に純化され、推論の各ステップさえもが完全に解体され、その結果、まるごとの証明を一つの全体として把握できるようになって初めて自己認証的（self-authenticating）になる。これは、実質的には、ソクラテスがメノンの奴隷に与えた助言にほかならない。この少年は、ソクラテスの一連の誘導尋問のおかげで、ある事実を発見し、その証明を発見し

32　第 1 章　デカルト的序論

た。だが、理解を固めるためには、少年は何度も練習をやりこなさなければならない。「これらいろいろの思わくは、いまでこそ、ちょうど夢のように、よびさまされたばかりの状態にあるわけだけれども、しかしもし誰かが、こうした同じ事柄を何度もいろいろのやり方でたずねるならば、最後には、この子はこうした事柄について、誰にも負けないくらい正確な知識をもつようになるだろうということは、うけあってもいいだろう。」(*Meno* 85d, 邦訳, p.292)

## 24　証明についてのデカルトとヴィトゲンシュタインの考え方

　ここで、ヴィトゲンシュタインの翻訳者たちによって用いられた適切な訳語「見渡せる (perspicuous)」と「一望できる (surveyable)」を取り入れて、デカルトは証明がその両方であることを欲したのだと言ってみたくなる。次の一文は、1930年代後半のヴィトゲンシュタインのキーセンテンスだ。

> 見渡せること (perspicuity, Übersichtlichkeit) は証明の一部である。私が結果を得るためにたどった過程を一望でき (surveyable, übersehbar) ないとすれば、この数が出てくるという結果に気付いても——それは私にいかなる事実を確証するというのか。私は〈何が出てくるべきか〉知らないから。(*RFM*: I, §154, cf. 邦訳, §153, p.99)

　私はこれら二つの魅力的な語を避けるつもりだが、それは部分的には、ヴィトゲンシュタイン自身が批判した罠、つまり彼のうたい文句をジャーゴンに変えてしまうという罠に陥りたくないからである。だが、このケースにはさらに別の理由がある。これらの語を使うことは、われわれを解釈という困難な問題に立ち入らせることになるからである——そしてここで私が言わんとしているのは、解釈学ということだけでなく、ある言語から別の言語への翻訳の問題でもある。ベイカーとハッカー (2005: 307, cf. 1980: 531) が書いているように、「見渡せること (Übersichtlichkeit) という概念は、ヴィトゲンシュタインの後期哲学全体において突出しており、最大の重要性をもつ」、そして「それは、彼の数学の哲学において立ちはだかっている」。テキストの分析に進む前に、彼らは、この語とその同族語に数ページを割いており、数学にはまったく言及していないけれども、歴史的背景を与えてくれて有用である。彼らはまた、出版されているヴィトゲンシュタインの翻訳が、あるときは「見渡せる」という訳語を与え、あるときは「一望できる」を与えるというように、文脈ごとに変化していることに注目している。それゆえ、彼ら自身は、ドイツ語を使うか、"survey" の同族語 ("surview" とい

う古風な名詞を含む）を使うほうを選択している。

　もしヴィトゲンシュタインの言葉を使いたいと思うならば、先の引用で彼がそれらの語を〔最初に〕導入したのは、数学とのつながりにおいてである、ということを見てとるのが有益だとわかるはずである。「見渡せること（Übersichitlichkeit）」と「一望できる（übersehbar）」の両方が54節で使われている。その後、彼はこれらの文を引用し、引用符で囲み、それらの語にコメントを付している。彼が、最初の使用以降、数学とのつながりではこれらの語を一度も使用しなかったことには、一つの（クワイン的な）意味がある。むしろ彼は自分の言わんとしたことを解明しようとしていたのだ。

　次は、ヴィトゲンシュタインの引用符に関して、私の念頭にあるものの一覧である。彼は、1930年代後半から自分自身の言い回しについて語っている。私はもったいぶってドイツ語原典の断片を挿入しているが、それは、原語では文として同じものですら、英語では異なる——同じくらい適切な——表現で訳し分けられていることを理解するためである。3番目と4番目の引用のübersehbarを比較してほしい。繰り返すが、これらは、**彼の**引用符なのである。いまでは、ヴィトゲンシュタインと見渡せるという概念について多くの議論があるが、多くの著者はこれらの文を、文脈から取り出して、しかも引用符から抜き出して引用し、それによってヴィトゲンシュタインの思想におけるそれらの役割を覆い隠してしまっている。

> 「数学的証明は見渡せるものでなくてはならない（A mathematical proof must be perspicuous）」［"Ein mathematischer Beweis muß, übersehbar sein"]（*RFM*: III, §1, 143, 邦訳, 第二部, 一. p.133）

> 「証明は見渡せることのできるものでなければならない（A proof must be capable of being taken in）」［"Der Beweis muß, übersehbar sein"]——とは、われわれが証明を判断する際の墨縄［Richtschnur］として使う準備ができていなければならないということである［meint]。（*RFM*: III, §22, 159, 邦訳, 第二部, 二二. p.152）

> 「証明は見渡せることのできるものでなければならない（A proof must be capable of being taken in）」［"Der Beweis muß, übersehbar sein"] とは、がんらい、証明は実験ではないということ以外の何ものでもない［heißt eigentlich]。（*RFM*: III, §39c, 170, 邦訳, 第二部, 三九. p.164）

> 「証明は見渡せなければならない（Proof must be surveyable）」［"Der Beweis muß, übersehbar sein"] は、本来、われわれの注意を、〈ある証明を繰り返すこと〉と〈ある実験を繰り返すこと〉との概念の相違に向けさせることを意図している。

（*RFM*: III, §55c, 187, 邦訳, 第二部, 五五, p.184）

私が「証明は見渡せなければならない（Proof must be perspicuous）」［“Der Beweis muß, übersichitlich sein”］と書いたとき、それは証明では**因果性**はいかなる役割ももたないという意味であった。あるいはまた、証明はたんなるコピイによって再現されなければならないということである。（*RFM*: IV, §41a, b, 146, 邦訳, 第三部, 四一. p.251）

「数学的証明は見渡せるものでなくてはならない（A mathematical proof must be perspicuous）」［“Der mathematischer Beweis muß, übersehbar sein”］——このことは、あの図形が見渡せること（perspicuousness）［“Übersichitlichkeit”］に結びつけられる。（*RFM*: VII, §27f, 385）

　各事例ごとに、ヴィトゲンシュタインは自分自身の言葉に自らコメントしている。ミュールヘルツァーは、『数学の基礎』第三部の最初の 22 節（16 ページ分）について 108 ページの注釈を提供した（Mühlhölzer 2010）。〔彼の〕「展望可能性会社（*Surveyability & Co.*）」というメタファーは魅力的だし示唆にも富むが、なぜ私が、翻訳、解釈、注釈、そして解釈学の複雑なからみ合いを回避するほうを好んだかが、それを見ればわかるかもしれない。


## 25　デカルト的証明の体験：買い手側の危険負担

　第 3 章で私は、なぜ数学の哲学がそもそも存在するのかを論ずる。一つの答えは、あるタイプの哲学的精神が、デカルト的証明を**体験**することによって、つまり、かくかくのことがなぜ真でなければならないかを見てとるという体験によって、深い感銘を受けたということである。この体験は、たとえば算術の計算や、一般に丸暗記によって規則に従うようなことなどとはまるっきり似ていない。私は、ヴィトゲンシュタインが時折この体験にとりつかれたのだと信じている。ここでその信念を弁護しようとは思わないが、彼が証明は見渡しうるものでなければならないと主張した理由の一部は、デカルト的証明によって彼が数学についての哲学的諸問題に没頭するようになったからである。

　一方、これとは反対の結論に似た何かを引き出すほうが賢明かもしれない。というのも、一つには、数学的証明という純然たる現象をめぐって、過去半世紀にわたって生じてきた変化があるからだ。いまでは、多くの証明はきわめて長いので、それらはせいぜいがライプニッツ的なものでしかありえない——2 巻の本におよぶ証明が以下 §3.11 で言及される。「われわれは、再現するのがたやすい

問題である構造に限って「証明」と呼ぶのである。」(*RFM*, III, §1, 邦訳, p.133)
とヴィトゲンシュタインは言う。 もちろん、この2巻の本は印刷されているのだから、容易に複写できるし、スキャンすることもできる。だが、それは、彼が言わんとしている意味での「再現」ではない。

　あえてこう言ってもいいかもしれない。誰かが模範となる証明を与えたいと思うときには、いつだって彼ら〔数学者たち〕は素敵なデカルト的証明を作り出すのだ、と。それは、4番目のエピグラフに挙げた立方体を展開できないことに関するある定理——この証明にはすぐに取りかかる——の証明でまさに私が行っていることである。だが、それは誤解を招きやすい。というのも、そういう理想的な証明はめったにないからだ。今日の数学的現実は、大部分ライプニッツ的であって、デカルト的ではない。先に22節の終わりで示唆したように、数学の雑誌が、すべての証明に証明検証のプログラムの添付を要求するようなことになれば、それにはもっと拍車がかかるだろう。

　したがって、ここには、気づかなければならないパラドクスがある。一方で、数学について人を惑わすものの典型としてデカルト的証明がきわめて頻繁に引用される。しかし同時に、たいていの数学者はデカルト的ではなく、ますますライプニッツ的になっているようなのである。

## 26　グロタンディークのデカルト的展望：すべてを明白にすること

　数学について〔前節とは〕まったく異なった考え方がある。証明は重要だ。しかしもっと重要なのは、**証明アイディア**とでも呼ぶのが最もふさわしいもの、すなわち、思いがけないアナロジーによって、最初は無関係であった多くの分野へと急速に普及していくような、証明のテクニックである。数学者のなかには、ある分野の変革が成し遂げられて、その結果、あらゆる基礎的な事実が「自明」に見えるまでにしたことをもって、成功とみなす人たちが存在する。真の数学的偉大さへの最も強力な候補の一人は、アレクサンドル・グロタンディークだ（1928年生まれ、1966年フィールズ賞、1970年、数学をするのをやめ、実質的にコレージュ・ド・フランスの教授職を辞退して、ピレネーのコテッジに隠遁）。広く意見の一致するところによれば、彼は、

> 20世紀後半の最も重要な数学者の一人であり、われわれは、とくに代数幾何の完全な再構築を彼に負っている。この体系的な再構築は、深い数論的問題の解決を可能にした。それらの問題には、ドリーニュによるヴェイユ予想の証明の

最後のステップ、ファルティングスによるモーデル予想の証明、ワイルズによるフェルマーの最終定理の証明が含まれる。(Scharlau 2008: 930)

（ピエール・ドリーニュ（1944年生まれ）は、ヴェイユ予想についての研究に対して1978年にフィールズ賞を受賞し、2013年にはアーベル賞を受賞したばかりである。）

グロタンディークは、黙示録的な言明を発する傾向があった。次は、彼の2,000ページを超える『収穫と蒔いた種と（*Rècoltes et semailles*)』から取ってきた一文である。2010年に、彼は自身の著作の印刷と販売を一切禁じたので、シュプリンガーは印刷版の出版を取りやめている。謄写版の368ページで彼はこう書いた。「数学上の創造」とは、

> 月を重ね、年を重ねるにつれて徐々に明確になってくるヴィジョン、そして誰も見ることができなかった「明らかな」事柄をあかるみに出し、誰も考えてみなかった「明らかな」命題という形になるのです……そのあとでは、誰でも……まったく出来上がっている技法を用いて、5分間で証明することができるのです。(邦訳, pp.215-216)

いまや禁じられてしまった草稿が手もとにないので、私はこの引用を、22節ですでに言及したマイケル・ハリスによる新しい本のIV章から取ってきた。ついでながら、彼もまた、ラングランズ・プログラムに関して広範に研究を行っている。

とはいえ、われわれは来た道を引き返さなくてはならない。深遠で根本的な数学の真の目的が、グロタンディークが語ったように、明らかな事柄を作り出すことであるならば、証明が長くて、うんざりするような、しかも覚えられないようなものであったとしても、それは足の不自由な者を助ける松葉杖が多く用意されているということかもしれない。そして、それに助けられてたどり着いた数学的な道程の最後には、彼らのけがも治っているのかもしれない。デカルトが目指していたのは、この「明らかさ」であると言ってよいだろう。マイケル・ハリスは、グロタンディークの言うヴィジョンを理解するのに、証明は見渡せるものでなければならないというヴィトゲンシュタインのアイディアが一つの助けになると考えているが、いま述べたばかりの理由から、私はそのような解釈を断念する。

グロタンディークをヴォエヴォドスキーに並べてみると、ここまで私が描いてきたデカルト的証明とライプニッツ的証明のあいだの対比について、ある種、極端なパロディを捻り出したことになる。そんなことをすれば、両方の数学者の哲学をゆがめることになってしまうが、それでもそれは、示唆に富む対比ではある。あなたはどちらのヴィジョンを欲するだろうか。グロタンディークの極端な

デカルト主義か。それとも、未来には出版されるすべての証明はコンピュータ上で検証可能でなければならないという、ヴォエヴォドスキーの極端にライプニッツ的なアイディア（22 節）か。これらは、両立不可能なわけでは**ない**。ウィリアム・ブレイクとは違って、われわれの大部分は四重のヴィジョンを見ることはできないが、私はまさに、いま示唆された両方のヴィジョンには対応しなければならないと信じている。われわれは単一のヴィジョンを避けるように努めるべきなのだ。ブレイクが 1802 年に友人の一人に送った詩の最後の行を参照しよう。「神よ我らを守り給え／単一のヴィジョンとニュートンの眠りから」（Blake 1957: 818, 87-8 行目, 邦訳, 90）

## 27　証明と論駁

　私が、巻頭の 2 番目のエピグラフに使ったのは、イムレ・ラカトシュ（1922 ～ 74）による『数学的発見の論理——推測と論駁』からとった数行である *。彼の本は、しばしばその教育的な見識——すなわち、抽象的な形式的証明としてではなく、発見のプロセスとして、数学がどのように教えられるべきかについての見識——の点で称賛される。この研究は、彼の偉大なる同国人、『いかにして問題をとくか（*How to solve it*）』（1948; cf.1954）で有名なジェルジ・ポリア（1877 ～ 1985）の思索を受け継いでいる。実のところ、ラカトシュの本は、ソビエト連邦で非常に多くの部数が印刷されたのだが、それは、この本での論証が、数学的推論について、ブルジョワ的な観念論的見解よりも、むしろ唯物論的な見解を表に出しているからである。党を離れたよきコミュニストとして、彼は、販売量に対するパーセンテージではなく、実際の仕事量、つまり本の語数に対して印税が支払われたことに驚かされた。西側では、数学的証明の確実さという神話にダメージを与えた、あるいはそれを破壊したとして、この本は大いに尊重された。しかし、この本が実際には深い哲学的な研究であるのに、そうみなされることは滅多にない。

　この本は、数々の証明の候補——しばしば決定的な証明の候補としてとして広く認められていたもの——が、それにもかかわらず、いかにして反例に届くかの生々しい物語だ。反例が与えられると、まずなされるのは、それが考察から排除されるべきたんなる病的な例、すなわちモンスターかどうかをめぐっての議論である（モンスター排除）。それ〔反例をモンスターとして排除してしまうこと〕は、アドホックな「後退的」戦略であり、証明は救えるものの、そこからは何も学ぶことはできない。「前進的な」やり方は、概念を修正し、その結果、証明のアイディ

アについてより深い理解をもつとともに、（モンスターを排除することによって）その帰結を限定するのではなく、そのドメインを拡張することによってより豊かな数学の創造を可能にするようなやり方である。こうしたことのすべてが、多面体の辺と面と頂点についてのオイラーの「定理」の例によって見事に説明されている。

　そのような論証の過程で、概念間のつながりがどんどん緊密になっていくということがときには生じ、その結果、この物語は、グロタンディークが目指していた「明らかさ」への一つの筋道になっている。そしてもちろん、1956年ラカトシュがイギリスに向かってハンガリーを去ったとき、彼が忌み嫌っていたものの一つは、当時西側の数学的著作で流行していた粗雑な形式主義——過剰なライプニッツであった。『数学的発見の論理——推測と論駁』は、デカルト的証明を生み出すやり方の一つ——論駁を無効にすることによってアイディアを明晰化するというやり方——についてのマニュアルとしても読むことができる。

　たぶん印刷されたものを通してではなく、〔私との〕会話のなかでだったと思うのだが、ラカトシュは、ときたまこのことを**分析化**のプロセスとして語った。それは、「総合的」命題を「分析的」命題に変えるプロセスである。そのプロセスが完了したとき、もはや反例が探し求められることはない——というのも、それらの語は、それらの命題が真とならざるをえないように使われているからである。私がラカトシュに帰するこのアイディアは、次のような表現で「唯名論的な」外観を与えることもできる。すなわち、人は、結局は分析的な——使われている語によって真となる——新たな文を作り出しているのであり、証明と論駁の長いプロセスが頂点に達する以前には、誰も、それらの言葉を**そのような仕方で**使ってはこなかったのだ、と。ラカトシュは、決してこのアイディアに同意したいとは思っていなかった。というのも、それは彼の第一原理、すなわち反証主義の原理に違反しているからである。

　ラカトシュは、グロタンディークが「誰も考えてみなかった「明らかな」命題という形で、誰も見ることができなかった「明らかな」事柄をあかるみに出す」と記述したのと同じ現象について、考え続けてきたのではないだろうか。グロタンディークは、以前に誰も見なかったことを見ることについて語っている。〔ジョン・キーツの詩にあるように〕「あるいは、鷲の目をもって、太平洋を睨んだ勇敢なコルテスのように」のようなものだ。誰も見たことのない明らかな数学的な事柄は、グロタンディークにとっては、あの向こうの太平洋のようなものである。ここにあるのは、われわれが数学者たちの著作に繰り返し発見する、数学は探検だという、人々にプラトンを思い出させる比喩である。

39

エピグラフで使われた文から判断しても、私はラカトシュがそういう〔プラトン的〕考えをもっていたとはまったく思っていない。そして、少しのあいだ、私は証明を文からなるものと考える「唯名論的な」語り方で彼を装わせたけれども、それでは彼を誤って解釈させてしまうだけだ。彼の根本的なアイディアは、数学者たちは自分たちが発見したものを構成するのだ、ということだったからである。彼らの仕事は、彼らの生産的な活動から疎遠になるにつれて、「客観的」になっていく。ラカトシュのものの考え方には、非常に多くのカント、ヘーゲルといくらかのマルクスが存在していたが、絶対に「プラトニズム」は存在していなかった。もっとも、そのテーマをここで展開するつもりはないけれども。

1節において私は、証明という体験が、数学の哲学を存在させる理由の一つだと語ってきた。しかしそれではやや足りない。大事なのは、証明を生じさせる数学的活動全体という生きられた体験であり、それには反例による絶えざるテストが含まれる。このテストするというのは、プディングの証明は食べてみることだ（プディングがうまくできたかどうかは食べてみなければわからない：the proof of the pudding is in the eating）におけるように、そしてゲラ刷り（printer's proof, 悲しいかな、いまや失われてしまった技術的熟練）におけるように、証明する（prove）という動詞の古い意味での証明である。そして、数学があまり得意でないわれわれのような者にとっては、そのような体験が欠けているとしても、少なくとも突然わかったと言えるようになるまで証明に取り組むという生きられた体験がある。

分析化というラカトシュのアイディアを、ヴィトゲンシュタインの証明の過程でまさに当の語の使用と意味が変えられるというアイディアと比較できるかもしれない。ラカトシュはそのような比較を嫌ったであろう。というのも、ラカトシュは、ヴィトゲンシュタインをきわめてまずい出来事だと考えていたからである。しかし、ラカトシュのオイラーの物語は、概念の境界が歴史的な事実のなかでいかに変化させられてきたかの物語でもある一方で、ヴィトゲンシュタインは、試行錯誤モードで語り続けていた、「それはまるで……のようである」、「ここで……と言いたいかもしれない」のように。

私としては、次の点は明白であってほしいと思っている。すなわち、分析性（分析化）というライプニッツのアイディアをこうして更新して使用することと、「分析性」をめぐるあの不毛な論争――論理実証主義が好んだ論理的必然性の説明に対してクワインが行った鮮やかな告発に始まる論争――とは何の関係もないということである。

## 28 正方形を正方形に切り分けることと、立方体は立方体に切り分けられないことについて

　ここまで、私には完全に理解できないけれども無視することもできない研究をかいま見てきたが、ここからは、ただちに理解可能であるものに立ち返ることとしよう。デカルト的証明を特徴づけるには多くの言い方がありうる。たとえば、それらの証明は何かが真であることだけでなくなぜそれが真なのかを見てとることを可能にしてくれる、それらは証明された事実を理解したという感覚を与えてくれる、というようにである。あるいは、証明が、証明された事実の説明になっていると言う人もいる。そのような語——理解する、なぜ、説明する——はまっとうではあるけれども、体験されたことのうち、満足のいくような現象を指し示しているだけであって、何かはっきりと定義されうるような現象を指し示しているわけではない。

　誰もが自分のお気に入りの証明の例をもっており、いつでもというわけではないにしろ、通常、その例はデカルト的証明である。プラトンの例は、与えられた正方形の2倍の面積をもつ正方形の作図——『メノン』の最重要課題——であった。ハーディは、数学の外にいる読者に向けて、数学を行うという体験のある程度の感触をもたらすために、二つの例を使った（Hardy 1940）。一つは、最大の素数が存在しないというユークリッドの証明（『原論』IX,20）である。二つ目は、$\sqrt{2}$ の無理性に関する「ピタゴラス」の証明である。ハーディは、これらを効果的に使って、たとえば、なぜ2番目の証明が最初の証明よりはるかに「深い」のかを説明している（1940: 94, 109）。

　私の昔からのお気に入り（Hacking 1962: 50 で用いた）は、4番目のエピグラフに使った証明、立方体は相異なる立方体に分割されえないという証明である。私はそれをデカルト的証明の例として提示したのだが、それを選んだのは、一つにはこの証明がたいていの読者にとって耳新しいものであろうという理由によっている。素敵ではあるけれども新味のない話を繰り返すよりは、フレッシュな気持ちで証明を体験することのほうが重要だからだ。このことは、この立方体の定理に何の問題もないということを意味するわけではない。この証明は確実に形式的ではない。また、そこでは背理法が使われているが、その正当性を疑う者がいないわけではない。この証明は、立方体の分割という要求された描像が存在しないことを示そうとしているにもかかわらず、徹底して描画的である。

　作図を見つけ出すことができないことを示すというのは、どのようなことだろうか。ある幾何学的図形の、定規とコンパスによる作図を発見することは、その

形についてのわれわれの概念理解に対して何をもたらすのだろうか。一つの興味深い余談として、ヴィトゲンシュタイン（1979: 66）が、1939年の数学の基礎についての講義では、彼のクラスをこの問いでもって際限なく苦しめたということ——そしてチューリングが、この責め苦とそこでヴィトゲンシュタインが語ったことの両方にかなりイラつかされたことに注目したい。そこで争点になっていたのは、正十七角形の作図とのアナロジーによって、ある学生が正五角形の作図の仕方を発見するということであった。1796年、19歳のときに、ガウスは正十七角形の作図が可能であることを発見した——実際の幾何学的作図が初めて行われたのは何年かあとになってからだった——が、これは、代数の幾何学への応用の美しい例である。この例がヴィトゲンシュタインの1939年のクラスに出てくるのは、ハーディとライトの『数論入門』が1938年に新しい作図を掲載し、その作図が当時ケンブリッジではたいへん称賛されたからではないかと、私は思っている。

　立方体を複数の相異なる立方体に分割することの不可能性の証明は、数学における思考実験の珍しい例であり、ブラウンが画像証明（picture-proof）と呼んでいるものの例である——ここではそれは、うまくいかない実験、つまり描かれえない絵図なのだが（Brown 2008: ch.3）。（私は、画像証明をデカルト的なものとして提示しようという傾向には注意深くあるべきだと思っているが、この例はそれ自体で興味深いものである。）

　私は、リトルウッドの『数学雑談（*Mathematician's Miscellany*)』からこの証明を取ってきた。数学者たちにはよく知られていることだが、リトルウッド（1885〜1977）は、G. H. ハーディ（1877〜1947）のケンブリッジ大学トリニティ・カレッジでの長年にわたる共同研究者であった。半ば大衆向けのあるエッセイで、リトルウッドは（この点ではハーディと同様に）、「最小の「原材料」しか必要としない数学」から始めたいと望んでいた。証明へと導く彼の言葉は、たどってみる価値がある。

> 正方形と立方体を、有限個の相異なる正方形と立方体に分割すること。正方形分割は可能で、無限の分割の仕方がある（最も単純なものはたいへん込み入っている）。一方、立方体分割は不可能である。正方形分割可能性の証明は人をアッと言わせたが、かなり技巧を要するものである。（Brooks, Smith, Stone, and Tutte（1940）を参照。）ブルックスらは、立方体分割の不可能性を次のように見事な手際で証明している。［私の4番目のエピグラフを参照。］

　明らかに、1930年頃あるロシアの数学者は、正方形分割は困難なだけでなく

不可能なのではないかと推測していた。これはルージンの予想と呼ばれている。しかしこれは誤っていた。リトルウッドが名前を挙げているブルックス、スミス、ストーン、タットたちが、正方形分割は可能であることを証明したのである。1936～38年の期間、彼らはトリニティ・カレッジの学部学生であった。彼らは、さらにその正方形分割を展開して階層化した。立方体分割の不可能性は、これに付随する観察から得られた結果である。(単一の正方形分割の最初の公刊された例は、しかしながら、ゲッチンゲンからやってきた（Sprague 1939))。

## 29　正方形分割から電気回路へ

　分割問題の一つの起源は、ずっと以前に、イギリスの数学好きの生徒たちによく知られていた、デュードニーによる一冊のパズル本（Dudeny 1907）であった。そこには、正方形の不完全な分割が載っており、それは完全正方形分割への手がかりとなるようなものであった。次はレディ・イザベルの小箱というパズルである。

> 若者たちがレディ・イザベルに求婚してきたとき、サー・ヒューは、その小箱の上蓋の面積を言い当てた者にだけ承諾を与えると約束した。わかっているのは次のような事実だけである。その上蓋には、長方形の細長い金がはめ込まれていて、その大きさは 10 インチ × 1/4 インチである。その表面の残りの部分は木片が正確に象嵌されており、どの木片も完全な正方形であり、どの木片も二つとして同じ大きさのものはない。箱の大きさはいかばかりか。(Dudeny 1907: 68)

　パズルについては以下 §2.27 でさらに扱う。

　この例に関して二、三の逸話を語っても許されるだろう。もっとも最初のは、たんなる語呂合わせだが。「デカルト的序論」というこの章のタイトルにふさわしく、この問題を解いた 4 人の少年たちは、ブランシュ・デカルトというペンネームをしばしば用いていた。この「ブランシュ(Blanche)」は、彼らのファーストネームの頭文字から作られている。"Blanche" の "B" は、ビル、すなわちウィリアム・T・タット (1917～2002)、4 番目の著者の名前を表している。グラフ理論その他の分野に対する彼ののちの主要な貢献は、アメリカ数学協会の 10 ページにわたる追悼記事に記されている (Hobbs and Oxley 2004)。"C" は、セドリック（Cedric)、すなわち C. A. B. Smith を表しており、彼は著名な統計学者、遺伝学者になった。

　ロマンティックな傾向の逸話としては、タットは、第二次世界大戦中ブレッチリー・パークの暗号解読機関で働いていた。そこは、アラン・チューリングとエ

ニグマ暗号の解読で有名なところだ。どうもチューリングは、タットを自分のグループ入れたいと思っていなかったようだ。それで、タットはローレンツ暗号にかかわることになった。このローレンツ暗号は、ドイツ最高司令部のメンバーたちのあいだでの情報のやり取りに使われたものである。タットは、たった一つの間違いのおかげで、その暗号がどうはたらいているかを割り出した。それは、ドイツのオペレーターが絶対に禁じられていた（verboten）こと、すなわち、コードは変えたものの、同じ機械を使って長いメッセージを二度送信するということをやったからである。同じ長いメッセージの二つのコードは、その暗号機械がどんな原理ではたらいているかを明らかにした。その機械の論理構造を、それまで誰も見たことがなかったにもかかわらず、タットは推論したのである。タットの解決策は、それからコロッサスと呼ばれる暗号解読器を組み立てるのに使われた――それらは、実際には巨大な計算機械であった。（それがどのように行われ、戦争にどのような結果をもたらしたかについては、www.codesandciphers.org.uk/lorenz/fish.htm および www.codesandciphers.org.uk/lorenz/colossus.htm を参照。）

　逸話はこれくらいにして、正方形の正方分割問題（として知られるようになったこの問題）の解決は、ある数学の問題が、それとは見かけ上無関係な数学の一片を使っていかに攻略されうるかの良い例になっている。これは、数学の数学に対する応用なのか、それとも、数学の物理に対する応用なのだろうか。あるいは、それは、緻密なアナロジーを積み上げた結果にすぎないのだろうか。

> 注目すべきなのは、もちろんこのパズルそのものではなく、そのパズルについて彼ら［あの4人の学部学生］が行ったことである。まず、彼らはこの問題を電気回路の言語に翻訳した。のちに彼らの研究を記述した1940年論文には、電気回路関数のための公式が含まれており、それらには、キルヒホッフによって以前に発見されたものだけではなく、伝達関数のための新たな公式も含まれていた。この論文は、電気回路を実際に使う人にとっての標準的な参照文献になった。正方形を正方分割するという問題は、電気学の用語を使えば、回路の一部分の回転対称性についての研究、そしてこの対称的部分の裏返し（reflection）が、その境界において電位に影響することなく、いかに電流を変えうるかの研究になった。彼らは際立って深いレベルでこの問題を考察した。彼らは、その方法によって、正方形の、それより小さい相異なる正方形への分割を発見することにまさしく成功したのであった。
>
> （www.squaring.net/history_theory/brooks_smith_stone_tutte.html）

　後知恵による歴史の記述でよくあるように、この記述は実際とは話の順序が逆である。彼らは、この方法を手に入れ、それから分割したのではない。「トリニティ

の4人組」——自信過剰気味に自分たちをそう呼んでいた——は、典型的な研究方法で始め、試行錯誤、幸運、そしていくらかの洞察によって、正方形分割のランクつき階層を作り出した。それから彼らは、これらの分割が電気回路図に対応することを見つけ出し、その結果、自分たちの方法を深め、一般化することができたのである。立方体の定理とは違って、彼らの結果は、その整理された形においてすら、デカルト的証明の具体例として持ち出すことは決してできないだろう（リトルウッドに言わせれば「たいへん込み入っている」）。この証明はライプニッツ的なものでもない。デカルトとライプニッツは、理念的な極限を規定したが、たいていの数学がどちらかの理念の近くにあるというわけではない。

## 30 直観

デカルトに戻ると、彼は理性について語るとき、さらにもう一つの語を使っている。それは、われわれが「直観」と翻訳する語である。彼が『精神指導の規則』において行った直観についての言明は光彩を放っている。以下は、ギーチとアンスコムによる、いくらか標準的でない翻訳である。

> 直観によって私が意味しているのは、感覚の揺るぎない確実さではなく、むしろ曇りない精神の注意によって形成される概念的な把握であり、われわれが理解しているものごとに関して疑いの余地を残さないほど容易で判明な概念的把握である。次のように言っても同じことになるであろう。それは、曇りのない注意深い精神によって形成される疑いようのない概念的把握だ、と。それは、理性の光のみから生み出され、より単純であるがゆえに演繹よりもはるかに確実であるようなものである。（Descartes 1971: 155）

演繹とは、彼の説明するところでは、「確実さをもって知られた他の事柄から必然的に帰結する任意の事柄」を意味する（1971: 156）。必然的帰結とは、必然的に真である帰結、論理的必然性をもつ真理ではない。それは、諸前提から必然的に帰結する結論であり、もし前提が確実さをもって知られるならば、その結論もまた確実さをもって知られるようなものである。それは、ライプニッツに由来する**われわれの論理的必然性の観念**とはきわめて異なったものだ。

スティーブン・ガウクロガーは、直観（intuitus）についてのデカルトの学説は、推論が、記憶や想像の能力と並ぶ一つの心的能力によってなされるという後期スコラ哲学の考えに対する反発だと論じている（Gaukroger 1989）。時代錯誤を許すことにすれば、デカルトは、現代の認知科学でしっかりと定着するようになっ

た「モジュール・マインド」に反対していたのだ。スペイン人の学者たち——デカルトは少年時代、ラ・フレーシェ学院で彼らの教科書を教えられた——は、当時の認知科学者であった。一見するとそんなことが正しいわけがないように思われるかもしれない。というのも、彼らは論理学を、推論モジュールの正しいはたらきに関する規範理論だ、と主張していたからである。教育上、彼らは、論理学と修辞学をこの考え方でもって一つにまとめ、正しい推論のための規則——どんな推論も、それが妥当と判断されるためにはそれらに一致していなければならないし、学生は自分たちの推論を検証するためにもそれらを用いなければならない——を提唱した。だが、その下にあるのは、心についてのある経験的理論に似た何かであり、心は、能力ないしモジュールへと分割されるのである。『デカルト派言語学』（1966）においてノーム・チョムスキーは、彼が行った言語学の根本的な書き換えへのルーツをデカルトに見いだした。だが、彼は、心に関する自らのモジュール的アプローチについては、さらにスペインにまでさかのぼることもできたのである。

　規則第三においてデカルトは、自分が「直観」という語を学院で学んだ意味で使用してはおらず、むしろラテン語の用法の理解から導かれる彼自身の仕方で用いようとしているのだと語っている。そしてそれによって目下の問題を棚上げしているのである。直観という概念は、カントにとって中心的であり、この観念を彼がどう使ったかについては膨大な文献がある。この概念を含むカント研究を私はそれほどよく知っているわけではないし、それゆえ、彼が言わんとしていたことをもったいぶって話すつもりはない。最近では、われわれがある奇妙な状況で行ったり、言ったりするかもしれないことについての、推論に基づかない予感を指して「直観」という語を使うのが、分析哲学者のあいだではふつうのことになってきた。私は、この慣習を遺憾に思う。日常言語学派の第一人者、J. L. オースティンが的確に述べたように、たとえば、私の猫が演説をぶち始めたとすれば（彼の例）、わずかの言葉で何を語るべきか、われわれはふつういかなる考えももってはいない。「なすべきこと、そしてしかも容易になしうることは、事態を十分丹念に記述しようと努めることである。日常言語は異常な事例を前にすると故障をおこす」（Austin 1961: 35, 邦訳, p.91）。最後に、ある認知心理学者たちは今日しばしば、いかなる意識的な推理も含まない直接的推論を指して直観という語を用いている。他の人たちは、ある数学者たちが直観と呼ぶものを説明するために認知科学を使用しようと試み、その一方で、さらに他の人たち（たとえば、ドゥアンヌ（1997））は、まるでカントから日常の予感にまで及ぶ「直観」とい

う基本概念が存在するかのようにその語を用いようとしている。こうした多義性は、私がこの語を避けようとする理由のうちのいくつかである。私は、直観については——哲学的な目的のためにそれを使用することを再び拒否しながらも——§7.22 でもう少し語ってみようと思っている。

直観という語の使用を拒絶することは、それを侮蔑することではない。かなりの数学者たちはそれをきわめて有用な言葉——ある問題について知恵のかぎりを尽くして考えることによって培われた理解を表現するのに、そしてそれをどう解くかがわかり始めたことを表現するために有用な言葉——だと考えている。事情に精通するようになること、そして最後にはものごとをいやおうなく明晰に見てとること、これは数学的活動の目的そのものである。本書で出会う多くの人々ならば、自分たちの研究を価値あるものにしているのは、形式的に正しい証明を完結させること——これは総じて退屈だ——ではなく、ある問題の解決に先行するもろもろのアイディアを探求し、それらがどのように互いに作用し、最後にはそれらがどのように整合的につながるかを把握することだと言うだろう。最後に明晰判明な直観が得られるのだ。そのような直観を得た者は、今度は数学研究の教師として、自分の学生たちの内にそれらの直観を作り出すよう格闘する。そしてそれこそが重要なのであり、証明は、自分の直観が正しい軌道上にあることを確認する一つのやり方にすぎない。私はこれを、数学的活動についてのとても有用な考え方だと見ている。

では、なぜ私は本書で直観について語ることを拒絶するのか。その理由の一つは、「直観」が池のようなもの、多くの人がそこを歩いて渡ろうとして下に溜まった泥をかき混ぜてしまい、そのため水が濁って明晰に語ることができなくなってしまう、そういう池のようなものだからだ（これは、自身の先行者たちが**直観**（intuitus）について語ったことを捨て去ろうとしたデカルトから学べることである）。その目的のためならば正確な分析をしたほうがよいのにと思われる場面で、自分の同僚たちが「直観」なるものを引き合いに出すのを聞いてきた〔私のような〕哲学者にとっては、格別にこう感じられるのである。


## 31　デカルトは基礎づけに反対したのか

デカルトは直観という観念のスコラ的使用に抵抗したが、それは、彼が数学者だったからだ（そして学校や大学の教師ではなかったからだ）。彼は、**理由が従うべきいかなる規範的基準も存在しない**と信じていたかのように書いている。推論を

するとき、われわれはしばしばより良い理由、より先立つ理由を探し求める。しかし、理由そのものに対して正当化を求めてはならない。理由は、それ自体で自らの正当性を保証するようなものだからである。

ちょっと前の引用でこの人物はこう述べていた。「曇りのない注意深い精神によって形成される疑いようのない概念的把握だ、と。それは、理性の光のみから生み出され（る）」。私は、現場の多くの数学者たちが自分たちの欲するものの記述としてこれを受け入れるのではないかと思う。それは、デカルト的証明から得られるものであって、長く退屈なライプニッツ的エクササイズから得られるものではない。

デカルトの読者たちは、理由の正当性を立証する何かほかのもの、すなわち善なる神が存在し、神はその寛人さからわれわれをあざむくことはないだろう、と抗議するかもしれない。私は、正当化を行うという役割で神が存在するわけではないと言いたい。彼はあらゆる可能な正当化の**不在**という役割でもって存在するのである。彼は、理由がその内部でいやしくも理由としての意味をもつ背景なのだ。

デカルト的神の役割は、抽象的に言えば、ヴィトゲンシュタインの『数学の基礎』で言うところの、正当化に先立つものについての諸要件、つまり、語ることのすべてがその上でしか意味をなさない「岩盤」に対応する。私は、文献が裏づけてくれる範囲をあえて超えて、こう言いたい。デカルト神学のこの部分は、ヴィトゲンシュタインの「人間の自然史」に類似した役割を果たしているのだ、と（*RFM*: I §142, 92, 邦訳, p.91）。この見方では、デカルトは知識の最終的な正当化を欲してはいなかったのである。もしこの見方が正しいなら、彼は、誰もがそうみなすような基礎づけ主義者ではなかったことになる。だが、デカルトの根本的な再解釈は、ここでのわれわれの仕事では決してない。

## 32 証明の二つの理念

必然的命題の証明に関するライプニッツの理論——文の有限列（など）——は、20世紀の論理学者たちによって形式化された理念となった。しかし、もう一つの意味での証明があり、それは明晰な確信をもって証明全体を見てとるという意味での証明である。それがデカルト的モデルであり、いまも引き続きわれわれにとって有用なモデルである。デカルト的証明とライプニッツ的証明という、証明のこの二重性をわれわれがこれまで事実として認めてこなかったのは驚くべきこ

とだ。これらは、異なった方向へとわれわれを引っ張っていく二つの理念なのである。それらの理念が両立しない事例、たとえば、§3.8 ～ 12 のモンスター（別名、フレンドリーな巨人）とか、有限単純群の分類とかの事例にこれから出会うことになるだろう。これらは、先の 22 節で見たように、ヴォエヴォドスキーを極端にライプニッツ的な提言へと導いた事例だ。

しかし、この二つの理念は始まりにすぎない。証明の二つの理念が全体をカバーしているというわけではないのである。現実的になろう。証明についてのデカルト的理念（一度にすべてを心のなかに取り込め）とライプニッツ的理念（文の列）にコード化されているのは、二つの異なる**理念**にすぎない。これらは、簡潔で明快だが、作り物っぽい。数学的証明には多くの、本当に多くの種類があり、そのほとんどはどちらの理念にも一致しないのである。われわれはさらに、数学的命題の真理を示そうとする多くの議論が、かなり抵抗しがたい力をもつ一方、論証的証明と呼べるような基準を満たしていないということも認識する必要がある。

一つの良い例は、平方の逆数の無限和（$1 + 1/4 + 1/9 + 1/16 + \cdots$）が $\pi^2/6$ であるというオイラーの論証である。どんな基準からしてもそれは証明ではないが、それでもそれはほとんど完全にわれわれを納得させてくれる。この論証は、ジェルジ・ポリアの、発見的推論に関する素晴らしい本の一つで与えられている（Polya 1954, §2.6）。マーク・スタイナー（1973: 102-7）とヒラリー・パトナム（1975a: 67f）の両者とも、数学的事実の、**納得できる議論**（plausible argument）だけに基づくような知識の例として、これを取り上げている。

Hacking（1967: 87）では、同様の趣旨で同じソース（Polya 1954: 100）からの一例を使い、ポリアによるオイラーの文章の翻訳を引用した。オイラーは 20 までの数を試したうえで、こう書いている。

> 予は、予の規則が真実と一致するのはたんなる偶然によるものである、と想像することを何人にも思い止まらせるのに、これらの例は十分だろうと思う。
> 　だが、それでもなお、ある人は引かれねばならない数……の法則が上に予が示したようなものとのとおりであるかどうか疑わしいと考えるであろう。……それで、予はもっと大きな数についての例をいくつか与えよう。（邦訳, p.106）

彼は 101 と 301 を試し、こう続ける。

> 上に予が展開した例は、予の公式の真実性について抱かれていたかもしれない、どんな不安感をも払うであろう。（1954: 94, 邦訳, p.107）

これに続けて彼は、「数のこの美しい性質が」完璧に予期されないものである

がゆえに「なおさら驚くべきものである」と語っている。（それが「分析的」だなどと思う人はおそらく誰もいないだろう。）

　私がこの例を引いたのはもちろん、オイラーの言葉で言えば「公式の構造と除数の特性との間」のつながりを「わかりやすく」する証明がいまやあるからにすぎない。われわれが悲惨な経験によって学んできたのは、そういう自信に満ちた帰納法が、比類なきオイラー以外の手にかかれば、しばしば良い結果にはつながらないということである。18世紀は、あとに続く者たちによって、「形式主義」と「帰納主義」の時代と呼ばれてきた。その方法は、コーシー（1789～1867）によって『解析教程』（1821）——このタイトルをもつ最初の教科書——で打ち立てられた厳密さへの新たな要求によって壊されてしまった。導関数に関する彼のイプシロン・デルタ論法は、微分積分が存在するかぎり生き残るだろう。（興味深いことに、イプシロン、つまりギリシャ文字の "e" は、最初は「誤り erreur」の省略であった。）コーシー自身は、自分の試みをユークリッドへの回帰とみなしていた（Grabiner 1981）。しかし、パトナムとスタイナーが主張するように、この「革命」ないし厳密さへの崇拝は、証明を欠いた議論がきわめて良い証拠にはなりえないということを必ずしも意味するわけではない。そしてクラインが観察したように、コーシー自身が刊行した著作の非常に多くが、厳密さに対する彼自身の要求を満たしてはいなかった（Kline 1980）。

## 33　コンピュータ・プログラム：誰が誰をチェックするのか

　現代の高速コンピュータは、ライプニッツ版証明を端的に体現している。とはいえ、あらゆるイノベーションはそれ固有の問題を作り出す。ドナルド・マッケンジーは、早くも1980年代には、私がデカルト的考え方と呼ぶものとライプニッツ的考え方と呼ぶもののあいだの緊張関係が、商業的な情報技術の中心でどのように生じたかを示している（Mackenzie 1993, 2001）。産業界の顧客のなかには、プログラムが健全であることの証明（デカルト的証明）を要求する者もいた。この要求は、何かが実際に証明されたのか否かをめぐる訴訟をすら引き起こしたのである。

　ロジャー・ペンローズは、コンピュータは（完全）チューリングマシンではないと強力に論じてきた。彼が利用しているのは、十分な複雑さをもつどんなものも量子的装置であり、量子的ゆらぎに晒されるという、いまではよく知られた事実である。最も単純な例は、迷走する宇宙線がプログラムの二進法表記において

0を1にランダムに変えてしまう、というものだ。そのような問題についての数学的探求は、未来において真剣な哲学的反省を要求する。コンピュータの信頼性をめぐって、相当量の文献——この話題は、計算機科学と論理学の交差するところでほぼ一つの下位分野をなしている——が存在する。加えて、製造業者たちの主張にもかかわらず、大型高速コンピュータのほぼ半数がIEEE標準規格を下回っているということが広範に報告されている。

　まったく不器用に見えるアイディアだが、以下のように区間演算を用いれば、ある程度までエラーをコントロールできる。計算は、正確な数というよりもむしろ区間を用いて行われる。そのうえで、計算してきたすべての正確な数を、それが計算された区間内にあることを確証するためにチェックする。もしそれが区間内にないならば、どこかに異常がある。これは、不確実性によってコントロールされた確実性と呼べるかもしれない。あるいは、複式簿記2.0とでも言うべきか。

　もしあなたが（ライプニッツが確実にそう考えたように）、証明が明晰判明な概念だと考えるならば、マッケンジーとペンローズの警告には不安を覚えるだろう。彼らはまさしく不安にさせることを意図していたのだ。私はこれらの問題にもはや悩まされることはない。それらが本物の問題であるとしても、そうである。私は、これらの問題を、「タレスやその他の人」の時代（カントが述べたように——以下§4.7を見よ）から現在にまで続く証明のお話の一部だと見ているからだ。

　このわれわれの過去にかぎって、それが秩序だったものであったということはありえない。ある者はデカルト的な基準に似た何かを主張し、他の者はライプニッツ的な考えを好んでいるとき、われわれはいかに進むべきかについて確信がもてない。私の意見では、いずれの党派も、決定的に正しいわけでもなければ、決定的に間違っているわけでもない。なぜなら、証明は、進化する概念、あるいは進化する概念の集まりであり、つねにそうであり続けてきたからである。

　証明が数学の本質であるとか、あるいは少なくともその黄金律であるとか判断するどんな者も、いまや少しばかり退いて、数学を数学にしているものは何かと問いたくなるのではないだろうか。

# 第2章

# 何が数学を数学たらしめているのか

Ch.2 What makes mathematics mathematics?

## 1　われわれは数学を当たり前のものと受け取っている

　哲学者たちは、数学について少しでも考えたことのある他の人々と同じように、「数学」を当たり前のものとして受け取る傾向がある。われわれは、ある問題、予想、事実、証明のアイディア、一片の推論、定義といったもの、あるいはある専門分野そのものをまったく無造作に数学的なものとして認識するが、それがなぜなのかを反省することはめったにない。ある哲学者たちは、数学のどの部分が構成的かについて、あるいは集合論について高尚な問いを問う。他の哲学者たちは、「プラトニズム」対「唯名論」、あるいは今日ならば、「プラトニズム」対「自然主義」とか「構造主義」について論争する。だが、現実の数学者たちが取り組んできたこれほど多くの異なる話題が即座に「数学」として認識されるのはなぜなのかという素朴な問いを、われわれは遠ざけてきたのではないか。そして、これらのますます難解になっていく話題が、大工さんや商店主さんたちのありふれた数学と、あるいは社会的階層を上げて、建築家や株式仲買人のありふれた数学とどう関係しているのか。

　リヒャルト・クーラントは、いまでは古典となった『数学とは何か』を1941年に出版した。その序論は次のような言葉で締めくくられている。「学者にとっても、素人にとっても、哲学ではなくて数学それ自身における積極的な経験だけが次の問題に答えることができるのである：数学とは何か？」（Courant and Robbins 1996: n.p. 邦訳（第2版）, p.xxix）クーラントはたしかに正しかった。数学はそれを行うことによって学ぶものだ。

　ロバート・ラングランズは、数学における美について考察するように求められたことがきっかけで生まれた内容豊かな論文で、数学が「人間の作品であり、それゆえそれは多くの誤りや欠陥を含んでいる」——そしてそのうえで「人間ももちろん動物にすぎない」と述べたあとで、こう語る。

これほどの高みに達した数学について、それが何であるかを理解することはきわめて困難であり、そのうえ、この理解を他人に伝えることはなおいっそう困難であるが、それは、部分的には、そうした理解がしばしば暗示の形で、数学そのもの——数学の基礎的概念だけでなく——がわれわれとは独立に存在することを示唆する言葉として、やってくるからである。これは、簡単に信じられるような観念ではないが、プロの数学者たちがそれなしでやっていくのは難しい、そういう観念なのである。(Langlands 2010: 5)

それは、一方で「プラトニズム」と呼ばれるものと、他方で「唯名論」や「自然主義」と呼ばれるものとのあいだの論争で繰り返し現れてくるおなじみのディレンマである。数学がいかにしてわれわれとは独立に存在するのかを理解するのはとても難しい。だからわれわれは、本心では皆唯名論者か自然主義者である。だが、数学者がこの考え方なしでやっていくのは難しい。だからわれわれは皆、本心ではプラトニストでもある。とはいえ、数学を数学たらしめているものは何かを問おうとすれば、これらの永続的に繰り返されてきた論争に乗り出すことは避けられない。できるだけ長くそういう論争から逃れることにしよう。

「何が数学を数学たらしめているのか」というこの問いそのものは、明らかに、きわめて多様な問いを発するのに使うことができる。たとえば、それは、あるものを数学と呼び、他のものをそう呼ばないのはなぜかという、ほとんど言語的な問いかもしれない。あるいは、数学が**本当は何であるのか**という形而上学にかかわる問い——それはしばしば、いま言及したばかりの様々な「主義」に帰着する——であるかもしれない。しかしここでは、いくつかの辞書を引いてみるという、できるかぎり大衆的なやり方で始めることにしよう。学校の児童は、よくあるように "math"（米国）とか "maths"（英国）と呼ばれるものをいやおうなく学ばされ、そこから名詞 "mathematics" を使う能力を身につける。それは何を意味するのか。それで私は最初に辞典に頼ろうと思うのである。


## 2　ヒ素

卓上版、あるいはそれ以上のサイズの辞書を作る人たちは、自分たちの言語における語の意味を、わずか数行で捉えようと最大限の努力を傾ける。専門的な分野で使われる用語の場合には、彼らが努力するのは、すでに知られている一般的な知識と最新の科学に追随することとのあいだでバランスをとることだ。たとえば、次は、ウェブスターの『新国際英語辞典』第3版（以下、『ウェブスター』）のヒ素の定義である。

ヒ素　三価と五価の半金属元素。通常、メタリックな鉄灰色、結晶質でもろいが、他の形態でも知られている（黒い非結晶体および黄色の結晶体）。自由（遊離）状態において存在する（変色した粒状の塊ないし腎臓形の塊において比重 5.73 をもつものとして）。さらに鉱物と結合して（硫砒鉄鉱、雄黄、鶏冠石、砒華として）存在し、また他の金属（銅、金）の原石にも含まれ、そこから、通常は、三酸化砒素の形で副産物として分離される。用途としては、合金において少量使用される（鉛との合金として）。化合物の形では、主に毒物として（殺虫剤として）用いられ、医薬品、ガラス製造においても使用される――記号 As――元素表を見よ。

ここでは二つの点に着目したい。

第一に、広く使われている言語のどの辞典を使ってもよかったのであり、その結果は似たり寄ったりだろう。唯一明白な違いは、たいていの辞典が原子番号 33 を最初においているのに対し、『ウェブスター』は、元素表を見るようにしむけている。私の手もとにある『コリンズ』では、「元素記号 As；原子番号 33；原子量 74.92；原子価 3 ないし 5」とあり、灰色ヒ素の相対密度、$3 \text{MN/m}^2$ での融点、そして灰色ヒ素が昇華する温度が続く。ふつうの卓上辞典ではこれがすべてである。

2 番目の点は、これらの辞書定義のフォーマットが、ヒラリー・パトナムの「意味」の意味に関する素晴らしい論文（Putnam 1975b）で推奨された定義の標準的形式に不気味なほど似ていることだ。辞典が与える説明は、一部の哲学者が一般人への軽蔑を込めて「民間の定義」と切り捨てるようなものではない。それらは、一般的な知識とゆるぎない科学とを一つのパラグラフで結合するのである。ヒ素の毒性――アガサ・クリスティーとその継承者たちによって常識の一部となった――を『ウェブスター』が取り上げていないことに不満を言うのは、クリスティーの愛読者くらいのものだろう。

ヒ素を持ち込んだポイントは何か。それは第一に、辞典がどのように情報を提供するのかを示すためである。第二に、「数学」という名詞が、辞典に関するかぎり、「ヒ素」やその他の素材の名前とは全然似ていないことを示すためである。様々な辞典がそれぞれに数学とは何であるかについて説明を与えている。以下には、今日数学の研究が公表されている主要言語からの翻訳を含めて、有益なサンプルを抽出してある。

数学の世界のあちこちから取り出してきた辞典の見本が、数学についての多くの異なった捉え方を示しているという私の見解を信じる用意があるならば、次の二つのペダンティックな節をスキップしてかまわない。が、言葉の愛好家ならば、このエクササイズを楽しめるだろう。

## 3 いくつかの辞典

**math-e-ma-tics I**: 数と量の関係と表現体系を扱う科学、また量的演算と量的問題の解決を含む科学――形式主義 1d, 直観主義 3, 論理主義 2b を見よ.（『ウェブスター』*Webster's*）

**math-e-ma-tics I**: 数とそれらの演算、相互関係、組み合わせ、一般化および抽象化の科学、また空間構成とそれらの構造、測定、変形および一般化の科学。（『メリアム・ウェブスター・カレッジ英英辞典』*Merriam Webster's Collegiate Dictionary*, tenth edn, 1994）

*mathematics*. 元来は、幾何学、算術、そして幾何学的推論を含む（天文学や光学のような）一定の物理科学の総称。現代的用法では、(a) 厳密な意味で、空間的および数的関係の初等的な概念に潜在的に含まれる諸結論を演繹的に探求する抽象科学に適用され、そこには、主要分野として、幾何学、算術そして代数が含まれる。(b) より広い意味では、この抽象科学の具体的データへの応用を本分とする物理的ないしその他の研究分野を含むものとして適用される。この語がより広い意味で使用されるとき、この抽象科学は**純粋数学**として、その具体的応用（たとえば、天文学、様々な分野の物理学、確率論において）は、**応用数学ないし混合数学**として区別される。（『オックスフォード英語辞典』*The Oxford English Dictionary* CD-ROM）

**math·e·mat·ics** 名詞 （単数の動詞とともに使われる） 数と記号を用いてなされる、量と集合の測定、性質および関係の研究。（*American Heritage Dictionary*）

**matemática**. 基本的概念は定義されず（単位の 1、連言、対応、あるいは点、直線, 平面）、定義なしに受け入れられる命題（公理）から、矛盾のない推論によって、ある理論のすべてが導かれるような論理 – 演繹的科学。（*Diccionario de la lengua española*, Espasa Calpe, 2005）

**matemática**. 女性名詞 数、幾何学図形あるいは記号のような抽象的なものの性質、およびそれらの関係を研究する演繹的科学。（複数形は単数形と同じ意味をもつ。）**~s aplicadas**. 女性名詞、複数形。物理的現象との関係で考察される量の研究。 **~s puras**. 女性名詞、複数形。抽象的に考察された量の研究。（*Diccionario de la lengua española*, 22nd edn, 2001. Madrid: Real Academia Española）

*au plur. Les mathématiques*. 演繹的方法に従って行われ、数や幾何学的図形のような抽象的対象の性質、およびそれらのあいだに存在する関係を研究する一群の学科。（*Trésor de la langue française*）

**LES MATHÉMATIQUES**. 伝統的に量と順序の科学として定義される一群の科学であり、それらの方法とそれらが自ら対象を提供するという事実によって特徴づけられる。それらの対象は、（矛盾を含意しないという条件に従う）一

意的な定義によって仮定される抽象的存在者であり、それら対象の性質の集合がそれらの本質をなしている、そのような対象である。(『ロベール辞典』 _Le grand Robert de la langue française_, second edn, 2001)

رياضيات riyāziy[y]āt (n.) 数とそれらに対する演算、それらのあいだの関係、それらの組み合わせ、一般化、抽象化と並んで、図形とそれらの構造、測定、変形および一般化を研究する科学。**現代数学** その基礎が集合論である数学。**応用数学** 物理科学、生物科学および人文科学のような他の分野の科学における数学の使用を扱う数学の一分野。反対語 純粋数学 (Hasan Anvari _et al._ (eds.) _Farhang-e Bozorg-e Solkan_, third impression. Tehran: Sokhan Publishers, 2007)

**MATEMATИKA** 複数形なし、女性名詞。 **量と空間形式を研究する学問分野**の集まり(算術、代数、幾何学、三角法など) 純粋数学、応用数学、高等数学。(D. N. Ushakov (ed.) , _Dictionary of Russian in Four Volumes_, 1935-40)

**MATEMATИKA** 女性名詞 量、量的関係、さらに空間形式を研究する科学。高等数学。応用数学。(S. I. Ozhegov and N. Ju. Shvedova (eds.) , AZ 1992)

數學[shu xue] 量、形、および量と形のあいだの関係を扱う科学。算術、代数、幾何学、三角法、解析幾何学、微分計算、積分を含む。また、"算學"(計算の研究)としても知られる。(_Online Mandarin Dictionary_. Taiwan: Ministry of Education, 1994)

數學[shu xue] 実生活における空間形式と量関係を探索する科学で、算術、代数、三角法、微積分計算などを含む。(_Contemporary Chinese Dictionary_, Sichuan People's Publishing House, 1992)

数学[sūgaku] (1) 数量および空間に関して研究する学問。代数学・幾何学・解析学(微分学・積分学およびその他の諸分科)、ならびにそれらの応用などを含む。(2) 数についての学問。すなわちいまの算術(arithmetic)。中国の「数学啓蒙」(1853年刊)以来、日本でも明治10年代まで、この意味に用いたことが多い。(『広辞苑』第六版. 東京. 2008)

(『数学啓蒙』は、アレクサンダー・ワイリー(1815 ～ 87)によって中国語で書かれた、ヨーロッパ代数の教科書。ワイリーは、当時のヨーロッパの数学とならんで、初期中国数学の注目すべき知識をもっていた。Wylie (1853) を見よ。)*

**Ma|thema|tik, die** 科学、数や形、集合、それらを抽象化したものの理論であり、それらのあいだの可能な関係や結合の理論。応用数学(数値的応用にかかわる数学の分野。)純粋数学(応用を考慮せず、数学的構造にのみかかわるような数学。)(_Duden: der Grosse Wörterbuch der Deutschen Sprache_, 1994)

数学 _Mathematik_ に関しては、どんな一般的に認められた定義も存在しない。(ドイツ語のウィキペディア、2010 年 10 月にアクセス)

## 4 これらの辞典は何を示唆するか

このリストを通して見たあとでは、「数学」の一般的に認められたいかなる定義も存在しないという最後の言明に同意したくなるかもしれない。2012 年の 5 月にアクセスしたところでは、ドイツ語のウィキペディアは、もう少し注意深くなっている。「数学は、図形の研究と数の計算に発する科学である。「数学」の一般的に認められたいかなる定義も存在しない。」とあり、これに続けて、数学は、論理的定義を介して抽象的構造を作り出し、**論理**によって、それら構造の性質やパターンを探求する科学であると今日では通常言われているということが述べられている。（この項目は、それ以来いくらか増補されてきている。嬉しいことに、ウィキにはこれで最終版などというものはないのである。）

数学は普遍的で、国境を越えたものだと考えたくなるが、あたかも異なる言語的伝統は数学について異なる捉え方をしているかのようである。

数学について言えば、ウェブスターの『新国際英語辞典』第 3 版——この、アメリカにおける権威ある典拠——は、実際奇妙で、幾何学については一度も聞いたことがないかのようであり、その一方で、同時に 20 世紀前半の数学的 / 哲学的基礎論論争を参照するように述べている。それはたぶん、驚くべきことではないのかもしれない。というのも、この辞典は、いくらかアップデートされているとはいえ、1961 年の作品だからである。第 4 版は準備中である。

『シカゴ・マニュアル（*Chicago Manual of Style*）』が標準的典拠として推奨する机上版の『メリアム・ウェブスター・カレッジ英英辞典』（Kleenex のように、一般名詞として「ウェブスター」を名乗っている他の会社のはるかに劣った競合製品と混同しないこと）では、大きな辞典を要約するのが通例だが、この場合には多くの改良が加えられている。

**歴史。**『オックスフォード英語辞典（*OED*）』は、「数学」という語が時間のなかで進化してきたことを思い出させてくれる。

**一つの学問か、それとも複数の学問か？** フランス語の辞典とロシア語の辞典の一つは、数学を一つの学問分野ないし科学としてではなく、学問分野の集まりとして扱っている。

**抽象的存在者。** *OED* は、数学を抽象科学としているが、フランス語とスペイン語の辞典だけが抽象的対象ないし存在者について語っている。『ロベール辞典（*Robert*）』は、これらの対象を、その定義によって与えられた本質をもつものとして語っている。

**純粋と応用**。*OED* と他のいくつかの辞典は、純粋数学を応用数学から区別している。中国語の辞典の一つは、弁証法的唯物論を反映しつつ、数学は実生活にかかわると主張している（純粋数学は、ブルジョワ的観念論として削ぎ落とされるのだろう）。

**公理**。スペイン語の辞典だけが公理に言及している。それは、われわれのリストに見いだされる最も技術的な定義だが、文字通りに受け取れば、その定義は算術を排除してしまうだろう。それは二つの理由からそうなのである。第一に、算術は、ペアノの時代——おそらく 1900 年——までは公理化されなかった。それゆえ、ユークリッドの時代に公理化された幾何学とは違って、数の理論は、ペアノまでは数学として数え上げられないことになろう。第二に、算術は完全な公理化をもたないので、算術の公理化された部分しか、この定義のもとでは、数学として認められないからである。

**構造**。興味深いことに、ドイツ語の辞典は、純粋数学を構造にかかわるものとして特徴づけている。

**演繹**。*OED*、スペイン語の辞典の両方、フランス語の辞典の一方は、数学を演繹によって部分的に特徴づけている。

これらの辞典のいずれもが（たぶん『ウェブスター』第 3 版を除いて）誤ってはいない。それらは全体として、数学がかなり多面的であることを物語っている。


## 5　ある日本語の会話

しばらく同じ調子で続けよう。同じ調子というのは、これらの辞典が役立ってくれる日常の世界にとどまり、専門的な知識にはまだ向き合わないということだ。

小説家村上春樹はその作品群において、多くの異世界からなる一つの宇宙を創り出してきた。どの世界もたいていはアンダーグラウンドな雰囲気で、ちょっとした不条理やマジックがあちらこちらで顔を覗かせはするが、すべては、平凡な日常の枠のなかで進んでいく。ここでわれわれの興味をひくのは、非の打ちどころのない名人芸とも言える筆さばきで描かれる、その完璧な平凡さにほかならない。

『1Q84』（Murakami 2011）の主人公は、天吾である。彼は、大学に入ろうとしている学生を手助けする予備校教師として数学を教えている、小説家志望の人物だ。この作品のプロットの一部は、とても風変わりな 17 歳、ふかえり——奇妙な短編を書いている——との出会いから展開する。この物語のありふれた出来事の側で、彼らは数学について話をする。というのも、ふかえりは天吾のいくつ

58　　第 2 章　何が数学を数学たらしめているのか

かの授業に出たことがあるからだ。彼女はいつも完璧に平板な声で話し、疑問と意見をまったく区別しないし、一度に一つの文しか発しない。ふかえりと天吾のある会話はこう続く。

> ふかえり「スウガクがすき」
> 天吾「好きだよ。昔から好きだったし、いまでも好きだ」
> 「どんなところ」
> 「数学のどんなところが好きなのか？　そうだな、数字を前にしていると、とても落ち着いた気持ちになれるんだよ。ものごとが収まるべきところに収まっていくような」
> 「セキブンのはなしはおもしろかった」
> 「予備校の僕の講義のこと？」［ふかえりは肯いた。］
> 「君は数学は好き？」
> ふかえりは短く首を振った。数学は好きではない。
> 「でも積分の話は面白かったんだ？」
> 「だいじそうにセキブンのことをはなしていた」
> （Murakami 2011: 45, 日本語原文．p.109-110）

　これは、（何か奇妙なものからなるより大きな枠組に埋め込まれた一節であるとはいえ）完璧に日常的な会話である。それは、人々が数学について話す一つの典型である。ここで、ふかえりの「スウガク（math）」は、すでに学校を暗示している[†]。数学を数学たらしめていることがらの一部は、それが学校や大学でそう呼ばれているということだ。子どもたちを恐れさせないように、学校は、その名前を変えて、もっと魅力的に、あまり怖くないように、もっと不快でないように響かせようとしてきた。だが、それは同じままである。すべての子どもは、それでもそれが数学であることを知っている。そのとき彼らはそこに何を見てとっているのだろうか。

　たぶんそれは、彼らが困難だと感じる何かである。たいていの人々は、天吾よりもふかえりに似ている。天吾は、数学者としてすごいわけではないが、まさしく数学が好きなのである。しかし実際には、たいていの人は数学に対して尻込みをし、多くの人が積極的にそれを憎んでいる。彼らは、数学という経験を享受しないし、証明を把握しないし、構造をもてあそぶのは好きではない——数独だけは人気があるが。

　とはいっても、彼らが嫌悪感をもって反応する**何か**が存在するかのようである。だとすると、この数学と呼ばれるものは何なのか。

---

[†] "math" や "maths" は学校の教科名でもあるからである。1節の最後を参照。

## 6 不機嫌でアンチ数学的な抵抗運動

　イヴ・ギングラスは、数学と物理学の関係に関する歴史のなかで、あるラダイト的抵抗運動に注目している（Gingras 2001）。17世紀と18世紀には、われわれが物理学と呼ぶもののうち、当時実際に研究されていた部分は、自然哲学の下に属していた。フランスでは、物理学者（physiciens）によって研究される物理学（la physique）が存在していた。対照的に、英語の単語 “physics”、そしてとくに “physicist” は、もっとあとで作られた言葉だ。だが、イギリス科学とフランス科学は非常に重なり合っており、ギングラスは、それらをいまの名称を使って、物理学と呼んでいる。彼の論文のタイトル「数学は物理学に対して何をなしてきたのか」は有益なタイトルだ。フッサールが述べたように、ガリレオは世界を数学化したが、数学的解析によって物理的世界のはたらきを理解しようとしたとき、彼はまた物理学を変え始めたのである。18世紀になっても、物理的現象に魅了された自然哲学者たちには事欠かなかった。しかし、ニュートンがガリレオとデカルトの肩の上に立って前進したように、物理学者が数学者でもあることの必要性がだんだんと増していったのである。そして、多くの物理学者あるいは自然哲学者はそれを嫌ったのだ。ギングラスは数多くの抵抗を引用している。

　もちろん、いったん成熟した人間の本性には、新しいことを学ばなければならないことに抵抗するという一面がある。（私は、ワードプロセッサが、私にまったく関心のない利便性のためにしばしばアップグレードされるのを嫌っている。）だが、これに加えて、これらの人々は、自分たちが愛する科学に対して数学者たちが行っていることを恐れていたのだ。というのも、彼らは、自分たちが興味ある領域の内部で保っていた地位をもはや奪われてしまったからである。それで、彼らはこの新しい数学を嫌悪したのだ。前節のエンディングを繰り返すと、ここにはたんに嫌いという以上の感情でもって彼らが反応してきた**何か**が存在するかのようである。それ〔数学〕は、たいていの人間がその才能をまったくもたないような、ひとまとまりの技術にすぎないのだろうか。

## 7 雑談

　立方体を小さな立方体に分割することの不可能性については、四つ目のエピグラフで取り上げ、§1.28 で議論した。私はこれを、例と逸話からなるリトルウッドの小冊子『数学雑談（*A Mathematician's Miscellany*, 1953）』からもってきた。

彼のこの書名そのものが、数学的活動の多様性に注目したものであり、ここでは
それを節の表題に取り入れている。

　われわれが皆子どものときに学んだ算術は、われわれの多くが青年期に学ぶピタゴラスの定理の証明とはたいへん異なっている。プラトンを読み始めたとき、われわれが『メノン』のうちに見てとるのは、いかにして与えられた正方形の2倍の大きさの正方形を作図するかであり、そしてその議論が「ピタゴラス」に結びつくことをはっきりと理解する。しかし、それは、小さな整数を暗算で2倍にしたり、大きな整数を書いて2倍にするような決まった手続きにはまったく似ていない。

　このどちらのタイプの例も、フェルマーが最終定理と呼ばれるようになったものを書いたときにもっていたアイディアには似ていない。とはいえ、われわれは整数に関する彼の問いを即座に理解できるように思われる。一方、この定理を証明する方法をアンドリュー・ワイルズが発見したとき、その背後にあった証明アイディアとなると、状況はきわめて違っている。われわれのほとんどは、その論証のスケッチすら習得できない。それでもそれは、最大の素数は存在しないというおなじみの証明と「同じ種類のもの」なのだろうか。私にはまったく確信がもてない。

　最近のジャーナリズムのおかげで正当にも、フェルマーの定理はかなり一般的な知識に近いものなってきた。ここでの考察の流れにおいて従うべき一つの格言はヴィトゲンシュタインのものだ。「皿の上にある実例をあまりやせ細らせないようにせよ」。そこで、フェルマーが書き記したもう一つの事実をわれわれのリストに追加しよう。$4n + 1$ という形のあらゆる素数は、ちょうど二つの平方数の和である。(たとえば、$29 = (4 \times 7) + 1$ であり、これは和 $25 + 4 = 5^2 + 2^2$ でもある。)

　比類なきオイラーはこの定理を証明したが、私は個人的にはこれを衝撃的なことだと思っている。この見たところ意味のない事実は、その形をしたすべての素数に当てはまる。それは、数論における美しく、徹底して自明でない結果の完璧な例だ。カントの退屈な典型例 $5 + 7 = 12$ とはどれほど違ったものと感じられることか。カントの命題は、早い時期に暗記して学ぶ（あるいは学んだことがある）ような何かであるのに対して、フェルマーの例は、「総合的」命題の手ごたえがあるように見える。「二つの平方数の和」はいかにして、「$4n + 1$ に等しい素数」という概念に含まれているのか、その概念の分析の一部であるのか。

　さて、それはまさしくフレーゲが説明しようと試みたことだ。算術的概念を定義し、彼自身が構成した純粋論理学を用いることによって、彼はそのような様々

な真理を導き出すことができた。それゆえ、カントは間違っていた（と彼は推論した）。その形をもつ素数についての命題は分析的なのである——まさしくライプニッツによって意図された意味において。ちょっとだけライプニッツを（引用まではせずに）解明すれば、分析的真理とは、同一性命題から、あるいはともかく定義から論理学によって導出できる真理のことだ。フレーゲの『算術の基礎』（Frege 1884）は、今日までなお、哲学的分析の最も説得力ある実例であり続けてきた。それこそが、オックスフォード「日常言語」学派の第一人者である J. L. オースティンが、この本を——完璧に*——翻訳しようと選択した理由にほかならない。ただし、フレーゲの分析が説得的だと言うとき、私が言わんとしていたのは、その分析が一意的に正しいということではなく、またそもそもそれが「正しい」ということですらなく、むしろ、その分析が数についての展望を永遠に変えてしまう力をもっていたということなのである。

とはいえ、ゲーデルが教えてくれたように、フレーゲの技法をいかに拡張しても算術の全体を捉えることは決してできない。そもそも捉えるべき「算術の全体」が存在するのだろうか。

ついでに言えば、$5 + 7 = 12$ はものすごく有用な事実だということに注目したい。実際、カントがこの和に興味を抱いていたのは、いまや「純粋数学」と呼ばれるようになったものの例としてではなく、日常生活ですでに使われている——応用されている——何かとしてであった。冷蔵庫にある 5 個の卵とカウンターの上にある 7 個、全部で 12 個。

数についてのこれら二つの事実——カントのとフェルマーの——は、ほとんど別世界に属している事実であるかのようだ。フェルマーの事実は、純粋数論そのものの外で使うことができるのだろうか。答えはイエス。私はこの事実を自分の博学さを顕示するのに、あるいは明白でない事実の実例として、使うことができる。しかし（クワインを模倣すれば）それは、その事実を**使っている**のではなく、その事実に**言及している**のである。その他の多くの事実も同じ目的に役立つだろう。

さて、まったく異なる光景に向かおう。理論物理学の数学は、算術やユークリッド幾何学とは異なったタイプのものに見えるだろうが、ここで視野を理論物理に限定する必要もないだろう。実験物理学の論文も数学的推論であふれかえっている。マーティン・クリーガーは、「物理学者の道具箱」について語っている（Krieger 1987, 1992)。意外なことに、その道具箱の相当な部分が、現代的に仕立て直してはいるが、かなり古い数学的ツールのコレクションによって占められている。

ラグランジュアン（ジョセフ＝ルイ・ラグランジュ、1736～1813）、ハミルトニアン（ウィリアム・ローワン・ハミルトン、1805～65）、そしてフーリエ変換（ジョセフ・フーリエ、1768～1830）などである。（このことは、真髄となる道具、微分と積分計算の発明者ニュートンやライプニッツはもちろん、ハミルトンやフーリエを読むことが、今日の数理物理学者たちにとって容易だということを意味するわけではない。）物理学者の道具箱にある数学——そしてそれが使われる仕方——は、幾何学者や数論学者のそれとはきわめて異なっているように思われる。

　この間、物理学者の道具箱には、まったく新しい道具が加わった（実際にはすべての科学者と少なからぬ人文学者の道具箱もそうなのだが）。すなわち、様々な科学が強力かつ高速化し続ける計算技術を利用している。それは、正確に解くことのできない複雑な方程式に対して近似解を生み出してくれるし、また、現場の専門家がそれを使ってシミュレーションを構築し、理論と経験のあいだの密接な関係を確立することを可能にしてくれる。今日、物理学と化学における多くの——たぶんたいていの——実験的研究は、シミュレーションと並行に進められ、しばしばシミュレーションによって取って代わられている。強力なコンピュータによる自然のシミュレーションは、ラグランジュアンやハミルトニアンを用いた自然のモデリングが応用数学と呼ばれるのと同じ意味で、応用数学と呼んでよいものなのか。

　物理学は、物理的状況の洗練された数学的モデルを使用する。経済学もまた複雑なモデルを構築する。彼らは、彼らが「経済」と呼ぶところの巨大構造のコンピュータシミュレーションを走らせ、次の時点で、あるいは10年単位で何が起こるかを解明しようと試みる。経済学者たちは、たいていの物理学者たちが近代経済学の意味をつかめないのと同様に、物理学者の推論を理解することはできない。しかしながら、彼らはどちらも、われわれが数学と呼ぶものを使っており、その技法はある程度まで移行可能である。グローバルな金融システムがほとんど壊滅してしまう数年前に、高エネルギー物理学の博士号をもった者たちがゴールドマン・サックス（など）へ移っていったポスト冷戦期のエクソダスがその証拠だ。

　ジェームズ・クラーク・マクスウェルは、三次元構造の剛性に関する必要十分条件についての定理を導き、それは何年ものあいだ教科書にも載っていた。しかし、彼は誤っていた。バックミンスター・フラーによって考案された「バッキー・ドーム」がその反例を提供している（§5.25）。この話は、どれくらい数学の話だと言えるだろうか。

　何百メートルものコードを書くプログラマーは数学を行っていると言えるの

だろうか。物理学や経済学における問題をシミュレーションや近似によって解くためには、そのプログラムを設計するプログラマーが必要である。〔だがこれらのうち〕どの部分が数学で、どの部分が数学ではないのか。暗号学についてはどうか。(誤解を避けるために言えば、私は、そのような問いを修辞的な様式で問うている。以下27節で、チェスの問題が数学かどうかについてのある意見の不一致に着目するが、私はこれらの問いに一つに定まる正しい答えがあると言いたいわけではない。「意味のわからない選択肢からは選ぶな」という格率がここではぴったりである。)

しかし、われわれの雑談に戻ると、商売のための算術は数の理論とはとても異なっているように見える。大工のための幾何学は、ちょうど五つのプラトン立体(正多面体)が存在するという、ユークリッドのXⅢ巻に見られる証明には似ていない。

前の章で立てられた問いに戻れば、われわれはなぜ、算術と幾何学のどちらも「同じもの」の一部、すなわち数学の一部だということを当然のことと受け取っているのだろうか。

何が数学を数学たらしめているのか。


## 8 制度的な答え

まじめな哲学的思索を開始するのにふさわしく、私の最初の問いは、素朴さをねらったものである。それは専門的な問いではない。答えをある方向へ誘導するために手を加えて、その問いを次のように言い換えることもできただろう。すなわち、数学と呼ばれているものをわれわれが数学として認識することを可能にしているものは何か。一つのとても重要な答えは、制度的な答えである。数学は、高等教育の制度において、学科やさらには学部によって定義される学問分野である。三つのRがかつては必修であった。読み(Reading)、書き(Writing)、そろばん(算術、Arithmetic)。この3番目は数学だろうか。われわれは皆——人によっては小学生のあいだだけかもしれないが——数学的支配体制に服従させられてきた。われわれの多くはそれを憎み、少数のものがそれを好み、わずかの者が、そこで居心地がいいと気づいたときに初めてひとかどの人物になったのである。

なぜわれわれは、プログラミングを数学の一部と呼ぶことをためらうのか。単純な答え:教育学がコンピュータ科学科を作ったからだ。なぜチェスを数学と呼ばないのか。それは、学校や大学で教えられないからである。しかし、問いを逆にすることもできるだろう。なぜ、そもそもわれわれは、チェスが数学の一分野

64    第2章 何が数学を数学たらしめているのか

として組み込まれるかもしれないと考えるべきなのか。それは、チェスが数学的推論に典型的ないくつかの特徴をもっているからではないのか。その問いは、われわれをもとの素朴な問いへと連れ戻し、その問いはさらに次のような問いに変わるように思われる。それらの特徴とは何か。あるいはこう言ってもよい。〔現在の〕数学教育の組織は長い歴史の積み重ねの結果である。歴史の経過はきわめて偶然的であるとはいえ、その歴史は、まさにそれらの特徴に焦点を合わせてきたのではないか。

## 9 神経歴史学的な答え

突出した人物の心理的経歴を書く——通常は多量のジークムント・フロイトを伴いながら——という流行がかつてあった。最近ではフロイトに代わって、自閉症やアスペルガー症候群、さらには多動性障害といった診断を与えることによって、突出した人物は、彼らが成し遂げた事柄に関してなぜ突出するようになったのかが「説明」されるようになっている。これらの障害はいまでは神経学的な障害であり、遺伝的でさえあると考えられているので、これを神経歴史学のジャンルと呼んでもよいだろう。このタイプの伝記をたっぷり読みたいなら、アイルランドの花形精神科医マイケル・フィッツジェラルドによって刊行された一連の本を参照されたい（Fitzgerald 2004 ～ 9）。もっとシリアスなものには、サイモン・バロン＝コーヘンと彼の共同研究者たちによる研究（Baron-Cohen et al. 1997, 2002, 2003）があり、これは、工学と数学を含めてある範囲の業界が自閉症的特性をもった人々をひきつけてきたことを示唆している。このことは、コンピュータおたくが自閉症的だとする新しいドグマとして、フィクションを通して広く浸透している。

かつてアスペルガー症候群に分類されていた自閉症の特徴は、社会的な内向性、他の人々（あるいは自分たち自身すら含めて）が何を感じているかを理解することの困難さ、一心不乱であること、細かなことやパターンに対する強いこだわりといったものを含んでいる。そのような個人は、とくに空間的配列や時間系列の変化によってたやすく動揺させられる。ノンフィクションであれ、フィクションであれ、この分野の文献に幅広く親しんでいる読者なら、彼ら自身のふるまいのうちに自閉症的傾向を十分に見て取ることができるだろう。（アスペルガーの診断は、『精神障害の診断と統計マニュアル』から取り下げられたが、"aspie" という語は英語の普通名詞としてたぶん残っているであろう。）

数学者たちには、そうした性格特性をもつ傾向があると仮定しよう。そこから一歩進んで、彼らの脳が、不変化量と対称性という現代数学の二つの主要概念に格別敏感なのだと推測するのはたやすい。数学は——それ以外の点ではまったく意見の異なるいくつかの学派が一致して長いこと主張してきたように——構造と順序の研究であり、自閉症的傾向をもつ人々をとくにひきつけるような研究なのである。

　個人的な特異性に基づくこの描像は、制度的な物語にうまくフィットする。数学は、その主題に捧げられた制度によって行われるものである。これらの制度のうちに居住するのは、自分たちの特異性が規範となっているところに居所を見いだした人々であり、そして今度はその規範が当の制度からなる組織全体を一つにまとめているのである。

　これらの所見をもって、神経歴史学についてのわれわれの議論を終えることにする（ホッとした！）が、かといってこれをまったく除外することはできなかっただろう。


## 10　パース親子、父と息子

　ベンジャミン・パース（1809 ～ 80）は、ほぼ 50 年の間ハーバードで数学を教え、合衆国における数学と科学の確立にあたって大きな影響力をもった人物であった。彼の息子、チャールズ・サンダース・パース（1839 ～ 1914）はプラグマティズムの基礎を築いた。もっとも、彼は後のプラグマティストたちをひどく不愉快に思っており、プラグマティズムを「プラグマティシズム（pragmaticism）」——盗用する気すらおきないほど醜い名前——に改名したほどであった。彼は、ライプニッツにいくらか似ており、ほとんどあらゆることに卓越したアイディアをもっていたが、大部分の研究を満足のいく形で終わらせることはできなかった。（科学者としてのチャールズ・パース、そして確率を真に理解していた人物としての彼に関する私自身の説明は、Hacking 1990: ch.17 にある。）

　1870 年、父のほうは、ワシントンの国立科学アカデミーに論文を送ったが、その最初の文章は次のようになっている。「数学は必然的な帰結を引き出す科学である」（B. Peirce 1881: 97）。死後に公表されたとき、編者たちは、この「研究は、代数的演算の法則に関する哲学的研究の「プリンキピア」にほとんど匹敵する資格をもつであろう」（1881）という所見を述べている。このパースの定義を、数学の定理は論理的に必然的な命題だと主張しているように読みたくなるかもしれ

ない。だがそれは、ベンジャミン・パースが言わんとしていたことではない。

すでにデカルトとのつながりで見たように（§1.30）、必然的結論は、それ自体は論理的必然的に真ではない諸前提から必然的に出てくるような結論である。もっと最近の言葉で言えば、彼は、数学が妥当な推論の科学、論理的帰結の科学だと言っていたのである。したがって、時代錯誤を犯して言えば、彼は、数学を意味論的に定義していたと言えるかもしれない。それに対し、この後の 11 節で引用されるように、ラッセルは数学を統語論的に定義したのである。論理学（1870年に彼が理解していたものとしての）と数学のあいだの関係について、ベンジャミン・パースは次のように述べていた。「論理学の規則によって数学はしっかりと結びつけられているのだが、その論理学の規則さえも、数学の助けなしには演繹されなかったであろう」（1881）。

1902 年に彼の息子は、「数学の本質」（*The Simplest Mathematics*; *CP* 4: 227-323, 1902）を詳しく分析したが、その論文は、父親の定義を想起することから始まっている。チャールズ・サンダース・パースは、論理学と数学の関係についてカント的見解を保持していた。「数学はいずれにせよ論理学に依存しているようには私には思われない」（*CP* 4: 228）。哲学的な数学者である父と数学的な考え方をする哲学者である息子の両方が、数学の本性について多くの興味深い考察を行っていたが、われわれの問い「何が数学を数学たらしめているのか」に関して言えば、彼らは途中駅にすぎないのであって、いまではありきたりだったり、一風変わった事柄に思えることを除けば、ほとんど教えられるものはない。


## 11　プログラム的な答え：論理主義

制度的な答えは、現代についての社会学的考察だけでなく、数学を教えることについて、どのようにその制度が創設されたのかについて、そして権威について、様々な歴史的考察を招き入れる。しかし、「何が数学を数学たらしめているのか」という問いを、今度はきわめて異なった仕方で理解することもできる。それは、数学自身にこの問いに答えるのを期待するということだ。私は、数学者たちに聞いてみようと言いたいわけではない。私が言いたいのは、詳細な数学的答え、ないし計画に基づくプログラムであり、もしそれがうまくいくなら、確定した答えを提供するように思われるようなものである。一つのおなじみの例は論理主義である。実際、この原初的な問いに対する大胆不敵な答えは、ラッセルの『数学の原理』（Russell 1903）の最初のページに出てくる。

純粋数学は、「$p$ は $q$ を含意する」という形式のあらゆる命題からなるクラスである。ここで $p$ と $q$ は、一つないしそれ以上の変項を含む命題であり、それらの変項は両方の命題において同じでなければならず、$p$ と $q$ のいずれも論理定項以外のいかなる定項も含まないとする。そして、論理定項とは、以下のものを介して定義可能なあらゆる観念のことである。すなわち、含意、ある項がそのメンバーになっているようなクラスに対するその項の関係、かくかくのような（such that）の観念、関係の観念、および、上の形式をもつ命題の一般概念に入り込んでいるようなさらなる観念である。これらに加えて、数学は、それが考察する命題の構成要素ではないある観念、すなわち真理の観念を使用する。

　論理主義のプログラム全体は、いま引用したパラグラフに対する脚注だと論ずることもできよう。驚くべき三巻本、ホワイトヘッドとラッセルによる『プリンキピア・マテマティカ（*PM*, 1910〜13）』が全体として成功していたならば、われわれの一見したところ素朴な問いは直接的な答えをもつだろう。何であれ、それが論理学であるならば、それは数学なのだ。

　論理主義は、たんにわれわれの問いに答えるためというよりもはるかに深い目的をもっているが、*PM* は、そのついでに、一つの答えを供したことにはなるだろう。とはいえ、ある意味で *PM* は、数学を当然のものとして受け取っている。ラッセルはまるで、われわれはうまく数学を認識することができるし、その意味でそれが何であるかを完全に知っている、と言っているかのようである。このラッセルの仕事は、ちょうどフレーゲが数の概念の分析を与えたように、数学が何であるかについて知見をもたらすような**分析**を達成することを目指している。あるとき、ラッセルは、確実さの必要にかられて、数学が論理学であると立証することは、数学に一つの基礎を与えることになるだろうと考えた。彼は、文字通りに「基礎」を意味していたのであって、今日数学基礎論と呼ばれるような学問分野の意味でそれを使っていたのではない。彼が言わんとしていたのは、あらゆる数学的定理の真理を支持し、保証するはずの安全な基盤であった。そうしたおそらくは見当違いの野望とは無関係に、*PM* は、もし成功していれば、われわれの問い「何が数学を数学たらしめているのか」に対する正確で洗練された答えを提供しただろう。

　あるいは、ここには後退があったのだろうか。とりわけクワインは「何が論理学を論理学たらしめているのか」という問いを立てた。フレーゲと *PM* のおかげで、彼は問いをより鋭いものにすることができた。それは、ちょっと前に引用した一節に同意しつつも、次のように問い続けることである、「論理定項とは何か」。ラッセルの定項に関するちょっとしたリストは、とくに、集合のメンバーシッ

プの観念、すなわち「ある項がそのメンバーになっているようなクラスに対する
その項の関係」に関して問題を抱えている——何しろラッセルこそ、それを論証
した最初の人物だったのだから。(論理学が何であるかという問いに向けられた論文
集としては、Gabbay (1994) を参照されたい。この論文集は、その問いに対する私自
身の答え、Hacking (1979) から始まっている (pp.1-34)。スコラ哲学者たちまでさ
かのぼり、現在まで続く、参考文献つきの完全な概説については、MacFarlane (2009)
を見よ。)論理学を論理学たらしめているものを知ることなしに、*PM* は、数学
を数学たらしめているものについての答えを決して完全に仕上げることはできな
いだろう。

　以上は、『プリンキピア・マテマティカ』というあの素晴らしい記念碑が抱え
る数学的な困難とは完全に独立した見解である。


## 12　第二のプログラム的な答え：ブルバキ

「何が数学を数学たらしめているのか」に対する数学的答えの第二の例は、『プ
リンキピア・マテマティカ』の一世代あとにやってきた。その当時フランス語圏
で教えていた一握りの才能ある若い数学者たちは、「究極の数学の教科書」を書
くという意図のもとに勢ぞろいし (Corry 2009)、自分たちをニコラ・ブルバキ
と名乗った (Mashaal 2006)。その第 1 巻は、彼ら自身の厳密さに関するかなり
独特の基準に基づいて書かれた特色ある集合論の教科書であり、それは『数学原
論』として刊行された (Bourbaki 1939)。

　第二次世界大戦が終わって再集合したとき、彼らは、数学は構造の研究だとい
う確信をだんだんと強めるようになっていた。彼らは、数学の全体を、入れ子構
造として、あるいはそれ以外の仕方で組織化された構造を扱うものとして提示す
ることに着手した。続く各巻(ただし、印刷の時間的順序ではなく、「構造的」順序
の意味での続き)は、2 巻：『代数』、3 巻：『トポロジー』から、8 巻：『リー理論』、
そして 9 巻：『スペクトル代数』へと進んでいった。(代数の巻はいまなお広く引用
されるが、集合についての最初の巻はそうではない。)

　ラッセルの場合と同じように、彼らは数学とみなされるべきものを「知って」
いた。彼らは、数学は見ればそれとわかると考えたのである。しかし、彼らは、
確率論と呼ばれる数学の一分野をそれに含めなかった。たぶん、それは第 6 巻：
『積分論』、すなわち、他の人たちが測度論と呼ぶものによって暗黙にカバーされ
ていると彼らは考えたのだろう。確率論の研究者たちは、著名なフランスの研究

者を含めて、これには決して同意しなかった。

ラッセルが数学は論理学であるとまさしく主張したように、ブルバキは、数学は構造の研究であると考えた。この考えは、コリーが説明するように、彼らが最初考えていたよりもはるかに融通の利く概念である。コリーの論文（Corry 2009）は、副読本としてすこぶる有益だ。というのも、この論文は、ブルバキにとって構造がその始まりのときから中心的であったことを指摘しているからである。

話を明確にするためにここでいったん立ち止まらなくてはならない。「構造主義」はいくつかの意味をもっている。一般読者にとってただちに思い浮かびそうなのは、20世紀はじめのフェルディナン・ド・ソシュールによる構造言語学から派生したフランスの知的運動、とくに、1960年代に開花した運動——これは、クロード・レヴィ＝ストロースが火付け役となったものであり、社会学、文芸批評、古典研究、精神分析、その他多くにおいてウェーブを作り出した——であろう。

ブルバキの学説は、レヴィ＝ストロースのアイディアとまさしく交差している——それらは、第二次世界大戦直後のフランスで起こった同じ知的潮流の一部であった。ブルバキグループの中心人物の一人は、アンドレ・ヴェイユであった（§1.14を思い出してもらいたい）。彼は、1949年の古典『親族の基本構造』第一部の補遺を書いたのだが、それは、「一定のタイプの婚姻法則の代数」についてであった（Lévi-Strauss 1969: 221-30）。レヴィ＝ストロースは、そのような事柄について熱狂的に書いている（Lévi-Strauss 1954）。これについては、「レヴィ＝ストロースの研究における数学的メタファー」という有用な概説 Almeida and Barbosa（1990）を見てもらいたい。

その種の構造主義は、現代の数学の哲学者たちの念頭に浮かぶようなものではないだろう。彼らが思い浮かべるのは、ポール・ベナセラフによる有名な論文（Benacerraf 1965）に始まるある運動——そのルーツはデデキントのよく知られた論文（Dedekind 1888）にあるとしばしば主張される——だろう。第7章Bで議論するように、様々な種類の学説が生み出されてきたが、いずれも標準的な「表示的」意味論を当然のこととして受け入れ、ブルバキとは異質な形而上学と存在論にかかわっていることを明言している。ブルバキを継ぐ者の一人、アンドレ・リヒネロヴィッツは、自らの態度を「根本的に非存在論的」と特徴づけている（Conne, Lichnerowicz, and Schützenberger 2000: 25, 強調は引用者）。

Reck（2003）には、今日通用している様々な哲学的構造主義の有用な分類がある（Reck and Price 2000 と Reck 2012 も参照）。レックは、これらの哲学的構造主義を、彼が「方法論的構造主義」と呼ぶ——デデキントに見いだされる——

ものと対比している。後者の構造主義は、「他のもの〔分析哲学者たちの構造主義〕が扱うような意味論的問題や形而上学的問題にかかわるというよりも、むしろ本来的には数学的**方法**にかかわっており、したがって実際には別のカテゴリーに、あるいは異なる種類に属するものである」（Reck 2003: 371）。同じことがブルバキにも言えるだろう。それは、最近の分析哲学者たちによって描かれてきたものとは、**別のカテゴリーに、あるいは異なった種類**に属しているのである。これらの問題には§7.11 で戻るつもりだ。

　論理主義とブルバキのいずれも、知的生活において全体化が志向された時期を象徴している。リオタールの用語を使えば、彼らは大きな物語を提示していたのである（Lyotard 1984, 彼の元来のラベルづけでは「メタ物語」だが、それはここではふさわしくない）。ラッセルもブルバキも、「モダン」の典型例だ。この「モダン」は、リオタール以降しばしば用いられるようになった用語としてのそれである。リオタールが、とくに数学について語ったり暗に示唆したことのなかで、誰もがはっきりと同意できるほとんど唯一のことは、ゲーデル以降、誰も「究極の数学の教科書」や『プリンキピア・マテマティカ』をもう一度企てたりはしないだろう、ということである*。

　ブルバキとラッセルは、何が数学を数学たらしめているのかという素朴な問いを問うていたわけではなかった。数学は所与であった。彼らの仕事は、それを分析することであり、それを介して数学が現に何であるかを、説明的に述べることであった。私はそれに否定的なわけではない。私は、論理主義のなかで育ち、ブルバキを愛することを学んできたのである。私が言いたいのは、どちらもあらゆる問いのなかで最も素朴な問いに取り組んではいないということにすぎない。


## 13　ヴィトゲンシュタインだけが問題を抱えていたように思われる

　ヴィトゲンシュタインは、われわれが数学として一つのファイルにしまい込む雑多な活動が多岐にわたることを強調した最初の注目すべき哲学者であったように思われる。われわれはすでに第 1 章で、彼の所見「私は、数学とは諸証明技術の雑色の混ぜものであると言いたい、——そして数学の多様な適用〔応用〕可能性と重要性は、そのことにもとづいている」（*RFM*: III, §46, 176, 邦訳, p.171）を引用していた。後半の補足的な所見を把握するのは難しい。私は、数学が諸証明技術の雑色の混ぜものであるということを見てとるほうが、数学の重要性と多様な応用可能性がそのことに依存していることを見てとるよりもはるかに容易だ

ろうと考えている。

　翻訳者たちは、〔邦訳の「雑色の混ぜもの」を表すのに〕大文字化した単数形の MOTLEY を用いている。ヴィトゲンシュタインのドイツ語は、大文字化した形容詞にイタリックになった名詞が続く形、すなわち、"BUNTES *Gemisch* von Beweistechniken" になっている。ヴィトゲンシュタインは、そういう正字法的誇張法にはまっていたわけではない。たぶん、これは、公刊されたテキストにおいて彼がそのようなものを使った唯一の機会ではないだろうか。だから、これに心して注意を向けることにしよう。

　ルターの聖書では、bunt は、ヤコブが着ていた多色のコートを表す語であり、この語は一般には雑色であることを意味し、そのメタファーとして雑多なものを意味する。現代のドイツ語では、それはどちらかといえばこきトろす形容詞であるが、ヴィトゲンシュタインが証明技術の雑色性をこきおろしていたわけではない。まったく反対に、数学の重要性と「多様な応用可能性」は、彼が続けて言うように、この雑色性に依存しているのである。

　英語の "motley" は、ヴィトゲンシュタインの二語からなる句 "buntes Gemisch"（「雑色の混ぜもの」）の適切な翻訳である。というのも、"motley" は、あるグループ内での無秩序な多様性を意味として含んでいるからである。比較してみよう。ドイツ語の名詞 "Treiben" は、騒がしい活動を意味している。それを強調した "ein buntes Treiben" は、あらゆる種類の異なった事柄が起こっているような本物の喧騒を意味している（社会の下層の民衆を巻き込んで、というのがもっとありそうだが）。同様に、"ein buntes Gemisch" は、たんなる混ぜものではなく、むしろあらゆる種類の異なったものごとの混ぜ合わせなのである。この名詞がイタリックで強調され、形容詞が大文字で印刷されると、BUNTES *Gemisch* だ、ワォ！

　フェリックス・ミュールヘルツァー（2006: 66, n. 15）は、"motley" が、ヴィトゲンシュタインの用法をうまく表現していないと論じている。彼は、BUNTES *Gemisch* を「色彩に富んだ混合（colourful mix）」と訳すほうを選んでいる。いずれにしても、文体として COLOURFUL *mix* と書くような正字法的誇張法にはまった人物がいるとは思えない。論証するつもりはないけれども、"motley" という語は、私が雑談と呼んできたものを確実に捉えているし、たぶんそれを誇張してみせている。しかし、"buntes" = "colourful" には、"motley" では捉えられていないもう一つの相がある。"colourful" は、ふつうは肯定的な含みをもつ語である——くすんでいることに対立する意味での "colourful"。

ミュールヘルツァーは、"motley" が取り落としている "buntes" のこの側面に光を当てようとしている点で正しい。私としては、以後もアンスコムの訳語を使い続けるが、この colourful のほうも頭の片隅に置いておいてもらいたい。

〔RFM の〕§46 は、証明の諸技術が雑色の混ぜものを形成しているということしか述べていない。数ページ後で（「所見」としては二つ後でしかないが）、ヴィトゲンシュタインは、あまり強調せずに、こう述べている。「私は、数学の雑色性を説明したいのだ」（III, §48, 182, 邦訳, p.178）と。これは、数学についてのかなり一般的な見解であるように思われる。

「雑色性」の比喩は、ヴィトゲンシュタインのよく知られた家族的類似性を思い起こさせるが、これこれの雑色性（あるいは色彩に富んだ混合でもよいが）について語ることは、これこれの実例が家族を形成すると語るよりもはるかに強調的である。これは、私が先に示した数学の雑多な例のあいだに家族的類似性があるということを否定しているのではない。むしろそれが示唆しているのは、たんなる家族的類似性では、これらの例が本当にどれほど雑多であるかを十分示しきれていない、ということなのである。

かなり異なった文脈で、しかも何年かあとのことだが、ヴィトゲンシュタインはこう言った。「数学は、そのとき、一つの家族である。だが、それは、そこに組み込まれたものにわれわれは注意を払わないだろうと言うことではない」（VII, §33a, 399）。だが、この文を文脈から離れて読むことはできない。「そのとき」は、これがより大きな思考の脈絡の一部であることを示唆している。

同じパラグラフのもっと前のほうに、私がたいへん気に入っており、文脈抜きに繰り返し乱用している一節がある——「というのも、数学はとりわけ人類学的な現象だからである」。この「というのも」は、ここでの思考の連鎖もまたこの観察から始まるわけではないことを示している。この引用を含むパラグラフ全体が、断片 VII 内部でその文脈に置かれる必要がある。それは、§32 から引き続いて行われている内的対話の中間部分で始まっている。

> だが、その場合、数学について**本質的な**ことはそれが諸概念を形成することだ、と言うのは正しくないのだろうか。——というのも、数学はとりわけ人類学的な現象だからである。かくして、われわれはそれを、数学（「数学」と呼ばれているもの）の非常に大きな部分について本質的な事柄として認識し、そのうえでなお、それは他の領域において何の役割も果たしていないと言うことができる。いったん人々が数学をこうした仕方で見ることを学んだならば、この洞察それ自身は、もちろん彼らに何らかの影響を及ぼすであろう。数学は、そのとき、一つの家族である。だが、それは、そこに組み込まれたものにわれわれは注意

を払わないだろうと言うことではない（VII, §33e, 399）。（33e のように、私は、ある所見のなかで各パラグラフにラベルを貼るためにアルファベットを用いている。だから、これは *RFM* §33 の 5 番目のパラグラフである。）

ヴィトゲンシュタインは、数学的証明がその証明のなかで使われる諸概念に影響を及ぼし、その結果、ある意味ではその証明が新たな概念を作り出すのだ、という考え方にひどくひきつけられていた。証明は、概念を適用するための新たな基準を作り出すのである。その話題はたぶん、私自身を含めて *RFM* の初期の読者たちが明確に理解しようとして最も格闘してきた話題だったはずである（たとえば、Hacking 1962）。

ここは、§33 という奇妙に込み入った一節を探求する場面でもないし、それが埋め込まれている内的対話を思い起こす場面でもない。われわれが注目しておきたいのは、「数学」が「数学と呼ばれるもの」へと暫定的に切り替えられていることであり、ヴィトゲンシュタインの内的対話に参加している一人が「数学について**本質的な**こと」を探し求めているという事実である。誰であれ注目すべき哲学者によって書かれた短い単一のパラグラフで、「唯名論」の方向に誘うように見える事柄と「本質主義」の方向に誘うように見える事柄とを同時にこれほどはっきり示しているパラグラフはほかにないのではないかと私は思っている。


## 14 方法についての余談——ヴィトゲンシュタインを使うことについて

ドイツ語 "ein BUNTES *Gemisch*" のヴィトゲンシュタインの用法を理解する仕方に関して、フェリックス・ミュールヘルツァーと私のあいだには些細な違いがあることに言及したばかりである。ミュールヘルツァーは、『数学の基礎』の第III部（78ページ）についての600ページに及ぶ価値ある注釈の著者だ。彼の本は、解釈書とも言えるし、哲学史、歴史研究書、あるいはたんに注釈書というように、いろいろな形で記述できるであろう。以下において、私は頻繁にヴィトゲンシュタインの言葉を使うつもりだが、解釈や歴史研究、注釈をしようというわけではない。私は自らを、ヴィトゲンシュタインを注意深く読み、彼が読んだものから学び、さらには彼が読み取ったことを、彼自身の独特のやり方で自らの哲学的思想に組み込んだことから学んできた哲学者とみなしている。だが、私は注釈にかかわっているわけではない。

注釈は、哲学的活動のとびきり重要な部分である。哲学の歴史を過小評価する分析哲学者がたくさんいるが、私は彼らの一員ではない。私は、古典的なテキス

トの読者たちから多くを学び、注釈者たちに多大の注意を払っている。しかし、数学について考える際にヴィトゲンシュタインを使うとき、私は彼を解釈しているわけではない。もちろん、誰かが言ったことを理解するどんな仕方も「解釈」だという高尚だがつまらない意味の場合を除けば、であるが。幸いなことに、数学についてのヴィトゲンシュタインの見解についてどんな注釈や書評も出現する前に、私は彼を読むことが——単純に読むことが——できたのである *。

それゆえ、私は、実際のところ、自分がヴィトゲンシュタインを正しく捉えているかどうかには注意を払っていない（過剰な自信が、自分はいつも正しく捉えていると私に信じさせてくれるのだが！）。私がテキストを正しく理解しているかどうかは、私が行っていることにとってはたいして重要性をもつわけではないと言いたいだけである。もちろん、私が彼を誤解していたならば後悔するだろうし、私の誤りが正されればよいとも思っている。だが、誤解が新たな線の哲学的反省を可能にしてきたのだとすれば、それは、テキストの素晴らしい副次的な効果である。繰り返すが、私は、ヴィトゲンシュタインを注意深く読み、彼の言葉を尊敬をもって使おうと試みてきた哲学者である。このことによって、われわれは**ヴィトゲンシュタイン**に惑わされるかもしれないが、それは必ずしも**哲学**に惑わされることではない。

とは言うものの、私は折にふれ他の主要な哲学者たちの言葉についてはふつうとは異なる解釈を提示するだろう。たとえば、§1.31 での、デカルト、神、非基礎づけ主義についての私の提案がそうである。これらは、デカルト研究への真剣な貢献として意図されているわけではないが、水平思考〔既成概念の枠を超えて考えること〕への貢献だとは言ってよいかもしれない。

## 15　意味論的な答え

ソール・クリプキの固定指示詞の理論は、名前についての哲学的な眺望を永遠に変えた（Kripke 1980）。彼は、普通名詞（「金」とか「馬」のような）が固有名（「ビスマルク」や「オバマ」のような）の論理に似た論理をもつということを教えてくれた。金や馬を表示する名前が、最初に実例を指し示すことによって生み出されたと想像することができる。それは、どちらかといえばオットーやバラクの命名儀式に似た名づけの発生場面だろう。そのうえで、ちょうど固有名の使用に歴史があるように、そのときからいまにいたるまで、普通名詞の使用の歴史がある。これは一つの描像にすぎないが、金で**ある**ところのものが、元来は見本例として

用いられた種類の素材であるということ、そしてその名前は見本例に**直接**結びつけられるのであって、たとえば、記述を介して結びつけられるわけではないというアイディアを伝えるのには役立つ。

「コレステロール」は純粋にこの種の歴史をもつ名前である。ミシェル・ウジェーヌ・シェブルール（1786～1889）は、ある興味深い素材を分離し、それについての最初の出版物でこう書いた。「私は、**人間の胆石にあるこの結晶化した物質に**——「胆汁」と「固体」を表すギリシャ語からとって——**コレスティランという名前を与える**」（Chevreul 1816: 346, 強調は引用者）。それは、科学の年報に見いだされる命名儀式のなかでは本物の命名儀式に最も近い。（後に、この素材が、化学用語でのアルコールであることが認識されたとき、この名前が「コレステロール」に修正された。）

シェブルールはこの材料の化学的組成について見事な推測を行った。この素材については、その後もっと多くのことをわれわれは発見してきた——その研究は、四つのノーベル賞を、共同受賞を含めて6人の人々にもたらした（H. O. Wieland, 1927; A. Windhaus, 1928; K. Bloch and F. Lynen, 1964; M. S. Brown and J. L. Goldstein, 1985）。固定指示子の理論においては、「コレステロール」が指示するのはこの素材——シェブルールが最初に注意を向け、その化学的同一性はいまや完全によく理解されているが、その性質はいまなお解明され続けているような、この素材——にほかならない。しかしながら、私の論点は、この例をもち出した意図の点ではいささか皮肉めいている。この種の命名儀式は、よくある出来事ではなく、むしろ実際にはとても、とてもまれである。私の知るかぎり、クリプキ以後の膨大な文献のなかで、いまやよく知られている物質の「命名儀式」について類似の報告例を提示している者は誰もいない。

数学はコレステロールのようなものでありえただろうか。数学を指示する名辞の使用は、歴史をはるかにさかのぼり、タレスの時代よりもずっと以前、バビロニアとエジプトにおいて、少しだけ遅れて中国で始まった、というのがありそうなところである。あらゆる歴史の過程で辞典の著者たちが存在していたとすれば、この章のはじめに掲げたよりもはるかに大量の雑多な定義が得られただろう。それにもかかわらず、固定指示子の描像によれば、数学を表す名前のあらゆる使用者が、それと知らずに指し示しているあるもの——数学——が存在するだろう。

誤解を避けるために、私は次のことを明らかにしておかなければならない。まず、名前「数学」が固定指示子であると主張してきた誰かを私が知っているわけではない。また私は、そのアイディアを誰かに帰そうとしているのではないし、

いわんや、固定指示子の理論を発明したソール・クリプキに帰そうとしているのでもない。私が言っているのは、この描像がこういう仕方で使われうるということにすぎない。

残念ながら、そうすることは、数学を数学たらしめているものが何かをわれわれに教えてくれるわけではない。コレステロールをコレステロールたらしめているものについてはシェブルールが語り始め、その後ノーベル賞を授けられた面々によってわれわれはもっと多くのことを知るようになった。われわれの問いに答えようとすれば、化学分析に比較できるような作業を行うのに、哲学的な分析が必要なのであろうか。それとも、われわれは数学者たちに向かうべきなのだろうか。

## 16　さらに雑談

ウィリアム・サーストン（1946 ～ 2012、1982 年にフィールズ賞）は、「数学における証明と進歩について」（Thurston 1994）という一編を書いた。私がこのように言うのは、彼の言っていることの大部分が正しいからではなく（私は彼が正しいと思っているが）、数学についての多くの誤解、50 年前から流通してきて、いまもその多くが流布している誤解を一掃しているからだ。彼は、「何が数学を数学たらしめているのか」という問いに対して、重要で新しい答えをもっている。だが、まずは、彼の小編から学ぶことのできる多くの事柄のうち、二つを取り上げよう。一つは、数学の雑色性にかかわっている。もう一つは、数学的証明についての変化する捉え方に関係している。これらの考えをスケッチしたのち、数学を数学たらしめているものについてのわれわれの問いに向かおう。

数学の学生が大学に入って（あるいはしばしばそれ以前に）学ぶ最初の事柄は微分法である。微分するために、まず学ぶのは導関数である。だが、これらは決まり切った仕方で教えられているわけではない。というのも、導関数を概念化する多くのやり方があるからだ。理解を作り上げるために、多くの異なるストーリー、描像、アナロジー、秘訣が存在する。

サーストン（1994: 163）は、導関数について考えるための七つの異なったやり方をリスト化している（実際はもっとある）。彼はこの七つに、(1) 無限小、(2) 記号的、(3) 論理的、(4) 幾何学的、(5) 瞬間速度の比率、(6) 近似、(7) 顕微鏡的、という名前をつけている。微積分になじんでいる人は誰でも、彼の言わんとしていることがわかるだろう。たとえば、(4) は、導関数を、関数のグラ

フが接線をもつかぎりにおいて、そのグラフに対する接線の傾きと考える、ということを意味している。(5) は、$t$ を時間とするとき、任意に与えられた瞬間における $f(t)$ の速度を意味する。

多くの読者は、知識やスキルを伸ばそうとするときに、これらのやり方のいくつか（あるいはすべて）を使って考えたことを思い出すのではないだろうか。私自身は、(7) のようなやり方——「関数の導関数とは、だんだんと高度になっていく性能の顕微鏡でそれを見ることによって得られるものの極限である」——で考えたことは一度もない。私はそのようなイメージを一度ももったことはないが、有用な比喩ではありうるだろう。

ヴィトゲンシュタインであれば、数学についての思索のある場面で、彼の内的な声の一つは，おそらく（私が彼の「試行錯誤モード」と呼ぶ様態において）次のように提案するだろう。導関数を理解する仕方についての私のリストに (7) を付け加えるとき、私は、導関数についての私の概念を変えたのだ、と。そして、この言い方にあまりに多くの論理的なもの、「フレーゲ的」加重をかけないとすれば、そのように言うことは完全に納得できる。だが、分析哲学者たちの現代的な言い方に従えば、私は導関数についての私の捉え方を増補したが、新たな概念を獲得したわけではないと言うほうがよいだろう。

## 17　証明

サーストンは、証明というわれわれがこれから頻繁に立ち返る主題について語るべき多くの言葉をもっている。とくに彼は、証明というものの捉え方がどのように変化してきたか、それも、ライプニッツやデカルトの時代からどう変化したかだけでなく、彼自身の研究人生のあいだでどう変化したかについて詳しく語っている。彼の論文が、数学と理論物理に関するアーサー・ジャッフェとフランク・クインによる論争的な論文に対する最も長い応答であったことに言及すべきだろう (Jaffe and Quinn 1993)。何人かの著名な数学者がこれに応答した。ブラウンは、この論争を「数学ウォーズ」という見出しのもとで要約している（Brown 2008: 207-17）。私は戦争のイメージを避けたい。戦争は醜悪であり、この論争は民生用のものだからである。しかし、ブラウンがうまく説明したように実際に論争はあったのであり、サーストンの論文はその論争への一つの貢献であった。

サーストンがわれわれに思い出させてくれることの一つは、証明が、他のどんな種類の証拠とも同様に、程度をもつということである。50 年前には、大方の

数学者、論理学者、哲学者たちは、論証的証明がイエスかノーの問題だということを当然のことと考えていた。証明は妥当であるか、誤っているかのいずれかであり、それで決まり、というわけである。

1930 年代と 1940 年代に思索をしながら、ヴィトゲンシュタインは証明にとりつかれていた（この語は、すでに述べたように、*RFM* で最も頻繁に使われた名詞である）。彼は、その当時の誰よりも、広い範囲の証明の実例（あるいは〔括弧をつけて〕「証明」と言ったほうがよいかもしれない）をもっていた。それにもかかわらず、彼の著作のなかでは、証明はイエスかノーの問題であるように思われる。

同じことが、異なった意味ではあるが、かなりの程度までイムレ・ラカトシュの『証明と反駁』（Lakatos 1976）——その大部分は最初に 1963 ～ 4 年に出版された——にも当てはまる（§1.27 を参照）。この著作は、実際、それまで行き渡っていた証明についての考え方を揺り動かした。ラカトシュは、有名な結果についての多くの証明が、反例が発見されたがために、いかにはてしなく改訂され続けてきたかを具体的に示してみせた。だが、そのことは、それらがある程度までしか証明ではないということを意味するわけではなかった。それは、それらが誤りであり、彼が警句的な名称を与えた様々な戦略によって正されねばならないということを意味していたのである。

確実性を授けるものとしての証明という考え方は、ヴィトゲンシュタインやラカトシュが書いていた時期、すなわち、20 世紀中頃には広まっていた。しかし、この考え方は、一部には数学そのものにおける発展のために変化してきた。粗雑な言い方をすれば、証明というものがだんだんと長くなってきて、その（証明の）全体を一人の人間が把握するのは可能ではなくなっているのである。このことから、まさにデカルト的証明から、コンピュータによってチェックされるライプニッツ的証明へと重要性が移ってきているのだと考えられるかもしれない。それに加えて、今日では、この事態は与えられたコンピュータの誤り率の問題をもたらしている。この問題は、哲学者たちによってはあまり論じられてこなかったが、独自に数学の一分野を形成している話題なのである。


## 18　実験数学

一方、コンピュータによってしか検証できない証明やコンピュータが生成する証明をめぐって、数学者、哲学者両方によるたくさんの議論が**行われてきた**。哲学者が通常持ち出す主要な実例は四色定理である。その証明は、Appel and

Haken（1977）にさかのぼり、それに続いて出されたのが Appel, Haken and Koch（1977）である。ご察しのとおり、証明の大部分は、人の手ではチェックできない選択肢のリストをしらみつぶしに調べることでなされる。しかし、強調されてこなかったのは、その証明が出されてすぐに提起された議論の多くが、コンピュータによってなされる仕事についてというよりも、選択肢のリストがすべてを尽くしていることを検証するための、手書きのとても長い一連の計算についてであったということである。実際には、この証明はデカルト的でもなければ、全体としてライプニッツ的でもなかったのだ。

はるかに重要なのは、私の意見では、実験数学の出現である。これは、1992年に創刊された独自の雑誌『実験数学』を携えて登場した。誤解を避けるために言えば、スタートの時点から次のことが強調されてきた。第一に、数学者たちは、紙と鉛筆でいたずら書きをしながら、あるいは、砂に突っ込まれた指をもてあそびながら、以前から絶えず実験数学をやり続けてきたということ。第二に、この雑誌は、「純粋」数学の雑誌だったということである。このように言うことの一つのポイントは、この雑誌は、たとえば、物質世界における実験のシミュレートするという成長著しい活動——いや、それどころか産業——に捧げられているわけではないということだ。そういう活動は、もちろん、われわれのまわりのミクロ宇宙とマクロ宇宙をモデル化するとき、さらにそのモデルが埋め込まれるプログラムを設計するとき、その両方において数学的推論の恒常的な使用に依存している。しかし、この種の研究に貢献することは、この新しい雑誌の使命ではなかったのである。

これまでのところ、大概の哲学者は、実験数学を、新しいものは何もないとして軽視してきたように思われる（van Bendegem 1998, Baker 2008）。彼らは、コンピュータが数学的探究にとってこれほど強力な道具であることの意味におそらく注意を払っていないのだろう。私のそうした自覚は 1980 年代の中頃に初めて生じた。それは、いささか風変わりなパリの位相幾何学者* が一週間かそれくらいトロントの私の自宅に滞在したときであった。彼は、巨大な Mac を何とか運んできて、地下に据え、毎晩くぎづけになっていたが、それは、証明づくりのためではなく、位相幾何学的予想について実験を行うためであった。

反発を引き起こすのが必定であるような次の一文についてはどうだろうか？すなわち、実験数学は数学における「プラトニズム」、数学はまさしく「そこ」にある、所与だという考えを支持するための最良の論証を与えている。われわれは数学を、多くの道具、紙と鉛筆、いまではコンピュータを使って研究する。だが、

80　　第 2 章　何が数学を数学たらしめているのか

多くの哲学者たちの考えとは反対に、このことはすべてを同じままに残すわけではない、心配無用だ。雑誌『実験数学』は、デイヴィッド・エプスタイン＊によって創刊された。彼からのあるｅメールによれば（2010年9月2日）、これらは、「われわれが学生だったとき」すなわち1950年代後半には「誰も夢にも思わなかった事柄」なのである。そして当然のことだが、実験数学は、数学が「そこ」にあるということの最良の論証を与えていると言うことは、数学が「何らかの非物理的領域」としてのそこにあるということを実験数学が示唆していると言うことではない。私は、ある人々が経験し、わずかの数学者たちがそれらの言葉を使って表現している「所与性」の体験を反映するために、「そこ」という語を注意喚起のための引用符をつけて使っている。超越論的な領域を地理学的に探検するためにそれを使っているわけではないのだ。

　ときに、実験数学で見いだされたことが、ただちに演繹的証明に置き換えられるということがある。これらの演繹的証明のいくつかは、それ自体で理解できる昔ながらの証明であるが、その一方で、証明自体が長く、とても覚えられるような代物ではないうえに、コンピュータによってしか検証できないものもある。ここで、態度に関する本物の分裂が生じる。ある数学者たちはコンピュータを、発見のための道具として、あるいは反例を探索する機械としてしかみなさない。発見のあとに正当化がやってくるのである。発見の文脈と正当化の文脈というライヘンバッハの悪名高い区別——1923年に初めて明確に述べられ、多くの読者にとっては、1962年にクーンによって破棄された区別——が、少なくとも数学においては、もう一度適正な区別になったかのように思われる。

　他の人たちは、そのような古風な証明を目指す態度は時代遅れだと考えている。私はどちらかの側に立つつもりはないけれども、証明そのものを、まさに「タレスや他の誰か」が証明の作り方を発見して以来進化し続けてきた概念として考えている。私は、証明が明日、どのように進化するかを推測できないし、それがどのように進化すべきかについて特定の立場を採るわけでもない。ここに再び既視感があるかもしれない。「ライプニッツ主義者」と「デカルト主義者」は、高速コンピュータという新たな領域で、古い槍を使いながら、一騎打ちをしているのである。ライプニッツのほうは、「だから言ったじゃないか」と言うだろうが。

　数学者たち自身も様々であり、彼らの態度はいろいろと異なった仕方で進化している。ティモシー・ガワーズ（1998年フィールズ賞）は、『数学（*Mathematics: A Very Short Introduction*, 2002）』という素晴らしい本の著者だが、そこで彼はこう書いている。「個人的な意見を述べれば（これは少数派の意見だが）、いまから

100 年もすれば、コンピュータはいずれ完全に私たち数学者に取って代わるだろう」(2002: 134, 邦訳, p.153)。しかし、彼はこう続けている。「大半の数学者は、コンピュータが将来どれくらい数学をやれるようになるかについて、もっとずっと悲観的(楽観的と言うべきか?)な考えをもっている」。ウラジーミル・ヴォエヴォドスキー(§1.22)は、数学での高速コンピュータの将来の役割に関してはそうした悲観主義者には入らない。

ついでながら、そしてこれは重要なのだが、私は、ヴィトゲンシュタインをまじめに受け取っている現場の数学者をごくわずかしか知らない。ガワーズはこう書いている。「本書とヴィトゲンシュタインの書籍(『哲学探究』)とを両方読んだ読者は、私の哲学観、とくに抽象的方法に関する考え方は後期のヴィトゲンシュタインに大きく影響されていることに気づかれるだろう」(2002: 139f)。§6.14〜26 でガワーズに立ち返ることになるが、そこでは、彼は、私が取り上げる反プラトニストの原型としての役割を果たしてくれるだろう。

ガワーズはまた、インターネットを使った大規模な共同作業による数学の価値を説いている。彼は、おそらく現存するなかで最も充実し長く続いている個人の数学ブログをもっている。そこでは、彼は自分自身の予想と探究を提示したうえで、世界全体にアイディアを寄せるように誘っている。2009 年に彼は、共同研究のために Polymath プロジェクトを創始した。組み合わせ論で得られた成果は、D. H. J. Polymath という集団名義で刊行されてきた。この一世紀ほどは、数学者は大学のティールームにたむろして気軽にディスカッションするという伝統が続いてきたが、これは新しいグローバルなティールームになるのだろうか。

## 19  問い「数学たらしめているものは何か」に対するサーストンの答え

サーストンにもまた、数学を数学たらしめているものについていくつかの重要な発言がある。

> 数学について良い直接的定義を与えることの困難さは、数学が本質的に再帰的な性質をもつことを示唆している点で、本質的な困難ではないのだろうか。この線に沿って言えば、数学は、以下を満足する最小の主題だと言えるかもしれない。
>
> ・数学は、自然数と、平面および立体幾何学を含む。
> ・数学は、数学者が研究するものである。
> ・数学者とは、数学についての人間の理解を前進させる人間たちのことである。

言い換えれば、数学が前進するにつれて、われわれはそれを自分たちの思考に組み込む。われわれの思考がより洗練されるにつれて、われわれは、新しい数学的概念と新しい数学的構造とを生成する。つまり、数学の主題は、われわれがいかに考えるかを反映して変化するのである。(Thurston 1994: 162, 黒丸は原典のまま)

そのような考察は、「根本的で広く行き渡った何ごとかを顕在化させる。それは、われわれ（数学者たち）の行っていることは、**人々**が数学を理解し、数学について考えるためのやり方を発見することだ、というものである」(強調はサーストン)。

　彼の最後の文に逆を付け加えてもよいかもしれない。数学の主題は、われわれがいかに考えるかを反映して変化し、そして数学をどう考えるかは、主題が変化するにつれて変化する。どんな科学についても**このように**言うことができる、ということに注意しよう。分子生物学が生物学に対してなしてきたことを思い出してもらいたい。しかし、私は、サーストンが数学を定義したような仕方で、生物学が再帰的に定義できるとは思っていない。

　サーストンは上の三つの黒丸を、ほとんど文字通りに、論理学者が理解するものとしての再帰的定義だと考えている。再帰的定義には、同意された出発点となる主張として再帰法のベースが存在する。この場合は、数論と幾何学が数学だという主張である。この主張は、第1章で私が不可解だと考えたこと——算術と幾何学は同じ学問分野の一部であるはずだ——を正当にも当然のこととみなしているが、私が驚くべきことだと考えたこと——それらはきわめて親密に、しかも深く結びついている——にはコミットしていない。次に、われわれは人々、すなわち数学者たちを導入する。彼らの行うことが、数学が何であるかを決定するのである。私がしばしば算術として言及してきた数論に関しても同様である。お気に入りの聖書のある章にいくつ音節があるかを数えるというように、ばかげた数秘術が数多く存在する。だが、それは、数学者がやっていることではない、少なくとも公には。(ニュートン以来、多くの人が私的にはたくさんの奇妙な計算をやってきたので、合理主義者が望むほど境界づけが鋭利なわけではない。)

　多くの読者はこれを、ひどく落ち着かないことだと考えるだろう——数学者たちが自分たちが行うことを行うのは、それが数学だからなのか。それともむしろ、彼らがやることには、彼らをひきつける一定の特徴があって、それらの特徴が数学を数学たらしめているのだろうか。しかし、それは、サーストンが暗黙に拒否しているようなタイプの言明である。何が数学とみなされるかを決定する一組の

特徴など存在しない。必要十分条件の集まりなど確実に存在しない。多くの哲学者は、それによって困惑させられはしないし、単純に数学とみなされるものは家族をなすのだと言うだろうが、他の人たちは、それは責任逃れだと感じるだろう。実際に、われわれは、家族的類似性を特徴づけるのがとても上手だというわけではない。ヴィトゲンシュタインが一つのモデルとして使った人間の家族に関してなら、われわれは鼻とか、特徴ある歩き方とか、皮肉な笑い、等々を指し示すことができる。同様にわれわれは、あれこれの具体例となるグループによって共有されている特徴を指摘し続けるだろうが、それは、満足できる特徴づけではない。

13節でわれわれはヴィトゲンシュタインを引用した。「数学は、そのとき、一つの家族である。だが、それは、そこに組み込まれたものにわれわれは注意を払わないだろうと言うことではない」。では、この堂々とした「われわれ」は誰なのだろうか。数学者が行うことを家族にしているのは何か。(そして、彼らが数学を行うのは、先に9節で言及した個人的な特異性のゆえなのだろうか。)

## 20　進歩について

「数学者とは」、サーストンが語るところによれば、「数学についての人間の理解を進歩させる、そういう人間たち」である。彼は、数学についての人間の**知識**を進歩させるとは言わず、**理解を進歩させる**と言っていた。この「理解」には、新たな定理や証明が含まれるほかに、新たな概念、新たな種類の証明、新たな比喩、そしてきわめて異なる動機で始まった研究分野どうしの新たなつながりが含まれている。同じ説教を繰り返せば、数学的前進とは、たんに新たな定理を証明するという事柄ではなく、新たな概念、新たなテクニック、新たな問い、証明の新たな方法、そしてもっと一般的には、研究の新たなやり方にかかわる事柄なのである——そして、前進は一直線には進まないのだから、思考方法のいくつかを不毛として捨て去る事柄でもある。

サーストンは、自分自身の研究から目に見える例を引き合いに出している——「目に見える」によって私が言わんとしているのは、〔当時の〕仕事中の彼の様子を撮って無声映画にすれば、それだけで、数学者が新しい道具を使い始めるとはどういうことかが示されただろう、ということである。論文を公表した1994年、彼は、数学的構造を探るためにコンピュータを使うことにより多くの時間を費やしていた。ただし、哲学的関心をひきつけてきた「コンピュータによって生成される証明」のためではなく、いま述べたように、数学的探究のために、である。

繰り返すが、コンピュータは、ある数学者たちの日々の生活を根本的に変えたのであるが、その一方、彼らを見下している数学者たちもいた。

　私は、$(4n + 1)$ という形の素数に関するフェルマーの事実を例として用いる。それは、どの例でもよかったのだが、まったく明白ではないのに容易に理解できるし、しかも比較的初等的な証明をもつ便利な例だからである。数学の哲学者たちは、例外的なヴィトゲンシュタインとラカトシュを含めて、彼らの注意をそのような定理やそれらの証明に集中させてきた。サーストンは、定理証明が数学的活動の一部にすぎないことをわれわれに思い起こさせるのである。

　それ〔定理証明〕もまた重要な部分ではある。数学的事実についての知識の成長は〔数学にとって〕中心的だからである。にもかかわらず、メダルや賞は、そのような新しい定理に授けられるのではなく、むしろ、彼らが立証しようとしてきた特定の事実を越えて広がる新しい証明アイディアに授けられるのである。もし、古い描像に戻って、数学的知識を定理の集積によって前進する何かと考えるならば、なお問うべき問いが残る。そういう前進は、さなぎから蝶に成長する昆虫の成長のように、かなり強く決定づけられた方向に向かうのだろうか。それとも、数学の未来はまったくオープンで、言語がその使い手たち次第で変化するのと同様に、数学者たちがたまたまやったことに依存するのだろうか。数学の将来はガワーズの予想どおりになるのだろうか。あるいは、数学は、しなびて、死んでいってしまうのだろうか。

## 21　ヒルベルトとミレニアム問題

　1900 年に、時代の変遷を象徴する出来事として、ダフィット・ヒルベルトという一人の人物、および彼の学派は、来たるべき一世紀の諸問題を設定した。それから 100 年後、一つの委員会が招集された。数学はグローバルな協働（とともにグローバルな競争）を必要とする事業になっていたのである。この委員会は、新たに創設されたクレイ数学研究所——ボストンの一人のビジネスマンとその妻、L. T. クレイ夫妻によって設立された——の後援のもとに組織された。その組織は、多くのプロジェクトと多くの人々を支援しているが、公にはミレニアム懸賞問題を創設したことで知られている。これは、傑出した問題を解決したらそれぞれ 100 万ドルを支払うという賞だ。クレイ研究所は、1900 年にパリで行われたヒルベルトの演説を再現することまでやった。それは、七つの問題を2000 年にパリにおいてアラン・コンヌが告知し、ティモシー・ガワーズが一般

向け講義を行うというものであった。私がこのことに言及するのは、第6章で数学者のなかのプラトニストと反プラトニストの典型例としてコンヌとガワーズを使うからにすぎない。ガワーズの講義と、ミレニアム懸賞問題を説明しているマイケル・アティヤとジョン・テイトの動画は、www.claymath.org/videos-2000-millennium-event で見ることができる。

　これらの問題は、ひどく大ざっぱに言えば、二つの代数的問題、二つの位相幾何の問題、数理物理学の二つの問題、そして計算理論における一つの問題に分けられる。これらの問題については、膨大な素人向け解説がある。知的にレベルが高いが、理解するのが容易いスケッチとして Cipra（2002）を推奨する（彼の軽率なタイトルは無視せよ）。そういう要約がすでに利用できるので、私としては、それらの問題を説明せずに、ただ名前を挙げるだけにしたい。私がそれらを持ち出すのは、何がより古いもので、何がより新しいものかを具体的に示すためにすぎない。つけられた値札でトピックを選ぶなどということをしてしまえば、ものごとをまったくゆがめてしまうことになりかねないからである。

　ミレニアム懸賞問題のリストは、多くの点で、ヒルベルトのリストに従ってパターン化されている。彼の23の問題のいくつかはすでに解決されたが、いくつかはいまだに未解決であり、残りのいくつかは、確たる合意された結論にいたるほど十分正確に提示されていなかった。グラッタン＝ギネスは、その時点で、おそらく解決可能な確定した問題と言えるほどには十分明確にはなっていない問題として三つを挙げている（Grattan-Guiness 2000）。さらに別の二つの問題は一つの問題群として記述したほうがよいし、さらに五つの問題は、二つのかなり異なった問題へと分割される。

　ヒルベルトのリストの最初の二つは、哲学者にはおなじみのものである。1番目は、連続体仮説と整列原理であり、これは、ゲーデルによって集合論の標準的公理とは無矛盾であることが示され、1963年にポール・コーエンによって、それらの公理から独立であることが示された。2番目は、「算術の公理系」の無矛盾性を証明するという課題であった。グラッタン＝ギネスは、おそらくヒルベルトの言明が、1900年には、明確な問題とされるほど十分には正確ではなかったのだろうと示唆している。いまや誰もが、1931年のゲーデルのおかげで、再帰算術を含むいかなる無矛盾な公理系の内部でも、無矛盾性の証明は不可能だということを知っている。ちなみにこれに関しては、ごく少数の哲学者しか取り組んでこなかった一つの哲学的問いが未解決のまま残っている。1930年代、パウル・ベルナイスの学生で、のちにゲッチンゲンでのヒルベルトの助手を務めたゲアハ

ルト・ゲンツェン（1909 〜 45）は、一階の算術が無矛盾であることの（控えめに言っても）興味深い証拠を提示した。しかし、それは、「小さな」無限順序数（すなわち$\varepsilon_0$）までの超限帰納法を必要とする。ゲンツェンの論証はその無矛盾性を証明するというヒルベルトの課題の解としてふさわしいのだろうか。それは、ゲーデルを飛び越えてしまうのだろうか。

　ゲーデル自身、経歴の最後のほうでもなおゲンツェンの研究について熟考していた十分な証拠がある。ゲーデルの第二不完全性定理がヒルベルト・プログラムに引導を渡したとは、よく言われることだ。C. G. ヘンペルは、よく自分の学生時代の逸話を語ったものである。彼はベルリンで、ヒルベルト・プログラムについてのジョン・フォン・ノイマンのセミナーに出ていた。ある日、フォン・ノイマンが、何枚かの紙をひらひらさせながら、入ってきてこう言った。「私は、ウィーンの若い人から手紙を受け取った。このセミナーは中止だ。」だが、それは、ゲーデル自身が採るようになっていたものの見方ではなかった。トレドは、1974年6月13日の会話にて、ゲーデルはこう言ったと報告している（Toredo 2011: 203）。「ヒルベルトのプログラムは完全に反駁されたが、それはゲーデルの結果のみによるものではない。ヒルベルトの目標が不可能であるということは、有限数学をその最大限にまで拡張するというゲンツェンの方法ののちに明らかになったのだ。」続いて7月26日には、彼は、この見解についての挑発的な注釈を述べ、われわれはなおゲンツェンのアプローチを消化しきれていないという示唆を行っている（Toledo 2011: 204）。

　七つのミレニアム懸賞問題のうちいくつかは、ヒルベルトのリストに載っていたが、それに載っていたはずのないものが少なくとも一つある。七つの問題のうちの一つ、数論的リーマン予想は、素数についての二つの問題の一つであり、ヒルベルトが自分の講義では4番目に、23問題のリストでは8番目に挙げているものである。ベルンハルト・リーマン（1826 〜 66）は、自分の予想を1859年に提唱したが、それは驚くべき分岐をもつことが判明し、証明されずに残ったのである。ラングランズ・プログラム（§1.15）はそれと強く結びついている。ポアンカレ予想——これは本質的に位相幾何学的である——もまた、その名前が示唆するように古い。アンリ・ポアンカレはそれを1904年に述べた。それは、2002年にグリゴリー・ペレルマンによって証明された。彼は、2006年にフィールズ賞を拒否した最初の人物として、それからクレイ研究所が彼に授与すべきと判断した百万ドルを2010年3月に拒否したことによって、かなり有名になった。

　代数トポロジーにおけるホッジ予想は、ウィリアム・ホッジ（1903 〜 75）によっ

て、1941 年に提案された。ただし、アイディアとしてはもっと古くからあったのだが、1950 年までは注目されることはなかったし、実のところ、その最初の形では反駁され、1969 年には修正されたのである。

最初の物理問題——クロードル゠ルイ・ナヴィエ（1785 ～ 1836）と G. G. ストークス（1819 ～ 1903）にちなんで名づけられた問題——は、古き良き 19 世紀の流体力学から来ている。20 世紀には、数学と物理学を専攻する学部学生は必ず流体力学のエッセンスを学んだはずである。しかし、ある深い意味においては、水がまさになぜ流れるのか、あるいはなぜ水が流れない状況があるのかを誰も完全には理解していない。つまり、ナヴィエ－ストークスの方程式は、つねになめらかな解をもつのだろうか、という問題は解決されていないのである。（これらの方程式は §5.28 で再び登場する。）

対照的に、第二の物理問題、ヤン－ミルズの問題は、十分発展した量子力学、すなわち量子色力学の、もっと一般的にはゲージ理論の脈絡において初めて意味をもつ。それは、具体的には C. N. ヤン（1922 年生まれ、1957 年ノーベル賞）と R. L. ミルズ（1927 ～ 99）の研究に由来する。可能なかぎりラフに述べるとすれば、その課題とは、なぜ物質があるがままにあり、ときにはそうではないのか（なぜ「質量ギャップ」が存在するのか）を説明することである。この問題は、1950 年代までは本当には理解されなかったし、いまだに適切に理解されているわけではない。

さて、注目してほしいのは、七つの問題のうち二つでは、現代の計算理論の出現が重大な——ただしそれぞれにまったく異なった仕方で——役割を演じていることである。一方の事例では、反例——そして欠陥——を見つけ出そうとして、数えきれないほどの特殊事例をテストするのにコンピュータを使う。そしてそれによって、ある予想が、納得できるものとして主張される。それは、探究のためにコンピュータを使うというおなじみの使い方である。もう一方の事例では、当の問題が重要とされるのは、それが、「純粋」数学における抽象的な問題として述べられているにもかかわらず、実時間計算における諸問題にきわめて深く関連した問題だからにほかならない。

一つ目の事例、1960 年代のバーチ－スウィンナートン゠ダイアー予想は、上で挙げたホッジ予想と同様に、20 世紀前半の研究に由来する。しかし、それが「重大」になったのは、バーチ（1931 年生まれ）とスウィンナートン゠ダイアー（1927 年生まれ）（および彼らの学生たち）が、ケンブリッジ大学にあるかなり初期のものだが強力な EDSAC を使って、多くのとても巨大な素数に対してこの予想を

チェックしてからである。もし、機械による探究が、その予想を納得できるようにするものだと考えるならば、それは、必然的に第二次大戦後のものとして分類することもできただろう。しかし、この問題は、コンピュータ計算の出現と、それに続く高速計算の出現によって興味深いものになったのではない。それは、まさに新しい道具を使った実験数学であった。

対照的に、もう一つの事例、P 対 NP 問題は、それ自体で原理的な問題であるけれども、その説得力を実時間計算から得ている。この問題が、スティーブン・クック（1936 年生まれ）によって 1971 年に提示されたとき、複雑性理論という新たな分野にとってそれは自然な問いになっていたのである。P ＝ NP 問題が、もっと以前に、たとえばチューリングによって定式化されていたというようなことはありえただろうか。

「ありえた」がどのように考えられるにしろ、ほとんど確実にそれは起こらなかっただろう。スティーヴン・クック＊はこう言っている。「1956 年にゲーデルはフォン・ノイマンに一通の手紙を書いたが、そこで彼は NP 完全性の概念をほのめかしていた。さらに、1950 年代には "perebor"（力まかせの探索）について語っているロシア人の数学者たちが存在していた。しかし、それより以前に、P 対 NP に似た概念を定式化していた人を誰も私は知らない」（2010 年 8 月 22 日の e メール）。ところで、おそらくはクックがこの概念を発明し、この問題を組み立てたのだとしても、P ＝ NP は、ミレニアム懸賞問題のなかで唯一、人物にちなんだ名前がつけられていないことに注意しよう。これは、名前の由来に関するスティグラーの法則に対する一つの系を暗示している。スティーブン・スティグラーは、数理統計学者で、確率の観念についての歴史家でもある。彼の法則は、簡単な形ではこうなる。「どんな科学的発見も、その元来の発見者の名前にちなんで命名されることはない」（Stigler 1980）。通常は、のちの「発見者」にちなんで命名されるのである。（スティグラーは、スティグラーの法則がそれ自体にも当てはまると述べている、というのも、この法則はロバート・マートンによって最初に示唆されていたものだったからである。）この法則から導かれる系はこうなる。もしすべての人が第一発見者について合意しているならば、その法則は誰にちなんだ名前もつけられないだろう。


## 22　対称性

前節の例には、惰性と目新しさの両方がはっきりと見てとれる。同じ問題が立

89

てられたときでさえ、その問題は、以前に登場したときとはまったく異なった設定に置かれている。それが「進歩」だ。さて、ある興味深い現象に注意を向けたい。過去何十年かにわたって、対称性は、素人をけむに巻くような専門用語であり続けてきた。数学の可能性そのものが、対称性についてのわれわれの本能的な感覚から導かれるのだと論じることさえできるかもしれない。いまやわれわれは、最も初期のディープな数学、すなわちプラトン立体のようなもののなかにさえ、対称性についての考察を読み取ることができる。プラトン立体のそれぞれが注目に値し、実際それらが本質的に興味深いのは、その対称性のゆえだからである。ホンとゴールドシュタインは、長大な本のなかで、どうしてルジャンドルの時代になってようやく対称性が重要な数学的観念になり始めたのか、その経緯を説得力ある仕方で述べている（Hon and Goldstein 2008）。それは、群論の中心概念になった。しかし、対称性の観念は、あえて言えば、フランス革命の時期までは西洋の数学的ないし科学的な意識のなかで主要な役割を果たすと自覚されていたようには思われない。

　このことはただちに意見の不一致を引き起こしそうだ。というのも、人々がそれよりずっと前から対称性を意識していたのは確実だからである。だが、さらなる不一致が存在する。いまや、群論と対称性は仲間と見られている。任意の群はある対称性を定義し、任意の対称性はある群を定義する。こうしたことは、研究だけでなく、一般的な数学教育においても前面に出されてしかるべきだと思われる。ところがジョー・ローゼンによる次のような一節がある。これは、彼が自分の本『シンメトリーを求めて（*Symmetry Discovered*）』の 1975 年の第 1 版について書いたものだ（Rosen 1998: vii）。彼は、自分がそれを書いたのは、ある不毛地帯を発見したからだと言っている。「何冊かの子供向けの本からなる海岸平野とワイルの『対称性』の頂きとのあいだには、不毛な荒地以外の何ものもない」。ところが今日、アマゾン USA で検索すれば、対称性についておよそ 5 千タイトルがヒットし、その多くは実際のところ数学ないし物理学にかかわるものである。またその多くはなかば大衆向けの解説、たとえば、イアン・スチュワートの『もっとも美しい対称性』（Stewart 2007）のようなものである。すごく面白くて読みやすいが、たいへんな深みもある『事物の対称性』（Conway, Burgiel and Goodman-Strauss 2008）のような本もある。この種の大型本のなかでは、これほど深い内容をもつものはほかにはない。

　1975 年以前にローゼンが出会った不毛地帯に、いまや何千もの花が咲いたように思われる。一つの理由は、対称性が物理学で大変に重要になってきた――

そしてこれが、ピタゴラス主義の復興へとつながった（Steiner 1998, Hacking 2012b）――ことである。ここには、異なる種類の前進がある。それは、§4.5で議論されるように、部分的には状況設定の変化を通しての前進なのである。対称性については、さらに§5.20で述べよう。


## 23　バタフライモデル

サーストンが見て取ったことは、われわれの問い「何が数学を数学たらしめているのか」に異なった見方をもたらしてくれる。今日実際に行われているものとしての数学は、それ自体、出来事がつくる歴史的連鎖の端に位置する暫定的な産物である。独創的な数学者が仕事をしているかぎり、数学はたぶん発展し続けるだろうが、どう発展するかはせいぜいのところおぼろげにしか予見できないだろう。数学は、この観点からすれば、成長し、時間が経過するなかで外見を変えていく生きた有機体のようなものだ。それゆえ、ラカトシュによる第二エピグラフを本書の冒頭に置いたのだが、そこで彼はまさに次のように語っている（Lakatos 1976）。「数学、この人間活動の産物は、それを作り出した人間活動から「自らを疎外」する。それは生きた、成長する有機体とな（る）」〔邦訳, p.176〕。

これでメタファーの終わりというわけではない。数学的前進には二つの有機的モデルがある。私はそれらに気の利いた名前をつけてみたい。

本物の有機体――生物学的な有機体――は成長するにつれて変化する。卵から幼児へ、十代へ、大人へ、そして高齢者へと、シェークスピアの人間の七つの世代に記録されているように、である。もっと劇的なのは（もし可能だとすれば）、卵から幼虫へ、さなぎから蝶への変態である。これらの変化は、十分な栄養が与えられ、事故とか、病気、発育障害がなければ、必ず生じる。「発育障害」は、小児科では認定された診断だが、何の成果も得られない後退的な科学にもうまいこと適用できるだろう。

有機体は目的論的である。すなわち、それは、ほとんど無から最終目的に向かって発達する。動物や昆虫などの場合、それは成熟した生き物に向かって成長する。有機体にとって完全な一生は死で終わる。それは、生命の過程におけるどんな変化よりも避けられないものではある。だがここでは、そのような終局は存在しないというオプション付きで、成熟する有機体を、数学のための一つの比喩として使うことにしよう。この目的論的な描像の中心的特徴は、成熟の過程が、ほかからの介入や発育障害がなければ、前もって決定されているということである。数

学はそのようなものだろうか。

これを数学の成熟モデルとか、目的論的モデルと呼ぶこともできただろうが、劇的な効果をねらって、また変態の可能性を許容するために、**バタフライモデル**と呼ぶことにしよう。

## 24 「数学」は「歴史の偶然」でありうるか

われわれが数学と呼ぶものは、数学者たちが創造的に進み続け、どこかで完全な袋小路に入り込まないかぎり、成長するものだ。このことをサーストンは暗にほのめかしていた。彼らの仕事——それは、19世紀の労働価値説のような意味での**仕事**とみなされるべきだが——は、われわれを新たな結果へと導くだけでなく、人々がその主題について考える考え方を拡張する。われわれが数学と呼んでいるものを定義できないのは、それが、動かない対象ではなく、より有機体に似ているからだ。しかしそれでもなお、不可避的な発達のバタフライモデルでならばそれを捉えられるかもしれない。

この歴史的なプロセスについては、もっと極端な見方がある。毎年、数学者ドロン・ザイルバーガーは、自分の仲間たちに揺さぶりをかけるために、いくつかの「意見」をインターネット上に公開している。それらの意見はまさしくある人々を動揺させ、イライラさせるが、私は彼の声明の多くに同意する。それらは、数学者たちにとってよりも、哲学者たちにとってのほうがショックは少ないかもしれない。

> **われわれの数学**〔彼は2010年4月25日にネット上に投稿した〕は、歴史のランダムウォークの偶然的な所産であり、異なった歴史的物語をともなうまったく異なったものでありえたであろう。議論のために、われわれから独立した（あるいは、星雲番号4132における恒星番号130103の5番目の惑星にいる被造物——彼らはわれわれよりもはるかに賢い——から独立した）「客観的」な数学がどこかにあるとしよう。そうだとしても**われわれに**（あるいは、その星雲のわれわれより賢い同僚たちでさえ）発見できたであろうそのほんの一部が何であるかはまったくの歴史的偶然である。（Zeilbergerのウェブサイト，強調は原文）

われわれの数学が、ランダムウォーク、つまり歴史的偶然の結果だと申し立てることは、（ヴィトゲンシュタインの言葉を思い出しながら）そこに何が組み込まれていようと気にしなくてよいということではない。それが主張しているのは、われわれがすすんで数学とみなそうとするものは、歴史的な偶然の出来事の帰結で

92　第2章　何が数学を数学たらしめているのか

あり、決して必然的であったわけではないということにすぎない。前もって定まった蝶の成長とは異なるモデルが必要だ、ということである。

## 25　ラテン語モデル

　数学の将来は、まったくオープンで、いかなる意味でも前もって決まってはおらず、大部分は数学者たちがたまたま行ったことに依存して決まる、ということなのだろうか。数学であるところの有機体は、いかなる特定の方向にも進化しない言語のほうにより似ているのではないのか。われわれは、このメタファーによって、「何でもあり」だとか、数学はどんな方向にでも進みうるのだと言いたいわけではない。言語の将来はまったくオープンであるが、その一方で、多くの制約も存在する。ノーム・チョムスキーに由来する諸理論に従えば、基底となる普遍文法が存在し、それは、人間の遺伝的形質の一部である。文献学者と経験的な言語学者の主張はもっとつつましいものであり、音声学と文法両方の進化のうちに、一定の規則性を発見する。そして、ときにそれらはもったいをつけて法則と呼ばれることもある。

　バタフライモデルの代案として私が欲しているのは、いかなる特定の方向に向かっても発展するわけではないが、様々な制約には従っている言語という観念にすぎない。それは、ラテン語がスペイン語に進化していくという描像、自発的で計画されていない歴史的な展開という描像である。他の環境下では、ラテン語は、イタリア語やルーマニア語、エスペラントへと進化することもできたし、実際そのように進化もした。だが、同時にそれは、決して現実には出現しなかった多くの可能な言語も含めて、他のロマンス語に進化することもできたのである。

　このメタファーを確固としたものにするために、ロマンス語の現実の歴史を考えるのではなく、フィクションを考えることにしよう。それは、どちらかというと中国語の実際の歴史により近いフィクションである。ブカレストからバルパライソまでの全域にわたって話されていたラテン語の唯一の末裔が、スペイン語であったと想像しよう。たしかに様々な方言がある——カステリア語、メキシコ方言、アルゼンチン方言など——にしても、なおただ一つのスペイン語であるとみなされるようなものを考えるのである。このシナリオでは、ラテン語の進化の道筋は一通りだけであるが、その行き着く先〔進化の結果〕がスペイン語であるというのは決して不可避的なことではない。たぶん、シナリオのなかのスペイン語の話し手たちにとっては他の可能性を思い描くことはできないだろうが、この話

93

の外側に立っているわれわれならよく知っているように、たとえばイタリア語のような、他のロマンス言語が存在しえたのである。他の言語が存在しないというのは、このお話ではたまたまそうなったということにすぎない。これを**ラテン語モデル**と呼ぶことにしよう。これは、ザイルバーガーの数学のイメージに似たモデルかもしれない。

「議論のために」という前提で、ザイルバーガーは、人間の思考から独立に、確定した「客観的」数学がそこにあるかもしれないということを否定していない点に注意せよ——明らかに彼はそのようなものが存在するとは考えていないのだが。(「そこ」に注目。これはあとで立ち返る言い回しだ。どこの「そこ」か?)引用の最後の文章で、彼は発見の言語を使っていることに注目されたい。彼はこう言っているにすぎない、われわれの発見、そして実際にはそれらの発見は大陸上で起こるのだが、その大陸をどう切り開いていくかは、前もって決まっていない歴史の帰結だ、と。探検のメタファーはしばしば使われる。北アメリカを探検するヨーロッパ人は東からやってきて、マッケンジー河系にいたる前に必然的にセント・ローレンスに行き当たる。もっと以前には、西からやってきたアジア人が、マッケンジーより先にフレーザー河系やコロンビア河系を発見した。だが、結局のところは、たいていの人々が考えていたように、発見すべきただ一つの大陸があったのだ。

ザイルバーガーは、引用された一節で、数学の歴史の異なる歩みが、現在立証されている結果と形式的に矛盾する結果を生み出すこともありえた、と想像しているわけではない。通常の但し書きに従おう。すなわち、様々な結果が一緒になったとき、一群の結果が誤りであるとか、過度な一般化であるとか、その他いろいろであるということを見てとることが可能になる**のではないかぎり**〔形式的に矛盾する結果を生み出すことはない〕、ということだ。


## 26　不可避なのか、偶然なのか?

「偶然の出来事」や「ランダムウォーク」は、自らの分野に対する新鮮な見方に目覚めたばかりの論者が使いそうな誇張表現だ。何と素晴らしいお目覚めコールであることか。だが、いくつかの論点の区別が必要である。ザイルバーガーは、われわれが数学として認識するひとかたまりの知識は、長いひとつながりの予期せぬ歴史的出来事に偶然的に左右されていると語っている。しかし定理や作図の形で得られる数学的な**諸結果**は、通常の理解では、偶然的なものとはまるっきり反対のものである。哲学者は、それらを必然的真理と呼ぶ。ザイルバーガーは、

〔偶然か必然かという〕この伝統的概念にかかわる問題を**ここで**取り上げているわけではない。

ザイルバーガーは、われわれや他の知的生き物とは独立に、客観的数学がそこに存在することを、議論のために否定していない。だが、それによって彼がわれわれに思い起こさせているのは、現実の数学をランダムウォークとして見る彼の観点が、数学の哲学における伝統的ないし現在の「イズム」とは完全に無関係だということである。現在人気のあるイズム——たとえば、プラトニズム、唯名論、構造主義——のいずれもが、現在の数学がランダムウォークの偶然的帰結なのか、ラテン語モデルなのか、それともバタフライモデルなのかについて何らかの見解を保持しているわけではないし、それを含意しているわけでもない。むしろ区別が引かれるとすれば、それは、一方でこれらの哲学者すべてと、他方で「社会構成的」態度とのあいだに引かれるべきである。われわれはこれらの問題に§4.2〜5で戻るが、そこでは二つのタイプのモデルが使われるだろう。この本が進むにつれて、重要な事柄に関しては、私がラテン語モデルを好む傾向にあることが明らかになっていくだろう。

## 27 遊戯

われわれの議論はこれまで決定的なものではなかった。たぶんそれが議論のあるべき姿なのだろう。サーストンの再帰的定義を厳格な分析によって洗練させることも考えられるが、それよりも一人の数学的エンターテイナーでありパズル製作者——§1.28で議論した正方形の正方分割問題を示唆したデュードニーその人以外の誰でもない——の所見についてじっくり考えるほうがはるかに示唆に富んでいるかもしれない。

> この〔数学的パズルという〕主題の歴史は、まさに人間における精密思考の始まりと発展という現実の歴史にほかならないものを必然的に含んでいる。歴史家は、人間が自分の10本の指を数え、リンゴを二つの近似的に等しい部分へと分割することに初めて成功した時点からスタートしなければならない。考察に値するすべてのパズルは、数学と論理学を参照して考察することができる。最も単純なパズルに対して答えを「捻り出そう」としているあらゆる男性、女性そして子供は、必ずしも意識的にではないが、数学的な筋道に則って作業を行っている。やみくもに試みる以外に攻略方法がわからないパズルでさえ、「見せかけの試行」と呼ばれてきた方法——役に立たないとわれわれの理性が教えてくれるものを避けたり、排除したりすることによってわれわれの労力を減らす手

順——のもとに分類されうる。実際、「経験的なもの」がどこで始まり、どこで
終わるのかを言うのは、ときには容易ではない。(Dudeny 1917: 1)

　最後の一文についてまるごと一章を書くこともできただろう（実際、まさしく
そのような章として本書第5章を読むこともできる！）。しかしながら、われわれの
思考を最初の文に向けよう。サーストンは、数の理論と幾何学から始めた。デュー
ドニーは、算術を数えることへと引き戻し、立体幾何学をリンゴの分割へと引
き戻している。だが、それらから派生するすべてが数学だというわけではない！
そこで G. H. ハーディを呼び戻すことにしよう。これまたあるタイプのパズル
にほかならないチェスの指し手の問題について、彼は考えている。

> チェスの指し手の問題は真正の数学であるが、ある意味では「取るに足らない」
> 数学でもある。その指し手が、どんなに巧妙で複雑な動きで、またどんなに独
> 創的で人の意表を突くものであろうが、何かそこに本質的なものが欠けている。
> チェスの指し手の問題は**重要でない**のである。最高の数学は美しいばかりでな
> く、**重い**（serious）のである――「重要」という語を使ってもよいが、この言
> 葉の意味は非常に漠然としている。「重い」という語のほうが、私の言いたい気
> 持ちをよく表している。(Hardy 1940: 88f, 邦訳, p.23)

　スタイナーは、チェスとチェスの指し手の問題は少しも数学とは認められない
と主張している（Steiner 1998: 64）。本章のここまでの議論で、数学という家族
は鋭利な境界をもたないこと、したがって、チェスの問題をそこに含める理由も
排除する理由も両方あるだろうということは明確に認識できたはずである。ハー
ディは数学が何であるかを吟味しているのではないが、「最高の数学」について
語っており、彼によればそれは「重い」のである。彼は、アメリカ数学協会会報
（*Transactions of the American Mathematical Society*）の「この会報に公表される
ためには、論文は正しく、新しく、重要な意義をもつものでなくてはならない」
という要求に対しては不満を述べないだろう。それはさらに続けて、「論文は、
うまく書かれており、十分な数の数学者たちにとって興味深いものでなくてはな
らない」と述べている。


## 28　数学的ゲーム、遊び証明

　先に引用したデュードニーの本は *Amusements in Mathematics* と題されて
いた[†]。年配の読者たちは、マーティン・ガードナー（1914 ～ 2010）のサイエン

---

[†] 邦訳は『パズルの王様』。

ティフィック・アメリカン誌でのコラム「数学ゲーム」を思い出すかもしれない（Gardner 1956-81）。それは実際、多くの点でとても重いもの（serious）であったし、デュードニーも同じように多くの点で重かった。たんなる娯楽から、ハーディが重いとみなすものへと通ずるいくつかの道がある。正方形の正方分割はぴったりの例だ。この出来事に関するタット自身の説明（Tutte 1958）は、ガードナーのコラムで公表された。その問題は、部分的にはレディ・イザベルの小箱というデュードニーのパズル（§1.28）に端を発している。その問題が、なかなかに深い問題へと変化し、電気回路への応用をもつようになったのである。そして、ハーディの協力者リトルウッドが、この立方体分割の不可能性の証明を、良い証明の一例として用いた。たわいないパズルがかなり良い数学に進化したのだ。

　数学的なゲームに魅了された創造的数学者の実例として、ここでは一人だけジョン・コンウェイ（1937年生まれ）を挙げよう。（コンウェイについては§3.10でもう少しだけ述べる。）彼が「ライフ」と名づけたゲームは、フォン・ノイマンの自己複製コンピュータというアイディアに触発され、1970年のガードナーのコラムで最初に公表された。このゲームは、万能チューリングマシンであることや、あらゆる種類の成長過程をシミュレートしているように見えることなど、驚くほど数多くの性質をもっている。ダニエル・デネットは、『自由は進化する』（Dennett 2003）での哲学的テーマを具体的に説明するためにこれを繰り返し使っている。

　しかし、こうしたすべては蛇足にすぎないのであって、ゲームとは、数学という崇高な活動に偶然結びつけられた空事にすぎないという考えをいまなおわれわれは抱いたままである。数学は何か厳粛で、尊いもの、荘厳で、くそ真面目なものとして、とくに数学の哲学者たちによって例外なく提示されてきたので、どれほどたくさんの数学がいかに遊び心に満ちたものであるかをわれわれは忘れてしまいがちなのだ。サーストンの再帰的定義のデュードニー版では、再帰法のベース——数学の定義がその上に基礎づけられる——は、パズルを解くことなのである。パズルを解くことが重要なのは、進化心理学と呼ばれる分野のあの究極の足取りの遅いもの、すなわち「進化」、が教えてくれるように「生存のため」であるばかりではない。それは楽しいからなのだ。もちろん楽しいだけではだめで、ハーディの言う重さとか、他の人の言う豊かさといったものを備えるようになったとき、それは数学になるのである。あるいは他の人々はその要件として、世界を理解し制御するための応用を指し示すかもしれない。〔とはいえ、その前段階に楽しいパズル解きがあることを忘れてはいけない。〕

あえて説明しないほうがよいようなひとつながりのあいまいな言葉を繰り返そう。パズルはわれわれを構造へと導き、そしてその構造が豊かなとき、それは数学的なものになる。豊かさとは何か。ライプニッツの充足理由律が手がかりを与えてくれる。われわれは、最も単純な入力から最大限の複雑さを欲している。数学的な精神を抱いていたライプニッツは、充足理由律とは、神が宇宙をデザインしたときに用いた原理だと考えた。健全な神学では、神はまさしく楽しんでいたのであり、われわれは彼の遊び仲間なのである。

これら鍵になる語のどれも、明確な意味をもつとみなすことはできない。それらは、数学という雑色の混ぜものの、より一般的な相のいくつかを描き出すための一刷毛なのだ。とくにこんな人物もいる。リヴィエル・ネッツは、今日アルキメデスについての抜きん出た権威である。彼はアルキメデスのすべてを校訂しており、そのなかには、最近復刻されたパリンプセスト（上書きされた羊皮紙写本）、アルキメデスの現存する最も古いテキストや、図形を含む現存する最も古いテキストが含まれている（Netz and Noel 2007）。彼は、アルキメデスと古代数学のスタイルに焦点を合わせた自分の本を、『遊び証明（*Ludic Proof*）』（Netz 2009）と呼んでいる。この本が強調しているのは、古代の証明における遊びの役割である。このタイトルはヨハン・ホイジンガ（1872 ～ 1945）と彼の『ホモ・ルーデンス』（Huizinga 1949）、ならびに彼が 1930 年代に立てた「遊びは、人間文明の形成における本質的な要因である」という有名なテーゼを思い出させる。遊びは、いかにして数学が可能になるのかをわれわれが問い始めるとき、一つの本質的な要素である。それは、遊びそれ自身のための遊び、楽しみとしての遊びだ。（この「楽しみ（fun）」が、メディアによって等級を下げられ、パッケージ旅行の宣伝文句になってしまったことは残念である。）

人々が純粋数学はゲームにすぎないと言うとき、われわれはそれをメタファーだと――ときに侮蔑的なメタファーだとすら――考える傾向がある。辛辣なフレーゲは、彼の時代の形式主義者たちを激しく非難しながら、『算術の基本法則 II』§91 でこう述べている。「いまや応用可能性のみが、算術をゲームを超えた科学という身分へと引き上げるのである。それゆえ、応用可能性は必然的に算術に属する」（Frege 1952: 187, 邦訳，p.304）。容赦ないヴィトゲンシュタインはさらにこう畳み掛けた。「記号のゲームを数学にするものは、数学外での使用、したがって記号の**意味**である」（RFM: V, §2, 257, 邦訳，p.266）。誰かがこの格言をさかさまにして、次のように言うのを想像できただろうか。「たんなる応用可能性は、ゲームとして、またパズルを生成するものとしての身分から算術を脱落さ

せ、算術を有用性へと貶めるのである」。

　（ある）数学を数学たらしめている無数の事柄の一つは遊び心である。

　この章で追究されたいくつかの考えは、数学の哲学としてふつう理解されていることとはいくらか距離があると思われるだろう。そこでいまから、本書のタイトル〔原題〕にした問い——問われることがあるとしても、めったに問われない問い——へと向かおう。**そもそも数学の哲学が存在するのはなぜなのか。**

第3章

# なぜ数学の哲学というものが存在するのか

Ch.3 Why *is* there philosophy of mathematics?

## 1 永続的なトピック

なぜ数学の哲学は「永続的 (perennial)」なのか。ここで「永続的」というのは、園芸の用語で言う「多年生」という意味である。枯れてしまう時期もあるが、季節になればふつうはまた芽を出し生い茂る。以下では、数学の哲学のこのようなあり方について、「なぜそもそも数学の哲学などというものが存在するのか」〔これは本書の原題である〕という問いとともに考えたい。

これは、数学の哲学がまさにいまのアカデミアのなかで、哲学の一つの専門分野として活況を呈しているのはなぜか、という問いではない。たしかに、哲学的なマインドをもった人たちが数学について思いを巡らせるためのテーマは、今日ではそこらじゅうにいくらでも転がっている。典型的には、ラッセルのパラドクスをはじめとする種々のアンチノミーや、ゲーデルの不完全性定理、連続体仮説といった例が挙げられるし、より一般的な観点から数学について考えるなら、たとえば直観主義ないし構成主義の問題がある。これらだけでも、「数学の哲学」という専攻分野が生きていくための、いわば飯の種としては十分だろう。もちろんこれだけではなく、たとえば P 対 NP のような、計算論から生まれてきた問題もある（§2.21 のスティーヴン・クックの問題）。これが数学の問題なのか哲学の問題なのかという議論はあろうが、それよりも注目したいのは、カントにそのルーツをもつものもあるとはいえ、ここで挙げた問題はどれも、基本的には 20 世紀の産物だということである。

数学についての哲学的な思索が上に挙げたような事柄に限られるのだとしたら、数学の哲学は、他の個別科学についての哲学とたいして変わらないような重要性しかもっていないということになる。物理学の哲学や生物学の哲学、経済学の哲学、あるいはあまり知られてはいないが、地理学の哲学という革新的な分野もある。これらの哲学はどれも、ごく最近の画期的な新知見や出来事をどう理解

100

すべきかということを原動力にしている。数学の哲学もまた、こうした「○○学の哲学」の一つとして、自分の学問的な持ち場でお行儀よく生きていくということになるのだろうか。

しかしながら実際のところ、人類の知を形成する様々な専門分野のなかでも、西洋哲学偉人列伝に連なる面々の心を奪い続けてきた学問は、数学をおいてほかにはない。もちろん全員というわけではない。しかし、プラトン、デカルト、ライプニッツ、カント、フッサールにヴィトゲンシュタインというのは、なかなか威圧感のあるラインナップではないだろうか。さらには、バークリやミルのように、数学的な知識というのはそんなに大事なものなのか、そんなにちゃんとしたものなのかと怒りまじりの懐疑論をぶちまける哲学者もいれば、アリストテレスやラッセルといった論理学者もいる。私の論文「幾人かの、そして幾人かだけの哲学者に対して、数学がなしてきたこと (What mathematics has done to some and only some philosophers)」では、彼らを含めた歴史上の哲学者たちと数学のかかわりについて、それぞれの人物ごとに短く論じているので、興味のある方はそちらをご覧いただきたい (Hacking 2000b)。さて、上に挙げた哲学者たちの著作には、元々は「数学の哲学」などという謳い文句はついていなかった。それらはたんに哲学、であった。われわれが後から振り返って、彼らは、いまわれわれが数学の哲学と呼んでいる分野に貢献してきた、もっと言えばそれを一つの分野として打ち立てたのだ、などと認識するようになっただけである。

哲学史上のビッグネームたちは皆哲学をやっていたのであって、一つの専門領域の知見や結果に特化した「○○学の哲学」をやっていたのではないのである。


## 2　それはそうと、数学の哲学って何なの？

第2章では、「数学とは何か」という問いに答える試みとして、辞書にあたってみるという考えられるかぎり最も素人くさい方法からスタートした。第二の問題は、数学ではなく数学「の哲学」とは何か、である。ここでは、英語で出版されている、二つの最も新しく最も信頼のおける哲学百科事典を見てみよう。こうするのは、それらの事典が決定版の定義を与えているからではない。辞書ほどではないかもしれないが、事典の編纂にはやはり、多くの博学の労力と熟慮が注ぎ込まれているからである。

その二つとは、一つはオンラインの『スタンフォード哲学百科事典』、もう一つは『ラウトレッジ哲学百科事典』である。『スタンフォード』と『ラウトレッ

ジ』と呼ぶことにしよう。海外の初学者がこれらの事典を両方とも調べたとすると、数学の哲学とはそもそも何なのか、かえってわからなくなってしまうのではないだろうか。『スタンフォード』には「数学の哲学」という項目がある（Horsten 2007）が、『ラウトレッジ』のほうにはない。その代わりにあるのが「数学、──基礎論」という項目で、それがだいたい同じ領域をカバーしている（Detlefsen 1998）。その記事は、専門家の言うような「数学基礎論」だけを扱っているわけではない。後者の「数学基礎論」がどのようなものかは、たとえばネット上のFOM というメーリングリスト（管理者の説明によれば「数学の基礎（Foundations of Mathematics）について議論するためのクローズドで、管理されたメーリングリスト」）できわめて活発に行われている高度な議論を見てもらえればわかると思うが、『ラウトレッジ』の記事が扱っているのはそれとは違って、もっと一般的な意味で理解された数学の哲学なのである。

　それぞれの事典項目で論じられているトピックには、共通しているものも多い。しかし、文献リストで古典的業績として挙げられている 170 ほどの文献のうち、両方の記事のリストに登場するのはたったの 13 しかない。『スタンフォード』が引用しているうち、『ラウトレッジ』が出たあとに出版された文献は八つだけだから、記事の書かれた時期はこの食い違いの説明にはならない。

　「数学の哲学」「数学基礎論」だけでなく関連する記事もすべて含めて勘定して、事典全体として比較すれば、両者の重なりももう少し見えてくる。たとえば、『スタンフォード』には「数学の哲学における自然主義」「数学の哲学における不可欠性論証」などがあり、『ラウトレッジ』には「数学の哲学における実在論」がある。しかしやはり、第一印象として受ける両者のコントラストは強烈である。それぞれのシリーズの統括編集者の編集方針は、明らかに異なっている。というのは、『ラウトレッジ』にはたとえば「物理学の哲学」という項目があり、そこからさらに専門的なトピックを扱う項目にたどっていけるし、また「経済学の哲学」という項目もある。しかし「数学の哲学」はない。上で私は、「数学の哲学」という永続的なトピックは、ある専門分野に関するトピックではなく、一般的な哲学として扱われるのだと述べたが、『ラウトレッジ』の編集者も、私と同様の見解をもっていると考えてもおかしくないだろう。

　いずれにせよ、思慮深い初学者なら、これらの事典を読んだ最初の印象として、数学の哲学というのにはいろんなテーマがあって、そのなかでも何がいちばん大事で興味深いかということについても、いろんな哲学者がいろんな意見をもっているんだなあとは思ってくれるだろう。一つ言っておくと、ここで挙げた二つの

論考は、最近の研究についてのこの上ない入門編である。これまでの研究動向を
よく知らない読者に、どのように勉強を進めるべきかをしっかりと教えてくれる。
ただしこの本では、そこで紹介されている現代の研究内容については、あえて無
視して取り扱わない。

## 3　カントを入れるか入れないか

　デトゥルフセンもホーステンも、『スタンフォード』も『ラウトレッジ』も、「な
ぜ数学の哲学というものが存在するのか」という私の問いは扱っていない。なぜ
そんなことを考えないといけないのか？　ダンスカード〔舞踏会で女性が踊る相
手をメモしたリスト〕にはそんなお相手の名前は載っていない。どちらの筆者も、
物理学の哲学に相当するような、数学という個別科学で生み出されてきた結果に
ついての、様々な哲学的考察をまとめているだけである、と言われるかもしれな
い。しかし、『ラウトレッジ』におけるデトゥルフセンのサーベイの冒頭にきて
いる一節を読むと、分析哲学者や論理学者は驚くのではないか。古代ギリシャや
中世の思想家たちが「現代の基礎論的な思索に影響を与え続けている」と述べた
あとで、彼はこう続ける。

> しかしながら、19世紀から20世紀にかけて、〔数学基礎論の領域で〕最も強い
> 影響力をもったのは、カントの思想であった。影響の受け方の違いやその程度
> の差はあれ、この時期における、つまり、この分野の全歴史上最も活溌で生産
> 的であった時期における、基礎論的な思索の主な潮流は、そのほとんどどれもが、
> カントの基礎論的な思想と、数学と論理学におけるその後の様々な発展を調停
> するための試みである。（Detlefsen 1998, 181）

　この主題についての入門概説で、カントがこれほどまでに大きな扱いを受け
ることはほとんどない。『スタンフォード』におけるホーステンの「数学の哲学」
では、カントは言及すらされていない。しかしまさにこの違いが手がかりを与え
てくれる。カントは、「なぜ（そもそも）数学の哲学などというものが存在する
のか」という私の問いに対する、少なくとも一つの重要な答えである。これを**啓
蒙時代からの回答**と呼ぶことにしよう。カントは、ヨーロッパの知の（そして政
治の）歴史における啓蒙の時代のスターであり、その頂点だからである。

　しかしカントのことを言うなら、デトゥルフセンも言及している古代ギリシャ
や中世の思想家たちはどうなのだという話にもなるだろう。つまり、啓蒙より以
前の時代からも回答が得られるはずである。これを**古代からの回答**と呼ぶことに

しよう。これら二つはそれぞれ、数学がもつ異なる側面に焦点を合わせた回答である。

本題に入る前にちょっと言い訳。さきほど、カントは「少なくとも一つの重要な答え」を与えてくれると言った。その一つ以外の部分、とくに、私よりもはるかに深いカント理解をもった多くの思想家が、それこそが数学についての哲学的思索に対してカントが与えた最も重要な影響であると言うであろう部分を私は取り扱わない。それは彼自身の言葉で言い表すのがいちばんだろう。「直観」である。ただし、現代の英語におけるこの言葉の使い方は、カントのそれとは大きく違っているし、§1.30で宣言したように、私は、それがもたされている多くの意味のいずれにおいても、この言葉を使わないようにしている。直観という観念を用いることで、数学的判断についてのカントの考え方に奥行きがもたらされていることは明らかである。だが私には、それについて議論する資格がない。私のカントの使い方は表層的なものであり、そのことについてはお詫びしておく。

表層的というのでさえ褒めすぎだという人もいるかもしれない。というのは、私のカント理解はラッセル的だからである。このことは26節であからさまになるだろう。ただ、ラッセル的な理解は哲学史としては間違いなく筋が悪いのだが、哲学のやり方としてはそれほど悲観すべきものでもないと思っている。このことについてはこの章の最後、32節で少しだけコメントする[†]。

ところで、なぜ数学の哲学は永続的なのかという問いに対して、まったく別の仕方で答えることもできる。その答えとは**無限**である。ただ、こういうふうに答えてしまうと、まったく別の本を書かないといけなくなってしまう。ピタゴラスの時代の、共約不可能数の発見から筆を起こすのがよいだろうが、無限の起源については、ほかにもいろいろと推測を巡らすことができる。ニュートンの無限小についてのバークリの批判も詳しく見ないといけない。時間における継起から派生する数という考え方の提唱者として、カントも出てくるだろう。いわゆる「直観主義者」とされる人々の考え方によれば、カントが言っているのは、数とは潜在的なものにすぎないということである。すべての整数からなる一つの総体などという観念は、われわれの悟性が直観の上に押しつけただけのものなのである（§1.10でベルナイスに言及したのを覚えておられるだろうか。このトピックについては§7.2～7で詳しく論じる）。1節で言及した連続体仮説などの項目は、本書では周辺的な扱いしか受けないが、その本のなかではストーリーの中心に位置づけ

---

[†] この段落での後の節への参照は原文では23節と29節だが、内容上適当ではないため変更した。ほかにもこうした参照のズレはいくつか見られるが、以下ではいちいち断らない。

られることになるだろう。

　くどくどと言い訳を並べてきたが、もう少しだけ付け加えて終わりにしよう。私がカントを使うときには、たとえば 1786 年の『自然科学の形而上学的原理』で詳説されているような、彼の自然哲学についての考察はまったく無視している。カントの思想のこの側面については、すでにマイケル・フリードマンの『カントと厳密科学』（1992）で見事な分析がなされている。また、カントは当時の数学についてさえあまりよくわかっていなかった、と思っている人たちの言うことも無視している。とはいえ、カントールほどにカントを軽蔑していた人物もほとんどいないだろう。彼は 1911 年 9 月 19 日付けのラッセル宛の手紙で、カントのことを「あの**理屈だけの俗物**（sophistical philistine）、数学のことなんてこれっぽっちもわかっちゃいないくせに」と評している（Russell 1967: 227）。この手紙を読んだ人は、カントールが人生の大部分を精神病院で過ごし、正気を取り戻したその合間の時期に超限数の理論を発明したということに驚かないだろう、とラッセルはコメントしている。彼はカントールを、「19 世紀の最も偉大な知性の一人」と考えていた（1967: 226）。


## 4　古代と啓蒙

　さて、私は、数学の哲学が永続的に存在する理由は大きく言えば二つ、すなわち「古代」と「啓蒙時代」からなるのではないかと考える。ここでは、プラトンのなかに見いだせる一本の撚り糸を古代の象徴とする。啓蒙の象徴は、カントの思想のなかにある撚り糸である。これら二本の撚り糸は、実際はほぐしようもないほど絡み合っているのだが、それでもそれらを区別することは役に立つ。（ちなみにこれは、プラトンやカントという巨大な織物から撚り糸を一本ずつ抜き出してきただけのことで、それをもって彼らの思想全体を代表させるつもりはない。あしからず。）

　啓蒙時代の撚り糸は、数学者より哲学者に受けがよいようだ。一方、古代の撚り糸は、数学者が自分の哲学的な見解を表現するときに、最も強烈な仕方で現れてくる。どちらのケースにおいても、いくつかの争点が断続的に議論されてきてはいるが、その論争はどうやっても決着がつきそうにない。なので私は、それらの有名な争点について新しいことは何も言わない。しかし、ここで私が提案している分類は、それらのあいだの関係を整理し直して、それらに新しい仕方で光を当てることができるだろう。

もう一つ注意。私が問題にしているのは、なぜそもそも数学の哲学というものが存在しているのか、ということである。それがこの本全体の焦点である。数学についてまともに哲学的に考察しようとするなら、20世紀に数理論理学や集合論、数学基礎論において持ち上がった、様々な争点にかかわらざるをえないのは確かである。私自身も、このような議論をしている以上必然的に、それらの争点について自分なりの意見、偏見をもってはいる。しかしお詫びしておくと、それは、数学の哲学内部での論争における可能な立場の一つ、くらいのものであり、それを表明したところで現行の論争に寄与するところはほとんどないと思う。私がこの本でやろうとしているのは、上のような論争とは少し違うプロジェクトなのである。

第1章と同じく、この章は二つの比較的独立した部分からなる。二つの部分とは「古代」と「啓蒙」である。この分け方は第1章のそれと対応しているが、ただし順番が逆である。「なぜ」の問題に対する古代からの回答の中心を占めるのは「証明」にほかならない。第1章Bで述べたことである。一方、啓蒙時代からの回答の中心にあるのは、第1章A、すなわち数学を応用するという観念である。ただし、応用と言ってもいろいろな意味があり、ここで取り上げるのはカントの意味での応用である。数学について哲学するなら、証明と応用に繰り返し舞い戻ってくることになるのである。

## A　古代からの回答：証明と探検

### 5　永続する哲学者のこだわり……

プラトンからヴィトゲンシュタインにいたるまで、歴史上の有名な哲学者にとって、数学が大事なものであり続けてきたのはなぜだろうか。そして、多くの場合、数学は彼らの哲学の全体に影響を与えてきたが、それはなぜだろうか。ミルのような強硬な否定論者は脇におくとして、それはまず第一に、彼らが数学を実際に**体験**し、それをとても不思議なものに思ったからである。彼らが出会った数学は、新しい知識を観察したり、学んだり発見したり使ったりといったもっと身近な体験とは、違ったものに**感じられた**のである。そのように感じられる理由の一端は、数学が、論証的な証明を、何かが見いだされたというときの最高基準としている点にある。どんな証明でもよいというわけではない。つまらないことをつまらない仕方で証明しようと思えばいくらでもできるからだ。私が言っているのは、新しいアイディアを予想しなかった仕方で用いる証明であり、理解とい

106　第3章　なぜ数学の哲学というものが存在するのか

うものが得られる証明であり、将来の発展の種をそのうちに宿しているような証明である。数学者はいまでも好んで、ユークリッドによる素数の無限性の証明、あるいは 2 の平方根が有理数でないことの証明を引き合いに出す。第 1 章の言葉を使うなら、多くの有名な哲学者を数学にひきつけているのは、**デカルト的な**証明の体験である。あるいはヴィトゲンシュタインが「一望できる（surveyable）」と呼んだ感覚である。これが、冒頭の 4 番目のエピグラフとして、立方体の分割不可能性の証明を置いた理由である。この「思考だけによって」何か新しいことを見いだすという体験を伝えるのに、その実例を与えること以上に良い方法があるだろうか。

　思考によって何かを見いだすという体験、常識的な程度を超えた確信を得るという体験は、数学とは探検のようなものというイメージを喚起する。悲しいかなこのイメージは誇張されて、数学が、つまらない人間たちの俗世間から完全に隔絶されたところにあって、特別な努力と才能によって初めて見いだしうるような、何か崇高なものを求める探検であるかのような誇大宣伝になってしまう。しかし、哲学者たちがなぜ数学にこだわるのかをわかってもらうために、べつにファンタジーは必要ない。わかってほしいのは、たとえば分析化学で得られる知見とまったく同じように、まさに「そこにある」ものについて探究しているというこの感覚である。もう少し親しみやすい喩えを使うなら、探検家がアマゾン川の上流だとか火星の「運河」へ向かい、観測、探索を行おうとするのと同じ感覚である。それを、§1.27 で見た「たくましきコルテス」モチーフと呼ぶこともできるだろう。もう少しキーツを引用するなら、数学者は「新しい惑星が自分の視界に入ってきたときの天文学者のような」感覚をもつのである。（現実には、パナマの「ダリエン」の頂上に登って、ヨーロッパ人として初めて太平洋を見たのは、コルテスではなくバルボアである。また、新しい惑星が天文学者の視界に入ってきたのは、ハーシェルによる 1781 年の天王星の発見が最後であり、キーツの詩は 1816 年である。こういうことを考え合わせると探検の喩えも味わいが増しますね、と皮肉屋さんは言うかもしれない。）

　§1.22 で出した警告を忘れないでいただきたい。私が「デカルト的」と呼んでいる証明はある特別なタイプの体験を生じさせるが、ほとんどの証明はそのようなものではない。それらはせいぜいのところ、ライプニッツ的な仕方でその正しさがチェックできるだけである。数学には本当に良い証明というものが、その全体を本当にしっかりと把握でき、理解をもたらしてくれる証明が必要だと考える人はいるだろう。あるいは、グロタンディークくらいに極端な立場（§1.26）

をとって、そのテーマと定理を「自明」にすること、つまり**明証性**こそが数学の目的だという人もいるだろう。われわれはもう少し注意深く、数学の哲学を作り上げている古代の撚り糸は、ある特異な性質をもつ証明によって生み出された、と主張するにとどめておこう。いろいろな一般向けの概説書で、証明というものの好例としていつも同じような例が繰り返し使われるのは（そして私がこの本を、あまりよく知られていない立方体の定理からスタートさせたことは）偶然ではないのである。

## 6　永続する哲学者のこだわり……はまったく例外的

　ある種の証明に対してそうした体験、感覚、ファンタジーを覚える人はじつは少数派である。たいていの人はそのような反応は見せない。彼らには、何が哲学者たちをそんなに感動させているのか、まったくわからないのである。気にすることはない。彼らには心強い仲間がいる。たとえば私の無敵のヒーロー、ヒュームだ。この地球上に彼ほど鮮やかな論証ができる人はそうそういないが、どうやら彼が、演繹的な証明や何らかのタイプの数学的論証から、とくに感銘を受けたということはなさそうなのである。「数学を体験している」ということは、その人が哲学的な才能をもっていることを決して含意しない。おそらくその反対であろう。T. S. エリオットの『四つの四重奏』に出てくる手紙をもじって言うなら、「ヒュームとは出発の地／齢を重ねるにつれて／世界はますます奇妙なものに／そのパターンはますます複雑になる」（『イースト・コーカー』V; 最初の「ヒューム」は元ネタでは「ホーム」である）。

　哲学者たちの数学への入れ込みようがおかしなものに感じられるのは、一つには、哲学者以外の人はたいてい数学のことなど気にしていないからである。§2.5で見た「ふかえり」のような世間の大部分の人たちにとっては、数学は教師に無理やりやらされるいまいましいもの、一刻も早く逃れるべきものでしかない。橋をちゃんと設計したり（手垢がつきすぎていてかえって怪しい例だ）、株で勝つためのモデルを作ったり（たいてい勝てない）とか、そういうのに役立つんでしょ、「理系」の人にはぜひがんばってほしいね、くらいのものである。

　知識人はめったに公言しないものだが、ブルーノ・ラトゥールは正直に書いている（2008: 443f, 彼については §4.13 で再び触れる）。「学校で幾何学の証明を考えるのに苦しんだことがある人は（まさに私がそうなのだが）……」。世間の人たちと同じくらい彼も数学を嫌っていたようである。ただ上の言葉はじつは、ギリ

シャ幾何学についてのリヴィエル・ネッツの本に対する、彼の素晴らしい書評からの引用である。

今日の認知科学には、脳のなかには算術と幾何学のための認知モジュールないし中核的能力（Carey 2009）が「生得的」に備わっており、それらは言語のためのモジュールとだいたい同じ時期に進化したのではないか、という考えがある。この主張自体は非常にもっともらしいが、次のような事実も合わせて考えられるべきである。すなわち、ほとんどのすべての人が、高次の言語能力を生まれてすぐに身につけるのに対し、暗記で覚えられる計算法を超えるような数学の能力となると、さほど高等なものでなくとも、それを習得できるのはごく一部の人たちだけなのである。言語使用の創造的な側面についてのチョムスキーの主張を思い出せば、このコントラストはよりはっきりするだろう。彼は、そうした創造性が人間に普遍的に備わっていると主張したのである。それに対して、小さいときに学校で基礎は叩き込まれたはずなのに、それを超えていくらかでも創造的な仕方で数学を使うという能力は、誰でももっているようなものではない。とすると、哲学者がなぜそこまで数学にこだわるのか、なおいっそう不思議に思えてくる。

チョムスキーによれば、言語は「種固有的」、われわれ人間という種に特有の能力である。数学はどうかというと、何らかの数の感覚など初等的な能力は、牛やイルカやマカクザルのような他の多くの種にも共有されているとはいえ、やはり言語と同様、人間という種に固有である。ただ、われわれの種のほとんどのメンバーは幾何学や数の概念のための能力をもってはいるが、自分で数学をやれるほどの能力をもっている人はほとんどいない。理解することにさえ困難を覚える人が多数派だろう。これはしばしば教育が拙いせいだとされる。もちろん教育は大事だろう。しかし、数学の才能、あるいは数学に興味をもつかどうかについてさえ生じる大きな格差が、教え方の拙さに起因するという証拠もないのである。

これは一つのパラドクスである。われわれは数学的な動物である。だが、驚嘆すべき発見をなしてきたのは、われわれのうちの少数の人々だけである。それを理解できる人となるともう少し多いが、それでもやはり少数である。自然を解明し、われわれの望みどおりに従わせるには、数学の応用がカギとなるということも、はっきりわかるようになってきた。にもかかわらず、この分野には多くの人を寄せつけないところがある。

さて、以上のような実態調査を踏まえて、話をもとに戻すことにしよう。古代ギリシャの時代から、数学は幾人かの、そして幾人かだけの哲学者をひきつけてきた。この事実をどう考えるか。

109

## 7 思考の糧

数学についての思索における古代ギリシャの撚り糸の話をすることは、過去に
とらわれることではない。われわれは、永続的な関心事について議論しているの
である。ここでは、ある数学者と神経生物学者のあいだで行われた友好的な対談
を取り上げよう。数学者の側は、数学とは「そこにある」ものにほかならないと考え、
数学はすべて人間の脳のなかにあると主張する神経生物学者に反対している。対談
しているのは、アラン・コンヌとジャン゠ピエール・シャンジューである。彼らの
あいだで行われた議論は、1989 年にフランス語で『思考の糧（*Matière à pensee*)』
というタイトルで出版され、1995 年には議論を付け足して英語に翻訳された。

コンヌは 1982 年にフィールズ賞を受賞した数学者であり、2000 年に受賞し
た別の賞の評によれば「作用素代数の分野に革命を起こし、現代の非可換幾何学
を発明し、そしてこうしたアイディアが、理論物理の基礎を含むあらゆる場所に
現れるということを発見した」とのことである。多様性の基底にある統一性のも
う一つの実例である（§1.12）。2000 年にパリで、ボストンの富豪による懸賞金
つきの七つの「ミレニアム問題」が発表されたが、1900 年に同じくパリで告知
されたヒルベルトの 23 問題の 21 世紀版とも言える、この問題の告知役として
選ばれたのが、コンヌであった。相手役のシャンジューは、著名な神経生物学者
である。彼ら二人はパリのコレージュ・ド・フランスの同僚である。

コンヌは、人間の思考から独立した数学的実在が存在することは疑いえないと
言う。「数学者の研究は、この世界の発見に乗り出す探検家の営みになぞらえる
ことができます」（1995: 12）。これは、G. H. ハーディが有名なエッセイ「数学
的証明」（1929）で用いたのとまったく同じ喩えである。注意しないといけない
のは、そこでハーディはタイトルに反して、形式的証明よりも探検という側面を
強調している点である。よく引用されるのは「リトルウッドや私に言わせれば、
証明なんてものは無駄話（gas）であって」という下りである。

> 厳密に言えば、数学的証明なんてものはないのです。私たちにできるのは、突
> き詰めていくと最終的には**指し示す**ことだけです。リトルウッドや私に言わせ
> れば、証明なんてものは無駄話であって、相手の心理に訴えかけるようなレト
> リックを大げさに振り回してみたり、講演しながら黒板に絵を描いてみたりと
> か、学生の想像力を刺激するための装置でしかないのです。（Hardy 1929: 18）

ハーディにとっては、数学のセンスを陶冶してくれるのは、何かを証明すると
いう体験ではなく、証明であれ何かであれ、洞察を生み出してくれるような活動

を通して、何かが「わかるようになる」という体験である。私が強調したいのは、証明にせよ「わかるようになる」にせよ、人を「たくましきコルテス」のような感覚に導くような**体験**がある、ということである。

このエッセイから 55 年ほどのちには、マイケル・アティヤ（§1.12 で最初に言及した）が、あるインタヴューで——これはその後もいろいろな場所に再録されている——ハーディのそれに親和的な考えを表明している。「自分としては、これでわかったとしてもよいわけですが、証明というのはそのチェックであって、それ以上のものではないのです。証明は一連の手順のうちの最後の段階、最終チェックであって、研究のなかの主たる要素ではないのです」(Atiyah 1984: 13)。§1.22 で紹介した、すべての証明は機械可読的な形式で書かれ、証明チェッカーによる検証付きで出版されるべきだというヴォエヴォドスキーの提案は、こうした考え方の 2011 年版アップデートと見ることができる。そのような意味での証明の作成は、一連の手順のまさに最終段階でなされることであろう。それはもはや、相手の心理に訴えかけることをねらってレトリックを駆使するようなものではない（そもそも、それは機械に読ませるものであって、ハーディの言っているような意味での心理に訴えるものではないからである）。


## 8　モンスター

数学の哲学の「古代」における起源は、証明という体験に、もう少し一般的に言えば数学的な発見という体験にある。さらに突き詰めて言えば、数学はまさに「そこにある」ものだという感覚にある。数学者としての人生におけるそうした体験を、コンヌが見事に描写している。その不思議な、深遠と言えるほどに印象的な体験は、なぜ数学の哲学というものが存在するのかということを説明してくれる。コンヌに強烈な印象を与えたのは、数学的な研究についてのある事実である。彼の出している例は最近のものだが、そうした印象を生み出す構造は、古代アテネで使われていたであろうものとまったく同じである。

> ここで私たちは、説明するのがとても難しい、数学にしか見られない特質に行き当たります。数学者はしばしば、とても単純な条件で定義される数学的対象を考え、それらの一覧表を作ろうとします。相当な労力は必要ですが、多くの場合はそういうリストができてきます。そして、そのリストが完全なものであると直観的に思えたなら、今度はそれが実際に網羅的であることを一般的に証明しようとします。よく新しい対象が発見されるのは、まさにこのようなとき

です。新しい数学的対象が、そのリストの網羅性を証明しようとした結果として発見されるのです。有限群の例を取り上げましょう。有限群というのは、整数と同じくらい初等的なレベルの概念で、ある有限的対象の対称性からなる群のことです。数学者は、有限単純群、つまりそれ以上小さな群へと分解できないような（素数みたいなものです）有限群を網羅する分類表を作ろうと格闘してきました。……そして15年前［これは1974年のこと］、最後の有限単純群が純粋に数学的な推論によって発見されました。それは「モンスター群」と呼ばれていて、有限群ではあるのですが莫大な数の要素を含んでいます。なんと80 8,017,424,794,512,875,886,459,904,961,710,757,005,754,368,000,000,000 個です。ともあれこうして、英雄的な奮闘の末ついに、26個の有限散在型単純群からなるリストが実際に完全であることが示されたのです。(Changeux and Connes 1989, translated in 1995: 19f よりコンヌの発言。モンスター群の個数にコンマを足した。)

コンヌはあたかも、「モンスター」がずっとそこにいたかのように書いている。静かに笑いながら、われわれに見つけてもらうのを待っていたかのように。

## 9　網羅的な分類

　上の引用でコンヌは、様々なタイプの有限単純群が、英雄的な奮闘の末にすべて枚挙された、と言って話を締めくくっている。そうしたタイプは26個ある。この結果は分類定理と呼ばれている。探検とのアナロジーをここでも使うなら、この定理は、ヨーロッパの4,000 m峰を枚挙するようなものだろうか、と感じる人もいるかもしれない（ちなみに公式の主峰は82、それに副峰が46ある）。様々なタイプの有限単純群というのはまさに「そこにある」もので、ちょうど山の頂上のように、その位置を突き止められるのを待ち受けているかのようである。

　分類定理は現代数学において重要な役割を果たしている。有限単純群の完全で網羅的なその分類は、コンヌが伝えているように、1970年代の終わりまでには知られていたが、その正否に決着をつける証明が出版されたのは、2004年になってようやくのことであった（それまではつねに、反例が「そこ」の物陰に潜んでいるかもしれないという但し書きがついていた）。

　人類の歴史上最初の分類定理は、ユークリッドの『原論』第13巻における、正多面体はちょうど五つしかないという証明である。ユークリッドはまずそれら5種類をどのように構成するかを示したあと、その他に正多面体はないということを証明している。これこそ『原論』という山の頂上であり、『原論』全体の眼目はこの発見へと到達することにあった、とはよく言われるところである。

112　　第3章　なぜ数学の哲学というものが存在するのか

一つ注意しておかないといけないのは、私がコンヌからとってきた例も、これからしばしば言及する上のユークリッドの結果も分類定理だが、それは様々な数学的発見のうちの一つのタイプにすぎないということである。それでもやはり分類定理が、「そこにある」土地を探検するというメタファーにとくによく当てはまる、ということも確かではある。


## 10　幻覚

数学者たちはすぐに、そのモンスターがどんなものなのかという感覚をつかんでいった。どうやらモンスターは、楕円関数論というまったく別の数学分野から派生するある対象と同じものなのではないかと思われるようになったのである。それは、偶然の一致であったはずである。多くの創造的な仕事をした数学者であり、「モンスター」の名づけ親でもあるジョン・コンウェイの、この予想に対する最初の反応は「幻覚でも見てるのか（Moonshine）！」であった（この場合の「Moonshine」は、アパラチア山脈で蒸留されている密造酒ではなく、満月の光が水面の上に作り出す幻影効果のことを指している）。というわけで、このアイディアは「モンスター級幻覚予想」と呼ばれることになった。こうしたいきさつを除けば、これもやはり、多様性の基底に潜む統一性という、数学ではよく見られる現象の新たな一事例であるとも言える。

こうした研究が集中的に行われた時期は 1973 年から 1975 年にかけてである。当時の中心地は英国のケンブリッジ大学であったが、たとえばミシガン大学やビーレフェルト大学からも重要な貢献があった。（先の引用でコンヌは「15 年前」と言っていたが、それは 1989 年のフランス語のテキストをそのまま翻訳したからである。「1974 年」と注釈を入れたのはそういうわけである。）最初にモンスターの構成法を与えたのはロバート・グリースであり、彼はそのモンスターを「フレンドリーな巨人」と呼んでいた（Griess 1982）。その構成法が、幻覚予想を確かめるための道を開いたのである。

一連のストーリーについての一般向けの概説書としては、ロナンのものなどがある（Ronan 2006）。もしあなたが、数学の天才というのはアタマのネジが飛んじゃってるものだという寓話を信じているなら、コンウェイに近い共同研究者であるサイモン・ノートンの伝記を読んでほしい（Masters 2012）。その伝記の著者のマスターズは、ノートンは自閉症スペクトラムではないかという推測をうまくしりぞけている（§2.9）。マスターズへのインタヴュー記事にはこうある。

113

「誰でも彼〔ノートン〕に会った瞬間そう考えるでしょう」とマスターズは言う。しかしこの著者は、この問いを本のなかに持ち込まなかった。「自閉症」という言葉をその本のなかに見つけることはできない。「サイモンはサイモンであって、彼をあるがままに捉えればよいと思うのです」と言ってマスターズはこう説明する。「あれほどの天才として、あれほどの能力をもって生まれれば、誰だってちょっと変な感じに育ってしまうでしょう」。(Masters 2012)

より大事なこととして、サイモン・ノートンは、ある種の数学的な知性の持ち主にとって遊びのもつ重要性を示す一例でもある（§2.27）。マスターズの遊びいっぱいの本には、本書§2.27で引用したパズル作家デュードニーまで登場する（Masters 2011: 123）。コンウェイも、本格的な数学と遊びを結びつけた『数とゲーム（*On Numbers and Games*）』という本を書いていて、ONΛG という略称で親しまれている（Conway 2001）。


## 11 最長の人力証明

1989年の時点でコンスは、他の多くの数学者と同じように、それが「事実」であることに疑いをもっていなかった。それというのは、モンスター群の存在とそのサイズについてであり、そしてより重要な、有限単純群の枚挙の完全性についてである。皆がそれに同意しているわけではなかった。もう2003年になってのことだが、これまたフランス人の著名な数学者ジャン＝ピエール・セールは、アーベル賞を受賞した際の会見（6月2日）で、この事実の確からしさについてまだ疑念をもっているかと尋ねられている（彼は1990年代のあいだ留保を表明していた）。彼は、もうそろそろ証明が完成しそうだということは知っている、と答えている（Serre 2004）。

実際、証明が完成したのはその頃である。セールの会見から1年後、マイケル・アッシュバッハーとスティーヴン・スミスによる証明が二巻本として出版された。未来永劫、誰もそれを読み通すことはないだろう。非デカルト的な証明の、おそらくは最も迫力のある事例である。

ロナルド・ソロモンはアメリカ数学会（American Mathematical Society）の会報に掲載された長尺の書評のなかで、一人の人間が第2巻まで読み通すことはないだろうが、あるチームによってチェックはされたと述べている（Solomon 2005）。彼は、出版された二巻本の証明はすべて人力によってなされたということを強調している。その土地を探検するのにはコンピュータは多く使われている

のだが、証明自体は、コンピュータによって生成されたものではないのである。


## 12 そこにある、という体験

　ここで私が強調したいのはとにかく、その一見ばかげた対象が**まさにそこにあ**り、われわれに見つけられるのを待っていたという、コンヌが心の底で覚えた感**覚**であり、その**体験**である。その少しあとで、そのモンスター級の対象は、数学のまったく別の分野における対象とまさに同じものであることが判明した。これが「そこにある」ということだろうか？　明けの明星と呼ばれていた天体がのちに、宵の明星と同じものであると判明したという、フレーゲの出した例が思い出される。われわれによって同定されるのを待っている数学的対象という観念はこのようにして生じるのである。

　コンヌの反応はまったく特異なものではない。幻覚予想を証明した功績がとくに認められて 1998 年にフィールズ賞を受賞した数学者リチャード・ボーチャーズは、私との個人的な会話のなかでこのように言っていた。「モンスター群について考えていると、誰がこれを作ったんだろうと思えてくるんです。宇宙論でいうインテリジェント・デザインみたいな感じと言ってよいと思います。モンスター群はきわめて複雑で、それにもかかわらず秩序だった構造を備えていて、まるで誰かが巧みに設計したのではないかと思えるほどです」(2010 年 7 月 27 日の会話より、許諾を得て引用)。

　ボーチャーズは、モンスター群のようなものが本当に存在するのだということに対する驚きは消えることがない、と率直に述べていた。こうした類の体験が、数学の哲学における古代の撚り糸を涵養するのに役割を果たしてきたのだし、おそらくこれこそが、すべての始まりなのである。

　ところで数学者とアスペルガー症候群のかかわり（§2.9）についての話だが、サイモン・バロン＝コーヘンが本の一章をボーチャーズと彼の親族に割いている（2003: ch.11）。バロン＝コーヘンは、自閉的特性が同じ家族のなかでもほぼ男性側にだけ伝わるのはなぜかということに興味をもっていた。ボーチャーズの父は物理学者、兄弟は数学者であり、その点で彼の家族はケース・スタディの対象として最適であった。バロン＝コーヘンの下した診断によれば、ボーチャーズ本人については自閉症とは言えないが、それに近いということである[†]。

---

† 　ボーチャーズ本人はアスペルガー症候群であることを公言しており、また、兄弟の一人が自閉症だそうである。バロン＝コーヘンの同書を参照。

## 13 寓話

ボーチャーズは、本当にモンスター群に設計者がいると思っているわけではない。彼はただ、その対象は細部にいたるまであまりにも精巧にできているので、まるで誰かによって設計されたかのように思える、と言っているだけである。「インテリジェント・デザイン説」を自分の意見として主張しているわけでも、ましてや、モンスター群の存在を根拠としてそれを論証しようとしているわけでもない。彼は、ある事実に対する半信半疑の感覚を、つまり、その事実をふつうの意味で自分よりもよく理解している人などいないにもかかわらず、心の底ではやはり信じがたいと感じられる、その感覚を表明しようとしていたのである。彼はそれが事実であることを疑っているのではなく、そのような事実が**存在**していることに驚いているのである。

典拠は怪しいが、昔の大賢人のことだとして語られているお話がある。その賢人を具体的に誰にするかでいろいろなヴァージョンはあるが、その人は数学者ではなく、話の内容自体はいつも同じである。私が初めて聞いたときは、ホッブズの話だとされていた。そもそもこの話に実在のモデルがいたと信じる理由もないのだが、よくできた寓話ではある。さてそのホッブズが、ある立派な図書館へ入っていくと机の上に本が開いてある。見るとユークリッドの本である。その開かれたページで述べられている命題を読み、彼は「荒唐無稽だ」と言う。「このようなことが成り立つなどありえない」。しかし、公理と定義に戻ってその本を最初からたどってみて、彼は驚いてしまった。そう、その命題はたしかに成り立つのである。

この語り古された話は、ここ最近の出来事をも見事に映し出している。コンウェイは、気取った言葉遣いにふけったりしない人なので、ただ一言「幻覚か！」と叫んだ。これこそ**まさに**、ホッブズであれ誰であれ、あの話の主人公が言いそうなことではないか（ホッブズの時代ならば「水面に映った月の幻影でも見ているのであろうか」のような言葉遣いかもしれないが）。しかしある論証、証明、あるいは証明のスケッチが与えられることで、懐疑論者もついにはその幻影が厳密な真理であることを納得するようになる。

この寓話の舞台はじつは古代だったと想像することもできる。たとえばプラトンの弟子の一人が、正多面体は5種類しかないという主張を見かける。「幻覚か！」と彼は叫ぶ。しかし彼は律儀にユークリッドを最初から最後まで読み通す。そうして彼は納得する。

## 14　きらめき

コンヌもまた、寓話のなかのホッブズや私が創作したプラトンの弟子とまった く同じような感慨を漏らしていた。しかし、人に言わせれば、コンヌは数学者ら しいある種のレトリックを使って、ハッタリをかましているだけではないか、と いうことになるかもしれない。モンスター群がどういうものか、はっきり言って われわれには皆目わからないのだが、でも「うわー、なんかすごい！」と思わさ れてしまう。

ヴィトゲンシュタインが**きらめき**というものについて語っていたことが思い出 される。この比喩はコンヌのレトリックにも当てはまる。さきほど 8 節の最後 の引用で、コンヌは（われわれにとっては）意味のない 54 桁の数字を書き出して いたが、われわれはあれを見て感銘を受けることになっている。わざわざ 54 桁 も並べてみせるのはちょっとあざといかもしれない。だがともあれ、そこでわれ われは、ヴィトゲンシュタインの言う「神秘的なるもの」を差し出されているの である（*RFM*: V, §16d, 274, 強調は原文）。

ヴィトゲンシュタインはこう続けている。「私にできるのは、そうした概念の 不明瞭さときらめきから逃れるための、容易な道を示すことだけである」（§16e）。 彼がそこで考えているのは、カントールの超限基数の理論についてである。皮肉 屋さんならこう言うかもしれない。まじめに働かずに盗みをしたり、外から勝手 に文句を言ったりというのは、たしかに逃げ道かもしれませんけど、ちょっと安 易すぎやしませんですかね、と。しかし、超限数というのは必ずしも、なくては ならないものとまでは言えないだろう。§4.3 で超限数の不可避性を疑問視する パオロ・マンコスについて論じる予定であるが、たとえば解析学の厳密化のため には超限数が必要になるはずだと考えるあなたには、ぜひどうぞ重労働なさって くださいと申し上げたい。つまり、アブラハム・ロビンソンの超準解析である。 だがコンヌの描写している「概念のきらめき」には、超限数の場合のような逃げ 道はない。モンスター群の存在はかつては幻覚と呼ばれていたが、ほぼ確実に事 実である。有限単純群のような初等的な概念であっても、注意深く延々と多くの 人がよってたかって調べることで、このような奇妙な「モンスター」が生まれて くるというのは、まさに驚きというほかない。たとえいまでは「フレンドリーな 巨人」と呼ばれるほどによく理解されるようになっているとしても、である。

117

## 15　神経生物学からの反論

　件の対談に戻ると、コンヌの相手ジャン゠ピエール・シャンジューは、きらき
らモンスターにそれほど感銘は受けていない。彼は、数学的真理は脳の神経構造
に条件づけられている、という意見で、数学的実在が「そこにある」というコン
ヌの考え方には我慢がならない。しかし、彼は数学的対象の存在を疑っているわ
けではない。神経生物学者であり、脳科学や認知科学の知見にも通じている彼の
固く信じるところによれば、数学的構造は、人間の脳に生得的に賦与された特性
の副産物である。「**数学的対象はあなたの脳のなかに物質的に存在しているので
す**」とまで言っている（Changeux and Connes 1995: 13, 強調は引用者）。数学的
存在に関する神経生物学的実在論である。

　コンヌのモンスター群の話に対してシャンジューは、それは、正多面体の種
類は 5 項目からなるリストですべてが尽くされるという話を、より複雑にした
ヴァージョンでしかない、と言い返している。さきほどから出てきているこれら
の正多面体は、プラトンがえらくそのリストに感動したので、いまではプラトン
立体と呼ばれている。

　「またそういう話ですか」というシャンジューの嫌味は、彼自身にも返ってく
るかもしれないが、ひとまず害はないのだろう。私は、有限単純群ではなく正多
面体の分類リストを使って、プラトンがアラン・コンヌのそれと同じような論証
をしているところを思い浮かべた。実際、モンスター群とその仲間についてのマー
ク・ロナンによる一般向け概説書は、本当にプラトン立体の話から始まっていた
りする（Ronan 2006）。コンヌがモンスター群という新しくてきらきらした例を
もってきたのは、われわれが正多面体の話ではもう感動しなくなっているからに
すぎないのであって、どちらの例を使おうが論点はまったく同じなのである。（私
が巻頭のエピグラフに立方体定理を選んだのも同じく、2 の平方根が無理数であること
の証明にはもう感動がないからである。）

　もちろん、シャンジューが本当に異議を唱えようとしているのは、コンヌの話
に新しい論点がないということではなく、きらめきというものに対して、である。
コンヌはうまくだまくらかそうとしている。プラトン立体はいわば去年の流行で
あって、今度はモンスター群という新しいきらきらでまた流行を起こそうとして
いるにすぎない。だから、プラトン立体にもう興奮しないのなら、モンスター群
にもびっくりする必要はないのだ、と。ほとんどの数学者は、いやいまでもわれ
われはプラトン立体から驚きを受け続けている、と言い返すだろう。マイケル・

アティヤが同僚と「物理学、化学、幾何学における正多面体」という素晴らしいサーベイを書いている。その論文は、まさにそのプラトン立体がいかに素晴らしいものであるかという話から始まるのである（Atiyah and Sutcliffe 2003）。


## 16　私自身の立場

　私がよく言われるのは、いろいろな立場を比較しながらまとめてみせるのはうまいが、自分の手は隠したままだということである。そのご指摘はもっともではあるがさて、私はどう考えているのか？　自分の意見をはっきりさせないというのは、批判として受け止めないといけないだろうか？　ソクラテスやヴィトゲンシュタインのような先例を引き合いに出して言い抜けることもできないではない。しかしそれはさすがに思い上がりというものである。というわけでその道はとらず、一応私の意見を述べておこう。

　シャンジューとコンヌの対立について私はどう考えているか？　実際のところ、私がどう考えているかはそれほど大事なことではないのである。彼らのあいだの論争は現代風の装いはしているものの、その対立図式は永続的なものである。ブルバキの意味での構造主義（§2.12）をとる数学者アンドレ・リヒネロヴィッツが参加した別の鼎談（Connes et al. 2000）では、この対立図式がもっとありきたりな形で現れている。この鼎談については§5.7～13で再び論じる。しかしともかく、私であれ誰であれ、この永続的な対立に決着をつけることなどできない。だから、私の個人的な意見がどのようなものであるかというのは、他のほとんどの人のそれと同じく、どうでもよいことなのである。とはいえ、私の気持ちがどのあたりにあるのかをはっきりさせないのも、それはそれで不誠実だろう。ただしごあいにくだが、それは二人の論争当事者よりもかなりあいまいなものである。

　私の考えでは、コンヌが言っていることは正しいが、それでもって彼が言おうとしていることは間違っている。彼は、数学的対象という実在がそこにあると本当に信じている。そして第6章で見るように彼はたとえば、整数の系列という昔からある（archaic）、原初的（primordial）な構造が存在すると信じている。人間の脳はその構造をわれわれに認識させてくれるが、それを除けば整数の構造と脳のあいだには何の関係もない。これが（と私はまとめてしまうが）彼の言おうとしていることである。そして私の意見では、それは間違っている。

　また私の考えでは、シャンジューの言っていること、すなわち「数学的対象はあなたの脳のなかに物質的に存在しているのです」というのは間違っている。し

かしそれでもって彼が**言おうとしている**ことは正しい。まず、脳のなかにはニューロンがあり、血液が流れており、細胞組織があるが、数は存在しない。脳のなかにモンスター群は存在しない。たしかに最近では、数をコード化するニューロンを特定したという研究もある。おそらくそうした方向性はこれから発展してくるだろう。しかしそれと、数が脳のなかに存在しているということのあいだにはかなりの隔たりがある。数を何らかの仕方で「表象」するような脳内の「血肉」構造を特定するというのは、重要ではあろうが、相当長い目で見ないといけないような研究プログラムである。

他方、シャンジューが**言おうとしている**のは、コンヌがあれほどに称揚している対象はじつは人間の心的な活動の副産物であり、そしてわれわれの心のはたらきの範囲は、遺伝子の用意した入れ物によって決定されている、ということであろう（遺伝子の入れ物というのはシャンジュー自身の言葉からとってきたが、出版物のなかでは彼は使っていないようである）。私はこれは正しいと思う。とはいえ、人間の心のはたらきと数学とのあいだの関係はまだよくわかっていないし、さらに、こうした見方が正しいとしても、それは全体のストーリーの一部でしかない。

数学は人間的な活動である。それは、われわれの肉体に、その脳やその手に根ざした営みである。また、それを形作ってきたのは、きわめて特定的な時代と場所における人間の共同体である。シャンジューが語っているのは、こうした数学という営みの一側面についてである。人間の能力には、数学的な思考を行うための、ある一定の認知能力の地層とでも言うべきものがあり、われわれ人間はその活用法を見いだしてきたわけだが、シャンジューの言う数学的思考の前提条件としての神経状態も、こうした地層の一部をなしている。しかし、彼はそれがどのように起こったかという問題は、扱ってさえいない。私の考えるところでは、数学という活動の全体を理解するには、そのような地層からは離れて、いわゆる認知史（cognitive history）に取り組むことで考察を先に進めなければならない。認知史とは、リヴィエル・ネッツから拝借してきた言葉である（Netz 1999）。


## 17　自然主義

いま私が言ったことは、いわゆる**自然主義**に分類できると考える読者もおられるだろう。いやひょっとするとほとんどの方がそう思われているかもしれない。数学についての哲学的な著作のなかでも、自然主義はだんだんと目立つようになってきた。それは、クワインの自然化された認識論に多くを負っているわけだ

が、私は自分の仕事がその伝統に属しているとは考えていない。それゆえ、前節で述べたような考えを自分で自然主義と分類することもしない。

クワインはこう書いている。「認識論ないしそれに類する理論はただ、心理学の、それゆえ自然科学の一つの章としての地位に収まるのである」（1969: 82）。彼は、〔良い理由とはどのようなものであるべきかについての〕基礎の探求としての認識論は、人びとが現実にどのような理由づけを行っているのかについての研究によって、つまり心理学の一トピックによって取って代わられることになる、という描像を生み出した。しかしながら、私はこれまで、おそらくパースとポパーを読んだおかげだろうけれども、そもそも知識の基礎というものに少しも興味を抱いたことがないのである。

私が信じているのはこういうことである。数学というものがいかにして、このような世界に住むわれわれのような種にとって可能になったのかを理解するには、きわめて多くの種類の研究に依拠する必要がある。そのなかには心理学も他の自然科学も含まれるだろう。たとえば進化生物学や認知科学、発達心理学、神経科学などである。しかしそれだけでなく、考古学（とくに心の考古学あるいは認知考古学）、先史学、人間学、環境学、言語学、社会学、科学論に、数学それ自体も必要だろうし、昔ながらの由緒正しい歴史学ももちろん必要とされる。いろいろな流派の哲学については言うまでもない。こうした問題に関する議論においては、分析哲学よりも現象学のほうが大きな貢献をしてきたといってよいだろう。

数学的自然主義者を自認し、その擁護を展開している優れた論者の一人にペネロプ・マディがいる（Maddy 1997, 1998, 2001, 2005, 2007）。彼女の考えは 1997 年から 2007 年のあいだに大きく発展してきたが、それを導く中心的な考えの一つは変わっていない。「数学的自然主義」とは数学の方法についてのある見方を一般化したものである。すなわち、「数学的方法論は、哲学的な（あるいは他の数学外の）根拠によってではなく、数学的な根拠によって査定、評価、擁護、あるいは批判するのが適切である」（Maddy 1998: 164）という考えである。

そりゃそうだろう。誰がこれに反対することか。あのバークリがニュートンを批判したときでさえ、たしかにその動機は彼の哲学から来ていたわけだけれども、議論自体はその当時であれば数学的な根拠とみなされるものに基づいていたのである。

また私が、数学的方法論の査定、評価、擁護、あるいは批判などにはいっさい興味をもっていない、ということもおわかりいただけるだろうか。マディはたしかに、最近の発達心理学や認知科学のエッセンスを伝えることで、哲学に貢献し

121

てくれている。彼女はわれわれを、私の言葉で言えば、算術と幾何学を可能にしている中核的認知能力の地層、にまで導いてくれる。こうした点も含め、ほかにも多くの興味を私は正統派の自然主義者と共有している。それでもって私も自然主義者だというなら、それはそれでかまわない。

　早い時期に出てきた数学的自然主義の提唱者としては、フィリップ・キッチャーがいる（Kitcher 1983）。彼の考えを初めて読んだときには、『論理学体系』でジョン・スチュアート・ミルが提示したテーゼの現代版のようだと思った。ミルのテーゼは、数学的真理は、経験に関する最も一般的な真理である、というものである（Hacking 1984）*。私はこのテーゼが正しいとは思わないが、ミルの言っていること、そして彼がそのようなことを言う理由については、大いに尊重する。この章の最後、34 節でもう少しだけミルに触れる。

　実際のところ、キッチャーを含めた現代の自然主義の源流であるクワインの全体論は、このミルの考え方と同じ方向性であることがわかるはずだ。違うのは、ミルが「経験」を一般性の観点から組織化したのに対し、クワインはそれに加えて、「経験」全体のなかで中心的な地位を占めるかどうか、ひいてはどれだけ改訂に抵抗するかという観点を持ち込んだという点である。

　私が「自然主義」というレッテルを嫌がっているのは、私の考え方はそのようなクワイン的な伝統に由来しているわけではないからである。それは、われわれ皆が住んでいるこの世界そのものに由来している。なぜ数学の哲学というものが存在しているのかを理解したいなら、それを生じさせている現象（自然現象でもあるし、進化的、人間的、歴史的現象でもあるだろう）について考えなければならない。そのためにはもちろん、自然主義とも手を結ぶことになる。だが自然主義は形式的には、ロジャー・ペンローズが主張しているような、最も大胆なタイプのピタゴラス主義的プラトニズムとさえ、両立可能なのである。ピタゴラス主義的自然主義は、いわゆる自然主義とは少し異なる種類の自然現象を説明しようとしているにすぎない。§6.13 では、ピタゴラス主義は結局のところ最も深い自然主義ではないのか、と提案する。

　いろいろといちゃもんをつけてきたし、実際「自然主義」というのはかなり浅薄なレッテルだとは思うのだが、それでも私が、自然主義への支持を表明している人からも、ブラウンのようにそれを反駁しようとしている人からも多くのことを学んできた、ということは言っておかないといけない（Brown 2012）。そのレッテルに対する私の抵抗感は、それ自体としてはどうでもよいことである。§6.14 では、数学者ティム・ガワーズによる哲学的な議論について見る。彼の名前はす

でに §2.18 で出ているが、彼はある講演の最初にこう述べている。「私は次のような見解をとっています。これは最近、自然主義という名前で通っているらしいですが、すなわち、数学についての適切な哲学的説明は、数学者の現実の実践に根ざしたものでなければならない、という考え方です。じつを言いますと、私は後期ヴィトゲンシュタインのファンなのです」(Gowers 2006: 184)。もしそれが自然主義だというなら、私も入れてもらいたい。しかし、自然主義を自認する哲学者で後期ヴィトゲンシュタインをそんなに使っている人などほとんどいないのである。

## 18 プラトン！

なぜ数学の哲学というものがそもそも存在するのかについての一つの理由、古代的な理由とは、多くの数学者がアラン・コンヌとまったく同じような傾向をもっているから、というものである。これは彼らが、証明し、探検し、それによって問題が解かれるというある種の現象を、かなり強烈に体験しているからである。どうしても「そこにある」系の比喩が前面に出てくるのに彼らは抵抗することができない。同時に、きわめて思慮に富む人でも、シャンジューのようにそんなお話はまったく理解できないと言う場合もある。しかも、そのように考えるのは、神経科学的物理主義（あるいは還元主義？）を自認する人に限らない。ラングランズの覚えている違和感についてはすでに引用した。数学はわれわれとは独立に存在しているという暗示について話すとき、彼は「この観念は確たる根拠でもって信じられるようなものではないが、しかし、それを信じることなしにはプロの数学者としてはやっていけない」と書いていた（Langlands 2010: 6）。

これはいわゆる哲学的問題というやつである。テーゼとアンチテーゼだ。ヘーゲルの教えるところでは、両方の考え方を克服し、この問題を「総合」へと解消しなければならない。そうした総合がいかなるものであるべきかについては、いまだ一致した意見は得られていない。この問題にこだわる人は、テーゼかアンチテーゼのどちらかに必死にしがみついて離れようとしないように見えるが、もちろん興味をもっている人のうち大多数は、実際のところはどっちでもよいと思っている。

なぜ数学の哲学というものが存在するのかを理解しようとすると、とたんにプラトンが大きく立ちはだかってくる。これは偶然ではない。プラトンと彼を含むピタゴラス主義者こそが、数学の哲学と言いうるような思索を始めた人々だから

123

である。それ以来というもの、われわれはずっと、彼らが歯を研いだ骨のレプリカをしゃぶり続けているようなものなのである。

　ここで論じているのは、数学の哲学というものが存在することの**古代的**な理由であるということは強調しておきたい。アラン・コンヌという現代の数学者を取り上げたのは、その理由がいまだに力を保っているということを例示するためである。これは、現在プラトニズムと呼ばれている数学の哲学とはほとんど関係がない。それは数学的対象の、より一般的には抽象的対象の存在についての一学説であり、「プラトニズム」という呼び名は、論理学者パウル・ベルナイス（1888〜1977）の 1935 年の著作に由来する。彼は、直観主義と形式主義と論理主義という競合三学派と対照させられるような名前を求めていた。「プラトニズム」はその後、数をはじめとする数学的対象の名前の指示についての、意味論上の学説の名前へと変容を遂げている。これらの問題については第 7 章 B で論じる。

　プラトニズムがプラトンその人と**何の関係もない**と言っているわけではない。現代のプラトニズムの問題提起の仕方は、20 世紀に特有の背景なしには理解できないと言っているだけである。この章を通してここまで述べてきたことは、それとは対照的である。プラトンが感動を覚えた、発見するという体験や、そのようにして見いだされたものは「そこにあったのだ」という感覚は、コンヌが感じたそれとまったく同じものだ。それを感じるには、言うなれば、紀元前 4 世紀時点での背景知識があれば十分なのである。こういうわけで私はコンヌを「プラ・トニスト」と呼ぶ。§1.18 で宣言したように、これは次のような約束に従っている。その主な動機が古代から来ているような人は「プラトニスト」〔原文では大文字の Platonist、ここでは傍点で示す〕と呼ぶ。「プラトニスト」〔原文では小文字〕は、主に 20 世紀の意味論に基づいて分析を行う人々のことである。おそらくほとんどのプラトニストは根っこのところでは**プラ**トニストでもある。また多くの人は、意味論的プラトニズムが、**プラ**トニズム的な洞察を表現する正しい方法であると考えている。こうした話題は第 6 章に回すことにする。

## B　啓蒙時代からの回答：応用

### 19　カントが叫ぶ

カントが発した、高名な畏怖の叫びを思い出そう。それはいまでも用いられている哲学用語を生み出した叫びである。『純粋理性批判』第一版（1781）のあとに出た『学として現れるであろうあらゆる将来の形而上学のためのプロレゴメナ』

（1783）である。

> いまここに、一つの大きな、確証された認識の集合体が存在する。それはすで
> に賞賛すべき領域にまで広がっており、それも将来にわたってかぎりなく拡大
> することが約束されている。そこには徹底した必当然的確実性（すなわち絶対
> 的必然性）が伴われており、それゆえ経験からの根拠への依存は含まれない。
> したがってそれは理性の純粋な産物ではあるが、それでも徹底的に総合的であ
> る。「では、人間理性がそのような知識をまったくアプリオリに達成することは
> いかにして可能になるのか」。(Kant 1997: 32)

第一批判第二版（1787）の序文では、この最後の問いかけはぐっと凝縮された
形で述べられており、より印象的にはなったけれどもそのぶん明晰さは失われて
いる。すなわち「いかにして純粋数学は可能か」。われらが哲学者は、次のよう
な語彙を用いて数学を論じる。

- 必然的／偶然的
- 分析的／総合的
- 確実
- アプリオリ

カントはこうした問題含みの観念をたんに並べているだけではない。彼は叫ぶ
のである。たんなる確実性ではなくて、**必当然的確実性！　絶対的必然性！　徹
底的に総合的！　まったくアプリオリ**。過剰形容詞とでも言えばよいだろうか。
　古代人の関心は、一群の数学的事実が、われわれの住む物質的世界からも人間
の心からも独立に「そこにある」という点にあり、それは現代にも受け継がれて
いる。カントはそれとはかなり違う部分に焦点を当てている。
　ここでは必当然的確実性については何も言わないが、絶対的必然性は手短に見
ておくことにする。そのあとのこの章の残りは、総合的アプリオリについてであ
る。ただしこのフレーズは、過去の思い出以上のものではなく、もはや使っても
何もよいことはないので、なるべく避けることにしたい。本題に入る前に、他の
用語についても少し述べておく。


## 20　ジャーゴン

クリプキは人々に、「必然性」、「アプリオリ」、それに（クワイン以前なら）「分
析的」というラベルを同一視するのはおかしいと気づかせるという功績を果たし

た（Kripke 1980）。どういう形であれ、それらを等値なものとして扱うのはたんなる不注意では済まされない。というのはそれはカテゴリー・ミステイクだからである。知識のもつ属性と命題のもつ属性を取り違えてはいけない。「アプリオリ」は知識に適用される述語である。あるいはカントのように判断についての述語といったほうがよいかもしれない。確実性も同じく知識についての述語である。それに対して、「必然性」は現代の使い方では、「分析的」「総合的」と同様に命題の述語である。こうした混同がどこで生み出されたのかはともかく、それを悪化させたのは論理実証主義の論理観、数学論である。これについては 29 節で短く触れる。

　個人的な経験の範囲では、注意深い分析哲学者であれば、論理実証主義方面から来たこの混同に陥ることはない。私の先生であるカシミア・レヴィ＊などはとくにそうで、われわれ学生はちゃんと区別をするように叩きこまれたものだ。そのレヴィから（おそらく 1957 年だったが）教わった「分析的」「必然的」「アプリオリ」などの区別については、私も自分なりの仕方で論じている（Hacking 2000b: 5 節）。

　一方、そのような訓練を受けていない人たちにとっては、これらの用語の配置関係に注意を促して混乱を予防してくれるという点で、クリプキの著作はきわめて大きな価値をもっている。ただし、彼のもたらしてくれた明晰化に感謝しているからといって、アポステオリだが必然的に真な同一性言明という彼のアイディアの有用性を認めるかというと、それはまったく話が別である。私は彼のその考えは、同一性に対する表記法の副産物であると考えている。『論考』のヴィトゲンシュタインは、トートロジーは論理定項を導入したことに伴う副産物であると考えていたようであるが、それと同じようなことではないかと思うのである。しかし、これはここでする話ではないのでここまでにしよう。

　この用語問題についての決定版の分析が、パー・マーティン＝レーフによって、ある論文の議論の過程で与えられている（Martin-Löf 1996 および末尾の文献表を見よ）。彼は、アリストテレスからカントを通って現代にいたる、哲学のジャーゴンの歴史的変化の源流を説明している。彼が非常に優れているのは、カントの著作において「判断（ドイツ語では Urteil）」が二重の役割を果たしていることに注目している点である。カントがすべてのラベルを「判断」の属性として使って平気な顔をしていたのは、そういうわけだったのである。つまり、**彼自身**はカテゴリー・ミステイクはしていなかったのである。ともあれ、カントの用語法に戻るとどうかという話をするなら、言うべきことは山ほどあるが、以下でもあまり

体系的に論じることはしないつもりである。


## 21　必然性

　カントは古代からの難問を啓蒙時代風に表現しているにすぎないではないか、と感じる方もおられるかもしれない。もちろんある意味ではそうである。しかし重要な点でそうとは言えない。それは必然性に関してである。ここではマイルズ・バーニェトを引くことにするが、彼の主張によれば、プラトンは（論理的）必然性の概念をもっていなかったそうである（Burnyeat 2000）。数学的真理が彼にとって重要だったのは、それが永遠不変なものだからであった。一方、われわれの知っている意味での論理的必然性の概念は、近世期の発明であり、中世のイスラムおよびキリスト教の諸概念に由来し、さらにさかのぼればたどりつくのはアリストテレスにおける様々な観念である。

　もちろん、必然性への関心は、古代的な証明への驚きと結びついている。われわれが証明しているのは、真でなければならない事柄、別様ではありえない事柄に思える。では、そのようなことはいかにして可能になるのか。全能の創造者は、ものごとをいまとは違うように作ることはできなかったのだろうか。こうして神学が問題になってくる。これが、デカルトとライプニッツの二人を隔てた問いである。デカルトは、永遠真理が存在することは認めたが、神は事物を違う仕方で配置することもできたはずだと考えた。ライプニッツはそれとは対照的な意見であった。彼は、現代的な論理的必然性の観念の創出に一役買い、さらにそれを完成させた人物である（Hacking 1973）。

　「かつては、神は論理法則に反するもの以外であれば何でも創造できる、と言われていたものだ」（Wittgenstein 1922: 3.031）。いまはもう言わないということだ。それはなぜだろうか。§1.19で引用した、『論考』期のヴィトゲンシュタインの答えは「「非論理的」な世界について、それがどのように見えるかを**語る**ことはできない」というものだった。その後は、話ははっきりしなくなってくる。予想もしなかったような帰結が証明できたとき、あるいは、別様ではありえないという論証からそれを見てとったとき、われわれは必然性という体験に悩まされることになる。彼らしいアフォリズムの一つのなかで、ヴィトゲンシュタインはこの体験を「論理的な**ねばならない**の堅固さ」と呼んでいる（*RFM*: I, §121, 84）。ただし§1.2で注意したように、このフレーズだけでわかったつもりになってはいけないのだけれども。

なぜ数学の哲学は永続的に存在しているのか。この問いに対する啓蒙時代からの答えは部分的には、論理法則の、そして実際のところは数学全体のもつ明白な必然性にある。ただし、ある事柄を真でなければならないものとして感じるという体験が、すべての数学から得られるという考えは幻想である。ある事実がそのような体験を引き起こすには、少なくともデカルト的証明が与えられなければならない。理解をもたらし、証明された事実がなぜ真であるかを示してくれるような証明でなければ、そのような体験は得られないのである。たとえば筆算で 13 × 23 = 299 とかけ算の答えを求めたときの計算結果は、そのような必然的真理とはまったく違うものとしか思えない。このような計算は、ロンドン地下鉄の乗り換えルートを算出するのに似ている。たとえば、コックフォスターズ駅から乗って孫をロンドン塔に連れて行きたいのだが、孫の一人はまだまだ小さいので乗り換えは一回だけで済ませたい。するとどうも一つの行き方は、ピカデリー線に乗っていったんサウス・ケンジントンまで行って、そこからディストリクト線かサークル線で塔まで戻るというものらしい。こうした乗り換え問題に対する解のほうが上等とまでは言わないが、「必然的」なものとして、あるいは真で「なければならない」ものとして体験されるかという点では、算数の問題に対する答えは、こうした乗り換え問題に対する解と**まったく同じ**である。どちらも丸暗記した方法であれこれいじっているうちに答えが出た、というだけのことであり、これとデカルト的な証明によって得られる体験はまったく別のものである。

## 22　ラッセルは必然性を打ち捨てる

　近代の偉大な経験論者たち——ジョン・スチュアート・ミル、バートランド・ラッセル、それに W. V. クワイン——は、哲学的問題としての必然性を叩き潰すことに全力を投じてきた。そのような情熱を最も強くもっていたのはミルかもしれない。それは政治的かつイデオロギー的な理由による。必然性の観念は、それに伴うアプリオリな知識という新カント主義的な概念による支援を得て、「誤った教説や劣悪な制度に対して大きな知的後ろ盾」を与えてしまう、と彼は強く信じていた。これらの観念に対する彼の激しい憎悪は、以下の 34 節での引用に示されている。

　カント流の絶対的必然性に対するミルの弾劾はかなり強い調子ではあるが、それでもほぼ理解の範疇だと考える人もいるかもしれない。だがそんな人でも、ラッセルには敵わないだろう。彼はこう言っている。「カントの主張する必然性の理

論は……根本的に誤っているように見える」（Russell 1903: 454）。（文脈的には、これはラッセルがロッツェの空間論について議論している箇所である。ルドルフ・ヘルマン・ロッツェ（1817～81）はいまでこそ忘れ去られているが、当時はフレーゲのようなドイツの論理学者だけでなく、ムーアにもラッセルにも非常に重要視されていた。）

ラッセルの『数学原理』は最近では、いま引用した箇所を含む後半部分よりも、前半部分がよく読まれている。そのため彼が、形式的な含意関係と、この本以来、実質含意と呼ばれるようになる含意関係とを注意深く区別していたことはとてもよく知られている。実質含意 $p \supset q$ とは、二つの命題 $p$ と $q$ のあいだに、$q$ が真であるか $p$ が偽であるかのいずれかのときに成り立つ関係である。ただしこれは、（非循環的な）定義ではない。というのは、ここでの〔「$p \supset q$ が真」と「$q$ が真か $p$ が偽」のあいだの〕同値性は、双方向の含意にほかならないからである。当時のラッセルはこれが気に入らず、「含意は定義不可能である」と主張することになった（Russell 1903: 15）*。もう一つ彼が導入した「形式含意」と呼ばれる概念は、命題関数 $\phi$ と $\psi$ のあいだの $(x)(\phi(x) \supset \psi(x))$ という関係である。

必然性についての議論と関連づけて言うと、ラッセルは、これらの含意よりも強い必然的な含意関係、のちにムーアによって定式化される帰結関係（entailment）の観念や、C. I. ルイスの推奨した厳密含意といった含意関係を認めなかった。ラッセルはまた、哲学者たちは大昔から実質含意と形式含意を混同し続けてきたのだとも考えていた。つまり、かつて永遠真理と呼ばれていたのは典型的には、その論理形式がふつう $(x)(\phi(x) \supset \psi(x))$ となるような、普遍量化言明だろうと言うのである。

ところで、ラッセルは 1900 年にライプニッツを再発見し、そしてそれは、当時から現在にいたる英語圏でのライプニッツ研究の方向性を決定づけてしまうほどの影響力をもった。ライプニッツといえば、必然性の大いなるパトロンである。ということはラッセルの側で何らかの回心が起こったのか、と期待した人もいるかもしれない。まったくそんなことはない。1903 年にはラッセルは確信をもって「すべてはある意味でたんなる事実である」と述べている。「必然性のもつ論理的意味は、含意から派生してくるところのそれしかないように思われる」。

> それは偽であったかもしれないと語ることに意味があるような真なる命題など存在しないように思える。それは、赤さは色ではなく味だったかもしれないと言うようなものである。真なるものは真であって、偽なるものは偽である。根本的な事柄に関しては、これ以上に言うべきことはない。必然性のもつ論理的意味は、含意から派生してくるところのそれしかないように思われるのである。

すなわち、ある命題が多少なりとも必然的であるというのは、その命題から含意される命題のクラスの大小の問題なのである。(Russell 1903: 454)

　ここでラッセルは、必然性の基底をなすいくつかの観念の分類を試みた、ムーアの『マインド』誌の論文「必然性」(Moore 1900) への脚注をつけている*。そして、上のような必然性の意味に従えば「論理学の命題は最大の必然性をもち、幾何学の命題は最高とは言わないまでも高度の必然性をもつ」などと言える、としてこの短い議論を締めくくっている。これを敷衍すれば、論理学や幾何学の命題のような必然的とされる命題と、そうではないたんに真な命題とのあいだの違いも、結局のところは程度の差にすぎないということになるだろう。これはムーアの論文の精神にぴったり沿った考え方である。

　必然性に対するラッセルの非難はもう忘れられてしまっているが、クワインのそれについてはいまでもよく知られている。彼の『論理学の方法』(1950) は、記号論理学の入門コース用の教科書であるが、それを超えて、まぎれもない哲学の名著と言ってよい。クワインの認識論の簡潔な説明としてまず読むべきはこの本の短い序文以外にはない。そこでは「概念図式」のアイディアが花開いている。「外的実在についてのわれわれの諸言明は、個別にではなく統合された全体として感覚経験の裁きを受ける」(Quine 1950: xii)。しつこく抵抗してくる経験に対して何を捨て何を残すかは、次のどちらにより大きな優先権を与えるかのせめぎあいによって決まってくる。すなわち、一つには直接経験に近接していること、もう一つは「その法則がわれわれの概念図式によって根本的なものであればあるほど、われわれはそれを改訂するという選択をしなくなる」(1950: xiii) ということ、これらのどちらを優先するかである。

> われわれの言明がなす体系は、経験に関して不確定性を含んだ分厚いクッションのようなものなので、広い範囲の法則を容易に、改訂を免れたものとしてしまうことができる。想定外の経験によって改訂が要求されたときにも、いつでもそれとは別の部分に責任を求めることができる。数学や論理学は概念図式の中心に位置するので、そのような免除特権を与えられることが多い。これは、体系全体の変動を最小にするような改訂を求める、われわれの保守的な選好のゆえである。そして、**数学や論理学の法則が備えているように感じられる「必然性」の正体は、おそらくはここにある**。(Quine 1950: xiii, 強調は引用者、必然性が括弧つきなのは原文による)

　この引用がほとんどすべてを語ってくれている。「必然性」は必ず、筆者が好まない用語であることを示すために引用符に守られて出てくる。数学的言明に備わる必然性は、それがわれわれの概念図式の中核を占めているということの帰結

にすぎないのである。

〔『論理学の方法』が出版された〕1950 年の時点でクワインは、量子論理に従う推論がわれわれの概念図式の全体に及ぼしうる効果に十分気づいていた。論理・数学にかかわる中核部分にまで手をつけるような、根本的な概念図式の再編によって、「圧倒的な単純化」が得られる場合もありうるのだとわかったのである。「つまり、これほど「必然的」と思われているにもかかわらず、数学や論理の法則もまた廃棄されることもあるのである」(1950: xiv; この必然性の括弧も原文)。(ちなみに、これらの論述の大部分は、『方法』の最後の版では削除されている。ただしそれはクワインが考えを変えたからではない。)

ほかの多くの話題と同じく、必然性に関する諸問題についても、クワインとラッセルはまったく同じ穴のムジナといってよいだろう。1903 年のラッセルが独断的に必然性を打ち捨てたのに対し、クワインは全体論という観点を持ち込んだという違いはあるにせよ、結果はほとんど同じである。


## 23　必然性はもうポートフォリオには載っていない

芸術家は自分の作品のポートフォリオ（平かばんなどに詰めた自己作品集）をもっている。株式の仲買人は株のポートフォリオ（有価証券一覧表）をもっている。メアリー・ダグラスとアアロン・ウィルダフスキーは、リスク・ポートフォリオという新しい考え方を作り出した（Douglas and Wildavsky 1982）。ある年には、われわれは核の冬の到来を恐れていた。その 10 年後には今度は地球温暖化を心配している。みんなのリスク・ポートフォリオの一つの項目が、別の項目によって置き換えられたのである。

分析哲学の創始以来、哲学者は、何らかの「問題」に取り組むものだという感覚で捉えられるようになってきている。ただし、その問題というのは何でもよいというわけではなく、討議中の諸問題のポートフォリオというべきものがやはり存在しており、しかもそれは年が変わるにつれて変化しているのである。

ウィリアム・ジェームズの最後の未完の著作は『哲学の諸問題』（1911）であった。G. E. ムーアは 1910 年から翌年にかけて「哲学のいくつかの主要問題」という講義を行っている（かなりあとになって同じタイトルで出版された）。そしてそのあと、1912 年にバートランド・ラッセルの『哲学の諸問題』〔邦訳題は『哲学入門』〕が出ている。彼らの挙げている「問題」を眺めれば、新旧のケンブリッジで議論されていた哲学的な問題、その 1910 年代版ポートフォリオの様子をおおよそつ

131

かむことができる。それらの問題のうちの多くは 100 年後のいまも、分析哲学のポートフォリオに記載されている（プラグマティズム版にはないかもしれないが）。

もう少し話を絞って、哲学一般ではなく数学の哲学について言うと、私の記憶が正しければ「必然性」は 1960 年代のポートフォリオのかなり中心に位置していた。しかしいまではほとんどその地位を失ってしまっている。もちろん、論理的必然性についての議論や様相論理は、専門領域の内部では発展を続けてはいる。しかし、何かが真で「なければならない」とはどういうことか（そしてそれはなぜか）という疑問や、優れたデカルト的証明に伴う、強制されているという感覚（そして何がそう強いてくるのか）などは、もはや学生たちの興味をひかないようである。クワインは勝利したのだ。彼は、ミルやラッセルなどの先輩経験論者が始めたタスクを完遂したのである。

このように哲学者から鼻であしらわれることになったとしても、必然性の感覚、論理的な強制の感覚が、数学の哲学がそもそも存在していることの理由の一つであることには変わりない。とくに、ミルのようなスタイルは「脱構築的」と呼ぶことができると思うのだが、そのような数学の哲学はまさに、必然性や強制性に対する疑念を脱構築するために存在してきたのである。

私としては、そうした疑念の訴えの一部を、もう少し月並みな仕方で脱構築したいと考えている。要するにそもそも、ここで言っている数学の必然性や強制性の感覚を、本当の意味でわれわれが体験することはほとんどないのである。必然性についての疑念を和らげるには、そうした真正の経験について調べなければならない。それは典型的には、明快なデカルト的証明によって引き起こされる体験であり、マーティン・ガードナーの当を得た表現を借りるなら、あのいわゆる「アハ！体験」のことである（Gardner 1978）。もちろん、数学の証明にはつねに何らかの意味での論理的必然性が伴っている。しかしそれはだいたい取るに足らない、「そこで止まれ、見ろ」とかという命令のようなものでしかない。真正の体験から誤った一般化をして、そのようなつまらない必然性まで一緒くたにして議論していては、ことの核心に迫ることはできないのである。


## 24　脱線してヴィトゲンシュタイン

今日では、『数学の基礎』で言われていることはどうにも理解しがたいという人たちも多いようである。思うに、その理由の一つは、そこでの中心的な問題意識のいくつかが、現代の問題ポートフォリオからほとんど脱落してしまっている

からではないだろうか。ヴィトゲンシュタインは「必然性」という言葉をほとんど使わなかったが、彼の数学に関する問題意識のうちの多くが、その中核部分で必然性に関係している。ある論文（Hacking 2011b）では、このことを 1938 年から 1944 年と時期を限定して論じたが、実際のところは彼の生涯にわたってそうであったと考えている。1930 年代のはじめに書かれ、いまでは『哲学的文法』として出版されている本を取り上げよう。第 1 部は「命題とその意義（sense）」で236 ページ、第 2 部が「論理学と数学について」で、それには 247 ページが費やされている。第 1 部が言語哲学で、第 2 部が数学の哲学、ということのように見える。

　しかし、両者は本質的な仕方で結びつきあっている。というのは、ヴィトゲンシュタインの、とくに 1937 年以降に顕著となる考えの一つが、証明は何らかの仕方でそれが証明するところの文の意味を決定する、というものだからである。いうなれば、命題は証明されたときに必然的なものに**なる**のであり、何が可能であるかについての新しい規準として使われるようになるのである。しかしこれは、文の意味は変わったり**しない**というわれわれの確固たる常識に明らかに反している。私が言いたいのは、ヴィトゲンシュタインは「文（Satz）」の専制に、すなわち固定された命題ないし文という支配的な考え方に抗おうとしていたのだ、ということである。彼は、その専制支配を取り囲む一連の主張に噛みつき、何とかそれを蝕んでやろうとしたが、自分で完全に満足するところまでは到達できなかった。彼の最後の企ての一つが次の文章だが、「あたかも」や「いうなれば」という言葉が示すように明らかに試行錯誤の段階である。

　　　あたかも、経験的な命題を一つの規則へと硬化させてしまったかのようだ。（*RFM*: VI, §22b, 324）

　　　それはいうなれば、一つの規則へと硬化した経験命題である。（*RFM*: VI, §23c, 325）

　マーク・スタイナーは、ここでの「硬化」という考えを非常に重視している（Steiner 2009）が、私はもう少し慎重である（Hacking 2011b）。最晩年期のヴィトゲンシュタインは、のちに『確実性の問題』として出版される手稿のなかでこう書いているのである。

　　　私が言おうとしているのはこういうことではないのか。すなわち、どんな経験命題も公準へと変換することができ、そのあとは、それが記述の規範となる、と。しかし私はこれについてさえ、懐疑的である。この文は一般的すぎるのである。……すると今度は「どんな経験命題も理論的には変換できる」と注釈を

つけたくなってしまう。しかしこの「理論的には」とはどういう意味なのか？これはあまりにも『論考』を思い起こさせる言い方ではないか。（Wittgenstein 1969: §321）

『論考』こそは文によって、つまり本来は事物からなるのではない宇宙における、固定され硬化した**事物**によって支配された古典的作品にほかならない。ヴィトゲンシュタインは最後まで、それを克服しようと戦っていたのである。

多くの解釈者と異なり私は、規則遵守に関するヴィトゲンシュタインの議論は、ほとんどの場合、必然性と関連する事柄に向けられたものだと理解している。それらは、無限遡行を導いて、規則から必然性が生じるという考え方を退けようとする論証であり、面白いことに、「規約による真理」（Quine 1936）におけるクワインの立場に似ている。しかしここは私のこの解釈を展開するのにふさわしい場所ではない。それはまさに、数学を論じる分析哲学者のポートフォリオにはもはや、必然性はほとんど現れないからである。

## 25　カントの問い

「アプリオリ」な知識、あるいはカントにおいてはアプリオリな判断、についての問いは、必然性についての問いとは異なる。その問いは両刃の剣である。というのは、その問いのもつインパクトは二つの異なる側面から来ているからである。一つは、われわれは「思考のみによって」何かを見いだすことができる、という考えである。もう一つは、そのようにしてわれわれが見いだしたものは真である、すなわちこの世界に当てはまる、という考えである。両者が合わさるとひどい難問が生じてくる。『純粋理性批判』第二版の序文で、カントは再び叫ぶ。なんでそんなことが可能なのか？

カントが「純粋数学はいかにして可能となるのか」と言うときの「純粋数学」は、現代のわれわれが「応用数学」と対比しつつ「純粋数学」と呼ぶところのそれとは、厳密には同じ意味ではない。第5章Aで詳しく説明することになるが、カント以前にはベーコンがすでに、純粋数学と混合数学というよく似た区別を導入している。そして「純粋／応用数学」という区別は、カントが第一批判を書いていた10年のあいだに出てきた用語法である。きわめて大雑把に、そして多少の時代錯誤を承知のうえで言うと、「混合」と「応用」のどちらも、経験から引き出された情報へと注意を向けようとする言葉である。

現代における「応用数学」は、私の見るところでは、「物質世界において使う

ことができる」という、もう少し特定的な意味をもたされている。たとえば、小学校の遠足で必要になるお弁当の数を計算するのに算術を使ったら、それは算術を応用しているということだし、そして「そのようにして」初等数学を応用しているのである。同様に、年金額を算出するために微積分を使うなどというのは、もう少し高級な数学の応用である。だがカントの目からすると、この二つの例のうち前者はもちろんのこと、後者もまだ、純粋数学の範囲にあると見えるだろう。それに対して、弾道の計算やダムの設計を行うときに使われる微積は、カントから見ても応用だと言えるだろう。その計算には経験的な前提が含まれているからである。

もう少し時代錯誤な物言いを続けるなら、カントが問おうとしていたのは、どちらかと言えばこういうことだったのではないだろうか。すなわち「算術が純粋科学なのだとすると、それが日常生活へと応用できるのはどうしてなのか」。ものごとをこのように捉えた最初の人は、バートランド・ラッセルではなかったかと私は思っている。彼は「純粋数学」というものについて独自の明晰な考え方をもっていたから、というのがその一つの理由である。§2.11 で引用したように、数学についての自身最初の大著（Russell 1903）を、彼はまさにこの二つの語から始めている。

カント自身が使った悪名高い例が「5 ＋ 7 ＝ 12」である。小学校で教えたり暗記させたりさせるときを除けば、この命題が最もよく使われるのは、日常的な目的のためである。大工さんや店員さんはよく使うだろうし、あるいはコックさんが大きなスポンジケーキを作るときに、このボウルに卵白 5 個分、あっちのには 7 個分あるから、これで十分だなと確認したり、というときにも使われる。これらは、ここで純粋数学と呼んでいるものではない。

ケーキの例を選んだのは意図があってのことだ。5 個分の卵白を卵黄と分けて全部ボウルのなかに入れてしまうと、それが何個分の卵白なのか見ただけではわからないというのがポイントである。その横には分けられた卵黄があって、そちらは見るだけで数えることができるかもしれないが、卵白はそうはいかない。だから、あちらのボウルの 7 個分の卵白を合わせれば、全部でレシピの言っているとおりの 12 個分だということを、もう一度最初から数えることはできない。ここでは本当に推論しなければならない。これは、5 ＋ 7 ＝ 12 がどのようにカントが言うところの「総合的」判断をなすために使われるか、すなわち、どのようにして、一つのボウルには 5 個分の、もう一つのボウルには 7 個分の卵白が入っているという判断（そしてそれらは排他的で等々といった判断）を超えた新しい判

断をなすために使われるのか、を明確にしてくれる。


## 26　ラッセル的に言うと

『プリンキピア・マテマティカ』を仕上げたあと、ラッセルはいわば口過ぎのための著作にとりかかった。それが『哲学の諸問題』〔邦題：『哲学入門』〕であり、出版以来、この本は若者を魅了し続けてきた。私などは、いまだにその魅力にとりつかれている一人である。その本は、様々な埠頭を備えた哲学の港の全体を、あるいは少なくとも、そのうちラッセルにとって「前向きで建設的なことが言えるであろう」（Russell 1912: v）と思われる部分をカバーしている。この小冊の中盤あたりで彼は次のように書いている。

> カントが彼の哲学の最初においた問い、すなわち「純粋数学はいかにして可能なのか」は、興味深く、しかし答えるのが難しい問題である。純粋な懐疑論者でもないかぎり、すべての哲学者は、この問いに対する自分なりの答えを見つけなければならない。（1912: 130f）

ここには少し誇張が入っていて、純粋な懐疑論者ではないが、数学に何の興味ももたなかった偉大な哲学者もいることにはいる。ただし、問い自体は残っている。何人かの例外を除いて、これほどまでに多くの哲学者を縛りつけてしまう数学の、何がいったいそれほど特別なのだろうか。

ラッセルは、そうした驚きの源泉の一つに言及している。「われわれが経験していない事柄に関する事実を予想できるという、この見かけ上の力には、たしかに驚くべきものがある」（1912: 132）。「見かけ上（apparent）」と言っているのに注意しよう。で、事実を予想できるとはどういうことか。一つのボウルに卵白がちょうど5個分、もう一つにはちょうど7個分だと言うことを知っていれば、二つのボウルの中身を一緒にすれば12個分でケーキを作るのには十分だと予想できる、ということであろう。

ラッセル自身の例は、カントの「定番」である $5 + 7 = 12$ ではなく、$2 + 2 = 4$ である。「2足す2はつねに4になることをすでに知っており、そして、ブラウンとジョーンズで2人、ロビンソンとスミスで2人だということがわかれば、ブラウンとジョーンズとロビンソンとスミスで4人だということ演繹することができる。これは新しい知識である」（1912: 123）。たしかに新しい知識ではあるが、他方で、それは経験から独立に獲得されたように見える。では、アプリオ

リな判断はいかにして経験を予想することができるのか。

このブラウンとその仲間たちの例は、ラッセルには珍しくあまりうまくない。F. P. ラムジーが 1926 年に与えた例のほうが、はるかにこの論点をうまく描き出している（Ramsey 1950: 2）。2 + 2 = 4 を使えば、「駅までは 2 マイルである」と「駅からゴグへは 2 マイル」から、駅を経由してゴグへいくのは 4 マイルであると結論することができる。（ラムジーは彼の地元の地理を使っている。ケンブリッジ近くのゴグマゴグの丘には、ローマ帝国時代から遺る、感じのよい道が通っていて、散歩好きの人たちに愛されている。ラムジーもその一人であった。その高さ 75 メートルの丘は、大ヨーロッパ平野を含めて最も標高の高い地点であり、そこからウラル山脈にいたるまで遮るものは何もないと言われている。）

ラッセルは、カントより前の哲学者にとっては、アプリオリな判断の問題はそもそも生じようがない、と論じている。少なくとも、アプリオリな判断とは分析的な判断であり、言葉の意味の問題にすぎないとか、そういうふうに彼らが考えたり、暗に前提していたり、当然視したりしていたなら、たしかにそうだろう。カントの言い出した数学の判断の総合性——"2" や加法の概念のうちで考えられていた事柄を超えた何か——にしても、まだラッセルにとっては、問題を明確に定式化するのに十分ではない。必要なのは、数学的判断は日常的な用件において使うことができるという考えである。この考えを、カントのなかにラッセルほどに明確には見いだすことはできない。

ついでに言っておくと、ラッセルは分析と総合の区別についてそれほど大々的に論じてはいない。（他の多くのトピックと同じように、時代によって彼は考えを変えている。そのなかには、数学が総合的か分析的かという問題も含まれている。）クワインのよく知られている主張は、ラッセルが当然視していたことを論証付きで明示的に述べ直しただけ、というものが非常に多い。それらはどれも、必然的真理と分析性という観念への軽蔑という点で一致していた。しかしラッセルは、カントの難問の中心にある考え、すなわち、見かけ上ではわれわれは自分のまだ経験していないことを予想できる、という考えを明確化するという点に心を砕いていたのである。

## 27　ラッセルは謎を解消する

フレーゲの数の分析を広く世に知らしめたのは、ラッセルの『数学原理』である（中核にある考えを自分で再発明したあとのことではあったが）。それゆえ、事実

を予想するという見かけ上の力についてのパズルについても、彼が与えたのは、いまでは「フレーゲ的解消」とみなされている解消方法だったのだろうと思われるかもしれない。そして実際、彼の議論はそのように読めると思うのだが、ただし次のような事情を考えておく必要がある。(a) 彼は自分なりに考えて、入門用に、あまり専門的にならないように書いている。(b) いまのわれわれはもう彼のような言葉遣いはしない。(c) こうした事柄に関する用語はだいぶ整備されてきていて、多少テクニカルであっても専門外の人もすぐに理解できるし、われわれの目からすると、ラッセルどころか当時の誰よりもいまのほうが明晰にものごとを表現しうるように思われる。そして(d)ラッセルはじっとしていられない。つまり、ある意味で、彼はつねに自分の考えを変え続けていた。〔このようなわけで、ラッセルの実際の「解消」がどのようなものなのかは、現代のわれわれには少しつかみづらいのだが、基本的にはフレーゲ的であるとみなせるだろう。〕

　とはいえ、『哲学の諸問題』でラッセルが提示している一連の論証は簡明なものである。ページ数にすると 20 ページほどあるのだが、同書の第一版はポケットに入るほどの小さな本だったので、それほど長ったらしいものではない。その、アプリオリな知識についての議論を、彼は普遍者についての話の文脈のなかで行っている。彼は皮肉たっぷりにこう述べる。「辞書に載っているほとんどすべての言葉は普遍者を表している。このことからすると、哲学徒を除けばほとんど誰も、普遍者のような存在者が存在するということに合点がいっていない、というのは奇妙なことである」(1912: 146)。論証はキビキビと進み、彼は次の結論にいたる。「アプリオリな**知識**はどれも、もっぱら普遍者のあいだの関係のみを扱っている」(1912: 162, 強調は原文)。

　「たとえば、「2足す2は4である」という言明は、もっぱらそこにかかわる普遍者のみを扱っており、それゆえ、それらの普遍者を見知っており、それらのあいだの関係を知覚できる人なら知りうるようなものである」。そして、われわれがそれを実際知りうるということは「事実として認められなければならない」。「われわれは、二つのものと二つのものが合わさると四つのものになるということを**アプリオリに**知っている。しかし、ブラウンとジョーンズで2人、スミスとロビンソンで2人ならば、ブラウンとジョーンズとロビンソンとスミスで4人である、ということは、**アプリオリには知らない**」(1912: 164)。まずもって、われわれはそういう人たちが存在することを知らなければならない。

　　それゆえ、われわれの一般的命題はアプリオリであるが、現実の個体へのその応

用はつねに経験（experience）を巻き込んでおり、したがって、経験的（empirical）
な要素を含んでいる。このような仕方で、**アプリオリな知識の謎**のように思わ
れていたのは、誤謬に基づくものであったと判明した。（1912: 165f）

と、いうわけである。こうして、一つの哲学的問題が手際よく片付けられてしまっ
た。

## 28　フレーゲ：二階の概念としての数

　フレーゲは（いわゆる「形式主義者」に反対して）「算術をたんなるゲームでは
なく科学という地位へと押し上げているのはもっぱら、その応用可能性である。
それゆえ、応用可能性は必然的に算術に属している」と主張した（Frege 1952:
187）。しかし、私が読むかぎりでは、彼はラッセルとは違って、アプリオリな知
識の応用についてのカントの難問のことはあまり心配していない。実際、彼の数
の分析は、その難問に対する一つの明白な解決を与えている。ラッセルが考えて
いたのも、このフレーゲによる解決のようなものだったと読むことができる。た
だし、ラッセルが「普遍者」とか何とかあやふやに言っていたのに対し、フレー
ゲの解決のほうがより徹底して論理的な言葉で表現されている。

　フレーゲのなした決定的な貢献の一つは、「ボウルのなかに卵白が5個ある」
のような数を述べる言明は、ボウルのなかの卵白という対象について何ごとかを
述べている言明とみなしてはならない、とした点である。それは「ボウルのなか
の卵白の数は5である」という形式をした、「ボウルのなかの卵白」という概念
について何ごとかを述べる言明と理解するのが最もよい（もちろん、そのボウルは
ある特定の時点におけるある特定のボウルとして理解されているわけだが）。たとえば、
「卵白が腐っている」と言うときのわれわれは、卵白という対象について何ごと
かを述べているわけだが、それとは異なるのである。

　つまり、卵白の数についての言明は、いまのわれわれが言うところの二階の言
明である。このような**概念**についての語りは、スコラ的な用語で言うと「内包的」
である。ラッセルは「外延的」な言い方を採用したわけだが、内実は同じである。
すなわち、数についての言明は、ボウルのなかの卵白という**クラス**についての、
5個のメンバーをもつクラスについての言明である。外延的な用語で言っても、
それはやはり二階の言明である。

　ラッセルはこうしたことをすべて理解していたはずだ、と私は考えている。し
かし一般的には、フレーゲが正当に理解されるようになったのはもっとあとに

なってからのことだと言われている。ともあれ、ジョージ・ブーロスが無矛盾性を証明（Boolos 1987）するまで、フレーゲの二階の言明を使った算術の解明におかしいところはないのか、確信がもてなかったことも確かである。こうした論理的な問題については、ダメット（Dummett 1991）、スタイナー（Steiner 1998: ch.1）をはじめ、多くの論者が詳しく検討している。

フレーゲとラッセルは、カントの問いに決着をつけてしまったと考えられるかもしれない。上で言及した論者たちの説明によれば、実際、フレーゲはそれを成し遂げたのである。数学が日常的な状況に応用できるのは、数学的言明が対象ではなく概念についての言明だからである。しかし、さんざんバートランド・ラッセルを称揚しておきながら、ウィーン学団のメンバーのなかには、論証を単純化したり変に短絡させようしする者もいたのである。

## 29 カントの難問は 20 世紀のディレンマとなった：(a) ウィーン

カントの難問に対する 20 世紀の標準的なアプローチも、深いところではフレーゲ−ラッセルの解決に影響されているのだが、なぜかそれをちゃんと言わない傾向がある。そのアプローチは、一つのディレンマとみなすことができる。ディレンマの一つの角はウィーン学団であり、クワインがもう一つの角である。

ウィーン学団は、数学の文はじつは二つの文が合わさったものだと考える。「5 + 7 = 12」は「この世界のなかのモノについての事実」ではない。しかし、この文そのものはしばしば、様々な事実に対して、それを簡略的に表現するのに使われる。ここらで違う例を使うことにして、ジョセフがピクニックにパンを 5 個、ピーターは 7 個持ってきたので、パンは全部で 12 個だ、という事実を考えてみよう。これは偶然的な事実である（ピーターはだらしないやつで、じつは来る途中に 1 個食べてしまったのかもしれない。だから本当は 13 個だったかもしれない）。そして必要とあらば、12 個あることは経験的にチェックすることができる。しかし、「5 + 7 = 12」自体は、言葉の意味によって真である。つまり分析的である。ヘンペルが、二つの命題のつながりについての古典的な説明を与えている（Hempel 1945）。

ウィーンへ赴いた若き A. J. エイヤーは、改宗してイギリスに戻ってきた。1936 年、当時 26 歳の彼は、彼らしい思いきり人の心を逆なでするような文体を駆使して、ウィーン学団のダブルミーニング的な考え方の最初の側面を、きわめて鮮やかに描き出している。

いかなる観察も「7 + 5 = 12」という命題を反駁することはできない、という
われわれの知識は、もっぱら、「7 + 5」という記号表現が「12」と同義である
という事実によるものである。それは、眼科医（oculist）は目医者（eye-doctor）
であるというわれわれの知識がもっぱら、「目医者」という記号が「眼科医」と
同義であることによるのと、まったく同じことである。そして、他のいかなる
アプリオリな真理に対しても、同様の説明が当てはまるのである。(Ayer 1946:
85)

これは期せずしてパロディになっているのだが、彼はこれをウィーンで学んで
きたのである。ウィーン学団の人たちがときどき口を滑らせて言っていたような
ことの要約としては悪くない出来である。

「他のいかなるアプリオリな真理」とあるが、これは放蕩の道であり、そちら
に進むのには注意が必要である。われわれは 5 + 7 = 12 であることをもう覚え
てしまっている。この知識にはもしかすると、5 個のブロックを 7 個のブロック
と一緒にして数えるといった体験の裏づけがあるかもしれない（モンテッソーリ
教育法を採用している学校ではきっとそうである。私が子供の頃はそうではなかった）。
しかし、たとえば「任意の素数が二つの平方数の和であるのは、それが $4n + 1$
の形で表されるときそのときに限る」という命題の場合はまったく異なる。これ
は、たんにこの命題が数等式ではなく普遍量化子から始まる同値命題だからでは
ない（5 と 7 の和をそういうふうに書いてもよいのである）。

しかしはたしてエイヤーは、「$4n + 1$ の形で表される素数」と「二つの平方数
の和である素数」という表現が同義であると、本当に信じていたのだろうか。


## 30　カントの難問は 20 世紀のディレンマとなった：(b) クワイン

クワインは、分析性という概念を、自分の、そして他の非常に多くの哲学者の
満足がいくまで、破壊し尽くしてしまった。したがって、日常のいろいろな用事
にであれ理論物理学にであれ、ともあれ数学の応用を説明するのに、ウィーン学
団の「数学の文は、総合的な命題と分析的な命題の二つの命題を同時に表してい
るのだ」という考え方を持ち出すことはできない。

二つの命題などなく、あるのは「5 + 7 = 12」という一つの文だけなのだと
したら、カントの難問はどうやって解決されるのか。クワインは、数学の言明が
真であるあるいは偽であると言われるのは、それが現実世界への何らかの応用を
もつときに限る、と考えた。応用をもたない完全に「純粋な」数学も真であると
言われることはあるが、それは名目上のものでしかない。もちろん彼も「応用の

ことを考えずに生み出され、それが見つかる見込みもないような数学が急激に増殖」していることはよく知っている。

> 私の見るところ、そうした領域がこの現実世界についての理論全体の一部であるとみなされるのは、たんに黙認されているだけである。それゆえ、そうした数学に関しても真偽を確かめようとするのは、気になるのならやってもよいが、それはわれわれ次第である。そのうちの多くの命題は、応用可能な数学で使われるのと同じ法則によって解決できる。そうではない部分については、経済性に鑑みて無理のない範囲で解決しようとするだろう。これは、自然科学において経験的仮説を設定するときには、実験による検定をわざわざ行うに値するようなものを選ぶのと同じようなものである。(Quine 2008: 468)

数学的な発話のうち真あるいは偽であると言われるのは、厳密には、応用をもつものだけである。そしてそれらの真偽は、われわれの「概念図式」全体の一部として、査定されることになる。

カントの難問はディレンマとなった。ウィーン学団は一方の角をつかむ。すなわち、二つの命題があり、そのうちの一つだけが総合的である。クワインはもう一方の角をつかむ。すなわち、必然性とは、実際上では改訂されることがないというのと同じことである。真あるいは偽であるのは応用をもつ数学のみであり、真であるとすれば、それは経験的な事柄が真であるのと同じ仕方で真である。

第5章で長々と話すことになるが、応用と言ってもいろいろな種類のものがある。たとえば、$4n+1$ の形の素数は二つの平方数の和で表せる、というのはフェルマーが証明したのだが、この事実を「応用する見込み」とは何だろうか。まあ、箱のなかに入ったブロックを全部使って二つの正方形の形に並べてみせなさいみたいな問題を出されたとかなら使えるかもしれない。たいていの箱はやる前から無理だということがわかる。箱のなかのブロックを $n$ 個ずつの四つのグループに分けると、一つだけ余るということ、そしてブロック全部の数は素数だということが示されれば、そこで初めて、並べ始めればよい。これが応用だというなら、それは哲学的ピックウィック主義とでも言うべきである。ディケンズの小説に出てくるピックウィック氏は、人の悪口にならないように気を使って、変に遠回しな言い方をしていたが、あれと同じだということである。

こうした応用とも言えないような応用しかなさそうだとすると「$4n+1$ の形の素数は二つの平方数の和で表せる」という命題は、クワインによれば、それを真と呼ぶかどうかは「われわれ次第」ということになるが、はたして彼は、本当にそう信じていたのだろうか。

## 31　エイヤー、クワイン、そしてカント

　どちらもよくできた考え方ではある。（a）二つの文があり、一つはアプリオリだが、それはたんに言葉のうえでのことである。もう一つは経験的である。（b）一つの文しかないが、応用をもたないなら、その文は真あるいは偽の候補にすらならない。真偽を言うとすれば、それは、われわれがそのような呼び方を黙認すると決めただけのことである。どちらの考え方も、当時の世代の分析哲学者たちの心をつかんでいた。しかし他方で、このディレンマのどちらの角も、カントを満足させるには、どうにもスコラ的で、分析哲学に特有の言語形式に閉じこもりすぎているように感じられる。やはり、少なくとも1912年のラッセルによる解釈で考えるなら、カントの問題の解決として優れているのは、フレーゲあるいはラッセルのやり方のほうである。

　ラッセルによってわれわれは、「純粋数学はいかにして可能となるのか」というカントの問いを、純粋数学についての問いではなく、むしろその応用についての問いとして理解するようになった。ただし、すでにちらっと言ったことだが、そのときの「応用」という観念は、現代的な用法におけるそれである。カントはそのような言い方はしないはずで、というのは、われわれの考えている純粋数学と応用数学の区別は、彼の時代のそれとはいくぶん異なっているからである。これらのカテゴリーがどのように出現してきたかについては、第5章Aで解説する。

　まとめると、フレーゲとラッセルは、ラッセルが再定式化した形でのカントの難問を解決した、というのが私の意見である。しかし、これでおしまいというわけにはいかない。応用についての問いは残っている。すなわち、数学がこんなにもうまく世界をモデル化できるというのは、いったいどういうわけだろう。


## 32　数学の哲学を論理主義化する

　デイヴィッド・カプランの駄洒落（Kaplan 1975）を借りれば、私がやってきたのは、カントやさらにはプラトンまでをも「ラッセル化」することであった（そう、牛泥棒をするみたいに）。つまるところ、この章で論じてきたのは、そもそもなぜ数学の哲学などというものが存在するのかという問いに対する、論理主義的な回答なのである。本章4節でお断りしたように、これは、数学の基礎に関する20世紀の問題群のほとんどはカントに起源をもつというデトゥルフセンのそれとは、異なる方向性の論述である。それゆえ、私の論理主義は、ふつうの意味

143

での〔数学の認識論的基礎づけや数学的対象の存在論などにかかわる〕論理主義では
ない。しかしやはり、学部時代の道徳科学トライポス〔ケンブリッジの課程の名前〕
で受けた訓練からは逃れることはできないようである。いまとなっては誰も信じ
ないだろうが、その頃は、まずはフレーゲ、ラッセル、ムーアだといってひたす
ら読まされたのである。

　論理主義的な回答、と言ったが、これは、歴史的な現象として理解されたかぎ
りでの分析哲学からの回答でもある。分析哲学の起源についてはいろいろと議論
があり、フレーゲこそがその始祖であるとするダメット（Dummett 1973）にも
説得力はあるし、それはムーアとラッセルに端を発するとするピーター・ハッカー
の論証も強力である（Hacker 1996）。実際のところどちらが正しいのかはともか
く、私としてはハッカーに共感していて（これは明らかに私の知的生い立ちによる
ものであり、論証によってではない）、そのことがここでの私の主張に影響を与え
てはいるだろう。数学に関しては、私は何かにつけてヴィトゲンシュタイン、ヴィ
トゲンシュタインと言うが、これは要するに、哲学的マインドをラッセルに最も
近しいところで形成し、論理主義的な枠組みのなかで、自分に内面化されたラッ
セルと格闘した人物、ということなのである。

　数学の哲学に対する論理主義的な態度——思いきって言えばこれはほとんどの
分析哲学者の態度だと思うが——は、アンソロジーの収録文献の選択に如実に表
れる。ベナセラフとパトナム（Benacerraf and Putnam 1964, 1983）は律儀にブ
ラウワーやヒルベルト、ベルナイスの文献も入れてはいるが、彼らが編んだ二冊
は、基本的には論理主義の論文集である。ヴァン・ハイエノールトの権威ある選
集『フレーゲからゲーデルまで』（1965）にもおおよそ同じことが言える。それ
とは別の、たとえばウィリアム・エワルドの『カントからヒルベルトまで』（Ewald
1996）やマンコスの編集したアンソロジー（Mancosu 1998）からは、かなり違っ
た描像が見えてくる。読むと、『プリンキピア・マテマティカ』がまるで一種の「突
然変異種（sport）」であったかのような印象を受けるだろう（これは遺伝的な意味
での "sport" である。すなわち、同じ種の他の成員とは著しく異なり、場合によっては
別の新しい種の起こりとなるような有機体のことである）。

　ここに、数学の哲学における二つの撚り糸が現れている。一つは「論理主義的」
であり、もう一つは、もっと良い名前がないのでこう呼ぶしかないのだが、「直
観主義的」な撚り糸である。（これはハイティングによって公理化され、クリプキが
意味論を与えた「直観主義論理」のことではなく、ブラウワーその人において体現さ
れていたところの、数学に対する態度のことである*。）この名前の選択については、

144　　第3章　なぜ数学の哲学というものが存在するのか

ヒルベルトのファンの方には許しを請わないといけない。ただ、ヒルベルトとブラウワーは、一般には敵対していたとみなされているが、しかし実際のところは多くの考えを共有していたのである。両者のルーツはきわめてカント的であり、どちらも現象学を強く意識していた。パウル・ベルナイスによって明確な区別が提示されるまで、ブラウワーの「直観主義」とヒルベルトの「有限主義」の違いは、それほど認識されていなかったのではないか（のちの §7.3 を参照）。

これら二つの撚り糸が互いに言及することはあまりない。論理主義寄りに位置する私もやはり、「直観主義」へと発展していくカントの撚り糸には言及しない。そちらの流れについて私がどう考えているかについては、第 7 章 A を見れば少しわかってもらえるだろう。そこでは本筋から離れて、パウル・ベルナイスによる一編の論文のある部分について議論している。ありがたいことにベルナイスは、「直観主義」的な撚り糸の主唱者としては誰にも劣らぬ人物である。哲学的な観点から言えばおそらくほかの誰よりも優れている。§7.2 で私は「間違いなく、パウル・ベルナイスは 20 世紀において最も優れた数学の哲学者であると言えるだろう」という主張を引用する。これに私も異論はない。ただし、ベルナイスの扱っているトピックは、私がこの本で議論しているそれとは異なるのである。

もし私の問いが、なぜ 20 世紀の数学の哲学ではこのような問題群が生じてきたのか、というものであれば、直観主義的な撚り糸についての議論をもっと詳しく展開し、ベルナイスをしっかりと研究するほうがよいだろう。しかし、私の問いは、なぜそもそも数学の哲学などというものが存在するのか、そしてなぜそれは永続的なのか、である。この章で与えた答えは、不完全なものだったとしても、もっともらしく思ってもらえるのではないかと期待している。


## 33　素敵な一文要約（帰ってきたパトナム）

「私の見るところ、数学の哲学における実在論に対しては、**二つの擁護**が存在する。すなわち、**数学的な体験**と**物理的な体験である**」（Putnam 1975a: 73, 強調は原文）。必要なときには「プラトニズム」という言葉を使うので、私はこれまでもこれからも、実在論については語らない。ここでパトナムをもってきたのはただ、彼のうまい言い方を借りようと思ったからである。数学の哲学が永続的なものであるのには二つの理由がある。一つは、**数学的な体験**、とくに証明という体験である。これは古代からの理由であり、プラトンがそのエンブレムである。もう一つは**物理的な体験**、すなわち、われわれは昔からずっと数学を応用してい

145

るという事実である。これは啓蒙時代からの理由であり、そのエンブレムはカントである。

## 34 まっとうな数学の哲学の必要性についてのジョン・スチュアート・ミルの見解

よく知られているように、ジョン・スチュアート・ミルは、数学の真理とは経験についての最も一般的な真理であると考えていた。そう、これだけでなく、多くの面で、「自然化された認識論」はミルとともに始まった。数学とはまったく異なるトピックについても、ミルはたとえば、「自然種」の概念の先祖である「実在種」という概念を考えているが、これなどは彼の自然化された認識論の別の事例であると言えよう。あるクラスが実在種をなすかどうかは、世界のあり方に依存する。彼のアプローチは、正しい分類は本質に基礎づけられるとするスコラ的な考え方と、真っ向対立するものである。

最近では彼は、その経験論的な算術観をフレーゲに容赦なく叩きのめされた人物として知られており、彼が実際にどのようなことを言ったのかはあまり知られていない。さらに知られていないのは、彼は自分の視点が、哲学的な理由だけでなく、政治的、イデオロギー的な理由からいっても、支持されるべきであると熱烈に信じていたということである。1873年に出版された彼の『自伝』における次の一節は、どんな文章もかなわない力強さをもっている。

> 心にとって外的な真理が、観察や経験から独立に、直観ないし意識によって知られうるという考えは、いまの時勢において、誤った教説や劣悪な制度を知的な側面から大いに助長するものである、と私は確信している。この理論の助けがあれば、その起源がもはや思い出せないような長年の思い込みや強烈な印象といったものはどれも、理性によって自身を正当化するという義務を免除されることになってしまう。長年そう考えてきたとか強く信じているということそれ自体が、万能の証拠、正当化に祭り上げられてしまうのである。根深い偏見をすべて神聖化するために考案されたこのような装置は、かつては存在しなかった。道徳、政治、そして宗教における、この誤った哲学の強みは何よりも、そのお決まりの型として、数学やそれと起源を同じくする物理科学の諸分野の明証性に訴えることができるという点にある。そこで『論理学体系』では、彼ら直観に優先権を与える哲学者たちにとっての本丸へと乗り込み、つまり、数学および物理学の真理の明証性について検討し、その本性を明らかにしようと試みた。そして、必然的真理と呼ばれるものに特有とされる性質に対して、経験と連合の観点から独自の仕方で説明を与えた。その性質とは、必然的な真理の明証性は、経験よりも深いところにある源泉に由来するはずだということの証明として引き合いに出されてきたものである。(Mill 1965-83: I, 225)

注意してほしいのだが、彼はべつに、数学的な探索、予想やリサーチ・プログラムにとって直観——ひらめき——が重要だという考えに反対しているわけではない。直観さえもっていれば、それが何かを知っているという主張に対する十分な根拠とはなる、という考えに反対しようとしているのである。もっと言えば、直観はそれを信じるための良い理由でさえない、と言おうとしているのである。

ミルは、必然的な真理という観念を、悪に与する力と見ていた。彼はそれを大いに畏れ、恐怖し、嫌悪していた。彼のメイン・ターゲットは、ウィリアム・ヒューウェルのような人物であった。ヒューウェルは、ケンブリッジにおける数学教育の改革に大きな功績を果たし、さらには世界初の「純粋数学講座」の創設（1863）にも貢献したとも言われている。しかしミルにとっては彼は、「アプリオリ」とか「必当然的確実性」とか「絶対的必然性」のような、『プロレゴメナ』のわけのわからない符丁をかばんに詰め込んでやってきた、英国風カント主義者にしか見えなかった。この怪物トリオよりもっと悪いのは、あの「直観」とかいうやつだ！　1843 年（『論理学体系』）から 1873 年（『自伝』）にいたるまで終始一貫して、彼はこれらの観念を、市民革命に対する反発、反動の柱であるとみなしていた。

ミルは、たんなる言葉遣いのうえでの真理を除けば、すべての知識は経験的であり、経験に基礎づけられるとためらいもなく主張していた。算術の真理でさえ、最大限の一般性はもつにしても、われわれのすべての経験において確証される、帰納的真理であることには変わらない。私はこれには同意しない。しかし、ミルの学説はちゃんとした哲学である。フィリップ・キッチャーの自然主義は、それをある一定の方向へとうまくアップデートしている（上の 17 節を参照）。

# 第4章

# 証明

Ch.4 Proofs

## 1 数学の哲学の偶然性

第3章では、数学の哲学の永続性について検討した。その答えは二本の撚り糸からなる。一本は古代の撚り糸、もう一本は啓蒙時代の撚り糸と呼ぶことにした。これらのうちの一方〔古代の撚り糸〕がよってきたる場所は、証明である。とりわけ、どちらかというとデカルト的な類の証明、すなわち、それによって理解と確信がもたらされるような種類の証明である。証明というのが言いすぎなのだとしたら、〔数学の世界を〕探検するという体験とも言える。われわれの文明では、そうした探検の終着点が（様々な種類の深い理解のなかでもとりわけ）証明であるということになっている。もう一本の撚り糸は、応用のうちにある。本章でわれわれは、たとえ人類が論証的な証明というものを発見しなかったとしても、十分に豊かな数学は発展しえたはずである、と論じる。第5章では、純粋数学と応用数学の区別は最近のものであり、いくつかの出来事がかなり偶然に続けて生じたことの帰結であるということを示す。つまり、乱暴に言うと、永続的な数学の哲学は生まれ落ちることはなかったかもしれず、存在するのはせいぜい、数学という特殊科学の哲学としての哲学、物理学の哲学や経済学の哲学のような哲学でしかなかったかもしれないのである。

この章では、カントによる有名なお話を振り返って考えてみたい。論証的な証明というものの可能性は、ある時代のある場所で、きわめて少数の人々によって発見されたことなのだ、というお話である。そこでは、人類の歴史によく見られるテーマが描かれている。人間に備わっている能力が、ある時代のある場所で、小さな共同体のなかの一握りの数の人々によって発見される。その後、その発見は地球上のいろいろな場所へと広まっていく。論証的な証明は——もちろん長い時代にわたり、雑多な証明技術が発展してきているわけで、それらをひとまとめにして語ってよいなら、ということであるが——最高の基準となり、いまもそう

148

あり続けている。しかし、こうはならないこともありえたのである。その理由は、われわれが証明と呼んでいるものをそもそも用いずとも、深遠な数学は展開できたはずだから、である。

第5章では、純粋数学と応用数学のよく言われる区別について、同じような主張を行う。その区別がなされるようになったのは最近のことであり、それはそもそも生じることもなかったかもしれない。これは、証明についての主張に比べるとそれほど驚くべき主張ではなく、まったくのオリジナルな見解でもない。ペネロプ・マディは「いかにして応用数学は純粋数学となったのか」についての説明を与えている（Maddy 2008）。19世紀になって純粋数学という観念が浮上してくるまで、数学はつねに応用数学であったというのが彼女の主張である。これは、ものごとの成り行きの記述としておかしくはないのだが、私の考えは異なる。「応用数学」というのは、1750年頃から徐々に使われるようになった呼び名であり、それ以前の時代に投影してこの言葉を用いることに、私はためらいを感じるのである。さらに私は彼女に比べて言葉や制度の歴史をより重視するので、偶発的な出来事のうち、どれを全体の成り行きのなかで中心的なものとみなすかという選択も自ずと違ってくる。私としては、応用数学が純粋数学になったのではなく、われわれの純粋数学と応用数学という区別が生じたという言い方をしたいのである。純粋数学と混合数学という区別がこの区別の前身にあたり、それ自体はさらに、古代の純粋科学と混合科学の区別へとさかのぼることができる。ただし、驚くべきことでもないが、こうした発展の過程で、これらの区別についての考え方はかなり著しい変容をこうむっているのである。

論証的な証明も、純粋／応用の区別も、どちらも不可避なものではなかった。どちらも歴史的な出来事から生じた偶然の産物であり、学者ぶった専門用語で言うと要するに「偶発事」である。それらはいまとは別様でもありえたはずであり、そもそも生じることすらなかったかもしれない。先に進む前に、こうした偶発性や不可避性の、より小さな、そしてよりローカルな事例を検討することにしよう。§2.23〜25のバタフライモデル（不可避的な発展）とラテン語モデル（よりランダムな進歩）のことを思い出していただくと理解しやすいはずである。


## A　小さな偶発事

## 2　不可避性と「成功」について

われわれが現在のような数学の諸分野と諸定理を手にしているというのは、明

らかに、たんなる歴史的な事実にすぎない。われわれはそれらを見いださなかった
かもしれない。それゆえこの事実は偶然的であるが、そのことは別に驚くべきこ
とではない。数学の様々な方法や概念、アプローチについても同様である。数
学者たちがいま取り組んでいる問題は、ひょっとしたら誰の興味もひかなかっ
たかもしれない。たとえそうしたくとも、誰もそのような問題について考える
だけの暇をもてなかったかもしれない。あるいは、フェルマーやオイラーが（$4n$
$+1$）の形の素数について発見したことを思いつけるほどに賢い人が出てこな
かったかもしれない。ラングランズ・プログラムも、ある特定の文脈のなかで生
まれたものであることには違いない。数十年後には、あれは脇道だったねと言わ
れるようになるかもしれない（あるいは逆に、これこそ王道、と見られているかもし
れない）。

　われわれと非常に似通った興味をもつ共同体が、数学の歩みを進めていると想
定してみよう。その歩みというのは、ドロン・ザイルバーガー（§2.24）が言お
うとしていた意味でのそれであるが、それよりも少しだけ現実的で、それほど「ラ
ンダム」ではないと考えることにする。ではかりに、彼らの数学が、豊かで、面
白く、納税者がお金を出そうと思うほどに多くの有用な応用をもつ、という地点
にまで到達することに成功したとしよう。そのとき彼らが到達する地点は、不可
避的に、われわれがいまいる場所と多少なりとも同じような場所なのだろうか。
§2.23のバタフライモデルによれば答えはイエスである。われわれの数学の歴
史的な発展過程は不可避的なものであっただろうというわけである。

　では、この想像上の共同体は、われわれの数学に比肩しうるような「成功」を
何か別の仕方で達成しえただろうか。§2.25のラテン語モデルによれば答えは
イエスである。とりうる発展の道筋には多くの種類があって、そのうちの多くが
満足のいく興味深い数学へと達する。

　だが残念ながら、「成功」というまさにこの概念が不明確である。「成功ほど続
けて起こるものはない〔成功を生むのは何よりもまず成功だ〕」という格言はなか
なか辛辣である。成功はその時点までにできるようになっていることとの比較で
判定され、成功が得られれば、今度はそれが、これから何をしようかと考えると
きの基準とされるようになる。たとえば、いま現にわれわれがもっている基準か
らするとあまり大きな成功を収められていない、そのような共同体を想像するこ
とはできよう。しかし、その想像上の共同体はわれわれとは別の道を選んでいる
のであり、だとすれば、彼らの成功の基準も、それに合わせてわれわれとは異な
る仕方で作られているのではないか。そして、その基準のもとでは、その想像上

の数学もまったく申し分のないものと判定されているかもしれない。

「成功」と「不可避性」のあいだのややこしい相互関係については、私は以前に他所で、それを何とか明らかにしようと試みたことがある。ただしそれは「成功した科学の結果はどのくらい不可避的なのか」というタイトルで、扱ったのはほぼ経験的な探求のケースだけであった（Hacking 1999: ch.3; 2000a）。そこでの論点を一から述べ直そうとは思わないが、一つだけ繰り返しておくと、不可避性についての問いは、何が成功とみなされるのかという問いにつながるのであり、そして成功の基準それ自体は、われわれがいまどこまで来ているのかということに強く影響されるのである。

私の実際の考えはと言うと、まず科学の発展過程は短期的に見ればかなり不可避的である。この点で私は、より構築主義的な思想家とは意見を異にする。他方、長期的に見れば、われわれがある一つの科学のなかで行ってきたことは、まったく不可避的なものではなかった、とも考えている。この点では私は、科学主義的な思想家と違っている。

以下ではまず、数学における不可避性についての二つの詳細な研究を取り上げる。一つ目の研究は、われわれの無限の概念は不可避的なものではなかった、ということを明らかにした。もう一つの研究は、われわれの複素数の概念は不可避的なものであった、という判定を下している。これら二つの命題は形式的には両立可能だが、多くの読者はどちらか片方しか受け入れたくないのではないか、と私は思っている。どちらを選ぶかはその人がもっているより大きな視点に依存する。私はと言えば、どちらの考え方も歓迎する。ただしこの章の主題は、そのどちらにもない。先に告知したように、話はすぐに、長期的な視点からの証明概念の偶然性へと向かうことになる。


## 3　ラテン語モデル：無限

パオロ・マンコスは「カントールの無限数の理論は不可避的なものであったか」という問題を提起している（Mancosu 2009a）。カントールや彼と同時代の人々は、無限基数——ないし無限集合のあいだで基数が同じであるという関係——を一対一対応によって定義した。マンコスは、これとは別の、ほとんど知られていない研究伝統のもとで、一対一対応とは別の仕方で定義される等数性概念の無限への拡張が行われていたことを突き止めている。その概念によれば、二つの集合のうち一方が他方を真に含んでいるならそれらの数は異なる。ある集合はその真

151

部分集合のいずれよりも大きい。これはまったく自然な考え方ではないだろうか。この考え方を、一対一モデルと対比させる意味で、部分集合モデルと呼ぶことにしよう。またマンコスはライプニッツも引用しているが、ライプニッツはどちらのモデルもありうる選択肢であると認めたうえで、「数において等しい」という概念は、有限集合に対してのみ整合的に理解可能な概念なのだとした。二つのモデルによる概念は、有限集合に対してしか一致しないからである。つまり、三方向への歩みが可能だったということになる。カントールの一対一モデル、部分集合モデル、そしてライプニッツの用心深い歩き方。「歩き方」と言っても、ライプニッツのは実質的にはじっとして動かないということだが。（しかしライプニッツは生涯にわたって無数のアイディアを抱いていた。すぐあとで彼の無限小の観念に触れる。）

ここでかりに、数学の成功とはエレガントな知的構造と豊かなリサーチ・プログラムを展開できたということに存する、とするなら、マンコスの出しているオルタナティブな方向性が、はたしてカントールほどの成功を収められたかというと、そう考えられる理由はほとんどない。しかしなぜ、〔そうした方向性を採用した〕想像上の共同体がわれわれとは異なる達成の基準をもっているかもしれないとは言えないのか。数学それ自体のエレガントさや豊かさはともかく、数学の外側で多くの応用をもっているとすればどうか。多くの論者が、それぞれの考え方はかなり異なるとしても声を揃えて、それこそが数学の成功の尺度だと言っている。カントールの集合論がこの意味で成功なのかどうかは、必ずしも明らかではない。この見方のもとでは、カントールは不可避ではないのである。われわれは本格的な超限数の構造なしに、等数性に関しては真部分集合モデルを使って、まったく問題なく数学を進めていたかもしれないのである。

しかし、そのような数学は知的に貧弱ではないのか。ものごとをもっと大きなスケールで見るなら、あるいは、偉人列伝に連なる大数学者を本当にひきつけるようなものかどうかという基準に照らせば、真部分集合モデルはやはり「あまり成功していない」のではないか。純粋に個人的な意見としては、私もそれは貧弱であろうと思う。しかし、私には先入見がある。十代のときに初めてそれに触れて以来、私はカントールの基数の階層を愛しているからである。

われわれが19世紀半ばにいるとしてみよう。いまの解析学のかなりの部分が出揃っていて、ただし、ある一定の困難のために、「厳密性」が切望されていた時期である。その時代に身を置いてみると、カントール（1845 ～ 1918）の進み方はランダムウォークのようには見えない。とくに、ある時点で自分の切り開い

た領野の豊かさを認識したあとは、彼の歩みは一直線だったはずだ。彼のもたらした洞察と構成はまったく不可避的であった。私にはそう思える。このことは、現在でもよく知られている多くの人物——たとえばフレーゲやデデキント——もまた、カントールと同じように一対一モデルで等数性を考えていたということからも言えるはずである。数学的な理解の「前進」に対する貢献という点では、哲学ではよく知られているフレーゲやカントールよりも、デデキント（1831～1916）のほうがはるかに重要だと見る人もいるかもしれない。写像という概念そのもの——これはある意味では関数という概念そのものということだが——の出処は、彼に帰してほぼ間違いなさそうである。こうした概念なしにカントール的な無限が生まれることはありえない。反対にこれらの概念を背景にするなら、カントール的な無限は不可避であるように見えてくる。ただ、クロネッカーは、カントール的な拡張に長いあいだ強硬に反対していた（§7.8～10）。彼の敗北は本当に不可避のものだったのだろうか。

　微積分の草創期にまで戻れば、その後の方向性にはもっと別の可能性もありえたように見えてくるかもしれない。基礎づけ的な観点では、ニュートンが使っていた無限小はとうの昔にイプシロン・デルタ論法に取って代わられている。しかし、ウィリアム・サーストン（§2.16）がくぎをさしているように、微分計算の教育の現場では、いまだに無限小を含む、いろいろな微分の理解の仕方が動員されている。アブラハム・ロビンソンは、無限小を形式的に無矛盾な仕方で理解する方法を示した。彼はこう書いている。「（ライプニッツは）無限小の理論は、実数と比較して無限に小さかったり無限に大きかったりするような、しかし**実数と同じ性質をもつ**ような理想的な数の導入を含意する、と論じた」（Robinson 1966: 2, 強調原文）と。また、「この本では、ライプニッツのアイディアの正しさが完全に立証しうるということ、そしてそれらのアイディアが、古典解析および他の多くの数学の諸分野への、新しい、生産性豊かなアプローチを導くということが示される」（1966）。この考えを説明するために、ロビンソンは現代のモデル論を用いていたが、のちに、純粋に構文論的な仕方で、無矛盾な定式化が与えられた（Nelson 1977）。無限小は終わったといういわば「公式見解」に対する批判については、Błaszczyk, Katz and Sherry（2013）およびそこで与えられている参照文献を見てほしい。

　バークリ主教のような哲学的なクレーマーを無視して、無限小に執着していたなら、解析学はいまとはかなり違う姿をしていたかもしれない。カントールや彼の周辺を動かした 19 世紀後半における喫緊の課題も、違った仕方で受け取られて

いたかもしれないし、そもそも重要視されなかったかもしれない。このオルタナティブな数学も、その発案者たちにとっては、われわれにとっての数学とまったく同じくらい「成功」していて「豊か」であるように見えていたかもしれない。このように考えるならば、マンコスが主張するように、超限集合論も、数学の不可避的な発展の産物というよりはむしろ、ザイルバーガーの言うようなランダムウォークの結果というほうがだいぶもっともらしく見えてくる。

## 4 バタフライモデル：複素数

メイア・ブザグロはマンコスのそれと似た問題に取り組み、別の事例を用いてまったく反対の結論にたどり着いた（Buzaglo 2002）。彼は、ほとんどの概念拡張は、あるかなり深遠な仕方で不可避的なものである、と論じている。彼の用いている最も身近な例は何といっても数である。数の概念は実数へ、そしてさらに複素数体へと拡張されてきた。

ヴィトゲンシュタインほど偶像破壊的ではないにしても多くの哲学者が、虚数や複素数について語ることは、数の概念に対してかなり劇的な拡張、修正あるいは変更を加えることであると考えてきた。アリス・アンブローズは、数学的概念がどの程度「開かれた（open-textured）」（フリードリヒ・ヴァイスマン（1945）によって発明された便利なフレーズである）ものなのかについてヴィトゲンシュタインは概して間違っているとしつつも、数概念の一連の拡張はかなり自由な決定の産物であり、既存の概念によって決定づけられたものではない、と考えていた（Ambrose 1959）。

ブザグロはこれとは反対の主張を、かなりの説得力でもって論じている。彼によると、二次および三次方程式の解として虚数が導入された当時（この概念拡張のスコープがどれほどのものであるかを認識している人はいなかった）の状況からすると、この拡張は、数の概念それ自体の内部からの要請として、不可避的に生じたものである。数論（整数ないし自然数の理論）の多くの重要な結果が、複素数体を用いることで証明されている。まるで、それ自体としては自然数にしかかかわらないような事実を証明するために、数論が複素数を「必要としている」かのようである。もちろん、最終的には素数定理に対してアトル・セルバーグがやったようなやり方（§1.12）で、すべての定理に対する「初等的」な証明を見いだすことができるのではないか、とは言える。しかし、これはどうも現実にはありえなさそうな仮説である。

つまり、数の領域の複素数への拡張は次のような意味で不可避的である。すなわち、数論における結果を証明することで数学者たちが現在までに実際に達成してきた成果は、複素数を導入することなしには得られなかっただろう。もちろん、複素数が導入されたその時点では、誰もそんなことは知らない。だから最初の導入それ自体は不可避的ではない。しかし、少し大きな視点から見れば、複素数体に埋め込んで考えないような数論は貧弱なものでしかないだろうということがわかる。現在の数論でわれわれが得ているレベルの成功を得るために、複素数は必要だったのである。これは、「不可避性」の問題がいかにして「成功」という観念と絡みあうのかということをかなりはっきりと示してくれる例である。

　複素数の次の段階は、ウィリアム・ローワン・ハミルトン（1805 〜 65）による四元数の発明である。それにより古典物理学は格段に扱いやすくなり、また、ある系の総エネルギーを表す演算子が導かれた。ハミルトニアンと呼ばれるそれらの演算子は、物理学者の標準的なツールとなっている。有名な逸話によれば、四元数の発見につながるある問題の解がハミルトンに降りてきたのは、1843 年のある日、長い散歩の途中で彼がちょうどある橋を渡ろうとしていたときであった。今日では、アイルランドにあるそのどうということもない橋に、そこがその地点であることを示す銅のプレートが据えつけられている。こうした出来事は、あるいは記憶のなかでこしらえられたのかもしれないがともかく、まったくの偶然として生じたことである。しかし、ブザグロのようなタイプの説明によれば、複素数から四元数への拡張は不可避的なのである。ピカリングは、これとは正反対のストーリーを印象的な緻密さで描き出している（Pickering 1995: chapter 4,「四元数を構成する」）。

　こうした見方の相違は、実際にはもっと悩ましいものかもしれない。ハミルトンは、〔四元数や複素数どころか〕正整数から負の数への拡張についてさえ正当化が必要だと考えていたのである。数というのは要するに量のことであり、そして負の量などというものは存在しない。私の会計帳簿におけるマイナス、すなわち負債でさえ、結局は、借りているお金の和という正の数である。ハミルトンは負の数への拡張を次のように時間の観点から説明している（Hamilton 1837, 書かれたのは出版の数年前）。すなわち、負の数とは時間を逆戻りすることにほかならないのである！　彼は自分なりのカント理解に基づき、「代数とは純粋時間の科学である」と考えていた。ここでの「純粋」はカント自身の意味での「純粋」である。彼は、この考え方と、自身の「対」という観念、現代で言うと順序対の観念とを結びつけた。いまでは誰も当たり前に思っているこの観念を発明したのはハ

ミルトンであり（Ferreirós 1999, 220f）、彼はこれを使って複素数を実数の順序対として導入したのである。こうして複素数は、順序対を支配する規則によって支配されることになった。さてこのように考えていくと、四元数は順序四つ組である。ハミルトンは、順序対の代数の中心をなす群論的性質を保つような仕方で、四つ組に関する代数規則を定めることはどうにも難しいと悩んでいた。件の橋の上での「エウレカ！」で得られたのは、この問題に対する解であった。

　このように、正の整数から負の数への拡張に際しても、そしてさらに実数の順序対を複素数の特徴づけとして用いて虚数への拡張を行う際にも、ハミルトンがどれだけ慎重に事を進めていたかということを踏まえるならば、その数年後の四元数の発明も、同様のアナロジーによる推論の延長線上にあるのだと感じる読者もおられるのではないか（ハミルトンについてはのちの§5.12でもう少し論じる）。

## 5　設定を変更する

　前節では、マンコスとブザグロのあいだに「ディベート」の構図をこしらえてみたのだが、彼らに先行するケネス・マンダース（Manders 1989）やマーク・ウィルソン（Wilson 1992）の仕事を見ると、そうした構図には少しおかしいところがあるようにも感じられる。マンコスの扱っている集合論にも、ブザグロの複素数の事例においても見られるのは、その内部で数学的概念が着想され検討されるところの「領域」や「設定」の変更である。ウィルソンが扱っているのは（彼の論文にはぜいたくに多くのトピックが含まれているがとくにそのなかでも）ジャン＝ヴィクトル・ポンスレ（1788〜1867）の時代からの射影幾何学の発展に伴って、複素数の概念が捉え直されていく過程である。ポンスレは、デザルグの定理を適切に位置づけることができるような、まさにその枠組みを作り出した人である（§1.9を参照）。ウィルソンは、射影幾何学が「より良い設定」を与えたのだと主張している（この言葉は原文でも括弧つきである。「19世紀を通して、様々な古い問題に対する「より良い設定」が日の目を見ることになった」（Wilson 1992: 150））。これよりももっと有名な事例としては、リーマンによる楕円関数の導入が挙げられる。

　ウィルソンは実質的に、私の言うバタフライモデルを擁護している。より良い設定の発見は、さなぎから蝶への変態になぞらえることができる。「当該の数学は、適切な設定——そしてそれはしばしば**拡張された**設定なのだが——のもとで眺められたときに初めて、シンプルで調和のとれた完成形態に到達することができる、

156　　第4章　証明

というのがここでの主張である」（Wilson 1992: 151）。定冠詞付きの適切な設定
（the proper setting）、という言い方は、進むべき道は実際には一つしかないとい
うことを含意している。

いきさつをもう少し詳しく見てみよう。1812 年にエコール・ポリテクニーク
を卒業した直後、ポンスレは工兵部隊の将校としてナポレオンのロシア遠征の前
線へ送られる。彼の言うところでは、『図形の射影的性質についての論考』（1822）
の大半は、着任早々に捕らえられロシア軍の戦争捕虜となっていた 1812 年から
1814 年のあいだに書かれたそうである。この本はまったく文字通り、新しい空
間を切り開いた本である。われわれにとって直観的なユークリッド空間はその空
間の一部分にすぎない。われわれはプラトンの洞窟に住んでいるようなものであ
り、外の大きな空間をそこからわずかにかいま見ているだけなのである。複素数
の本来住まうべき場所はその空間であったことがわかり、また、複素数と自然数
の関係も初めて、ほぼ自明というところまで明らかになった。それらはもはや、
意味をなさないフィクションではなくなったのである。

ポンスレが「エンジニア」であったことを忘れないでいただきたい。彼は §5.11
での「純粋数学」と「応用数学」についての議論にも再登場する。きわめて実際
的な人物であったポンスレは、schëty（Счёты の米国議会図書館式の翻字）とか
いうロシアの計算器にたいへん感銘を受け、それをパリに持ち帰って学生に使う
よう勧めたりしている（Schärlig 2001: 166）。英国での「馬力」にあたる、フラ
ンスで最初に導入された力の単位名は「ポンスレ」であり、1 ポンスレはおよそ
1.3 馬力であった。幅広い興味と影響力をもった人物だったのである。

ウィルソンは、通俗的な歴史理解では、リーマンの非ユークリッド幾何学がわ
れわれの空間概念の理解にラディカルな影響を与えたことになっていると改めて
確認した〔うえで、次のように論じる〕。それがラディカルな変化であったと言え
るのは、非ユークリッド幾何学によって可能になった相対論的な時空の表現を
知っているからであり、後知恵のことにすぎない。射影幾何学による空間の拡張
の仕方は、それよりもはるかにラディカルであった。多次元空間を二次元の図に
よって表現する技法の基礎を与えたのも射影幾何学である。時空間を表すミンコ
フスキー・ダイアグラムは、射影幾何学で用いられる表現技法の延長線上にある
ものと理解することができる。その後 1950 年代には、しばしばペンローズ・ダ
イアグラムと呼ばれる共形図が、ロジャー・ペンローズとブランドン・カーター
によって開発される。これらは無限の四次元相対空間を二次元で表現することを
可能にする技法であり、現代の宇宙論的な考察に必要不可欠な道具である。

マンダースとウィルソンは、射影幾何学の誕生によってもたらされた根本的な進展は、そのうちで空間的代数的関係が考察されるべき、新しい設定が創造されたことにあると強調する。いったんそのような設定がなされたならば、そのあとに何が続くかはかなりの程度決まってしまう（バタフライモデル）。しかし、新しい設定の出現そのものは、あらかじめ決定されているわけではない（ラテン語モデル）。ウィルソンなどは、今後、それまでは不可避であったような事柄がもはや正しいとは思えなくなるような新しい設定が現れることもありうる、とさえ示唆している。これは、真理が虚偽になると言っているわけではない。ある時期には適切な思考法であったものが、その確実性を失い、骨董品に成り果てることもあるだろう、というだけのことである。（ここで共約不可能性というカテゴリーを当てはめたい人もいるだろうが、ちょっとそれは別の話である。）

空間を拡張するとか、無限の階梯を登るとかいったことは、それだけで十分に壮大なテーマのようにも思える。しかしここからは、もっと根本的な仕方で、数学の進歩における偶然的なものを掘り下げてみたいと思う。

## B　証明

### 6　証明の発見

証明はギリシャからの流れをくむ、西洋数学における品質保証印である。古代バビロンやエジプト、中国、またおそらくメソアメリカにも、現在のわれわれから見て数学と認められるものは多く存在した。もう少し踏み込んでこう言うこともできるかもしれない。ある民族がものを書くことを発明したなら、そこから数学の発明へと進むのはすぐのことである。〔そのくらい数学は人間にとって原初的なものである。〕さらに言えば、これとは順番が逆である可能性さえ無きにしもあらず、である。デニス・シュマント＝ベッセラが『数え上げから楔形文字へ』で力強く論じているように、メソポタミアの人々が書き文字を発明したのはおそらく、数を記録するためであった（Schmandt-Bessarat 1992）。インカ文明では、書き文字が発達する以前から、記録のための「キープ（結縄）」や「ユパナ」という計算器などの装置を使って勘定を整理する、きわめて洗練された方法が存在していたようである。

ものを書くことによって、それなしでは不可能であるような仕方で、様々な認知スキルを利用できるようになる。東地中海のある少数の人々、われわれがギリシャ人と呼ぶ、実際には大部分が小アジア（現在のトルコ）の沿岸に住んでいた人々

は、演繹的証明というものが可能なのだということを発見した。彼らはたまたま議論好きな社会に住んでおり、そのうちの何人かは、議論を決着させるための道具として、レトリックより優れたものがないか探していた。

19世紀の偉大な数学史家のなかには、ギリシャ数学が（著名な「非ギリシャ」数学史家であるイェンス・ホイロプが私との手紙で使っていた、当を得た表現を借りると）「完全無欠」であったかのように書いていた人もおり、その影響はどうも今日でも続いているようである。私は、そのような誤りを避けたいと思っている。実際、あとで私は、古代中国の見事な数学を使って、この世界とは別の、可能的惑星の姿を想像してみるつもりである。そこでは、ギリシャではなく中国流の数学が花開いており、それはわれわれの数学とまったく同じくらい「成功」しているのだが、論証的証明は重視されない、ことによるとそのような観念さえ存在しない、そのような世界である。

昔の数学を読んでみようと少しでも興味をもった人なら誰でも、演繹的証明の規格は長年のあいだに変化してきたし、いまも変化しているということに気づくだろう。これは歴史の偶然の問題であり、今日では議論するまでもないことである。この本の最初から強調してきたように、少なくとも近代以降では、証明に関しては二つの理念が考慮されてきた。すなわち、デカルト的証明とライプニッツ的証明である。§3.11では、二人の人間によって書かれたが、彼ら以外のどんな人間も全貌をチェックすることはないような証明という印象的な事例を見た。それらはコンピュータ生成の証明と（ほとんど）何の関係もないのである。

これから私は、もっと強烈なテーゼを論じたいと思う。すなわち、論証的証明は必当然的な確実性を担っているように見えるというまさにその考え方が、ザイルバーガーの粋な言葉を使うなら、まぐれ当たりの産物なのだ、というテーゼである。


## 7 カントのお話

アリストテレスによって伝えられた古くからの物語によれば、証明というものを発見したのは伝説の哲学者タレスである。その後の偉人たちも皆、アリストテレスの話を語り継いできた。この本の3番目のエピグラフのなかでハワード・スタインは「ギリシャの半ば伝説に属する時代の知的伝統において、タレスが最初の哲学者としても、初めて幾何学の定理を証明した人物としても名指されているのは重要である」としている。私がスタインの言葉を冒頭に掲げたのは、この

伝説のゆえにではなく、スタインが証明の発見を、ある特定の時代と場所において人間によってなされた、人間の能力の発見であるとみなしているからである。彼の意見では、これと似た発見がなされたのは、19 世紀になって初めて、主にデデキントの洞察を通じて、写像の概念が完全に理解されるようになったときである。

　1781 年に『純粋理性批判』の初版を出版してほどなく、カントは未来の潮流を先取りして、人間理性についての歴史家のような顔をするようになった。そう、1787 年の第一批判第二版に新しくつけられた序文では、純粋理性には「歴史」があるとされているのである！　しかし、カントは自分と同時代に行われていた数学について知っていたのだろうか、と思う人もいるかもしれない。これについてはマイケル・フリードマンを参照するのがよい（Friedman 1992）。彼は、カントが相当程度の科学に通暁していたと強調している。カントにとって、同時代の数学についての最大の情報源の一つが、当時の数学の発展を反映した新しい教科書を苦心して著したアブラハム・ケストナー（1719 ～ 1800）であった。彼はゲッチンゲンの数学と天文学の教授であり、§5.6 で説明することになる応用数学（angewandten Mathematics）について書いた最初の著者の一人である。

　カントもまた、例のタレス（「あるいはほかの誰か」）の頭の上で電球がひらめいた瞬間のお話を書いている。1787 年の第一批判第二版序文での彼の文章が、私は大好きである。ここでは、ノーマン・ケンプ・スミスによる古典的な訳（Smith 1929）と、ポール・グヤーとアレン・ウッドによる最近の翻訳（Wood 1998）をミックスして引用しよう。前者の文章が十分に正確で、新訳よりも私にとって響きがよいと思えるときには、そちらをそのまま使っている。どちらも素晴らしい翻訳だが、ここでは私の個人的な好みを優先させて、ミックスさせてもらった。また、カントらしく非常に長い段落なので三つに分割している〔以下は英訳からの和訳である〕。

　　　人間の理性の歴史をさかのぼった、最も初期の時代においてすでに、**数学**は、ギリシャ人というかの素晴らしい民族のうちで、学としての確かな道のりを歩み始めていた。しかし、そのような王道に行き当たること、あるいはむしろそれを自ら切り開くことが、数学にとってやすいことだったと考えてはならない。その点で数学は、理性が理性自身のみを扱う領域である論理学とは対照的である。私が思うに、（主にエジプト人のあいだで）数学は長く暗中模索の状態におかれていたのであり、それが変化したのは、ある一人の男のある試みにおける幸運な着想によってもたらされた、一つの**革命**のおかげであったに違いない。それにより、とるべき進路を見失うようなことは二度となくなり、将来にわたってかぎりなく、確かな歩みを進めていけることがしっかりと約束された

のである。

　この思考方法における革命は、有名な喜望峰航路の発見よりもはるかに重要であるにもかかわらず、この革命とそれをもたらした幸運な人物についての歴史は、われわれには遺されていない。しかし、ディオゲネス・ラエルティオスによる言い伝えを見れば、少なくともその革命がどのように受け止められていたのかは伝わってくる。そこでは、幾何学における様々な論証方法の発明者の名前が、それがたとえまったくどうでもよいような論証ステップであっても、ふつうに考えれば証明する必要などないようなものまで含めて記され、顕彰されている。この新しい道を瞥見することによりもたらされた革命の記憶は、数学者にとってこの上なく重要なものと思えていたはずであり、それゆえに、忘却の波にさらわれることなく生き残ったのである。

　さてともかく、一筋の光が、二等辺三角形の性質を初めて論証した人（それはタレスだったかもしれないし別の誰かだったかもしれない）の心に射しこんだ。というのは、彼は、自分が行うべきはたんに図形を覗きこむことでもなく、あるいはたんなる概念からそれを探り出そうとしたり、その図形の性質を読み取ろうとしたりすることでもない、ということに気づいたのである。そうではなく、ある図形を作図したときに、自分はどのような概念をアプリオリに形成しその図形に置き入れたのかを考え、その概念に必然的に含まれる性質を明らかにする、ということを行わなければならない。何ごとかをアプリオリな確実性をもって知りたいなら、自分のもっている概念に従って自らその図形に置き入れたものから必然的に帰結すること以外は、何ごともその図形に帰属させてはならない、とその人は見いだしたのである。（Kant, *Critique of Pure Reason*, Bx-xii）

　カントは、歴史上の英雄を好む時代の人である。彼はギリシャ人の、およそあらゆる叡智の源泉である「かの素晴らしい民族」の卓越性に傾倒していた。実際には、ギリシャ人はカントが思っていたよりもはるかに多くをバビロニアとエジプトに負っていたのだが、彼の時代には知る由もないことである。またもちろん、〔たとえばタレスのような〕ただ一人の第一発見者がいたというよりは、ある種の共同体が証明という新しい力を発見し、それに興奮を覚えたと言うほうが適切だろう。ではそれは、伝説のタレスの時代（だいたい紀元前 625 年から 545 年のあいだ）だろうか。ほとんどの歴史家は、幾何学的な証明を作るという実践が結晶化したのはもう少し遅く、おそらくエウドクソスの時代（だいたい紀元前 410〜355 年）であろう、という見解で一致している。

　結晶化というメタファーを使ったのは、その頃にはすでに数学はかなりさかんに行われていたのだが、それらがそれまでとは違う新しい仕方でまとめ上げられた、という状況を示唆するためである。そのようにして論証的証明の可能性が発見された。その後の西洋数学は以前とはまったくの別物である。結晶化というのは、手垢のついた「革命」ではなく、それよりも規模の小さい思想史上の

転換を捉えるためのフレーズである。この観念のより広範な使い方については Hacking（2012a: §13）をご覧いただきたい。

　数学だけでなく西洋の哲学もまた、1,000年にわたり、伝説の「タレス」にならって形成されてきた。論証的証明が真の知識のための基準となったからである。ベーコンやガリレオ、その他おなじみの面々がついにもう一つの**革命**を巻き起こすまで、それは続いた。「革命」というのはカントの言葉である。この伝統では最初から、何か本当に大切なことが「タレスあるいは別の誰か」とともに起こったと固く信じられてきた。「革命」は、カント自身が強調して使っている言葉であり、わずか数ページのあいだに何回も出てくる。I. B. コーエンが強調しているように、政治的な大変動の時代にあって、科学における革命という概念を発案したのは、カントその人である（Cohen 1985）。実際カントは二つの科学革命について語っており、そのうち第一のそれはどちらかと言えば数学的な革命であり、それよりもかなりあとになって起こった第二のそれが、まさに科学革命と呼ぶにふさわしいとしている。興味深いことに彼は、第二の科学革命を実験室科学（laboratory science）の創始と同一視し、よく考え抜かれた仮説をテストするために人工的な装置が使われるようになったことを強調している。

　どちらの文脈においても、カントは思考と実践における革命だけでなく、それらの**発見**についても語っている。人びとは、ある一定のものごとを行う方法を見いだしたのである。われわれのいまの関心事は実験室科学の発明ではなく証明の発見のほうなのだが、カントはその両方について優れた先見の明をもっていた。歴史家からは、私がたんにいつもの与太話を繰り返しているだけではないかと抗議の声が上がるかもしれない。しかし、この与太話は歴史としては裏づけに乏しいかもしれないが、人類学的には重要なのである。それは、人間の能力の発見と活用についてのきわめて真剣な主張なのである。

　描写の仕方はいろいろあろうがとにかく、何らかの激変が、東地中海において文通したり行き来しあったりしていたごく少数の個人を巻き込む形で起こったのである。リヴィエル・ネッツは、古生物学で最近好まれているメタファーを使って「初期のギリシャ数学史では天変地異（catastrophy）が起こった」と言い表している。「相当に多数の興味深い結果がほぼ同時に発見されたのである」（Netz 1999: 273）。ここでの「天変地異」は、これは〔キュビエの〕天変地異説ではなく進化生物学での意味であるが、彼がこの言葉を選んだのは、「革命」という言葉が手垢にまみれすぎているからであろうが、いずれにせよ、このような観点から、カントを新鮮な姿で眺めることができるだろう。

## 8　もう一つの伝説：ピタゴラス

　ハワード・スタインは「ギリシャの半ば伝説に属する時代の知的伝統において、タレスは最初の哲学者としても、初めて幾何学の定理を証明した人物としても名指されている」ことに改めて注意を促していた。そのタレス（?624 〜 ?546）に比肩しうる唯一の半伝説的人物はピタゴラス（紀元前 ?570 〜 ?495）である。タレスが死んだときの彼は 25 歳くらいであった。タレスが生まれたのは、当時のギリシャの諸都市のなかでも最も豊かであるとみなされていた、小アジアのミレトスである。ピタゴラスが生まれたのはサモス島で、ミレトスまでは往来の激しい内海を船ですぐのところであった。ただしいまでは、ギリシャの島からトルコ本土へのフェリーがないため、グーグル・マップで調べると、サモスからミレトスまで行くには、海と陸を大きく遠回りして 1,460 km の行程になってしまう。

　サモスは一時、古代世界の科学技術の中心地であった。歴史上最も有名な僭主に、紀元前 538 年から 522 年にかけて在位したポリュクラテスがいる。ピタゴラスがこの島を出てシチリアに出発したのが紀元前 530 年頃であるから、その8 年ほど前に権力を握ったということになる。彼は、サモス島のユーパリノスの水路など、高い技術力が必要とされる土木工事をいくつか実施している。その水路は、長さ 1 km 以上にも及ぶ、山の下を通して水を運ぶためのトンネルであるが、工事は両方の端から始められ、それぞれの側から掘り進めてきた掘削人が見事に中間地点で出会うことができた。その「誤差」は 15 cm ほどであったという。

　山の下を通るトンネルを、両端から掘り始めて、真ん中で合流できるようにするには、どうすればよいのか。われわれなら三角測量を使うだろう。当時の技術者は、いまでいうピタゴラスの定理のユークリッドによる証明は知らなかっただろう。しかし、直角三角形に関するそのような事実それ自体は、古代エジプトやバビロニアではすでによく知られていた。工事を指揮したメガラのユーパリノスや彼の測量技師たちが従事していたのは、いまなら「幾何学に基づいた応用数学」と呼ばれるようなものであったに違いない、と思われる。

　なぜそのようなトンネルは作られたのか。サモスは古代のイオニア地方の中心部に位置していた。その地方はペルシャ帝国とギリシャ都市国家のあいだの戦争の前線にあたっており、エジプトもまた、この地方に大きな影響力をもっていた。ほとんどの場合、謀略や攻守同盟のためにこれら三つすべての陣営がかかわる形で、何らかの戦闘や侵略、破壊行為一般が続けられていた。つまり、ギリシャ人たちの内輪もめであったり、東方や南方の帝国に対するものであったりはするが、

とにかくイオニアの諸都市はつねに、現実に戦争状態にあるか、あるいはその危機に晒されているかのどちらかであった。そして、サモスの主要港（いまはピタゴレイオンという名前である）では、淡水の確保が容易ではなかったため、街が包囲戦を耐えきれるように、山の向う側にある泉から水を引いてくる水路が重要視されたのである。

　ヘロドトスも、工学において卓抜なのはサモス人であるとしている。

> ギリシャ世界における最も偉大な建築と土木工事技術のうち三つが彼らに帰せられる。第一のものは、幅・高さともに8フィート、高さ900フィートの丘の裾野をまっすぐくり抜いて作られた、長さ1マイルに及ばんとするトンネルである。全長にわたって、深さ30フィート、幅3フィートの溝が掘られており、それに沿って豊かな水源からとられた水が、パイプを通して送られる。（Herodutus 1972: 228）

　残る二つの偉業のうち、一つは「水深20尋のところに作られ、全長4分の1マイルを超える」防波堤であり、もう一つは「ギリシャで知られているうちで最大の寺院」である。

　数学をあまり知らなくとも、大きな港であれば作れるかもしれない。しかし、山の下を通るトンネルを両端から掘り進めるというのは、相当に高いレベルの測量技術なしにはちょっと考えられないことである。水は低い方へ流れるので、トンネルの出口は入口よりも少しだけ低いところになければならない。その出口と入口は1キロほど離れており、小さな山の麓にあるのである。古代工学史の専門家は皆これを当たり前のことと思うかもしれないが、古代ギリシャの純粋に知的な側面ばかりを見ている哲学者は、こうした実際上の事績にも思いを致す必要があるかもしれない。

　要するに、ピタゴラスは田舎で育ったわけでなく、ハイテク文明の中心で人生の最初期を送ったのである。この島はしだいに重要な地位を失っていくが、かなりのちになって、エピクロスとアリスタルコス（地球が太陽の周りを回っていると考えた人である）が、この同じ島で生まれている。そして、この島の市民で最も有名な人物といえば、やはりイソップ寓話のアイソーポスだろう。


## 9　宇宙の秘密を解き明かす

　生まれた島のことを除けば、ピタゴラスについての歴史的事実はほとんど知られていない。彼の名前がつけられた定理についても、歴史上の人物としてのピタ

164　　第4章　証明

ゴラスが実際にそれを証明したのか、あるいはその証明を知っていたのかということについてさえ、それを信じる理由はないのである。彼の学派についてわかっていることの概要を手軽に知りたいなら、チャールズ・カーンの『ピタゴラスとピタゴラス主義』（Kahn 2001）がいちばんである。ピタゴラス主義的数学とピタゴラス主義的数学について書いた論文「ピタゴラスの誘惑」では、私もこの本を大いに活用させてもらった（Hacking 2012b）。私の決めた約束を振り返っておくと、傍点つきのピタゴラス主義というのは、歴史上のピタゴラス学派とつながりをもっていると思われる考え方である。傍点なしのピタゴラス主義とは、歴史上のピタゴラス学派を継承しているわけでもつながりをもっているわけでもないが、その形而上学が同じ系統に属するような数学や物理学のことである。そのような傍点なしのピタゴラス主義者にはたとえば、20世紀の偉大な数理物理学者 P. A. M. ディラックがいる。上の論文の焦点は彼であった。マックス・テグマークは自身の「数学的宇宙仮説」とともに、21世紀型の徹底したピタゴラス主義を標榜している。

　カーンが書いているように「正多面体と音程の比率のうちに自然の秩序を見いだしたティマイオスの伝統を厳格に引き継ぐ、真のピタゴラス主義者と言える最後の科学者」は、ケプラーである（Kahn 2001: 171）。しかし、ニュートンからずいぶんあとになってもまだ、ピタゴラスのテキストをもってさえいれば、宇宙の数学的構造を解明することはできるだろうという伝説は残った。現代のピタゴラス主義については、§5.17でもう少し触れる。

　私は、数学をすることによって宇宙の秘密を明らかにすることができるという、まさにその考え方が、ピタゴラス主義に起源をもつのだと提案したい。ピタゴラス自身は、（すぐ上で推測を述べたように）高度な土木工事を達成するためにどのように計算や測量を使えばよいかということをよく理解している社会のなかで育った。しかし、ピタゴラス学派は、いくつかの数学的現象——そのなかでもとりわけ、弦の長さに基づく音律とプラトン立体——にいたくひきつけられ、それらを宇宙の本性に関する洞察であるとみなすようになった。そこには、いわゆる「天球の音楽」としての太陽系の天文学、そして宇宙の究極的な構成要素に関する洞察が含まれる。天文学と究極の要素というこれら二つの興味は、現代的な物理学の問題意識を先取りしている。すなわち、きわめて大きなものときわめて小さなもの、微小構造と宇宙全体、である。

　こうした関連のなかでのプラトンの役回りは少し皮肉めいている。というのは、元々のピタゴラス主義の思索について、他のどのテキストよりも多くのことを教

えてくれるのがプラトンの『ティマイオス』だからである。初期近代までは、一般に入手可能なプラトンの作品は、実質的に唯一この『ティマイオス』だけであった。それゆえスコラ学者たちからすると、プラトンは最も偉大なピタゴラス主義者として知られていたのである。ちょっと言葉遊びになってしまうが、これはつまり、今日では、プラトンといえば数学的推論と証明の「純粋」性に対する最も偉大な伝道師とされているが、かつてはむしろ「応用」数学の最大の擁護者とみなされていたということである。

　カントの本では、タレスの故郷であり、そしてそれゆえ数学的論証の可能性という革命的な発見がなされた地であるミレトスこそが、記念すべき土地である。私の本で大事な土地は、その近くのサモス島である。そこは高度な工学数学の土地であり、ピタゴラスはそのただなかに生まれた。そして、数学的探究によって自然の秘密を明らかにするという、ピタゴラスの夢はそこから生じたのである。


## 10　理論物理学者プラトン

　ヴァルター・ブルケルトは過去半世紀におけるピタゴラス主義研究の第一人者である。カーンによればブルケルトは「古代後期において当然視されていたピタゴラス主義哲学についての理解は、本質的にプラトンおよびその直弟子の作品によるものであるということを決定的に示した」（Kahn 2001: 3）という。〔ピタゴラスはプラトンを通じて知られていたということだが、〕ある意味で逆もまた真なりである。上で述べたように、プラトンは、ピタゴラス主義宇宙論を論じた名著『ティマイオス』で知られていたからである。キケロによるラテン語訳はあったものの、中世ヨーロッパに伝えられたのは4世紀のクリスチャン〔であったと思われている〕カルキディウスによる翻訳であった。12世紀にいたるまで、それが実質上唯一の入手可能なプラトンの著作であった。プラトンは1,000年にわたり、ピタゴラス主義者として知られていたのである。

　『原論』の最終巻13巻で、ユークリッドは五つの正（凸）多面体を構成し、それら以外に正多面体はないということを証明している。何人かの研究者が論じているところでは、『原論』という作品全体は、この結果に動機づけられ、この結果がクライマックスとなるように書かれている（ただしこれはあまりもっともらしくない）。現代のわれわれはこれら五つの多面体をプラトン立体と呼んでいる。それぞれの立体には、面の数を表すギリシャ語を使った名前がつけられている。すなわち、ピラミッドないし正四面体（tetrahedron）、立方体〔正六面体〕（cube）、

正八面体（octahedron）、正十二面体（dodecahedron）、正二十面体（icosahedron）である。

　古代では、これらの立体は面の数ではなく、頂点の数の順番に並べられていた。すなわち、四つの頂点をもつ正四面体、六つ（正八面体）、八つ（立方体）、十二（正二十面体）、二十（正十二面体）、である。ユークリッドはこの順番で各立体の構成法を与え、そのあとで、そのリストが網羅的であることを証明した。『ティマイオス』でのプラトンは、これらの立体を万物を構成する究極の構成要素として紹介している。すなわち、頂点の数の順番に、火（正四面体から構成される）、空気（正八面体）、土（立方体）、水（正二十面体から作られる）である。この順番で最後に位置する正十二面体について、プラトンはあまりはっきりしないが宇宙論めいたことを言っている。アリストテレスであれば、正十二面体から作られるのはエーテルだと考えたかもしれない。

　ソクラテス以前にも思弁的な物理学〔自然学〕はさかんであった。しかし、プラトンはどうも何か新しいことを始めたようなのである。今日のわれわれであれば（ユージン・ウィグナーの精神に則って）、彼はおそらくは「美学的」な理由から考案された数学を、思弁的な物理学〔自然学〕へと応用したのだ、とでも言うところである。だが彼はものごとをそのようには見ていなかった。彼はよきピタゴラス主義者であった。つまり、数学が自然へと応用されるというよりもむしろ、数学をすることそれ自体が世界の深層的な本性を知ることである、彼はこのように考えていたと言うほうがより適切だと思われるのである。§6.13においてわれわれは、アラン・コンヌが、まさにこれこそいま、あるいはできるだけ早く、われわれがなすべきことであると言っているのを見ることになるだろう。

　五つのプラトン立体はどれも凸である。非凸でもよければほかにも正多面体は存在する。星形正多面体がそれであり、その歴史についてはイムレ・ラカトシュがかなり哲学的な意図を込めてまとめている（Lakatos 1976）。その基礎構造の様々な一般化を考えると、自然のなかにそれらの実例を豊富に見いだすことができる。われわれはすでにマイケル・アティヤに出会っている（§1.12, §3.7）が、（一般化された）プラトン立体に対する現在の研究関心をつかむには、ここでは、アティヤによるレオナルド・ダ・ヴィンチ講演のアブストラクトからの引用で十分である（Atiyah and Satcliffe 2003）。そこでは、プラトン立体を含む多面体のクラスの実例として、次のようなものが挙げられている。

　　外圏上の電子、炭素原子からなるケージ構造、重力点粒子の中心配置、希ガス

ミクロクラスター、原子核のソリトン模型、磁気単極子の散乱、点粒子に関する幾何学的問題、といった研究である。（Atiyah and Sutcliffe 2003: 33）

　さらにアティヤは嬉しそうに生命科学における実例にも言及している。「正二十面体対称性をもつ3価多面体のまわりに作られる、HIVのような球状ウィルス殻」（Atiyah and Sutcliffe 2003: 34）。

　プラトン立体は信じがたいほどの肥沃さを示してきたが、しかしそのぶん、興味深くはあるが誤った一般化もかなり生み出してきた。最も有名なのは、ケプラーが考案した、当時知られていた六つの惑星の運動についての、五つの正多面体に基づくモデルである。ケプラーは偉大なピタゴラス主義者であった。彼は〔正多面体が五つしかないということから〕なぜ惑星の数が六つであるのかを説明できると考えたのである。彼のモデルは人間の創造力の堂々たる勝利であると言えようが、それは、幸運だが間違った一般化に基づいていたのである。

　それでも、ピタゴラス的な現象の永続性には目を瞠らせるものがある。ここでアティヤとサトクリフを引いたのは、その幾何学に関する側面の例証としてである。次のピタゴラス的テーマは和声学である。


## 11　和声学はうまくいく

　和声学がこの世界のはたらく仕方を理解するために重要であるということははっきりしている。たんに音楽を数の問題にしてしまえるということではない。そのような言い方は、事柄を反対に捉えてしまうことになるだろう。というのは、音楽と数学におけるピタゴラス主義的伝統のために、自然を研究する者たちは多くの調和〔和声〕級数（harmonic series）を用いてきたからである。調和級数が物理学において大きな役割を果たしているのは、自然がそのように要求しているというよりは、われわれの自然についての探究がピタゴラス主義的なモデルに則って始められたという面が大きいのである。

　高校で少しでも物理を習うなら単振動（simple harmonic motion）について教わるはずだが、なぜそれが「和声的（harmonic）」と呼ばれるかということを教えられることはほとんどない。この点については、現代人よりもヴィクトリア朝時代の人たちのほうがましであった。ケルヴィン卿ウィリアム・トムソンがP. G.テイトと共著で出版した『自然哲学論考』は、ヴィクトリア朝時代の物理学における英国の古典的教科書であるが、そこで単振動について議論する際、彼らは次のように書いている。「こうした運動の物理的な興味は、それらが、音叉やピア

ノ線のような音を出している物体——和声という名前はそこから来ている——
や、それに音や光、熱などの波を伝える様々な媒体の最も単純な振動に近似して
いるという事実にある」（Thomson and Tait, 1867: I.i.§53）。

　ラプラスによって開発された球面調和関数はいまでは、惑星体の磁場、宇宙マ
イクロ波背景放射、重力場といった、まさに「天球の音楽」を描写するために使
われている。球面調和関数は、量子力学を相対論化するディラックの論文でも必
要不可欠な役割を果たしている。

　原初ピタゴラス主義的な和声の概念から発展した道具立てが、宇宙の探索にこ
れほどまでに役立ってしまうというのは、たんなる幸運なのだろうか。それとも、
そのような道具を使っているから、われわれは宇宙を「和声的」であると感じて
しまうということだろうか。まさに「数学と自然との、そして自然による数学の
謎めいた適合」という話である。

　マーク・スタイナーは、自然と数学とのピタゴラス的な適合を、それにふさわ
しい驚きとともに扱っている、現代では唯一の哲学者である（Steiner 1998）。彼
はこの点について正しくも「擬人観」という言葉を使っている。というのは、わ
れわれ人間が自然にある一定の組織構造を投影し、驚くべきことにその構造を自
然がもっているというのは、人間についての、そして人間がもっている構造の感
覚（であれなんであれ）についての事実だからである。応用数学の一種としての
ピタゴラス主義的思考については、§5.17でまた短く触れることになる。ちな
みに、闘争的な無神論者（ただし無駄に声高なわけではない）でもある哲学者ジェー
ムズ・ロバート・ブラウンは、「応用数学の奇跡についてのウィグナーの有名な
見解については、スタイナーが（宗教的な含みとともに）論じている」と書いてい
る（Brown 2008: 66）。


## 12　なぜ論証的証明は受容されたのか

　ここでピタゴラス主義者としてのプラトンからは離れて、よりなじみのある純
粋主義者としてのプラトンに戻ることにしよう。ネッツが明らかにしているとこ
ろによると、古代において、ユークリッドの『原論』に収められているような類
の数学に携わっていた人は、きわめて少数であった。そうした人々のうちでは、
アルキメデスが傑出した貢献で有名であった。（ネッツはピタゴラス主義について
はほとんど書いていない。彼の興味はテキストの解明にあって、伝説めいたお話をつな
ぎ合わせることにはないからである*。）理論数学は（あまり感心しないのだが、プラ

169

トン自身の言い方を使うと）ぜいたくな営みである。余暇がないとできないし、何よりも「郵便」のためのお金が必要である。共同研究者は海の向こうにいることがしばしばだからである。さてでは、こうした国際的な研究状況のなか、ほかの場所ではなく、とくにアテネの知識人のあいだで、証明というものが文化的に理解され受容（uptake）されることになったのは、なぜだろうか。ネッツはジェフリー・ロイド（Lloyd 1990）を踏襲して、その理由をギリシャ人の議論好きな気質に求めている（Netz 1999: 299f）。

　アテネは市民による民主政だった。市民というのはすべて男性で、そのなかに奴隷は一人もいない。それは少数のための民主政である。しかし、その少数者のなかに特定の支配者がいたわけではない。議論こそが支配者であった。アテネという都市をどのように運営し、戦争をどのように戦うかが議論されるわけだが、問題は、こうした議論には決め手がないということであった。あるいはそれを決着させるのは、議論やその結論自体の正しさではなく、演説者の雄弁術や聴衆の欲望でしかなかった。民主政の恐ろしさを知ったプラトンは、少数者による数学を利用した。そこには、雄弁術など関係なさそうに見える、ただ一種類の議論しかない。市民なら誰でも、いや市民だけでなく奴隷であっても、時間をとって、厳しい指導に助けられながら考えれば、幾何学の議論を追うことができる。その議論が正しいことは、自分自身で、あるいはどうしても必要なら少しだけヒントをもらいさえすれば、見てとることができる。プラトンは仲間の市民に向かってこのように説いたのである。

　ここで心しておきたいのは、いまわれわれがアテネ人に対して抱いているイメージ、つまり終わりのない議論を続け、そしてその後、証明というものに感銘を受けた人々というイメージは、どうにも象牙の塔くさいということである。歴史学を、数学的証明を、そして哲学を発明し、優れた悲劇作家を後世の人々に遺した、ギリシャ人たちの偉大なる知的巡礼、というやつだ。ギリシャの諸都市は恒常的に戦争状態にあった。歴史家ならざるわれわれはうかつにも、（肩をすくめながら）でも延々とそれだけを考えていたわけではないでしょう、と思ってしまう。だから次のようなことを思い出しておくのがよいだろう。気難しいギリシャ人がペルシャ人に征服されなかった主要な理由は、一つには海軍力であり、もう一つには、陸上では、狭い土地での戦闘用としては当時最強と考えられる戦闘機械を開発していたからである。ペルシャは騎兵隊をもっていたが、ギリシャ都市国家は、重装歩兵隊によるファランクスという密集陣形をもっていた。ファランクスのなかで、それぞれの歩兵は左手に盾を持ち、右手に槍を持つ。右半身は盾

から露出するが、それは隣の兵の盾によって守られる。こうした陣形を組織する際に強烈に効いているのは、議論ではなく規律である。

## 13　誘拐犯プラトン

弁論術よりも証明を好んだギリシャ人、というお話は、いかにもそれらしく思えるという以上のものではないかもしれない。それでも、愛すべき寓話ではある。多くの寓話と同じように、それは諸刃の剣である。Netz（1999）に対する目の覚めるような書評論文において、ラトゥールは、プラトン以降の哲学者たちは数学的証明を「誘拐」して、それをプラトン認識論と形而上学の礎石としてしまった、と語っている（Latour 2008）。またそれより10年ほど前にもすでに、彼は同じようなことを論じている。すなわち、プラトンは、カリクレスが主張する、民衆を黙らせるための「力は正義なり」という考え方を、より大きな力でもって、すなわち数学でもって負かしたのだ、と（Latour 1999）。「サイエンス・ウォーズの発明」という、当時の論争状況を彼らしい華々しさで一変させた論文でのことである。1990年代にある一定の文化的な対立の付随現象として起こったあの「戦争」を解明するために、ラトゥールは「ソクラテスとカリクレス対アテネの人々」という対立図式、そして「ソクラテス、ソフィスト、そして民衆のあいだの三つ巴の抗争」について書いている（Latour 1999: 219-35）。（こういう見方には無理もあるので学問的なツッコミも入っている。それについてはKochan（2006）を見ていただくとして、われわれは証明の話に移ることにする）。

> ギリシャの奇跡を信じている方々には非常な驚きであろうが、ネッツによるとギリシャ数学の顕著な特徴とは、ギリシャ文化全体から見るとそれがまったく周縁的なものであった、ということなのである。高度な教養文化のなかでさえ、そうであった。医学、法学、弁論術、政治科学、倫理学、歴史はクール。でも数学はNGだったのである。ただし、一つだけ例外があった。プラトン-アリストテレスの伝統である。しかし、この（当時はまだきわめて弱小であった）学統は数学者から何を得たのだろうか。彼らが唯一学んだのは、数学のもつ決定的な特徴である。すなわち、弁論術によるのでも詭弁によるのでもない、必当然的（apodictic）な説得の仕方が存在するのではないかということである。数学者から引き出されたその哲学は、まだ一人前の自立した学問慣行ではなかった。それは、相手の納得を勝ち得るための間違いのないやり方があるのだということを押し出して、自らを他の流派と根本的に差別化する一つの方法にすぎなかったのである。（Latour 2008: 445）

ラトゥールは、数学が嫌いとか怖いとか言う大衆の側に立って話している。「も
しあなたが、幾何の証明の授業でずっとつらい思いをしなければならなかったの
だとすれば（私の場合はまさにそうだったのだが）」(Latour 2007: 443-4, 強調引
用者)。この観点からすると、私はマイノリティである。大昔、私が通っていた
のは平凡な公立学校で、かなり旧態依然としたところだったのだが、そのおか
げで幸運にも、私の場合 13 歳でユークリッドを（少し手加減はしてくれていたが）
教わることができた。オタク気質だった私は、それがとても気に入った。それは、
私にとって、自分をとりまく過酷な世界からの逃避であった。証明について学び、
私はそれを愛するようになった。つまり、私は、プラトンの数学の誘拐にほいほ
いとついていくような人間であり、カントのタレス神話に簡単に騙されるような
人間なのである。

　ただし、そのタレスなり誰なりのアタマのなかで姿を現したものが、われわれ
の証明の観念とよく似たものだったと思ってはいけない。このことを立証するの
も骨の折れる仕事であった。ネッツの本の「ギリシャ数学における演繹の形成
(Shaping)」というタイトルは掛け言葉になっていて、古代数学においては図が
必要不可欠な役割を果たしていたという事実を暗示している。ネッツの大きな功
績の一つは、現存テキストのなかにはまったく残っていない図を復元してみせた
点にある。彼の仕事によれば、そこで発展していたのは、多くの（ホメロスや他
の口承文学に見られるものと類比的な）決まり文句と、同様に多くの定型的な図を
備えた、証明の提示におけるある種の形式論なのである。これは、非常に特殊な
証明の概念であり、われわれのそれとは異なっている。しかし、この概念が、そ
の出現以来、われわれにまで伝わるあの感覚を生み出したのはたしかである。す
なわち、ある議論が決定的であり、それ自体で必当然的であり、それ自体に説得
力が備わっている、と感じられるあの感覚である。


## 14　もう一人の容疑者？　エレア派哲学

　ちょっとした歴史の話から始めることにしよう。様々なタイプの計算法は古代
から存在していたが——エジプト人やアッシリア人などのあいだで使われてい
た——われわれが今日考えるような意味での数学が生まれたのは、紀元前 5 世
紀のギリシャの港町においてである。そこでは人々が哲学や天体力学の問題を
考え、海辺でそのようなトピックについての議論を交わしていた。そうした人々
のうちの幾人かが、自己欺瞞に陥るのを避けるために、混乱や誤解を招かない
ような議論の仕方を発展させた。それ自体でその内容の論駁を不可能にするよ

うな形式を備えており、それゆえに人を納得させられるような力をもった議論の仕方である。このような文脈のなかで、証明の観念が 2 の平方根との関連で出現してきたのだが、エレア学派の哲学者は、この概念を新しいレベルへと引き上げた。新しい議論の仕方が限られた範囲でうまくはたらくということはわかったので、彼らは、このタイプの議論がより大きな妥当性をもつためには何が必要だろうかと考え、それによって、より広い証明の観念が生まれることになった。現代にいたるまでの歴史を通して、証明の観念は様々な形態をとってきたが、エレア学派の人々の念頭にあったのは、絶対的な証明という観念であった。(Connes, Lichnerowicz, and Schützenberger 2001: 23; ここからは CL&S と略記する)

アンドレ・リヒネロヴィッツ (1915 〜 98) はこのように言っている。彼は傑出した微分幾何学者、数理物理学者であり、数学とは構造の研究であるというブルバキ流の見解に強い影響を受けている。彼自身の考えについては §6.7 以降で再び検討する。エレア学派とは、南イタリアのギリシャ植民地エレアと同一視される哲学者グループであり、いわゆるソクラテス以前哲学者のなかに数えられる。そのなかでも著名なのは、パルメニデス、ゼノン、メリッソスである。もちろん、彼らについては著作の断片や二次史料を通じてしか知ることができないので、上のようなリヒネロヴィッツの「歴史」を正当化するのに十分な材料はない。しかしそれは、タレスとプラトンを中心におくいつものお話に対する優れた補足(あるいは毒消し?)となっている。注意してほしいのは、彼のお話のなかでは、証明の観念が生まれたのは自己欺瞞を避けるためだったとされている点である。ネッツやロイドの与えている証明の受容の説明では、証明の目的は、他人が仕掛けてくるレトリックやごまかしを避けるためだとされていた。

また、人々が「海辺でそのようなトピックについて議論を交わしていた」という表現を、物語の流れでたんに言葉を飾っているだけだと無視してはいけない。地中海のひなびた南向きのビーチで年間を過ごせるほど幸運な人なら誰でも、太陽が一日ごとに地平線の違った場所から昇り沈んでいくこと、そしてその動きは至の期間に最も大きくなることに気づくだろう。これは天体力学のいわば「レッスン 1」なのだが、いまのパリやカルガリーにあたる場所に住んでいて、これに思いあたった人はいないのである。

上で挙げた 3 人目のエレア学派哲学者、サモスのメリッソスについては、ほかの二人と比べてもほとんど何もわかっていない。先の 8 節で述べたように、ピタゴラスの生地であるサモスは、しばらくの期間、古代世界のハイテクの中心地であった。メリッソス (紀元前 5 世紀に活躍した) は、実在は時空のなかに**制限**

されない、あるいはそもそも時空間の**なかにはない**と考えていたようである。これは、少なくとも言葉のうえでは、21世紀の数学的プラトニストやプラトニストが数学的実在について、あるいは数学的対象なり抽象的対象なり言葉の選び方はいろいろあろうが、とにかくそれらについて言っていることと興味深い類似を見せている。リヒネロヴィッツは、エレア学派には、独自の存在領域のなかにある数学的対象という観念を西洋文明に押しつけた罪があるとして、残念に思っているようである。われわれがそこから何とか逃れることができたのは、19世紀になってようやくのことである。ガロアの洞察のおかげで、対象ではなく構造に集中することができるようになったのである。これはまた別の起源神話である！リヒネロヴィッツがわれわれに教えるところでは、ガロアのおかげで、ギリシャ数学の発展を妨げていた障害の一つ、すなわち数学的「対象」の存在、がそれによって乗り越えられたのである。

> こうしてわれわれは、考察の対象となっている存在者の本性は数学者にとって重要ではないのだということ、そして、ある意味で、同型な構造を備えた諸集合はそれらに共通の取り扱いを通して研究することができるということを理解したのである。いかなる集合も、もしそれが構造的な規則に従うなら、ある意味で「数学化」することができる。つまり、数学者は、自分たちが推論を行使している「対象の存在」は何の重要性ももたないということを学んだのである。(CL&S 2001: 24)

ラトゥールとリヒネロヴィッツを比較対照させてみよう。ラトゥールは、必当然的な確実性と証明に心を奪われたプラトンを非難し、そのような陶酔は**悪いこと**であると考えた。リヒネロヴィッツはプラトンではなく、彼に先立つエレア派を証明の発見者として賞賛し、証明の発見は**良いこと**であるとしている。ただし、一方で彼は、エレア派が数学的対象というものにこだわったことを結果的には非難している。その点は彼にとっては**悪いこと**なのである。

もちろんこれらはどれも事実としての歴史（history-as-fact）ではなく、精神史（moral history）あるいは寓話としての歴史とでも呼ぶほうがよいようなものである。哲学においてはしばしば、事実としての歴史よりもこちらのほうがはるかに有用なのである。（そして、誤解を招かないように個人的に言っておきたいのは、これはミシェル・フーコーの意味での「考古学」とはまったく別物だということである。彼の考古学は、私も別のところで真似したことはあるのだが、その意図が過去を明らかにするのではなく現在を照らし出すという点にあるだけで、はっきりと、事実としての歴史以外の何ものでもないのである。）

## 15　論理（と弁論術）

　先に私はカントを引いて、論証的証明を行う人間の能力の（タレスか誰かによる）革命的発見、という彼の理解の仕方を絶賛した。彼は論理学の発展には興味を覚えなかった。「王道に行き当たること、あるいはむしろそれを自ら切り開くことが、数学にとってたやすいことだったと考えてはならない。その点で数学は、理性が理性自身のみを扱う領域である論理学とは対照的である」。論理学においては理性は理性自身だけとかかわる、というのは奇妙なフレーズである。彼の論点は、幾何学は何か別のもの、すなわち図形とそれらの関係を扱うのだというところにある。一方、論理推論には特定の主題はない、「それゆえ」それほどたいへんなものではないというわけである。

　中心の論点、すなわち数学は主題をもつ——それがかつて考えられていたような「対象」であれ、いま多くの人が考えているような「構造」であれ——という点に関しては、カントは正しかった。論理学が主題をもたないというのも正しい。これにはギリシャに少し面白い話がある。

　ソクラテスはたとえば『ゴルギアス』において、ソフィストに対して異を唱え次のように主張する。人に教えることができるのは、大工仕事や料理、医術や航海術などの、主題をもつ科目だけである。しかしソフィストが教えると称する弁論術にはそのような主題がない。したがってソフィストは教師ではありえない。

　当時は弁論術の教師が多くおり、その分野の教科書もきわめて多数存在していた。ソクラテスはそういう状況に激しく怒っていたのである。だから、アリストテレスの最初の講義録が『弁論術』と『弁証法』——後者はよく『トピカ』と呼ばれるが——であったのは、オイディプス的な父殺しだったのである。アリストテレスが言うには、弁論術は弁証法の相補物である。弁論術は、ある議論を聴衆に提示する仕方にかかわり、弁証法は、二つ以上の陣営のあいだの議論の仕方にかかわる。「ある人はいつも成功し、ある人はたまにしか成功しないのはなぜなのか、その理由を観察することができる。そして、そのような観察はある技術（teknē）を伴う活動であるということは、誰にでも合意できることだろう」（『弁論術』1354ª9）。彼は続けて弁論術の一般の教科書を批判し、次のように述べている。自分は雄弁術それ自体を論じているのではなく、よき公共的会話の**理論**を与えようとしているのだ、と。

　研究者のあいだでの一般的なコンセンサスによれば、『トピカ』と『弁論術』はアリストテレスの作品としては現存するなかで最古であり、間違いなく講義録

であるということは強調しておきたい。三段論法を彼が発明したのは、それより
もあとになってのことである。『分析論後書』A1〜7で提示されているそれこ
そが、私の見るところでは、われわれが論理とか、演繹論理と呼んでいるもの、
すなわち真理保存的な議論形式の創始である。

## 16　幾何学と論理：密教と顕教

　アリストテレスによってまとめられるやいなや、三段論法はすぐに、ギリシャ
の諸都市や海外の植民都市のエリートたちに理解されたことだろう、と私は想像
している。一言で言えば、三段論法は**顕教的**だということになるだろう。すなわち、
妥当な議論の例示としての三段論法は、当時のエリートたちに対して広く門戸を
開いていたのである。現代のわれわれからすると、アリストテレスは、意味論的
な論理的帰結関係の根底にある考え方を発見したのだと言うこともできるかもし
れない。もう少し時代錯誤ではない言い方をするなら、彼はある種の議論が必然
的に真理を保存するということを発見したのである。彼はまた、そのような議論
がもつ構文論的な形式も提示しているが、妥当性のこの側面についてはそれほど
強調点をおいていないようである。ともあれ、三段論法は共通通貨となった。文
書を用いる社会に属する者なら誰でも、三段論法を理解できるようになった。あ
るいはこれは反対に言ったほうがよいかもしれない。つまり、三段論法は、ギリ
シャの知識社会において地位を得るための最低要件となったのである。
　これは、カントによって描かれた発見、すなわち幾何学における論証的証明の
発見と好対照をなしている。幾何学は、東地中海に散らばった数学者たちの小さ
なサークルのなかで行われていただけで、プラトンとその弟子たちを除けば、一
般の文化や社会にはほとんど影響を与えていない。つまり、今日と同じように、
高い地位にある人物のほとんどは、数学的証明というものを理解していないので
ある。もちろん、基礎的な知識は必要である。社会的な栄達のためには、あるい
はたんに職を見つけるだけのためにさえ、数学はある程度できないといけない。
これは、現代のほうがその要求ははるかに高いとはいえ、昔もいまと同じである。
しかし、エウドクソスや彼の弟子たち、たとえばテアイテトスのような才幹をもっ
た数学者というのは希少種であったし、彼らの業績を最低限にでも理解し興味を
覚えた後継者もまた、まれであった。つまり、彼らのスキルは市民社会において
何の役割も果たしていなかった。これは、先に13節で引用した、ラトゥールが
リヴィエル・ネッツからとってきたテーゼにほかならない。これを一言でまとめ

るなら、**密教的**ということになる。論証的証明とともに行われる幾何学は、専門家だけのものだったのである。

分析哲学者たちは、数学と論理学の歴史的な関係を間違って理解してきたように思える。19世紀の半ばになるまで、それらは互いにほとんど何の関係ももっていなかったのである。その世紀の終わりまでには、数学は論理学であるという論理主義のテーゼが、とりわけフレーゲによって提起され、彼のプログラムは、A. N. ホワイトヘッドとバートランド・ラッセルによって1910〜1912年に出版された三巻本の『プリンキピア・マテマティカ』へと結実した。この論理主義のテーゼは、クルト・ゲーデルの結果によって誤りであることが示されたと一般にはみなされているが、それでもたいへん興味深いものであった。このプログラムは、分析哲学だけでなく英語世界での論理学教育にも大きな影響を与えた。しかし、この出来事が起きるまでは、数学と論理学の結びつきは端的に存在しなかったし、論理主義が推進されている時期でさえ、多くの数学者はそれにほとんど注意を払っていなかったのである。つまり、論理学と数学はつねに関係してきたという誤解は、論理主義の影響を受けた教育法によって起こった災難なのである。英語圏の教育ではとくに、アリストテレス論理学は、『プリンキピア・マテマティカ』の記号法にならって作られた、いわゆる「記号論理学」によって取って代わられている。この記号論理学は、明晰な思考を教えるのだという信念、スコラ論理学がずっとやってきたことを、ただしより良い仕方でやるのだという信念のもと、顕教的に作られている。数学は、その起源である幾何学的証明と同じように、密教的なままである。

## 17 証明をもたない文明

証明の可能性の発見とその受容は、どれも偶発的と言ってよいであろう出来事が続けて起きた、まぐれ当たりの僥倖の産物である。幸運にも、この事実に対しては歴史的な例証がある。古代の中国は見事な数学を発展させていたが、しかしそれは主に、近似の体系についての研究であった。中国では、証明というものが姿を現すことはほとんどなかったようであるし、証明がそれ自体として尊重されることもなかった。働きざかりの時期を中国とヨーロッパの比較知識史に捧げてきたジェフリー・ロイドによると、中国では、帝国の官庁を最終審級として、階級構造をもつ強力な教育体系が整備されていたため、ものごとを決着させるための証明というものは必要ではなかったのである。**これは**まさに、議論好きなアテ

177

ネと決定的な対照をなしている。

　ロマン主義時代全体とその後を含む数百年のあいだ、ヨーロッパ人は、ラトゥールの皮肉の利いたうまい表現を使うなら、「ギリシャという栄光」を賞賛していた。ドイツの学者たちがそれを先導し、彼らは実際巨大な仕事をなした。しかしそこには、植民地をもたない大国にとっての、植民地主義の代理物といった側面もあった。ドイツのハイカルチャーは、1933 年まで、ギリシャ文明の後継者を自認していた。それ以前のすべては野蛮というわけである。

　喜ばしいことにいまでは風潮は変化し、他の文明についての研究も急増している。それを如実に示す例としてはたとえば、2010 年の年末のニューヨーク大学では、数学史家アレクサンダー・ジョーンズ企画による、「ピタゴラス以前：古代バビロニア数学の文化」と題した素晴らしい展覧会が開かれていた（Rothstein 2010 を参照）。古代中国数学についての研究も同様に伸びているが、こちらにはバビロニア研究に比べるとたいへんな強みがある。というのは、いまの世代の高度な訓練を受けた中国人研究者が、どんどん研究を進めてくれるからである。ごく最近では、中欧共同編集による最重要文献集が二つ出され、俗に『九章本』と呼ばれている（Shen et al., 1999; Chemla and Guo 2004）。

　展覧会の「ピタゴラス以前」というタイトルは二通りの仕方で読むことができる。まず明らかな意図としては、その人物についてはほとんど何も知られていない、かのカルト的有名人以前にも、さかんに数学は行われていたことを伝える、ということである。しかし、「ピタゴラス」という名前は、ある事実を、ある定理を、ある証明を暗に示している。事実というのは、直角三角形の斜辺と隣辺のあいだの関係についての、測量などの場面で実際上にも見てとることのできる事実のことである。定理というのは証明可能な事実のことであり、そして証明ということで私が言っているのはたとえば、ユークリッドの『原論』に載っているあの証明のことである。

　調べてみるとわかるが、ピタゴラスの定理として要約される事柄が、実際に事実として成り立つということの証拠（ユークリッドに見られる証明と対置させられる意味での）ならば、中国でもメソポタミアでも多く積み重ねられていた。メソアメリカでもそれらしい兆候は見いだされる。ニューヨーク大の展示では、ピタゴラスの事実を図解しているいくつかの現存する図を見ることができた。つまり、その事実は証明が発見されるかなり以前から、おそらく多くの文明で知られていたのだから、「ピタゴラス以前」というのはその事実以前ということではない。とすればそれは「証明以前」ということになるが、それは何を意味しうるのだろ

178　　第 4 章　証明

うか。

　その内容はよく理解されていて、経験によって正しさが確かめられており、計算と近似のための技法も伴っている、そのような事実。人が欲しがるようなものはすべて揃っている。ただ一つ、論証的証明を除いて。そのとき、ではいったい誰が、証明を必要とするのか？


## 18　階級バイアス

　プラトンは数学を誘拐しただけでなく、学問の全体をかどわかしてしまった。誰もが、理論的数学がギリシャ数学実践の、そして（それゆえ？）古代数学のほぼすべてで**あった**と考えるようになった。現代になってようやく、古代ギリシャには「二つの数学文化」があったということが広く認知されるようになった（Asper 2009）。一つには、「ユークリッド」によって象徴される密教的文化であるが、それとは別に、実践的な計算もきわめてさかんに行われていた。ふつうの人々はプラトンのアカデメイアではなく、職業訓練学校に行っていたのである。

　同様の階級バイアスは、古代研究だけでなくより広範に広がっている。初期のイタリア数学の伝統については、タルタリア、カルダーノ、それにフィボナッチといった人物とともにかなりよく知られている。この伝統を、少しだけ時代錯誤になるのだが、大学の伝統と呼ぶことにしよう。イェンス・ホイロプは、これとは別に貿易の伝統があるということを示した（Høyrup 2005 および彼のウェブサイトを参照）。じつは、フィボナッチ数にその名前を残しているフィボナッチは、大学よりも貿易の伝統のほうにその出自をもつ。イタリアには、商人が子息を通わせるための学校が数多くあり、そこでは効率的な計算法やアラビア数字、当時の携帯（できないこともない）計算器であるアラビア算盤などが教えられていた。これはエリートたちには相当な脅威だったようで、いまでは誰もが文明再生の中心地として知っているあのフィレンツェでさえ、アラビア数字は禁止されていて、使うと罰せられていたのである。そう、この状況を言い表すために、研究者たちは C. P. スノーの「二つの文化」というあのキャッチーなフレーズを再利用している。イタリアのルネッサンス期の数学には二つの文化があった。あるいはホイロプの言うところでは、前近代には「下位科学」的な数学の実践があったのである。

　最近になってようやく、歴史家たちは、数学的実践の歴史において誰が何をなしたのかを見いだす際の階級バイアスを取り除けるようになった。（これは数学だけでなく科学の多くの側面についても同じことである。）だがそれでも、プラトンが

179

数学を誘拐し、それを作り変えてしまったということはたしかである。今日の現役の「純粋」数学者を含む後の世代にとっては、数学は証明をする実践なのである。しかし「純粋」とは？　第5章Aで見るように、純粋数学と応用数学という区別自体は、たった数世紀の歴史しかもたない。そしてその区別の創出に一役買っているのがカントである。数学史はますます、フランス史と同じくらいに、不可避的ではない偶発事の歴史のように見えてきているのである。

## 19　証明という理念は知識の成長を妨げたのか

　証明を重要視するプラトンの見解は、アリストテレスによって、論証的知識という、より一般的な観念へと作り変えられ、**スキエンティア**と呼ばれるようになった。ポパーは、これはひどい過ちであり、これによって科学的知識の成長は2,000年にわたって妨げられることになった、と述べている。上で見たようにラトゥールはプラトンのことになると少し我を忘れてしまうところがあったが、ポパーはさらに過激で、1945年には、プラトンをヘーゲルやマルクスよりもさらに危険な、いわゆる「開かれた社会」の最悪の敵であるとしている。「ソクラテスの後継者でまともなのは**一人だけ**、彼の古い友人であり、**偉大なる世代**のしんがりである**アンティステネス**だけである。最も才能のあった弟子プラトンは、すぐに最大の不忠者の馬脚を現してしまった」（Popper 1962: 194）。

　ポパーの考えによると、今日科学的方法と呼ばれているものは、証明によって論証された確実な知識という理想像によって長らく、その発展を妨げられてきたという。この見方は必ずしも正しくないだろう。おそらく、われわれがいま言うところの科学革命は、それに先立つ、論証というモデルがなければ、実験を用いた研究を実験室における科学へと作り変えることはできなかっただろう。1787年のカントが、「タレスか別の誰か」についての議論の直後に、新しい**発見**、つまり20世紀のわれわれが「科学革命」と呼ぶようになった、第二の**革命**について書いているのは正しいのである。

　たしかに自然科学の「王道」とは、論証的証明という道に沿って進むことではありえず、新しい高速道路の造成が必要とされていた。それでは、ポパーが断言しているように、証明の観念などそもそももたなかったほうが、われわれはうまくやれていたのだろうか。それとも、論証的証明という考え方のうえに築かれる知識なしには、実験室科学の発見はなかっただろうとする、非ポパー的なモデルを構想すべきだろうか。

180　第4章　証明

時代遅れの思想家はこうつぶやくかもしれない。ポパーの熱意はよくわかるし、それはそれでよいのだが、事実問題として実験室科学は、ギリシャ的な証明をもたない他の伝統では育ってきていない。証明を最高基準として設定してくれたプラトンに、われわれはすべてを負っているのである。

## 20 どの最高基準？

私はこれまで、ある単一の「証明」という観念があり、それがタレスか別の誰かによって発見され、今日まで伝わっているかのように話をしてきた。しかし第3章やここまでの偶然性についての議論から明らかだと思うが、証明についての考え方やそのやり方は進化してきている。ここでの私のガイドは、古代ギリシャ数学についての二つの研究である。順番に見ていくと、まずはウィルバー・クノールである（Knorr 1975; また 1986 も参照）。クノールがやったのは、新しい証明の戦略が発展してくるさまが明らかになるような仕方で、古代のテキストを読み解くということだった。実際彼は、証明のアイディアのほぼ線形な発展過程に沿って、ユークリッドのテキストの各箇所が書かれた時期まで特定している。もちろんその順序は、『原論』の現在の構成とは一致しない。ここでオーラル・ヒストリー。クノールのスタンフォードでの同僚であった証明論者ゲオルク・クライゼルは、この仕事を強力に後押ししていた。これは、クノールの仕事がたんなる証明の歴史にとどまらず、人間が証明するという能力を発見していく過程を指し示していたからであろう、と私は考えている。

私の第二のガイドはリヴィエル・ネッツである（Netz 1999）。彼の仕事についてはすでに8節で引いたが、彼は、ユークリッドの証明においては、図や定型句が証明の論理的な上部構造を与える役割を果たしている、ということを示した。彼が最も力を注いでいるのはアルキメデスであり、彼はいまその現存テキストの全集を編集している。彼は、アルキメデスがどのようにして、ものごとの決着のつけ方を過去のそれから飛躍的に進展させたかということを示している。（彼にはいつでも、プラトンについてホワイトヘッドが言ったことを真似して、「すべての科学はアルキメデスに対する注釈だ」と言う用意ができている。）だがアルキメデス以降はスローダウンする。発見のための新手法の開発という点では、われわれはほかの伝統へと移らなければならない。そのなかでも著名なのはペルシャとアラビアであるが、そこでは証明というギリシャ的理念は、あまり存在感を発揮していない。ガリレオは、たしかにアルキメデス的な仕方で物理世界を数学化したとは

181

言えるだろうが、彼にとっては証明はそれほど重要ではなかった。証明というものが主役に返り咲くのは、しばしばコーシーに帰されるところの、厳密性の要求という新しいムーブメントを待たねばならなかった、と言って間違いないだろう。タレスかほかの誰かが何か根本的に新しいことを始めたのだというカント（そしてアインシュタイン）以来の定説に沿うものとして、ハワード・スタインをエピグラフに使わせてもらい、少し前（7節）でも再び引用したが、私の引用したその段落はじつは次のような言葉から始まっているのである。「その最初の誕生が、古代ギリシャ人のあいだで、紀元前6世紀から4世紀頃に起こったのだとすれば、数学は19世紀において、その分野の第二の誕生と言っても過言ではないくらいの重大な転換を経験した」（Stein 1988: 238）。

## 21　証明の格下げ

　この本の冒頭で私は、証明の体験こそが、数学の哲学が永続的に存在していることに対する二つの主要な理由のうちの一つである、と主張した。つまり、私は、証明それ自体の観念は明確なものだという仮定とともに出発したのである。しかしすぐに、デカルト的証明とライプニッツ的証明という区別に行き当たった。証明には二つの異なる理念があったのである。一方〔デカルト的証明〕は、注意深い反省のあとに完璧と言ってよい理解がもたらされることを要求するが、それはまた、マーティン・ガードナーの言う「アハ！」体験のような直接性とも結びついている。他方〔ライプニッツ的証明〕は、体系的なステップごとのチェックを要求する。20世紀になって、これら二つの観念はいくつかの重要な点でだんだんと食い違いを見せ始めた。

　§1.26では、両極端に位置するであろう人物としてヴォエヴォドスキーとグロタンディークを出した。グロタンディークは絶え間のない概念分析を要求する。それはラカトシュの言う、証明と反駁による弁証法に似ていないこともない。それらのあいだの関係が「明白」となり、証明された定理の真理がデカルト的な意味でただちに理解される地点に行き着くまで、概念は分析されねばならない。ヴォエヴォドスキーは、計算機による証明探索の推進だけでなく、数学のジャーナルは電子的検査のための機械可読的な証明なしには定理を受理しないようにするべきだと提案している。究極的にライプニッツ的な状況である。

　これら二つの証明概念のあいだの対話は、近代の初期に、つまり、いわゆるヨーロッパの科学革命の時代に始動したわけだが、その過程で、論証的証明というシ

ンプルな観念は「格下げ」された。しかし、考え方のつじつまが合っているという体験、それらのあいだの必然的な結合がはっきりと、あるいは一目瞭然とさえ言えるほどに明らかになる地点まで概念が明晰化されるという体験がなくなったわけではない。その体験は、それを実際に体験した人にとっては深い重要性をもつのであり、以下で見ることになる哲学的な論争状況を生み出してきた。第6章では二人の人物を主人公として、第7章ではより一般的に、数学の哲学における様々な立場の観点から、その論争を描き出すつもりである。

## 22 科学的推論のスタイル

次の章へ移る前に、私が30年ほど追求してきた別系統の思想とのつながりについて、短く話をしておきたい。私はそれを「スタイル・プロジェクト」と呼んでいるのだが、Hacking（2012a）でその概要はつかんでいただけるだろう。私はこのプロジェクトを、ヨーロッパの伝統における複数の科学的推論のスタイルについての研究、として導入した。これは、A. C. クロムビー（1994）の歴史学におけるアイディアを、哲学的分析のための道具へと転用したものである。「スタイル」というのは、とくに美術史などにおいて多くの含みをもった言葉なので、あまりこだわらないのが大事である〔意味を一つに固定する必要はなく、場合ごとにどういう使い方をしているかを明らかにすればよい〕。マンコスの仕事が一つの範例で、彼は、様々なスタイルでの数学のやり方について研究している（Mancosu 2009b）。私の「スタイル」という言葉の使い方は彼とはまったく違っていて、ある主題について考える際の最も一般的な方法を選び出すための、かなり包括的な概念として使っている。ここでは、思考や行い（doing）のスタイルと言ってもいいし、研究様式と言ってもいいし、あるいはとにかく何かを見いだすための方法、というのでもかまわない。

クロムビーにならって私も、ヨーロッパの科学の歴史において現れてきたもののうち、根本的に異なる研究様式と言えるものは、あまり多くないと考えている。クロムビーが認めているのは六つであるが、それらの短い名前は、数学的、実験的探究、仮説的モデリング、確率的、分類学的、そして歴史的・遺伝的推論、である。このそれぞれが、ある特定分野の科学に対応しているわけではない。ほとんどの科学は、これらの推論法の大半を併用しているからである。これらは、そのよしあしは別としてとにもかくにも、人類がこの星を支配することを可能にしてきた、発見の方法である。これらは、人類が進化の過程で培ってきた能力に基

礎をもつ。そうした能力は、はじめはある時代、ある場所の少数の人々だけによって活用されていたが、しかしいまでは、人類学者マーシャル・サーリンズの用いたフレーズを借りれば、「世界システム」の一部となっている。これらが最も顕著に現れたのはヨーロッパの歴史においてであるが、いまではグローバルな現象である。推論のスタイルは、良い理由とは何かについてのわれわれの基準となっているのである。

　私のスタイル・プロジェクトの最も変わった特徴は、上に挙げた科学的探究の様式はいずれも「自己保証的」であるという主張である。すなわち、それぞれのスタイルがある特定の探究領域における良い理由についてのわれわれの基準であるのは、端的にそうなのであって、それが適合すべきより高次の真理の基準は存在しない。このややこしい主張に対する擁護をここで展開するつもりはない。しかし言っておきたいのは、これは、プラトニスト的な考え方には冷淡な態度だということである。特定の時間なり場所なりどこにも位置づけられることのない何らかの真理の体系が存在し、それに証明が適合する〔から証明は真理を保証する〕とは考えないのである。なぜなら、証明こそが、数学における真理についての最高の基準だからである。上で論じたように、最高基準としての証明という考え方や、あるいはそもそも証明などというものがなくとも、数学をやることはできただろう。しかしそのときの数学は、いま行われているそれとはまったく異なる、どちらかといえば経験科学に似た種類の活動であろう。それが用いている推論のスタイルは同じではない。まったく違ったものだろう。

　ここはスタイル・プロジェクトを展開する場所ではないのだが、このような話をしたのは、数学の証明についての私の見解は、人間の知識と発見についての、「科学的推論のスタイル」というより大きな描像の重要な部分を構成している、ということだけは言っておきたかったからである。証明をその知識の最高基準とする数学は、現代の科学活動に必要不可欠な部分である六つの思考と実践のスタイルの一つであり、最も長い経歴をもつスタイルである。そしてじつのところ、われわれが今日純粋数学と呼んでいるものは、われわれをとりまく世界がどのように機能しているのかについて何の主張もしないために、まさにそれゆえに、自己保証的と呼ぶのに最もふさわしい探究方法の候補なのである。

　第6章では、現代の二人の数学者の見解について検討する。そのうちの一人はプラトニストであることを公言しており、もう一人は筋金入りの非プラトニストである。ここまでの議論からすると、私が大筋において同意するのは二人のうち後者だと言っても驚きはないだろう。ただし、もう一方の立場についても、私

は変わらず深く敬意を払っている。というのは、風変わりではあるかもしれないが、その立場はプラトニスト的思考の一つの**興味深い変種**のように思えるという理由などからである。また、どちらの数学者も、意味論的な考慮に深く浸された現行のプラトニズム論争には巻き込まれていないということもわかるだろう。二人の考察している観念は、今日のほとんどの哲学者よりも、プラトンのそれに近いのである[†]。

---

[†] 内容上のつながりから、以上の二段落は原文とは順番を入れ替えている。

# 第5章

# 応用

Ch.5 Applications

## 1 過去と現在

この章では、第4章に引き続き偶然性というテーマを扱いたい。パートAでは、純粋数学と応用数学のあいだの区別そのものがどのように出現したかを記述する。われわれは証明なしでも立派に進歩することができたであろうという前章のテーマには論争の余地があるかもしれないが、しかし数学を純粋と応用に分ける必要は必ずしもなかった〔その区別は偶然的なものであった〕という点は、一般に合意されているのではないだろうか。実際、そのように分けることを拒絶してきた人たちもいる。マーク・スタイナーはかなりはっきりと、数学というものが存在し、そしてその応用が存在するだけだ、と主張している。ハンネス・ライトゲープは、ティルブルフでの私の最初のデカルト講義についてコメントするなかでこう言った。応用数学はまったく数学ではない、それは科学そのものなのだ、と。私が理解するところでは、彼が言いたいのは「純粋数学」という表現はトートロジーだということである。というのも、すべての数学は「純粋」だからである。スタイナーとライトゲープは異なる動機に基づいているけれども、両者とも、純粋数学と並び立つものとしての応用数学という概念そのものを拒否している。これを、応用数学に対するスタイナー–ライトゲープ的態度と呼ぼう。

ここでは私は違った針路をとる。私は純粋を応用から区別するつもりだが、そのうえで次のように続けたい。それらはきわめて活発に相互作用しているので、それらを切り離しておくにはしばしば独善的な態度が要求されるのだ、と。そのことは、パートB「きわめて不安定な区別」で若干の例によって具体的に示されるだろう。

# A　区別の出現

## 2　哲学的数学と実践的数学の違いに関するプラトンの見解

数学についてプラトンを読むときには、一つの重要な伝統があり、それはジェイコブ・クラインに由来する（Klein 1968）。彼は、プラトンが数の理論と計算の手続きとのあいだに根本的な区別を設けたと論じた。次は、クラインの学生の一人による、その考えの短い要約だ。

> プラトンは、数学の歴史では、主として人びとの鼓舞者かつ激励者としての役割を果たした人物として重要である。さらに、古代ギリシャにおける算術（数の理論という意味で）と計算術（計算の技術だけ）とのあいだの明確な区別も、おそらく彼によるものなのであろう。プラトンは、商人や軍人は、「数を扱う術を学ばねば軍隊の配置の仕方もわからない」から、彼らには計算術がふさわしいと考えた。一方、哲学者は、「変転の海から立ち上がって真の実在を把握していかなければならない」から、算術家でなくてはならないとした。（Boyer 1991: 86, 邦訳, pp.122-123）

ここでの言葉遣いに同意する必要はないし、われわれが学校で学び、のちに商取引や軍隊の必需品を注文したりするのに応用される算術は、プラトンにとっては（本物の）数学には含まれないとするこの解釈の細部にも同意する必要はない。別の言い方をすると——これは、ジェイコブ・クラインよりもリヴィエル・ネッツのほうに負う言い換えなのだが——ユークリッドの『原論』は、数的な例よりも図形的証明を重視する決定を行った、ということになるだろう。したがって、〔ここで押さえるべきことは〕アポロニウスとアルキメデスには数についての深い研究が見いだせるとはいえ、古代には、「高等幾何学」が存在したという意味では、「高等算術」のいかなる伝統も存在しなかった〔ということである〕。

そのうえで、プラトンは、ギリシャやペルシャのような技術的にも商業的にも進んだ社会における算術の日常的使用を、（数学とは異なる）もう一方の側においた。これらの使用は、引用で「計算術（logistic）」と呼ばれているものにかかわっている。私の意見では、計算が「変転の海」（変化する現実世界）における実際的な諸問題のためにある、という考えは避けるべきである。見かけと実在の区別のような、うわべだけ哲学らしく取りつくろった話を繰り返しても仕方ない。数学を行うとか、数学を使うという経験にもっと接近して語るならば、ここでの主要な論点は、計算がアルゴリズム的なものだということである。すなわち、計算は決まった規則に従って、機械的な仕方で進む。計算は、理解する必要があるよう

な種類のことではない。見落としがないことをチェックするだけだ。数の理論や幾何学にあるような証明の経験がそこにはない。

　たぶん、簡略法を備えた、計算の仕方を教えるたくさんのマニュアルがあったはずであるが、すでに§4.18で指摘したように、階級バイアスによってそれらはすっかり忘れられ、失われたのである。それらは、われわれ通の者が「レシピ本」としてはねつけてしまうものと比較できるかもしれない。すなわち、それらは、**たんなる**（！）「ハウツー」の指南書であって、「それがいかにはたらくか」についての洞察や理解をもたらさないようなものだ、というわけである。その種のテキストが保存されてこなかったのは、プラトン的な権威、それに続くアリストテレス的な権威のもとでは、それが「科学」、スキエンティアを提示してはいなかったということがその理由の一部だという推測もできるかもしれない。ひょっとして、古代に高等算術の古典的テキストが存在していたとすれば、アプリオリな知識、疑う余地のない確実性、そして必然性といった諸問題は、その文脈では問いとして成立しなかったかもしれない。私は、それよりむしろこれらの問題が、少なくとも数の理論という脈絡では、擬似問題だと**暴露**されていたのではないかと想像するほうを好んでいる。

　プラトン（あるいは彼の後継者たち）は、数学、すなわちすべての哲学者が習得しなければならない科学と、計算、すなわち商業と軍隊の技術とのあいだに、学問上の境界を作り出した。これは、純粋数学と応用数学のあいだの最近の区別と何らかの関係をもつが、根本的な違いは、一方が証明、洞察、理解を含むのに対して、もう一方は決まった手続きを含むということにある。プラトンが「誘拐」したのは前者であって、実践数学のほうは道端に放棄した。さらに、プラトンの展望（クライン版）のもとでは、数学の雑色性がわれわれよりもはるかに少ないことに注意しよう——というのも、数学の決まりきった計算的側面は（本物の）数学では全然ないからである。したがって、カントの見本、つまり $5 + 7 = 12$ は、プラトンにとっては数学とはみなされないものであったろう（クラインとボイヤーによって理解されたものとしては）。


## 3　純粋と混合

　フランシス・ベーコンが「混合数学」という用語を考案したのは、この言葉はいまでこそ捨て去られてしまってはいるが、いつもながら彼らしい先見の明であったと言えるだろう。この「混合数学」という語は、§2.3のはじめに引用し

た OED による定義の終わりに登場している。ゲイリー・ブラウンは、この用語がベーコンに発するものだと論じている。彼の論文は、19 世紀の終わりにかけて、混合数学という考え方が現在の応用数学という考え方へと進化してきた様子を研究したものである。彼の要約によれば、

> 物理学の「純粋」数学的理論は、物理的に得られたさらに一層多くのデータに「応用される」ようになって、ますます発展していった。1875 年頃には、それらの理論は、もはや経験と「混合され」るのではなく、経験に「応用され」たのである。(Brown 1991: 102)

ペネロプ・マディは、「応用数学はいかにして純粋になったか」(Maddy 2008) というタイトルのもとで、とくに 19 世紀におけるこの進化についてもう一つの説明を行ってきた。彼女は、別の、もっと哲学的に適切なタイプの分析を与えるとともに、とくにドイツでの出来事を強調しており、その意味でブラウンを強く補完している。以下で述べるのは、さらに別の観点である。これは私のくせなのだが、私は、「純粋」とか「応用」のような、言葉の使われ方がとても気になってしまう。さらにまた、私のやり方では、哲学においてふつう使われるよりも、いくらか多めに歴史的な偶発的出来事を使っている。そうする眼目は、数学史に貢献することではなく、純粋数学と応用数学の間の区別がまったくの偶然によることを具体的に示すためである。もし歴史が違っていたならば、われわれの概念的な秩序も違っていたであろう。

「混合数学」という用語自体の起源はベーコンかもしれないが、この語には古代のルーツがある。混合科学という概念はアリストテレスと同じくらい古い (Lennox 1986)。それは、ガリレオの思考方法に不可欠である (Laird 1997)。とはいえ、イヴ・ギングラスがかつて書いたことは、いまなお正しいように思われる (Gingras 2001: 407, n. 3)。「混合科学についてはかなり大量の文献が存在している。しかし、私の知るかぎりでは、典型的な科学（天文学、光学、和声学）以外の分野へそれがどうして広がっていったのかについてはどんな一般的説明も存在しない」。ベーコンは、古い諸科学を、自分が「混合数学」と改名しようとしたものの中心においたが（興味深いことに、光学は排除している）、彼はそこにとどまらなかった。彼は、新しいカテゴリーの知識全体が混合数学に入るように道を開いておいたのである。

ベーコンは、知識の樹という強力なイメージにひきつけられていた。知識のあらゆる「枝（ブランチ）」（われわれはいまでもそう言う）は、一本の樹にその位置をもたなければならない。彼は、数学という大枝に、数学的天文学のような様々

な主題が花開くべき一本の枝を加えるべきだと考えた。というのも、*OED* によって気づかされたように、それらの主題は、その語のより古い意味で数学だったからである。これらを彼は混合と呼んだのであり、そこにはさらに、遠近法、和声学、宇宙構造論、建築、そして「機械」が含まれていた。

　それらが混合されているのは、「主題に関して自然哲学のいくつかの公理や自然哲学の一部を含んでいる」（Bacon 1857-74: I, II）からである。混合数学は、自然に「応用された」純粋数学ではなく、むしろ、理念的なものと俗世的なものとが混ぜ合わされた領域の探求なのだ。ベーコンの樹では、混合科学と純粋科学の両方が、自然哲学のうちで、形而上学——固定しており、変化しない関係の研究——に帰属する部分におかれている、ということに注意しよう。しかし一方で、かなり早い時期から、「純粋」数学において検討される諸関係は思考のみによって、実験に乗り出すことなく研究されうる、という考えもまた存在していただろう。したがって〔この考えによれば〕、数学は、〔探究領域の違いによって純粋と混合に分類されるのではなく〕もし経験から導き出される諸前提を必要とするならば、混合されたということになるだろう。われわれは注意深く行かなければならない。というのも、これらの問題においては、〔現代的なものの見方を持ち込んでしまうという〕時代錯誤に陥る大きな危険があるからだ。

　啓蒙主義の時代は分類の時代であり、そこでは自然誌が、観察される自然界についての科学として誇り高い位置を得ていた。われわれが今日分岐する樹として考える階層的分類は、あらゆる知識——鉱物についてのものであろうと、疾病についてのものであろうと——のためのモデルであった。その樹はまた、知識そのものの提示のためのモデルでもあった。ベーコンの知識の樹は決して新しいものではなかった。ライムンドゥス・ルルス（1232 ～ 1315）の樹は、もっとグラフィックであり、こちらのほうが、ダイアグラムとして提示されるあらゆる知識の樹のルーツだと考えられていたのかもしれない。われわれはいまや樹形図を、一定の種類の情報を表示する最も効率的な方法の一つと考えているが、少なくとも現存している樹形図にかぎって言えば、それらが人間の歴史において現れたのは驚くほど最近なのである（Hacking 2007）。ベーコンの時代までには、それらは、系譜学、論理学そして多くの他の分野で花開いた。イエスの樹——すなわちイエス・キリストの家系図——は、大聖堂の窓の素晴らしいガラスに映し出されていた。それは過去についてのものだが、ベーコン自身の知識の樹は、未来のための基準点であった。

　知識の枝分かれ図のイメージは、ルルスとベーコンのあと、何世紀にもわたっ

て生き残った。それは、『百科全書』のダランベールの序文で最も目立つ形で具象化されている。オーギュスト・コントの12年にわたる巨大な著作『実証哲学講義』につけられた人目をひく折り込みページもまた、あらゆる知識を体系化し、その成長を歴史的用語と概念的な用語で表そうという百科全書的なプロジェクトを引き継いでいる。知識の樹は、近代初期にフランシス・ベーコンによってしっかりと植えつけられ、その後長い時間をかけて、われわれの大学の学部学科の構造へと制度化されてきた。われわれはもはやその樹の上に純粋数学と混合数学を見いだすことはないが、多くの研究機関は、純粋数学と応用数学のために異なる学科や専攻をもっている——数学がしばしば教養課程に位置づけられていることと合わせて。(より古い研究機関では、それはより高い地位をもつ傾向がある。ケンブリッジ大学では、数学はそれ自体で一つの学部である。コレージュ・ド・フランスでは、知識の五つの基本分野の一つが「数学および数理科学」となっており、現在ではその教授職が五つに部門化されている。すなわち、解析学と幾何学、微分方程式と力学系、数の理論、偏微分方程式と応用、そして、アルゴリズム・機械および言語、である。)

　ダランベールの樹は、ベーコンのものよりもはるかに構造化されているが、それは主として、収容すべき知識の分野がその当時にはきわめて多くなっていたからである。Brown（1991: 89）の便利な図示によれば、そこには純粋幾何学[†]、混合数学および物理数学がある。それに続く構造は印象的だ。算術は、もっともらしく数論と代数に分かれる。代数の一つの枝は、微分計算と積分計算に分かれる無限小計算（infintesimal）である。だが、幾何学は、初等幾何学（軍事、建築、兵法）と超越幾何学（曲線の理論）とに分かれる。軍事幾何学、たとえば、弾道学や築城の理論は、われわれには純粋ではなく応用数学の完璧な例に思われる。混合数学のカテゴリーは、しかしながら、予想通りに、ベーコンのリストそのものであり、それに光学、音響学、空気力学、推計術がつけ加わっている（5節を参照）。

　ダランベールの知識の樹における枝の配置は、過去と新機軸の両方に応えたものであるが、基礎的な木構造はベーコンの時代からさほど変化していない。

---

†　原文では、Pure, Mixed, and Physico-Mathematics となっており、純粋「数学」と読めるが、ダランベールの樹では、数学は純粋幾何学、混合数学、物理数学の三つに分類され、純粋幾何学が算術と幾何学に分かれている。

## 4　ニュートン

　ニュートンは自分がやった仕事の分類の仕方をどう考えていたのだろうか。彼は、手の内を見せないことで有名であった。つまり、彼は、自分がどうやってそこにいたったのかについて何のヒントも与えずに、自分が知っていることを提示する。私のお気に入りの例は、ニュートンが、重力定数 $G$ の値を、その値になる十分な理由をもつ以前に、大体正しく得ていたという事実である。ヘンリー・キャベンディッシュ（1731 〜 1810）が地球の重さを量るために行った1796年頃の精巧な実験から、のちの研究者は重力定数のきわめて良い数値を導いたが、ニュートンはそれにとても近い値を出していた。

　ニュートンの数学は、ある意味では全体として幾何学的であるのに対して、ライプニッツや彼の後継者たちの数学は代数的であった（第1章で私を悩ませた双対性のもう一つの実例）。「幾何学」という語そのものが、イギリスでは、われわれが今日数学と呼ぶものを表す普通名詞であった。したがって、ワイルが次のようにニュートンを引用しているのを読むと、少し変に感じられる（Weyl 2009: 206）。「幾何学は、力学的な実践のうちにその基礎を有しており、実質的には、力学全体のうちで、測定術を正確で強固な基礎の上におくための特定の部分以外の何ものでもない」。ニュートンの仕事が、デカルトの仕事の多くと同様に、彼らの同時代人たちには混合数学とみなされていたことに間違いはない。


## 5　確率──枝から枝へと揺れ動く

　多くの新しい研究がこの知識の樹に押し込まれなければならなかった。では、18世紀において、偶然についての新しい学説、別名、推計術はどこに適合するだろうか。それは、定義により現実の世界にはかかわらないし、理念的な世界にかかわるわけでもなかった。それは、行為と推測についての学説であり、「運」という非理論的なものの後継者であった。知識の樹には、それをぶら下げる枝が存在しなかったのである。確率は結果として、不愉快にも、混合数学の枝を宣告されたが、それは、その内容によってというよりも、ベルヌーイ家のような、この分野にかかわっている人々のためであった。これらの人々は、卓越した混合数学者だったのである。たとえば、ダニエル・ベルヌーイ（1700 〜 82）が「水力学」の基本的諸原理を打ち立てたということを考えてみよう。「水力学」は、今日われわれが流体力学と呼んでいるものであり、いまでもベルヌーイの定理を活用し

ている分野だ。

のちに見るように、混合は応用へと変容した。したがって、「確率の理論」に残された場所は、*OED* の項目では天文学と物理学と並んだところの「混合または応用」数学として、ということになる。類別の難しさのいくつかについては、Daston（1988）を見よ。

知識の樹は学問分野の樹になった。これには、ベーコンやダランベールが目指していたようないくらか合理的な基底的構造があるのかもしれないが、大部分は、一連の偶然的決定の所産である。このことは、世界中の様々な種類の研究機関で確率論がどこに位置づけられているかを見れば、よくわかる。確率論はかつて混合数学のパラダイムだったのだから、それは応用数学のなかに残るだろうとわれわれは期待するかもしれないが、そういうことはケンブリッジではまったく起こらなかった。ケンブリッジでは、数学の学部は二つの主要な学科に分けられている。一つは、応用数学と理論物理学で、ニュートンのルーカス教授職の発祥の地だ。他方は、純粋数学と数理統計学の学科である。確率は、知識の樹の枝から枝へとジャンプしたようである。実のところ、樹の比喩を続ければ、確率論はほかの樹に付着する着生植物なのである。それは、知識の樹のどこにでも宿り、繁殖するが、その樹の有機的構造の一部ではまったくない。ブルバキは、彼らの、様々な数学的構造からなる巨大でかなり樹に似た形の構造から確率論を排除したが、その点では、結局のところブルバキ（§2.12）は正しかったのかもしれない。

## 6　純粋と応用 Rein and angewandt

§3.25 において、純粋と応用、rein と angewandt という用語上の区別は、ちょうどカントが第一批判（『純粋理性批判』）を書いた頃に出現したと述べた。デイヴィッド・ハイダーは、アブラハム・ケストナーによって書かれた影響力ある本のタイトル『応用数学原論（*Anfangsgründe der angewandten Mathematik*, 1780)』に私の注意を向けてくれた。これは二巻本である。最初の巻は、光学と力学——混合数学の古典的実例——の説明。2 巻目は、天文学、地理学、年代学（機械的計時）、そして日時計製作法（グノモニク）を扱っている。ダランベールは、これら最後の二つを「幾何学的天文学」に分類している。そのすべてが混合数学のもとに帰属する。

ケストナーの本——彼が実際に応用数学と呼んだものについての本——は、1760 年に始まって、最終的に『数学原論』というタイトルで 11 巻に達するよ

り大きなプロジェクトのシリーズ 2 巻目であった。ドイツ、スイス、およびオーストリアの学術図書館の蔵書状況から判断すると、応用数学についてのこれらの巻はシリーズのなかでも最も広範に使われたようである。マイケル・フリードマンは、カントが個人的にケストナーを知っており、彼の著作のいくつかはカントにとっておなじみであったことを示している（Friedman 1992: 75-8）。

　カントと面識があったことを別にすれば、ケストナーはあまり重要な人物ではなく、平行線公準の証明に関する生涯にわたる研究と、それに対してすでに提案されていた証明の誤りを体系的に説明したことで知られているにすぎない。ロバチェフスキーは、ケストナーの生徒の生徒であった。ボヤイは、彼の父に教わったが、その父はケストナーの学生の一人であった。そして、以下でたいそう話題になるガウスの経歴はゲッチンゲンから始まるが、その当時、ケストナーはまだそこで教授だったのである。

　ケストナーは、間接的にすぎないにしても、最初の数学雑誌であると思われる『純粋および応用数学のためのライプチヒ雑誌』のタイトルの決定に確実に影響を与えている。カール・フリードリッヒ・ヒンデンベルク（1741 ～ 1808）は、いまは忘れられた確率論の研究者であり、もっと一般的には、組み合わせ論の研究家である。若い頃、彼は数学に興味のある若者の家庭教師であった。彼は自分の生徒をゲッチンゲンに伴い、そこで彼はケストナーを知るようになった（Haas 2008）。ヨハン三世・ベルヌーイ（1744 ～ 1807）と一緒に、ヒンデンベルクは、1786 年から 1788 年にかけて 3 年間、純粋および応用数学のためのライプチヒ雑誌を発行し、1795 年から 1800 年の間には、『純粋および応用数学論叢』を発行した。こちらの雑誌の多くの論文は、年金の理論を含む確率論についてのものであった。

　これら二つの定期刊行物では、純粋と混合が純粋と応用に取って代わるという、最初の「制度的」置換が行われた。それが始まったのは 1786 年であり、それは、カントの第一批判の第一版（1781）と第二版（1787）のあいだである。


## 7　純粋カント

　マイケル・フリードマンの『カントと精密科学』（1992）は、古典となるべき現代的な解説である。ここでは、小さな問題——それは、フリードマンの興味からしても周辺に属し、カントの主要なテーマからすれば確実に周辺的な問題——について考えたい。

「純粋（pure, rein）」という概念は、明らかにカントの第一批判では、そのタイトルからしてきわめて大きな役割を果たしている。数学からまったく離れると、英語とドイツ語のいずれにせよ、この形容詞の基本的な対照語は、その当時もいまも「混合」である。*OED* では、「純粋（pure）」が次のように定義されている。「異質の、ないし外部からの混ぜ合わせがないこと。そこに真に浸透していないどんなものからも免れていること；単純、同質的、混じり気のない、混ぜものがない」。rein に関しては、カントの何十年か後の、グリムの『ドイツ語辞典』にはこうある。「表面に付着したり、あるいは素材に混ぜ合わされた異質なもの、混濁した特性、を免れていること」。

ベーコンが数学を純粋と混合へと分類したのはこういうわけだったのである。純粋数学は、理性に付け加えられるべきいかなる外的な素材ももたない。混合数学はさらに経験的な何かをもつか、あるいは経験を通してしか知られない何かを含む。（これに続く「純粋」、すなわち、道徳的な意味での「純粋」――とくに性的な意味での堕落や汚辱を免れている――は、僅差の２位である。ある人たちは、長年にわたって、数学がその応用によって堕落させられてきた、すなわち、もはや**純粋**ではないと感じてきた。人は、それこそが G. H. ハーディの態度だったのではないか、と思うかもしれない。以下、11 節。）

第一批判の第二版のために書き直した序論のはじめで、カントは、彼にとって「純粋」の対照語が何であるかを次の表現で強調している。すなわち「純粋知識と経験的知識の間の区別」（B1）。「応用数学」という概念、あるいは少なくともその言い回しは、ひそかに出番を待って潜んでいた。たとえば、『形而上学講義』として出版されたカントの講義ノート（1760 年代から 1790 年代に公表された）にはこうある。「哲学は、数学と同様に、二つの部分、すなわち純粋と応用とに分けることができる」（Kant 1997b: 307）。この一節は、たぶん 1790 〜 91 年に行われた講義からのもので、短命に終わった『ライプチヒ雑誌』で純粋数学と応用数学の区別が初めて「制度化され」てから 4 年か 5 年後である。カントは、いわば、用語法の同時代的な変化に通じた**当世風の人**であったのであり、その用語法は、疑いなくアブラハム・ケストナーによって支えられていた。

たんなる言葉の問題から実質ある問題へと移ると、カントは算術と幾何学を、あらゆる可能な経験のアプリオリな条件とみなした。これは根元的な革新であると同時に、その一方では、プラトンの中心的な主題を引き継ぐものでもあった。カントは、数学とは、何かまったく独特で、そして知識の本性にとって絶対的に重要なものであるというプラトン的ヴィジョンを復活しようとしていた。彼はま

た、経験的内容と混ぜ合わされず、汚されていない知識としての、知識の純粋性
について、ベーコンの（決して彼に始まるわけではないが、彼によってそう分類された）
ヴィジョンを暗黙に受け入れていた。

## 8　純粋ガウス

　純粋なものの応用的なものからの、まさにこれらの用語を使ってなされた分離
は、第一批判と同時期であるが、そうした分離そのものがカントによってなされ
たわけではない。しかしながら、彼がまさしくなしたのは、諸観念のドイツ的厳
密化のための舞台を設定することであった。その後ドイツの数学者たちのあいだ
では、この純粋数学という観念は、古代からの算術と幾何学という区分に則って
展開されていく。純粋性は、控えめに言っても、アプリオリな知識および必然的
真理と同じ外延をもつとされた。もし数学の何らかの部分がアプリオリではなく、
経験的だとみなされ、そして / あるいは、偶然的だとみなされたとすれば、その
部分は純粋ではありえない、ということである。

　ガウスが、ユークリッドの例の公準を三つの山の三角測量によって経験的にテ
ストしてはどうかと提案したというのは、哲学者のあいだでは伝説と言ってよい
くらいよく知られている。たしかに幾何学は総合的であったが、総合的アプリオ
リではなかった。1817 年 4 月の手紙で、ガウスはこう書いた。「私は、われわ
れの［ユークリッド］幾何学の必然性は証明されえない、少なくとも人間悟性によっ
ては証明されないし、人間悟性にとって理解しうるようには証明されないという
確信にますます近づいています」。おそらく別の生命体では、ものごとは違って
いるだろう。「そのときまで、私たちは、幾何学を、純粋にアプリオリに成立し
ている算術と同じ階層におくべきではなく、むしろ、たとえば力学と同じ階層に
おくべきでしょう。」（Ferreirós 2007 によって翻訳、引用された。ブラケットは彼に
よる。）幾何学を力学とともにおくということは、幾何学を混合ないし応用数学
に位置づけるということである。

　フェレイロスは、見事な分析の過程で、ガウスが、ゲッチンゲン天文台の台長
としての就任講義で、科学が有用であることを要求する後援者や官僚に対して次
のようにいさめたことに注目している。彼らは、人間のより高度な成果——それ
こそが、地球の表面に生きる生き物としてわれわれを価値あるものにしてくれる
のだが——をまったく無視している。その口調は、今日、研究がただちに応用可
能であることを要求する資金提供機関のやり口に対して抗議する人々に——学識

の点では勝っているとはいえ——そっくりである。ガウスが語ったのは 1808 年であった。ナポレオンの軍隊がまだドイツ語圏を支配しており、ガウスが見てとったように、有用性への関心がその時代の悪弊であった。数学における有用性を促進したのは、この忌まわしいフランス人であるが、それについては 10 節で見る。

　この比類なきガウスによって導かれたドイツの数学コミュニティは、算術はカントが意図した意味で純粋であるが、幾何学はそうではないというテーゼを受け入れた。これは、数学の二つの部分の本性のあいだの対比であり、それら二つの部分をどう基礎づけるかの対比である。応用は、実験的な入力を必要とするがゆえに、カントの意味で純粋ではない。これは、われわれの現代的な対比とは違っている。現代の対比では、純粋であるとは、実践的な目的から独立していることだからである。たとえ、これら二つの対比が、比較してみれば外延を同じくするものだとしても、それらの意味と動機はかなり違っている。今日的な意味での応用数学により近いと私がみなす観念がどのように出現したか、それを目撃するために、われわれはフランスに向かわなければならない。


## 9　アフォリズムに見るドイツの 19 世紀

　次に示すのは、ガウスの時代から 19 世紀の終わりにかけての数学的世界の発展に関する一つの展望である。

> プラトンは、プルタルコスによれば、こう言った、神は永遠に幾何学する。
> ガウスは、19 世紀の前半に、こう言った、神は算術する。
> （Ferreirós 2007: 217f）

　1888 年の著名な論文「数とは何かそして何であるべきか」において、デデキント（Dedekind 1996）は、自分のモットーとして「人間はつねに算術する」を掲げた（Ferreirós 1999: 215f）。

　それから、しばしば引用されるクロネッカーのアフォリズム「主が整数を創った、しかし他のすべては人間が創り出したものである」がある。（ハインリヒ・ウェーバーにより、クロネッカーが 1886 年に行った講演に基づくとされている（Weber 1893: 15）。クロネッカーが何を言わんとしていたかについては、§7.10 を見よ。）

## 10 応用ポリテクニシャン

　第一批判の時代に活躍した世代に属するフランスの偉大な数学者たち、ラグランジュ（1736 ～ 1813）、ラプラス（1749 ～ 1827）、ルジャンドルといった人たちは、ものごとを純粋と応用というふうには見ていなかった。彼らは数学者であった。その時期の科学者たちは、一般に、そのような区別を行っていなかった。その区別は、フランスでは、ドイツとは違った道のりをたどって出てきたものと思われる。その道のりには、学問分野を組織化する際のいくつかの非常に偶然的な出来事が関係している。最も重要な要因は、軍隊に専門技術者と砲手のための学校を備えさせるという、17 世紀後半にさかのぼるフランス独自のやり方であろう。その時代の優れた数学者たちが実践的な諸問題を教えるために雇われたとき、純粋と応用というわれわれの区別が根付き始めた。だから、純粋と応用について、最初の完全に制度化された区別がフランスに見いだされたとしても、それは驚くべきことではない。この区別は、知識の純粋性とか知識の根拠とかに基づくのではなく、人が行っていることの目的に基づいている。それこそが、私が今日この区別を理解する仕方にほかならない。

　ある学問分野や一群の学問分野がいつ成立したかを知りたいなら、専門家の学会と雑誌の創設を探るべきだというのは、科学史における経験則である。1810 年、ジョセフ・ジェルゴンヌ（1771 ～ 1859）は、長く続いた最初の数学雑誌を創刊した。ジェルゴンヌは、ガウスとほぼまったく同じ時代を生きた人だが、話す言語が違うだけでなく、才能の点でもガウスとは別世界の人物であった。彼の『純粋および応用数学年報』は、ガウスが恐れていたあの〔忌まわしきフランスという〕世界から生まれ出てきた。

　その趣意書の冒頭でジェルゴンヌは、この雑誌が、数学教育の簡易化に特別に注意を払うものの、まず第一には「純粋数学」に捧げられるであろう、と述べている（Gergonne 1810: ii）。少なくとも彼にとっては、幾何学——新たな射影幾何学を含めて——は、代数や数論とまったく同じように、純粋数学であった。

　この年報は、とはいえ、「精密科学のいくつかの分野への応用」、すなわち「推計術、政治経済学、武術、一般物理学、光学、音響学、天文学、地理学、年代学、化学、鉱物学、気象学、普通建築、築城術、航海術、そして機械技術」を含んでいる。それはほとんど、ダランベールの混合数学のリストそのものである。それはまた、SIAM（工業応用数学会）が、今日その任務を定義するやり方にもよく合致している。もっとも、SIAM のほうには、マーケティング、ファイナンス、

デリバティブ取引の分析を含めて、多くの新しい分野が付け加えられているのではあるが（以下16節）。

　ジェルゴンヌがこの雑誌を創刊したのは、エコール・ポリテクニーク（理工科学校）でポストを得ることができなかったからだと言ってもいいだろう。エコール・ポリテクニークで、彼は、射影幾何学をめぐってジャン＝ヴィクトル・ポンスレ（§4.5と以下11節を見よ）と反目していた。しかしながら、両人ともジェルゴンヌの雑誌に射影幾何学についての論文を発表している。ジェルゴンヌの『年報』の論文の大部分は、実際には射影幾何学に貢献するものであった。

　〔ところで、ドイツではジェルゴンヌの『年報』よりも以前に〕純粋数学と応用数学のための雑誌がライプチヒで出版されていたが、それは一時的なもので終わり、その名を冠した恒久的な雑誌がドイツに定着するのは、1826年のA. L. クレレ（1780～1855）による『純粋数学と応用数学のための雑誌』創刊まで待たねばならなかった。とはいえ、この雑誌の焦点はかなり違っている。クレレは、解析学を転換させたニールス・ヘンドリク・アーベル（1802～29）の論文の大部分を出版した。この雑誌は、今日では掲載論文のほとんどが英語で書かれるようになっているが、最も古い数学雑誌としていまだに続いている。

　フランスの「敗者」のつねとして、ジェルゴンヌはモンペリエで地方ポストについた（よく知られた敗者には、ボルドーのエミール・デュルケームとリールのピエール・デュエムがいる）。J. S. ミルの『自伝』の一節は、ジェルゴンヌがそこで何をしていたかについて生じうる誤解を晴らしてくれるかもしれない。「モンペリエでは［と17歳のミルは書いている］、私は、モンペリエ大学の科学部の優れた冬期講座に出席した。それは、18世紀の形而上学のきわめて優れた代表者であるジェルゴンヌ氏が科学哲学の名称で行った論理学の講義であった」（Mill 1965-83: I, 59. 邦訳, p.94. ミル自身がとったその講義のノートは、1965-83: XVI, 146ff に見いだされる）。ジェルゴンヌは、世紀末のありふれたフランス・イデオローグの一人として知られるようになっていたのである。ミルはそれを、18世紀形而上学と呼んでいる。こうした18世紀後半の同じような形而上学者たちをこき下ろすために「イデオローグ」というレッテルを発明したように思われるのはナポレオンだが、そのナポレオンも彼には称賛を惜しまなかったであろう。

　自らの雑誌に発表された数学の哲学に関するジェルゴンヌの論文の一つについては、Dahan-Dalmedico（1986）を見てもらいたい*。クワイン（1936: 103, n. 13; Benacerraf and Putnam 1964: 331, n. 13）は、定義論についての論文（Gergonne 1818）を引き合いに出しながら、「仮定（postulates）の規約としての機能は、ジェ

ルゴンヌによって初めてはっきりと認識されたように思われる」と述べている。このジェルゴンヌの論文をクワインは「陰伏的定義（implicit definition）」という表現の起源だと示唆しているが、そのような定義には「何人かの追随者はいた」ものの、クワイン自身はそれを拒否している。

　実際、「数学の哲学」と名づけられたものは、第2巻目という早い時期からジェルゴンヌの『年報』の一つのトピックであった。それは、ウロンスキーの『数学の哲学入門』（Wronski 1811）についての敵意ある書評であり、この本は理解するのが困難なうえに、「超越論的」な語彙が用いられているということが、そこでは述べられている。私は、この書評が、アカデミーの政治の結果として書かれたのではないかと思う。ウロンスキー（1776 ～ 1853）は、自分の名声を確立することを願って、いくらかの数学的著作をフランス学士院に送った。審査員であったラグランジュは、それを相手にしなかった。ウロンスキーはひと悶着起こしたが、ああ、それどころではなかったのだ。

　ウロンスキーは、ロシアの砲兵隊で軍務についたのち、フランスに住み着いたポーランド人であった（彼の本は、ロシア全域の専制君主であった国王陛下アレクサンドルI世に捧げられている）。彼は、カントのもとで研究するためにケーニヒスベルクへと旅したが、この偉大な人物が引退していたことを発見しただけに終わった。私が彼に言及したのは、彼の『数学の哲学』が、このタイトルをもった最初の本ではないかということを示唆するためにすぎない。

　風変わりな人物が好きな人々にとっては、彼は興味深くないわけではない。彼はいくつかの名前を採用した——ハーネ（Hoëné）というのは 1811 年の論文のタイトルに表示されている名前だ。彼は、1834 年のバルザックの『絶対の探求』の元ネタだと言われている。実生活の逸話は、小説よりも奇なりということかもしれない。1803 年、ナポレオンの誕生日を祝う舞踏会で、彼は突然のひらめきを得た。彼は、自分ウロンスキーは数学を介して絶対的なものを理解し、それによって人間を贖罪へと導くであろうことを悟ったのだ。遺産を使い果たしたとき、彼はある銀行家と取引を行った。それは、彼が絶対的なものの秘密を開示する代わりに、気前のよい支援を受けるというものであった。16 年後、彼が絶対をもたらすことができなかったとき、その銀行家は契約破棄に対して、たぶん300,000 フランくらいの賠償訴訟を起こした（その当時、大学教師は年に 3,000 フランもらっていた）。ウロンスキーは、判事に、自分はその秘密を実際には得ていたのだが、その本性のゆえにそれを開示できなかったのだと納得させて、その裁判には勝ったようだ。そのとおり、たしかに狂気じみている。だが、自分でそれ

200　　第5章　応用

が何なのかを理解できるほどには賢くなかったとしても、彼にはたくさんのアイディアがあり、後の好事家やガラクタ好きの人々がそれを拾い上げて、彼の功績とした。たとえば、数学はアルゴリズムに基礎づけられなければならないとか、宇宙の秘密は質量とエネルギーのあいだの関係を含まなければならないといったアイディアである。彼は多くの、優秀ではあるがたいしたことのない数学の研究を行った。たとえば、ロンスキアンと呼ばれる行列式のクラスが存在する。

## 11　軍隊の歴史

§4.5では、ロシアで戦争捕虜となっているあいだに、ポンスレが射影幾何学を作り出したことに言及した。彼はまた、「工業力学」の最初の教科書の一つ、すなわち『物理的または実験的な工業数学入門』の著者でもあった。これは、彼の下にいた青年将校<sub></sub>たちの一人によって用意された一組の講義ノートである。第2版（Poncelet 1839）は719ページもの長さがある。また、1870年の第3版は多大な印刷部数を誇っていたが、この年がプロシアとの戦争の年であったことは偶然の一致ではない。ポンスレは軍の将軍とエコール・ポリテクニークの指揮官にまで昇進したが、その後、ナポレオン三世によって首にされてしまった。

射影幾何学の創案者は工業力学のエキスパートでもあった。その理由を知るには、戦時の官僚機構を一瞥する必要がある。エコール・ポリテクニークは、数学者ガスパール・モンジュ（1746 ～ 1814）の指揮のもとに、1794年に作られた。（作られた最初の年は、それは École centrale des travaux publics（中央公共事業学校）であった。）モンジュの得意分野は、今日、画法幾何学と呼ばれるものであり、それを使って、彼は、とりわけ築城術のための平面図を考案した。〔城は三次元だからそれを平面に落とすには射影が必要なわけで、そのために考案された〕彼の射影のシステムは、長ったらしい計算をする代わりに、ダイアグラムから解を読み取れるようにして、設計上の諸問題を解決したのである。このことは、§4.5の射影幾何学を先取りするものではあるが、実際にはそれは射影幾何学というアイディアの兆しにすぎなかった。射影幾何学の歴史は、モンジュからペンローズの共形図——それは、無限の四次元相対論的宇宙を紙や黒板の平らな断片の上で表現することを可能にしてくれる（§1.9の終わりを参照）——にいたる線（点線）として描くことができる。この線の最初のほうの少しはしっかりした線になっている。ポンスレはモンジュの学生であった。そしてモンジュは、築城術の表現法において、ルネサンスの遠近法を改良したとみなすことができる。実際、モーリス・ク

ラインは、デザルグの定理（§1.9）が透視画法への関心によって促されたものだということを示唆している（Kline 1953）。

　学校制度に戻ると、現在の名前であるエコール・ポリテクニークは、1795年から始まる。ナポレオンは、それを1804/5年に軍の直接指揮下に置いた。そのときからいままで、この学校は、フランスで最高の技術教育を提供してきた。そしてそれはかなり長い期間にわたって世界最高でもあった、と言ってよいだろう。1970年には文民組織としていくらか再編が施されたのだが、この学校はいまなお国防省によって管理されている。

　フランスでは、管理職養成学校（école d'application）は、（英語で言うところの）「中等教育終了後」教育をすでに受けた学生——卒業が適切な学位で証明されていなければならないうえに、しばしば要求がとても厳しい——に対して専門的な訓練を提供する教育機関である。管理職養成学校というのは、自分たちのスキルを特殊な分野の専門技能に応用（apply）できるように学士を訓練する学校だ。この〔applicationという〕用語は、いくつかのグランゼコール（高等職業教育機関）で、とりわけフランスの政治経済エリートの温床となっている国立行政学院で、いまも使われている。だが、その用語はきわめて古い。

　王立砲兵学校が1720年にメスに設立された。これは、国中にいくつかある学校の一つである。メスは、ドイツとの現在の国境に近い、ロレーヌにおける歴史的な守備隊駐屯都市である。ルイ十四世の治世の終わりに設立されたこれらの砲兵学校は、軍隊における科学の前衛とみなされ、この学校の将校は科学的／技術的なトレーニングを受けるよう求められていた。これらは、同様に軍事的な役割をもつ工兵学校と同等にみなされている。だが、これらの工兵学校に進む将官たちは、ふつうは上流階級のメンバーであった。それゆえ、良い教育を受けてはいるがたんなる商人の息子であり、新しいアイディアと熱狂にあふれていたモンジュは、メジエールの王立工兵学校で講師としての地位を獲得するために、長い権力闘争に耐え抜かねばならなかった。

　1794年、革命公安委員会は、メスにあったこの学校を、のちにエコール・ポリテクニークと改名されることになる学校出身者のための管理職養成学校にした。すなわち、ポリテクニシャンたちは、砲術の専門家になるためにそこに送り込まれたのだ。1802年、ナポレオンはそれをメジエールにある近くの工兵学校と統合し、それがメス砲工科応用学校となって、エコール・ポリテクニークの卒業生たちに専門的な訓練を施したのである。

　ポンスレは、「工業力学」についての教科書の先駆けとなったいくつかの出来

事について説明している（Poncelet 1839）。1817年、彼は「メスの町の技術者たち［ouvriers: ここには建築家や橋の建築業者らが含まれる］」に対する授業を行い、自分の講義を補うための講義録を出版した。しかしそれから、

> 1852年、メスの管理職養成学校で、機械に応用される力学コースを教えることを任されて、私は、知識のこの重要分野を支配する諸理論にもっと深く立ち入り、それらの応用を学ぶことが誰にでも容易にできるようにしなければならなかった。このことを通して、私は、初等力学を教える際に一般に認められている考え方とはいくつかの面で異なるものの見方になじむようになった。すなわち、機械の科学を格別にはぐくんできた少数の幾何学者たちが採用するようなやり方により近づいていったのである。（Poncelet 1839, 強調は引用者）

この発言は、比較的遅きに失した感はあるが、純粋と応用のあいだの実践のうえでの亀裂を具体的に示している。こう書いているのは何しろ、この時代の最も偉大な「純粋」幾何学者である。（2012年7月にアクセスしたフランスのウィキペディアは、彼をまさしくそう呼んでいる！）彼は、実際に管理者養成学校と呼ばれた場所で若いエンジニアたちを教えているときに、ものごとを違ったふうに見なければならないということに気づいたのだ。

最後に、この幾何学者には〔純粋幾何学以外に〕やるべき仕事があったことを思い出すために、1834年にメスで行われた実験についての彼の報告を一瞥しておこう。彼らは、様々な抵抗材料における発射体の貫通、砲撃の衝撃による物体の断裂、等々を研究している。


## 12 ウィリアム・ローワン・ハミルトン

ハミルトンにはすでに §4.4 で出会っているが、彼はその時代の最も想像力に富んだ数学者の一人であった。彼を比類なきと形容する人もいるかもしれない。私がここで彼に言及するのは、その天才ぶりのためではなく、むしろ、「純粋」数学に対立するものとしての「混合または応用」数学について、正確にこの言葉通りに語ったわずかな数学者の一人であったからだ。まさしくこれらの言葉が使用されたということは、この時代にはこれらの英単語は相互に交換可能であったということを示唆している。それゆえ、これらの学術用語は流動的であった。これは1833年のことである。Brown（1991）は、われわれに次のことを気づかせてくれる。『エンサイクロペディア・ブリタニカ』の第8版（1853〜60）までは、混合数学のための項目が存在していたが、それが第9版（1875〜89）では「応用」

数学に変わっていたのである。

　ハミルトンは、まだ学部学生であった 22 歳の年に、ダブリン大学トリニティ・カレッジの天文台長に選ばれた。これは、このカレッジで（おそらくはアイルランド全土で）最も優秀な人物に（給料だけはもらえる）閑職を授ける巧妙なやり方であった。それは、はるかに偉大な天才ガウスが（少なくとも書面の上では）同様な職を獲得したときから、たった 20 年後のことであった。

　ハミルトンは、最も古い「混合科学」の一つである天文学を教授していた。ガウスと違って、彼は〔天文台に勤務していたものの〕天文学そのものの研究にはほとんど時間を費やさなかったようだが、いくつかの義務は抱えていた。彼の『天文学入門講義』は、方法論的なものであって、科学への貢献ではないうえに、明らかにトリニティ・カレッジの入門クラス向けのものであったが、彼の職への就任講義としては役立ったのである。（次の引用において）私は、彼のゴテゴテしたパラグラフを二つに分け、非常に多くの装飾を除き、さらに「混合または応用」を強調した。

　　　あらゆる数学的科学において、われわれは諸関係を考察し比較する。だが、純粋数学の関係は、われわれの様々な思考自体のあいだに成り立つ関係である。その一方で、**混合あるいは応用数学的科学**が扱う関係は、われわれの思考と現象とのあいだの関係である。自然の法則を発見するためには、帰納法が行使されねばならない。確率が重視されなければならない。
　　　純粋かつ内的理性の領域においては、確率はいかなる地位も占めないし、かりに帰納法が入り込んでくるとしても、それは、発見を加速し、発見を支える一つの流儀として許されるにすぎないのであって、信念の根拠とか、その真理の証拠としてそれに基づくわけにはいかない。というのも、帰納法はいまだそれらの真理や根拠を示唆するにすぎないからである。だが、物理科学においては、帰納法なしには、われわれは何も結論することはできないし、何も知ることはできない。……そのとき、ここ、すなわち帰納法と確率の使用と必要性のうちにこそ、混合数学と純粋数学のあいだの大きなそして主要な差異がある。
　　　（Hamilton 1833: 76f）

　純粋（数学的科学）はアプリオリであり、経験を当てにはしない。応用（数学的科学）は、現象にかかわり、世界を理解し変えるのにわれわれがいかに数学を用いるかにかかわっている。これは応用数学と純粋数学の区別に関する現在の理解とほとんど同じである。

　純粋についてのこの考え方は、ドイツの数学者たちのあいだで進展してきた考えとはいくらか異なっている。彼らは、幾何学は総合的であり、したがって、純粋ではないと考えていたからである。ハミルトンはカント主義者だったが、ブリ

テン様式のカント主義者であった。彼の考えは、代数は「純粋時間」（カントの rein）の科学である一方、幾何学は純粋空間の科学だ、というものである。興味深いことに、彼は、実数の連続体を、空間ではなく、時間の連続性に基礎づけられたものとして扱った。「ハミルトンの『講義』（1853 年の『四元数講義』）の序論は、疑わしい哲学的装いのもとにかなり興味深い数学的アイディアを提示している」（Ferreirós 1999: 220）。デデキントはハミルトンを読み、とりわけ複素数は実数の順序対だというアイディアを取り入れた（§7.9）。だが、フェレイロスが書いているように、ハミルトンの「哲学的諸観念への極端な依存が、彼のアイディアの拡散と受容を妨げたのである」（1999: 220）。こう言ったほうがよいかもしれない。パラドクシカルなことに、まさにそういう哲学的活動が行われていたドイツにおいて、ハミルトンの受容を妨げたのは、彼のカントへの傾倒であったのだ、と。デデキント、クロネッカー、カントール、そしてフレーゲのような人たちは十分に哲学的だったが、純粋空間と純粋時間の双対性というカントの超越論的感性論の中心学説をすでに取り下げていたのである。

## 13　ケンブリッジ純粋数学

ここではブリテン島の、さらに地域限定の話をしたい。数学の哲学における分析的伝統はまさしくフレーゲへとさかのぼることができるが、その舞台設定の多くはホワイトヘッドとラッセルの賜物である。（もしラッセルがフレーゲのアイディアを世界に向けて語らなかったなら、誰がフレーゲのことを耳にするようになっただろうか。）たぶん誰も本当のところはホワイトヘッドとラッセルの偉大な本を信じていなかったが、ドイツの偉大な集合論学者たちさえもがこの作品を金字塔だと祭り上げていたのである。それから、それは、本質的に不完全であることが判明した。それゆえ、彼らがどんな数学的環境を当然と考えていたのか、そして彼らがその基礎を築こうと望んでいた純粋数学について、どんな捉え方をしていたのかについて、見ておく価値はあるだろう。

少なくともイギリスのカリキュラムに関しては、「純粋数学」が固有の制度化された学科になった時点を特定することができる。1701 年、サドラー夫人は（彼女の最初の夫ウィリアム・クローン（1633 ～ 84）を追悼して）、ケンブリッジ大学で代数を教えるためのいくつかの教授職を創設した。1863 年、この基金は、形を変えて、純粋数学のサドリアン教授職となり、その地位を最初に占めたのが、アーサー・ケイリー（1821 ～ 95）であった。彼の仕事は、「純粋数学の諸原理を

205

説明し教えることであり、この科学の進歩に専念すること」であった。ここで言われているのは、とりわけ代数だと考えられており、幾何学的推論ではなかった。いまでは講座の名前が変わってしまっているが、これはサドラー夫人が元来行った遺産贈与の趣旨とは一致している。

　ケンブリッジが名高いのは、数学への貢献よりは、いまでは物理学と呼ばれるようになった分野への貢献によるものであることは疑いない。もっともそれは、物理学と数学がはっきりと違ったものであるかぎりでのことではあるが。1768年に創設されたスミス賞は、ケンブリッジの若い数学者が自らの天才を立証する一つの途であった。1885年までの古い時代には、いまなら応用数学と呼ばれるであろう内容について過酷な試験が行われ、そののちにこの賞が授けられた。同点でスミス賞を受賞したあるラングラー（すなわちその試験でトップだった者の一人）は、19世紀イギリスの最高の数学者になった。だが、われわれが数学と呼ぶものは変化を重ねてきた。いまならわれわれは彼を数学者ではなく、物理学者と呼ぶであろう。私が言わんとしているのは、ジェームズ・クラーク・マクスウェルだ。物理学の年報において神聖視されてきた多くの名前、たとえば、ストークス、ケルヴィン、テイト、レイリー、ラーモア、J. J. トムソンそしてエディントンのような人たちは、数学に対するスミス賞を獲得した*。

　1863年よりあとでは、ケンブリッジで次第に数学と呼ばれるようになっていったのは、数理物理学として再分類されるようになった自然哲学ではなく、純粋数学のほうであった。ラッセルは、純粋数学についてのこのような考え方のなかで成年に達した。同様に、G. H. ハーディも、この環境のなかで傑出した英国を代表する数学者になった。彼の教科書『純粋数学教程（*A Course of Pure Mathematics*, 1908）』（いまも入手可能）は、数学が何であるか、あるいはイギリスにおいて数学がいかに研究され、教えられ、試験され、職業とされるべきかについての一種の公式ハンドブックになった。（ヴィトゲンシュタインはこの本の1941年版についていくつかのノートを書いた。これらのノートはジュリエット・フロイドによって編集されている*。）数学についてのラッセルの見方は、ハーディの見方によって決定されたわけでもなければ、その逆でもないが、これら二つの見方は、同時代的であり、数学というものの捉え方における学問的な偶然の産物なのである。

206　第5章　応用

## 14 ハーディ、ラッセル、そしてホワイトヘッド

　G. H. ハーディの『ある数学者の弁明』（Hardy 1940）は、純粋数学の栄光について最上の説明を与えてくれる。（このきわめてエレガントな本が、数学について分析哲学することに対してもたらしてきた害悪を誰が知るだろうか？）ハーディはラッセルより 4 歳年下であり、20 世紀の最初の 10 年間にホワイトヘッドとラッセルを駆り立てた基礎論的かつ概念的な懸念にハーディが気づいていたことを示すものが、彼の『純粋数学教程』にはたくさんある。たとえば、最初の数ページでハーディはデデキント切断を理解させるために幾何学的な図解を用いているが、そのついでに彼はわれわれに次のことを請け合う。幾何学的諸観念は「説明の明晰さのためにだけ使われるのである。そうであるがゆえに、われわれは必ずしも、初等幾何学の通常の概念の論理的分析を企てる必要はない」。彼は、しぶしぶラッセルにうなずきながらも、こう付け加える。「われわれはそれらが意味するものを知っている」（すなわち、それらの幾何学的観念が意味していることの明晰な把握をもつ）「と想定することで、たとえそれが真理からどれほど離れていようと、われわれは満足するであろう」。ハーディなら純粋数学についてのお世辞で一冊の本を書くかもしれないが、ホワイトヘッドはそれを一節にまとめてしまった。

> 純粋数学という科学は、その近代における発展のなかで、人間精神の最も独創的な作品だと主張されるかもしれない。この地位を要求できるものがもう一つあるとすれば、それは音楽だ。だが、どんな競争相手も放っておいて、そのような主張が数学に関してなされる根拠を考えてみたい。数学の独創性は次のような事実に存する。すなわち、数学的な科学においては、ものごとのあいだのつながりが示されるが、そのつながりは、人間理性の働きを離れてしまえば、まったくもって明らかではない。したがって、いまや現代の数学者たちの頭のなかにあるこれらつながりの観念は、感覚を介した知覚によって即座に導けるどんな概念とも、きわめて乖離しており、実際、そうした知覚が、先行する数学的知識によって刺激され、誘導された知覚でないかぎりは、そうである。私が具体例で説明しようとしているテーゼはこのことにほかならない。（Whitehead 1926: 29）

　ハーディ、ホワイトヘッド、そしてラッセルによる純粋数学の賛美は、私の意見では、分析的な数学の哲学にあまりに強い影響を及ぼしてきた。このケンブリッジ地域に特有の光景になじんできた人たちは、ハーディ、ホワイトヘッド、ラッセルが皆トリニティ・カレッジの人間だということよりも重要な事実として、この 3 人が皆アポストルだということを知っているだろう。アポストルというのは、

1820年設立された、閉鎖的でかなり秘密主義のケンブリッジ大学学部生のクラブで、いまも順調に続いているものだ。G. E. ムーア——そしてジェームズ・クラーク・マクスウェルを含む別の時代の記憶されるべき何人か——もまたこのクラブのメンバーであり、1873年2月11日にこのクラブで行われたマクスウェルの「自由意志」についての講演はMaxwell（1882）として残されている。そしてこれに加えて、重要でない『ケンブリッジ・スパイ』〔イギリスBBC製作のドラマ〕のアポストルたちがいる。

ハーディの『ある数学者の弁明』と『プリンキピア・エチカ（倫理学原理）』のあいだには強いつながりがあり、これらはブルームズベリー・グループのバイブルになった。ホワイトヘッドとラッセルの大作がニュートンの本よりもムーアの本にちなんで名づけられたことは明白である。『プリンキピア・マテマティカ』を書くことが、『プリンキピア・エチカ』を書くことと同じ道徳的義務の捉え方を体現していることは、十分に気づかれていなかったかもしれない。

## 15　ヴィトゲンシュタインとフォン・ミーゼス

ハーディ、ムーア、ラッセルそしてホワイトヘッドが作り上げたあの世界は、1911年にヴィトゲンシュタインが自ら身を投じた世界でもある。航空工学を研究し、新しい種類の航空機プロペラの試作品を作っていた人間がラッセルのドアをノックしたとき、彼は自分が出会った稀薄大気（高尚な雰囲気）を一体どのようなものと感じただろうか。彼は、マンチェスターで工学を研究していた。そこでは、彼はかなり殺風景なアパートに住んでいた。（W. G. ゼーバルトの『移民たち』の登場人物である芸術家の「マックス・ファーバー」は、ドイツ人とユダヤ人の両親によって1939年にイギリスに送り出され、そこでヴィトゲンシュタインが30年前に住んでいた家の一部屋を借りた。『移民たち』（1996: 166f）にはその部屋の写真が掲載されている[†]。）産業都市の殺風景なアパートとは対照的に、ヴィトゲンシュタインはウィーン文明の最後の輝かしい日々が醸し出す立ち入りがたい雰囲気のなかからやってきた。クリムト、マーラー夫妻（そのどちらも彼は称賛していない）、そしてムージル、さらに少しあとには、カール・クラウスとリルケ（彼ら両方に

---

[†] 『移民たち』のドイツ語版と日本語版では「マックス・アウラッハ」という名称になっている。これは、モデルになった人物、フランク・アウエルバッハが、自分の名前を想起しやすいということで「アウラッハ」という名前の英語版での使用を禁じたためである。『移民たち』の訳者あとがきを参照。

208　　第5章　応用

彼は金を送っている）。必要な変更を加えれば、彼が出会ったケンブリッジも、いささか才能が少ないとはいえ、ウィーンに負けないほど戦前のうぬぼれを保持していた。したがって、おそらく彼は、独善的でうぬぼれた風変わりな人々からなる小さな世界にぴったりと適合していたのだろう。ヴィトゲンシュタインがそもそもどこかに適応できたとしての話ではあるが。

　ヴィトゲンシュタインは、ケンブリッジとウィーンという二つの文明の産物だ。だから、戦争前のケンブリッジの純粋性にだけ注意を向けるようなことはしないほうがよい。ウィーン学団の内部でさえ、純粋数学と応用数学について大きな論争があったのである＊。主要な参加者は、リヒャルト・フォン・ミーゼスだ（兄の経済学者ルートヴィッヒと混同しないように）。彼はいまや哲学者たちには、確率の頻度説で最もよく知られている。これは、とりわけ論理実証主義の、完璧な成果である。彼自身は、自分を応用数学者だと認定していたし、ウィーン学団の他のメンバーたちに対しては、数学はその応用によって初めて適切に理解されるということを絶えず主張していた。

　フォン・ミーゼスの学位論文は、クランク駆動に用いるフライホイール質量の決定についてであった。私はこれをたんなる偶然の一致だと思っているが、ヴィトゲンシュタインはまさしくこの実例の最も単純な形のものを何度か使っている（たとえば、*RFM*: VII, §72(a), 434）。フォン・ミーゼスは、航空エンジニアであり、彼が行った動力航空機についての講義は、大学での講義としては世界初だと思われる（Strasbourg 1913）。彼は、第一次大戦のあいだ、テストパイロットを務めたが、一方で、ミーゼス航空機 600HP フライングマシンを設計した。これは、あまりにも戦争終盤であったために戦闘機としての実用にまではいたらなかったものの、それまでで最も強力で速い航空機であった（Siegmund-Schultz 2004）。

　戦争後ただちにフォン・ミーゼスはベルリンの新しい応用数学研究所の所長になり、1921 年には『応用数学と力学雑誌』を創刊した。たいていのウィーン学団メンバーは「ホワイトヘッドとラッセル」に忠実であり、学団そのものが「ホワイトヘッドとラッセル」によって形成されたとすら言える。それゆえ彼らは、数学を純粋数学として理解していたのだが、それでもフォン・ミーゼスの影響は強いものであり、彼自身が北へ移ったあとですら、その影響は残ったのである。私は、このことがヴィトゲンシュタインのような思索家に影響を及ぼしたに違いないと想像するが、このことを支持する文献上の証拠はまったく持ち合わせていない。航空学に没頭してきた一人の人間（ヴィトゲンシュタイン）にとっては、なおさらありそうなことではあるのだが。

209

空想的なムードのままに、私はこう提案したい。一つのレンズの焦点をウィーンに合わせ、もう一つをケンブリッジに合わせて、ヴィトゲンシュタインを立体鏡的に見ることは有益かもしれない、と。ウィーンの目を通して応用を見、ケンブリッジの目を通して純粋を見るのである。


## 16  SIAM

すでに私は数学の「ありふれた」応用というものがあることを述べた。それは、ラッセルが要はカントの 5 ＋ 7 ＝ 12 のことだと考えたものである。ラムジーの例を使うほうがよい。そこから S までは 2 マイルで、S から G へは 2 マイルだという事実から、われわれは、そこから S を経由して G へは 4 マイルだと推論する。だが、こういったものよりももっと多くの種類の応用が存在する。私はいまのところ、応用についてどちらかといえば恣意的な分類を提案するつもりである。最初に、ある種の応用数学を例示するために応用数理学会（SIAM）を参照することにしよう。専門用語を使うならば、この種の応用数学を「使命指向型の数学」と呼ぶこともできるだろう。

SIAM は、「13,000 名を超える個人会員をもつ。大体 500 の学術、製造、研究開発、サービス、コンサルタントに関する世界規模の団体、政府、および軍事組織が団体会員である」。それが行うのは大部分が「ハードな」ないし「ドライな」応用である。生命科学にはもっと多くの応用があり、この分野は信じられないほど速く成長しているが、SIAM の内部にあるわけではない。応用数学の下位分類リストに SIAM が含めているのは、次のものである。

> 6. 応用数学と計算科学は、ファイナンスにおいては、取引戦略を設計し、資産配分をアシストし、リスクを評価するためにも有用である。多くの巨大で成功を収めたヘッジファンド会社は、量的なポートフォリオ運用と取引を行うために数学を有効に用いてきた。（SIAM ウェブサイト）

ハンネス・ライトゲープは、2000 年の私の第一デカルト講義へのコメントのなかでこれを読み上げてこう言った、「連中、うまいことやったね」。

1952 年の創設以来、SIAM はますます計算科学（computational science）に重点をおくようになってきた。次は、「応用数学と計算科学とは何か」という問いに対する SIAM 自身の現在の答えである。

> 応用数学は、数学的方法を発展させ、それらを科学、工学、産業、そして社会

に応用することにかかわる数学の一分野である。そこには、偏微分方程式と常微方程式、線形代数、数値解析、オペレーションズ・リサーチ、制御、および確率が含まれる。応用数学は、現実世界の諸問題を解決するために数学モデリングの技術を用いる。

　計算科学は、応用数学、計算機科学、工学、そして様々な科学を統合することに重点をおく新たに出現した分野である。問題解決の技術と方法論を生み出すための、計算技術とシミュレーションを活用した学際領域の創造を目指して、そうした統合がなされたのである。計算科学は、科学的な知識と実践を前進させるための、理論と実験にならぶ第三のパートナーとなってきた。(SIAM ウェブサイト)

　最初のパラグラフは、ほとんど、応用数学に関するジェルゴンヌのリストからの自然な発展になっている。2番目のパラグラフで扱われている計算科学は、そこで述べられているように、かつてないほど強力な計算能力とともにまさに「出現」しつつあるものであり、そうした計算能力の増強（たとえば、量子計算）については、いまも想像力のある人々が目を輝かせている。

## B　とても不安定な区別

### 17　応用の種類

　「応用数学」という制度的なラベルは、通常は文脈から十分に明確である。SIAM は、その使命をある程度の正確さでもって定義しており、名称に「応用数学」を含む数ある雑誌も、たいていはそのように定義している。応用数学の名称をもつ大学の学科や専攻に関しても同様である。だが、われわれがこう問いたくなるのも当然だろう、何が応用数学と呼ばれるようになったのか。そこにはかなりたくさんの異なったものがある。以下は、数学の一般的な種類の「応用」をいくつか集めたものだ。この区別はまったくシャープなものではない。それらに番号を振っているが、その順序はかなり適当で、これ以外にないというつもりはない。私は、異なった複数の種類の応用について簡潔に言及するために、「アプリ (Apps)」というばかばかしい名称を使うつもりである。

　アプリ0：**数学に応用された数学**。第1章において、われわれはまさにここから出発した。近代初期という時代にあっては、デカルトによる算術の幾何学への応用があり、そしてそれが現代まで続いて、現代にはゴ・バオ・チャウによる、ラングランズ・プログラムの基本補題の証明がある。こちらは、幾何学の代数への応用である。そこで観察したように、これらの「応用」は、完全に異なる分野

のあいだに成り立つアナロジーの発見として、あるいはそれらのあいだの構造的対応の発見として記述すべきものかもしれない。

**アプリ1：ピタゴラスの夢**。私はこれらを前章の§4.8〜11で持ち出した。そのような精神をもつ人々は少数であったとはいえ、数学は世界の深層構造を明るみに出すという感覚——宇宙の本質は**まさしく**数学的だという考え——が長いあいだ存在し続けてきた。プラトンはピタゴラス主義者であったし、ピタゴラスの狂信的教団の強い願望については、他のどんな単一のテキストよりも『ティマイオス』から多くをわれわれは学んできた。自然という書物——ガリレオがそう呼んだように——は、数学の言語で書かれている。P. A. M. ディラックは、この種の深遠な考えをもっており、多くの場所でそれを表明している。たとえば「したがって、あらゆる自然（本性）を整数の属性に結びつけようという哲学者たちの古い夢がある日実現する可能性が存在する」（Dirac 1939: 129）。マックス・テグマークの数学的宇宙仮説（Tegmark 2008）は、現在、ピタゴラス主義哲学の最も直近の際立った表明である（§1.11）。

　私はピタゴラスの夢を共有しているわけではないが、それでもたいていの人よりはそれに敬意を払っている。その夢は、それ自体不合理であるが、数学が自然の秘密を解き明かすだろうという確信の起源に大きくかかわっているとは思っている。多くの読者はそれほど寛大ではなく、このピタゴラス版の数学と宇宙を、もしそれがうまくはたらくならラッキーなことだが、ひらめきという点ではたわいもないとみなすだろう。

**アプリ2：最も一般的な種類の理論物理学**。分析的な伝統における最近の哲学的著作は、主としてこの種の「応用」を論じてきた。私が念頭においているのは、万物の大統一理論の探求を誘うような種類の物理学である。物理学は、20世紀後半にわたって科学哲学を支配してきたが、それは典型的には、凝縮系物理学（公式には固体物理学と呼ばれる）よりも、高エネルギー物理学であった。これは、部分的には一般性に対する哲学的な強い願望のためである。凝縮系物理学は、相対論的量子力学という一般的な背景の内に埋め込まれてはいるが、特定の現象の詳細なモデルを扱う傾向がある。そこには、万物の物語を語ろうという野心はない。フィリップ・アンダーソン（1923年生まれ、1977年ノーベル物理学賞）は、凝縮系物理学で名の知られた人物だ。ある古典的な論文で、彼は、多くの凝縮系物理学者の哲学を3語で表現した。「多は異なれり（More is different）」（Anderson 1972）。私は、凝縮系物理学についてピタゴラス主義者であるような人には誰も出会ったことがないが、その一方で、高エネルギー物理学にとっては

〔ピタゴラス主義は〕強い誘惑であるようだ。ユヴァル・ネーマン（1925 ～ 2006）は、1961 年の「八正道」（SU（3）フレーバー対称性）の（マレー・ゲルマンとの）共同発見で有名である。Ne'eman（2000）は、20 世紀の数理物理学を取り込んだピタゴラス主義の古典である。ウィグナーの「理屈に合わない有効性」が引き合いに出されるのはこの種の文脈においてだ。年代順に言えば、数理物理学の成功に対する彼のような驚きは、20 世紀のはじめに始まった事態であるのに対して、ピタゴラスの夢は古代の出来事である。

アプリ 3：「関心をもたれない」科学研究における数学的モデリング。ここで私は、「それ自体のための」研究と、どちらかといえば直接的な「実践的」問題を解くために行われる研究とのあいだに、ありふれてはいるが人工的な区別を引いている〔このアプリは前者である〕。モデリングは、高速コンピュータによって根本的に変化してきており、いまでは研究室内実験に取って代わって、知られた事態に最もよく対応するのがどのモデルかを見るために、膨大な数の代替モデルの計算機シミュレーションが行われる。多くの若い世代の科学哲学者たちはいまや、研究室内の実験はある種の（物質的）シミュレーションにすぎず、科学においてはその必要性は徐々に減じていると論じている。

アプリ 4：使命指向型の数学。実際に応用数学と呼ばれるものの大部分は、比較的実践的な目的のために意図的に行われている。ここでは、プロトタイプとして SIAM を取り上げよう。「使命指向型」という表現は、合衆国の資金提供機関における一種の商売上の通用語であり、1970 年代に流通し始め、アプリ 3 を動機づけるような「たんなる」好奇心や思弁よりも実際的な研究を優遇するように故意に利用されたものだと、私は思っている。

アプリ 5：ごくありふれた応用。それから、会計士、商人、大工、建築業者、農家、そして法律家による数かぎりない数学のお決まりの使用がある。要するに、現代の世界においてはほとんどすべての人がやっている使用である。最低限の数学的な基礎学力が、産業国家での生活の最低基準を維持するには必要とされる。そうした数学的な基礎学力は、あらゆる種類の実践的な目的のために発達させられてきた。そうした発達がどのように起こったかの記憶の多くを階級的なバイアスが消してしまったにもかかわらず、実際にはそういうことなのである。カントの 5＋ 7 ＝ 12 を含む初等的な素材の大部分は、命題によってではなく、むしろ計算規則や手続きによって最もうまく表現される。

アプリ 6：意図されない使用。これまで述べてきた応用のすべては、数学の意図された使用である。数学のある分野がある目的のために発展させられ、それが、

直接には意図されていなかった別の目的に役に立つことが判明するようなときでも、その使用は意図されている。それとは別に、**意図されていない使用**があり、純粋主義者ならば、そうした使用は、意図された使用の、ほとんど歪曲に等しいと言うかもしれない。これらの話題にあとで戻るつもりはないから、この項目は、他の項目より詳しいものになるだろう。

たとえば、われわれの教育システムは、子供たちに今日の文化生活に要求されるものとして最低限の数学的スキルを習得するように強いている。だが、そのことは問題の終わりではない。少なくとも高校まで人より数学をうまくやってきた人々は、社会階層において高いところに上がる。チャンドラー・デイヴィス* が、かなり悪意を込めて書いるように、「20 世紀の数学は、ラテン語文法をしのぐ存在しなっている。このラテン文法というやつは、19 世紀イギリスのエリート層に加わることを認めるかどうかを決定するのに使われた篩(ふるい)なのであった。しかも 20 世紀の数学は、他の科学や工学への影響力を保っている本物の応用数学をはるかに超えたものになってしまっている」(Davis 1994: 137)。そういう制度的な訓練を使う理由の一つは、現在の社会秩序を保持するためである。政治学者アンドリュー・ハッカーは、こうした慣行はアメリカの教育にとっては破滅的だと強く主張している（Hacker 2012)。数学で落伍することは、アメリカの高校を脱落する主要な直接的理由の一つになっていると指摘したうえで、彼はこう論じている。異なった種類の要求を課していれば、はるかに多くの若者が有用な知識とスキルをもって高校を卒業できたはずだ、と。〔数学のスキルという〕この尺度の一方の端において、エリートの医科大学では、入学のためのフィルターとして、微積分の習熟が要求されている。卒業生のほとんどはそれを使うことなどないのにである。それは、デイヴィスのテーゼの鮮やかな実例だ。

エリート主義的な目的のために数学を曲解した最も有名な例は、プラトンである。彼の共和国では、すべての上級公務員は、その人生の最良の 10 年間を数学を習得するために費やさなければならない。より良い財務大臣や将軍になるためではなく、むしろ道徳的状態に達するためである。オーケー、これは思うほど曲解ではないのかもしれない。たしかに、もっと道義心をもった政治家のほうが悪くないかもしれないし、おそらく 10 年間にわたる数学の修業期間は不道徳な者たちを篩にかけるだろう。

さらに、完全数に対する中世の熱狂について考えてみよう。（完全数は、6 ＝(3 ＋ 2 ＋ 1)や 28 ＝(14 ＋ 7 ＋ 4 ＋ 2 ＋ 1)のような、それ自身が、それ自身より小さい約数の和になっているような数である。）ユークリッドは、そういうものを四つだけ

発見することができた。1000年前後に、アルハーゼン（イブン・ハイサム）（現代のイラク、バスラに生まれた）は、多くの、より大きい偶数の完全数を生成する公式を見つけ出したが、最初のいくつかのあと、アルゴリズムに基づく計算は**き**わめて急速に増大する。2012年7月1日現在、47個が知られており、もっと多くを見つけようという大規模な計算プロジェクトが進行中である。奇数の完全数はあるのか。無限に多く存在するのか。こうしたすべてをわれわれは純粋数学と呼ぶ。これには何の応用も考えられないように思われる。だが、何人かのスコラ学者は完全数に魅了された。それは、完全がどういうものかを理解するのに助けになると彼らが考えたからである。これは、神学に応用された数論である。とはいえ、それを意図されていないと呼ぶのには語弊がある。というのも、それは、まさしくこの教師たちが行おうと意図していたことだからである。1943年に最初に出版されたヘルマン・ヘッセの『ガラス玉演戯（*Oas Glasperlenspiel*）』（*Magister Ludi* とも呼ばれる）で描かれたものに通じるような生活の形式においては、道徳的そして美学的経験こそが、数学的研究の第一義的に意図された目的だったと考えることもできる。

　このことはわれわれを遊戯——しばしばもったいをつけて「レクリエーション数学」と呼ばれる——へと引き戻す（§2.27～28）。数学的ゲームはしばしば予期されない帰結をもたらすが、遊戯の要素はたしかに意図されていないわけではない。かつては攻撃用だったが、いまやオリンピックスポーツになったやり投げのように、それはレクリエーションに応用された数学なのだろうか。さらにもう一つのゲーム（ライフゲーム）については、以下25節の終わりを見よ。

　アプリ7：風変わりな応用。最後に、その研究をやっている数学者によってはまったく意図されていないわけではないけれども、われわれが「突拍子もない（off the wall）」と言うような数学の使用を思い浮かべることができる。こういう使用の一つは、ヴィトゲンシュタインの例である。それは、たまたまだが、文字通り壁（wall）についての例だ。

> 積分や微分などの計算を適用する唯一の仕方が、壁紙の模様のパターンを与えるというものであってはなぜいけないのだろうか。それらの計算が発明されたのは、たんに人々がこの種のパターンを好んだからだったと想像してみよ。それはまったく問題のない適用と言えるだろう。（Wittgenstein 1976: 34, 邦訳, p.58）

彼がこの壁紙の例を挙げたのは、より奇妙ではない例に聞き手をなじませるためであったのかもしれない。もっと奇妙ではない例とは、すなわち、31に12を

掛けよと言われたときにある人物（あるいはたいていの人々）が行うことを予測するという例である。これは、彼にとってはるかに多く語るべきことがある例であって、壁紙の例はここに向かうための導入だったというわけである。そしてそれが、規則に従うことやその他、本書では論じられない事柄についての彼の反省へと展開していったのである。

部屋の壁を壁紙で覆うというのは、床をタイルで覆うというのと同じレベルにあるように聞こえる。それは、われわれを純粋数学へと、そしてさらに数理論理学へと連れ戻す。論理学者ハオ・ワン（1921～95）は、数理論理学における決定問題を攻略する一つの方法として、同じ形をして異なる色をもつタイルで床を——どの色がどの色に隣接できるかについての制約のもとで——覆う問題とのアナロジーが有効だと主張した（Wang 1961）。彼は、任意のチューリングマシンがワンのタイルからなるある集合へと変えられることを示した。そして、彼がタイル貼りへと翻訳した問題のすべては決定不能であることが判明したのである。かくして、タイル貼り問題はそれ自体で成長産業へと発展してきた。これは、純粋か、応用か？　誰も気にしやしない。


## 18　堅固だが鋭利でない

アプリのこうした分類は、それにたいしたものがかかっていないかぎり、かなり堅固である。17 節のはじめに告げたように、この区別はたしかに鋭利なものではない。たとえば、1900 年のヒルベルトの問題のいくつかを考えてみよう（§2.21）。1900 年の数学会議で出された 3 番目（しかし、この後の 23 の問題リストでは 6 番目）の問題は、「物理学の諸公理の数学的取り扱い」を求めている。グラッタン＝ギネスが気づいたように、この問題を、不正確に記述されていると見るべきか、それとも複数の問題からなると見るべきかは明白ではない（Grattan-Guiness 2000）。さらに、その問題が純粋数学の問題なのか、それとも応用数学の問題なのかを問うこともできる。私は、ヒルベルトがわざわざその問いに答えることはないだろうと思う。ヒルベルトが問題 6 番によって念頭においていたのは、アプリ 2 に最もうまく収まるだろうと私は思うが、その確信があるわけではない。

現代でこの種の問題を探すとすれば、場の量子論における繰り込みについて厳密な説明を与えよという問題が考えられるだろう。（物理学に動機づけられた問題が二つ、七つのミレニアム問題のなかにあったことを §2.21 で見たが、この問題はそ

こには含まれていなかった。）繰り込みは、ここ何十年間、理論物理学者の道具箱に不可欠なものである。1930年代に明らかになったある困難を解決するために、1940年代になってそれは実際に使われるようになった。この理論の核心にあるいくつかの積分は発散してしまう。すなわち、それらの値は無限大になってしまうのだ。（その困難はもっと以前から現れていたにもかかわらず、この理論の最初の詳細な実例は QED ＝量子電磁力学であった。）そこで、乱暴に言えば、われわれはそれらの値が1であるようなふりをして、さらに続けていくのである。**それがうまくはたらくのだ**——驚くほどの実験的な正確さで。

　物理学者はいまでは繰り込みを当然のことと考えている。しかしそれは数学的にほとんど意味をなさない。それで、同じように効力がありながら厳密でもある数学を作り出すことは、一つの数学的課題となる。われわれがすでに出会った二人の著者——どちらもフィールズ賞受賞者——は、繰り込みを挑む価値のあるものと考えてこの問題に取り組んできた。一人は、アラン・コンヌである（Connes and Kreimer 2000 を見よ。彼らには、同じ時期の関連した複数の出版物がある）。10年後にもう一人の数学者、リチャード・ボーチャーズ（§3.12）が同じ問題をもっと複雑な仕方で解こうと試みた（Borcherds 2011）。これは応用数学、とくに数理物理学の**アプリ2**だと考えられるかもしれない。ボーチャーズ自身の意見では、「それは、数理物理学というよりは数学である。私自身の見解は、それが物理学の問題に強く動機づけられた純粋数学だ、というものである」（2010年12月14日の e メール）。

　ちなみに言っておくと、コンヌとクライマーの「量子場の理論における繰り込み」論文（2000）は、『数理物理学通信』誌で発表されたのに対して、同じく「量子場の理論における繰り込み」と題されたボーチャーズの論文が掲載されたのは『代数と数論』誌であった。

## 19　哲学とアプリ

　それぞれのアプリは、それ独自の仕方で哲学に結びつけられる。私は幾何学と代数の相互応用可能性を驚くべきものと考えたが、他の人々はそうは考えないかもしれない（アプリ0）。算術的構造と幾何学的構造のあいだにはきわめて深遠なアナロジーが存在するのだとすれば、困惑が減るかもしれないが、私はそれでもなお、そのアナロジーがなぜ成り立つのかを知りたいと思う。

　マーク・スタイナーは、ピタゴラス主義、**アプリ1**をまじめに受け取る稀有

な哲学者である（Steiner 1998: とくに4章）。私も好奇心をあおられるが、スタイナーほどの確信があるわけではない。アプリ2は、自然科学における数学の理屈に合わない有効性についてユージン・ウィグナーの黙想を促した。だが、彼は、論文のなかではこれよりももっと強い言葉を使っていた。彼はその論文では「物理学の法則を定式化するときの数学の言語の適切さという奇跡」について語っている。それは奇跡なのか。

スタイナーは、自分の本（Steiner 1998: 13f）を、しつこいほどたくさんの同じような驚きの叫びから始めている。それは、ハインリッヒ・ヘルツ、スティーブン・ワインバーグ（「薄気味の悪い」）、リチャード・ファインマン（「驚くべき」）、ケプラー、ロジャー・ペンローズからの叫びだ。私自身は、「驚くべき」以上にさらに踏み込んだ叫びを発するつもりはない。ペネロプ・マディは、この現象は驚くべきものですらないと論じている（Maddy 2007）。われわれはその現象を端的なモデリングとみなすべきであって、そこには数学的モデルからの数多くの手探り、把握、試行が存在する。この観点からすれば、アプリ2は、アプリ1から続く現代版というよりも、アプリ3の希薄化された事例以上のものではない。

マディのアプローチは、誰であれ薄気味悪さを嫌う人にとっては、きわめて分別あるアプローチだ。とはいえ、それは、自然がピタゴラス主義者の思弁に授けてきた興味深い幸運に、誰にでも満足いく説明を与えているわけではない。人間の精神にとってしか魅力的でない何か——最近の例を用いれば、一定の対称性——が、自然の秘密を解き明かすことがわかっている。この宇宙を分析するうえで、「ピッタリ合う」という人間の感覚のほうが、本来そうあるべき以上に、より良い結果につながることが場合によってはある。

アプリ4のケースでは、先の引用「応用数学は、実世界の課題を解決するために数学的モデリングの技術を使用する」からわかるように、SIAMは、たしかにものごとを正しく理解している。すなわち、われわれが必要としているのは、モデルの理解であるが、それは、モデルの意味論的な理解ではなく、カートライトによって初めて科学哲学の前面に持ち込まれたような、物理学の意味での理解である（Cartwright 1983）。それは、「応用はすべてモデルだ」という広く支持された態度のことである。この意味でのモデルは、一見そう思われるほど単純ではない。ウィルソンは、ウィグナーのタイトルをまねて、自分の論文に「自然科学における数学の理屈に合わない非協調性」というタイトルをつけている。私は、21節でモデリングについてさらに追究するつもりである（Wilson 2000）。

私は、第3章Bで論じたように、アプリ5がカントの問題とラッセルの問題

の動機になっていると主張し、そしてそれより自信はないが、それらの問題に対するフレーゲの解決策はかなりうまくはたらくと主張する。一方、アプリ6が何らかの哲学的な争点を提起するとは私は想定していない。それは、数学の予期しない使用や乱用を思い出す手がかりにすぎない。数学を含めて、ほとんどどんなものも多くの意図されないやり方で使用されうる。そうした使用がどれほど有用であろうと、どれほどばかげていようとも、である。最後に、私がアプリ7に言及したのは、ヴィトゲンシュタインが奇妙な実例をあのように驚くべき仕方で用いたからにすぎない。

数学の応用に結びついたこれらの哲学的争点はいずれも、純粋と応用という区別がなければ、今日現れているような形では生じなかっただろう。したがって、数学の哲学における啓蒙的要素と私が呼んできたものもまた、ひどく偶然的な歴史に依存しているのである。


## 20 対称性

ピタゴラス主義の夢についてもう一言か二言だけ。ユヴァル・ネーマン——彼の最大の発見には対称性の話が含まれている——は、対称性を深い意味でピタゴラス的観念だと受け取っている。そして対称性がそういうもの〔世界の深層構造〕であるのは、プラトン立体が多くのタイプの対称性の実例になっていることに加えて、そのことが、なぜそれらの多面体がかくも多くの異なる自然現象をモデル化するのにこれほどまで有用であるかの理由でもあるからだ。マーク・スタイナーは、ピタゴラス主義を支持する自らの議論の根拠を、20世紀後半の基礎物理学における対称性のパワーに求めている。

マーカス・ジャキントは、私の3番目のデカルト講義にコメントするにあたって、対称性についての人間の認知能力を数学的思考の基礎、根本ないし起源の一つだとみなしていた。人間本性の深いところに対称性の感覚があるという考え方だ。それは、多くの古い人工物の形状からも明らかであり、今日ではそうした感覚は認知心理学者たちによって広範に研究されている。

われわれはスタイナーとジャキントの考えを組み合わせて、次のように示唆することもできただろう。人間は対称性について深遠な感覚をもつのだ、と。対称性は、多くの自然的過程にとって根本的なものである。「数学と自然との、そして自然による数学の謎めいた適合」（§1.1）の原因の一つは、この数学という「人類学的現象」が、対称性を把握する人間の生得的な能力と自然そのものが対称性

に満ちているという事実の両方から多くの事柄を導き出してきた、ということにある。このことは、翻ってペネロプ・マディの自然主義にとって使えるものになる。〔もし上のような説明が可能ならば〕この「人類学的現象」には薄気味悪いものは何もない。だから、それは、ピタゴラス主義の数学の哲学に何の基礎も提供しないのだ、と。

しかしながら、とても違った種類の二つの変則事例が存在する。一つは、§2.2でそれとなく言われていたことだ。ホンとゴールドシュタイン（2008）は、アドリアン＝マリ・ルジャンドル以前には数学的対称性という近代的な概念は存在していなかったと論じている。ルジャンドルは、空間が絶対的であることを証明するために、カントが1768年に使った不一致対称物（Kant 1992）を1794年に再定式化したのである。ホンとゴールドシュタインは、ルジャンドルによる対称性の認識は、数学とあらゆる科学の歴史において分水嶺をなすと論じている。

いいや、そんなことはない、ユークリッドには様々な対称性の観念があるではないか、〔視覚的に〕心地よい比率を踏まえた、美学的な対称性の概念だってあるではないか、こう言われるかもしれない。ユークリッドは、二つの量が測定の共通単位を共有するとき、その状態を表すのにシュンメトリアという語を使った。たとえば、単位正方形の対角線は、その辺とは通約不能、ないし「非対称」である。もちろん、比例という観念も通約可能性という観念もいずれもルジャンドルやそれに続くすべての前触れではない。ルジャンドル以降の対称性には、ユヴァル・ネーマンとマリー・ゲルマンが、現代物理学においていまや定着した標準モデルを作り上げる際にあれほどどうまく活用した対称性も含まれているだろう。〔したがって、ルジャンドル以前と以降は区別できるだろうが〕それでも私は、ホンとゴールドシュタインに反駁したくなっている。1794年にルジャンドルによって「対称性」という語が選択されたことは、私の意見では、古代から現代まで続く、対称性（とわれわれが呼ぶもの）の原観念が存在しているという主張を無効にするわけではない。とはいえ、ホンとゴールドシュタインの見事な論文に答えるためには、このことはきちんと立証される必要があるだろう。

§2.2で言及したもう一つの事実も好奇心をそそる。それは、ジョウ・ローゼン自身の入門書（Rosen 1975）が対称性の数学についての解説としては10年の欠落を埋めるものであったのに、いまではそういった入門書がほとんど無数にあるという彼自身による観察（Rosen 1998）である。それはたんに興味深いというにすぎない（と思う）。より大きな関心をひくのは、対称性と最近の基礎物理学の関係にかかわる問題である。

対称性は 1950 年以降の物理学においてものごとがたどるべき避けられない道であった、という感覚はきわめて強力である。だが、しばしば不可避性の感じというのは誤解であることがある。その時代の発展を思い出しながら、スティーブ・ワインバーグ（1933 年生まれ、1979 年ノーベル物理学賞）はこう書いている。「対称性原理に対する素粒子物理学の、1950 年代と 1960 年代の雰囲気を振り返って思うのは、対称性が重要とみなされたのは、主としてほかに考えるべきことがなかったためであった」（Weinberg 1997: 37)*。

## 21　表現 – 演繹的描像

応用数学が何であるかについては、きわめて多様なタイプの哲学者たちから同じような見解が提供されているため、それがほぼ、哲学者のあいだのコンセンサスであると言ってよいだろう。それは、とくにアプリ 3 タイプの応用数学であるが、アプリ 2（理論物理学）やアプリ 4（SIAM）にも当てはまる。私はそれを表現 – 演繹的と呼びたい。このラベルは、自然科学における仮説 – 演繹法についてのおなじみの話にちなんでつけられている。（その「仮説 – 演繹的」という言い回しそのものは、ウィリアム・ヒューウェル（1794 ～ 1866）と 1840 年の彼の偉大な著作『帰納的科学の哲学』に由来する。）

その描像はこうである。われわれはある現象に興味をもつ。われわれはその現象の単純で抽象的なモデルを形成しようと試みる。われわれはそれをある数学の式で表現する。それからわれわれは、その現象についてのいくつかの実際的な問いに、単純化された用語で答えようとして、あるいはそれがいかにはたらくかを理解しようとして、その式に対して数学、すなわち演繹的な純粋数学を行う。そのうえで、われわれは「脱 – 表現化する」、すなわち、数学的結論を物質現象へと翻訳し戻すのである。

初期の近代科学における最も重要な数学上のないし物理学上の出来事は加速度の理解であった。変化が変化する割合というアイディアだ。それは本当に信じられないような飛躍的前進であった。変化は理解するのが容易である。変化の割合は、理解するのが信じがたいほど困難であった。変化の割合という概念の習得がどれほどの達成かといえば、それは「度肝を抜く」という言葉が当てはまるほどだ。人間精神が大きな飛躍を成し遂げたのである。

微分計算はそこからただちに出てくる結果であった。今日まで、偏微分方程式は多くの（たいていの？）応用数学の核心に位置している。ここには「理屈に合

わない有効性」は存在しない。ものは動くのである。17世紀自然哲学は運動に
かかわっていた。運動の比率は変化する。私はまったく時代遅れながら、ヒーロー
について語るのが好きである。運動の変化の概念化は、ガリレオ以来の、近代世
界を作動させた偉人たちによる壮大な成果であった。

　偏微分方程式は、いまも非常に多くの現象を表現するための基本的な道具で
ある。それらの表現はしばしばモデルだと考えられている。自然科学の哲学者
たちのみならず、たとえば経済学の哲学者たちも、モデルの役割をたいへん重
視してきたが、そのきっかけは、ナンシー・カートライトの先駆的な本、『物理
学の法則はいかにうそをつくか（*How the Laws of Physics Lie*, 1983）』の出版で
あった。彼女は、物理学者たちがいかにモデルの用語に頼って研究を行ってきた
かを強調した最初の科学哲学者だ。たとえ、物理学者たちが哲学し始めるとき
にはモデルについての話が消え失せてしまうにしても、である。（だが、われわれ
はメアリー・ヘッセの『科学におけるモデルとアナロジー（*Models and Analogies in
Science*, 1966）』を忘れるべきではない。）

　数学とのつながりで私が「モデル化する」よりも「表現する」という動詞を使
う一つの理由は、「モデル」が、玩具メーカーによって売られている「模型飛行
機（model airplane）」のように、しばしば物理的モデルを示唆するからである。
すなわち、それは物質的なモデルであって、知的なモデルではない。27節で扱
うことになる空気力学においては、揚力と抗力の数学的モデルが存在し、翼とプ
ロペラの物質的なモデルは風洞でテストされる。これはアナログ・モデルであり
（これは、いくらか冗語法的だ。というのも、モデルはアナロジーにほかならないのだ
から）、いまではそう呼ぶのがふつうになってきた。だから私は、「モデル」を物
理的に実現されたものに使い、動詞「表現する」を数学にとっておきたい。

　表現‐演繹的描像は、マンダースが述べたように、徹頭徹尾演繹にほかならな
い。それは、最初に表現を、そして終わりに脱‐表現化を伴う、「証明につぐ証明」
（§1.9）なのである。この描像は、フランシス・ベーコンの混合数学の考え方に
もいま見られる。その考えでは、混合数学はその「主題に関して自然哲学のい
くつかの公理や自然哲学の一部を含んでいる」（先の3節）。この描像は決して哲
学者たちだけの描像ではない。それはまさに、ガワーズの『数学』で好まれた記
述でもある。

　この描像は、私がマーク・スタイナーとハネス・ライトゲープのものとみなし
ている態度、つまり応用数学は数学ではないという態度を明瞭に描き出している。
最初の表現と最後の脱表現化は、数学的ではなく、むしろ経験的である。したがっ

222　　第5章　応用

て、応用に動機づけられているにもかかわらず、その中間にあるのはたんに数学である。問題は、この描像が、応用数学の実践をまったく理想的に描いていることだ。それはしばしば局所的には意味をもつけれども、大きなスケールでは数学と諸現象のあいだの相互交流を見落としてしまっている。

## 22　分節化

T. S. クーンの『科学革命の構造』(Kuhn 1962) は、「応用」数学の視点とはまったく異なる視点から書かれている。この本は、科学哲学者たちがいまだ実験よりも理論を指向しており、科学におけるあらゆる活動は理論化の世界において起こると考えていた時代に書かれた。だが、理論はきちんとパッケージ化されカタログ化されて到着するわけではない。数学的概念を使って表現される理論は、肉づけされ、その帰結をあらわにする必要がある。これは、理論からその帰結を演繹するという単純な問題ではない。それは、さらに概念の明晰化、多義性の除去、補助仮説をはっきりと表立たせること、その他多くを含んでいる。クーンはこれを「分節化」と呼び、理論の分節化について (1962: 18, 97)、そしてパラダイムの分節化 (1962: 29-36) について書いた。彼はまた、実験と理論が一緒になって分節化されることについても書いている (1962: 61)。

いくぶん変幻自在な概念ではあるが、分節化は、クーンの信じがたいほど豊かな本において最も有用なメタファーの一つである。理論の場合、分節化は、「その理論に暗黙に含まれているものを、しばしば数学的分析によって浮かび上がらせる過程」(Hacking 2012c: xvi) である。だが、このメタファーが明らかにしているように、このことは、たんに数学的帰結を導出するという問題ではないと思う。それは、結果としてこれまで以上に正確な帰結を導き出せるように、理論を絶えず再生させ、再組織化するという問題なのである。

表現 – 演繹的描像は、間違いなく理論的探究の最も重要な部分の一つと言えるクーンの分節化を、完全に無視してしまっているのである。

## 23　領域から領域へ動くこと

「応用」について本質的な点の一つは、同じ数学的構造——モデル——が、見かけ上無関係な現象や経験分野の有用な表現であることがしばしば判明するということである。たとえば、第7章で私が最後の一言をゆだねるアンドレ・リヒ

ネロヴィッツはこう語っている。「われわれはモデルを構成する能力を獲得してきました。すなわち、まったく同じ方程式に出会っているという理由から、目下の水力学の問題に対して、静電気学の問題に対して行ったのとまったく同じことができる、と語る能力です」（CL&S 2001: 25）。

われわれは、まるでそれが待ちうけているかのようにして、方程式に「出会う」ということなのだろうか。それとも、これはある程度は選択効果によるものだろうか。いったんあるモデルになじんだならば、われわれはそれを他の場所でも試してみる。われわれは節約するのだ。一つの領域に関して発展させられてきた一連の数学的実践が、いくつかの類似性が存在する別の領域へ大規模に移出される。そのとき、第二の領域が最初の領域と同じ構造をもつということをわれわれが発見しようとしているのかどうか、あるいは、第二の領域が第一の領域と似た形をもつことになるように第二の領域を造形しようとしているのかどうかは、それほど明らかではない。たぶん両方が生じているのだろう。いずれにせよ、それらの現象そのものに方程式が書かれていて、われわれに「出会われる」のを待っているわけではないのである。

§4.10 ～ 11 では、領域から領域へと動きながら、モデル化の戦略を繰り返し使用する二つの基本的な例に着目した。多面体と調和運動である。T. S. クーンは 1970 年頃の論文「パラダイム再考」のある長い一節において、領域から領域へと動くことについて簡単だが鮮やかな説明を与えている（Kuhn 1977: 305f）。そこで論じられているのは、斜面についてのガリレオの考察から、振子についてのホイヘンスの考察を経て、ダニエル・ベルヌーイの流体力学へといたる時期である。それは、数学と物理学が区別されていなかった時代だ。とはいえ、〔当時にあっては〕この研究は確実に混合数学に分類されていただろう。ただし、そうした分類は、明白に実践的な形ではいまだまったく使われていなかったことに注意しよう。

ガリレオは、「斜面を転がり落ちるボールは、どんな傾きの斜面であれ、垂直方向に同じ高さの所まで上がるのにちょうど十分なだけの速度を獲得する、ということを見いだした。そして彼はその実験状況を、錘が一質点からなる振り子の場合と類似のものとみるようになったのである」（Kuhn 1977: 305, 邦訳，p.395）。続いて、ホイヘンスは、ここから質量の中心というアイディアを移出した。ずっとのちになって、ダニエル・ベルヌーイは、「どのようにすれば貯水タンクの口から流出する水の流れがホイヘンスの振り子と類似したものと見えるかを発見した」（Kuhn 1977: 306, 邦訳，p.395）。こうした詳細をクーンは物理学者の言葉を

使って説明している。他の著者たちなら、ニュートンの原理から出発して数学的モデルを使って説明するかもしれない。だが、クーンが観察したように、その時代の実際の研究は「ニュートンの法則の助けを借りることなく」行われていたのである。

表現 - 演繹的描像は単純で明快だ。ところが、クーンの例は、過去の出来事を記述するとき、それを使う必要がないことを明らかにしている。つまり、**彼は、ものごとを表現 - 演繹的な仕方では見ていなかった**のである。

いつものように、ものごとを少しばかり込み入らせたいと思う。以下では、「応用数学」の三つの例だけを使うつもりである。一つは、かなり長期間にわたる例である剛性。2番目はもっと局所的な例、すなわち、航空機の翼。最後に、最も一般的な種類の例、すなわち、「純粋」幾何学が、物理学におけるその位置を全体として上昇させてきたこと。剛性の例は、純粋数学と応用のあいだの相互作用を具体的に示している。飛行の例は、使命指向型数学の偉大な実例であり、個人や集団の特異性とか不必要な枝葉末節といった実話につきものの要素に満ちている。

## 24　剛性

剛性ほど実用的な概念はないように思われる。人間が雨露をしのぐ小屋を作り始めるやいなや、彼らは落ちてこない構造を必要とした。剛性概念の先祖とみなせるような何らかの概念が、人間の意識においてはごく早い時期に生じていたに違いないが、それは、認知的な普遍としてではなく、環境的な普遍としてである。われわれが実際にある程度のことを知っているごく最近の文明だけを取り上げよう。建築素材はめったにない北アメリカの大草原には、ウィグワム〔北米インディアンの半球形のテント小屋〕とティーピー〔円錐形の可動式テント小屋〕という二つの伝統的な構造物がある。前者はかなり恒久的な構造物で、丸屋根の枠のまわりに皮が固定されているのに対して、後者は、立ち上がったときには固定される、柱の可動式枠組みを中心にして立てられる。

さて、剛性は、一見してそう思われるほど実用的ではない。厳しい経験が教えてくれるのは、あまりに固定された建物は地震のときには困ったことになるということである。たとえば、台北の驚くべき101ビルは101階の高さである。それは、主要な地震域に立っており、さらに絶えず破滅的な台風に脅かされている。〔カリブ海の高気圧によって引き起こされる壊滅的な嵐はハリケーンと呼ばれ、シナ海での

同様の現象が台風だ。）そのため、101 ビルは揺れるように建てられている。だが、それほどひどく、ではない。このビルは、最上階の内側につりさげられた巨大な振り子をもっており、それがショックを受けたときに全体を安定させるのである。われわれが欲しているのは、嵐やその他の変動をやり過ごすのにちょうど十分な柔軟性をもつ、剛性に近いものである。2000 年 9 月にニュージーランドで起こった地震で証明されたように、木の建物は持ちこたえる。大平原の住人にとって地震は問題にはならないが、ティーピーとウィグワムの両方（そして、たとえばゴビ砂漠のパオ）はかなり耐震性がある（が、トルネードには弱い）。それらは「剛性に近いもの」をもち、それがわれわれにとっては剛性よりも一層有用なのである。

そこから、問うべき二つの問いがあることが帰結する。まず、どんな構造が剛性的なのか。だがさらに、どれが剛性に近いものをもち、地震やハリケーンのような、まれなストレスにどれが最もよく持ちこたえるのか。前者の問いは、すぐさま抽象的で非経験的な問い——純粋数学——へと導く一方、後者は際立って応用的である。ここではわれわれは抽象的な剛性について若干の事実にしか注目しなかったが、それは、純粋と応用の間の相互交流を具体的に示すためであった。

## 25 マクスウェルとバックミンスター・フラー

1860 年代のはじめにジェームズ・クラーク・マクスウェル（1831 ～ 79）は、ロンドンのキングズ・カレッジで講義を行っていた。講義のなかで彼は、剛性に対する明白な応用が帰結するようないくつかの「幾何学的」結果を発展させた。とくに彼は、「与えられた数の点を空間内でつないで安定図形を作図するのに、何本の線が必要とされるか」（線とはたとえば、金属の棒や、桁）を決定した（Everitt 1975: 170）。一般に、$n$ 個の点を結ぶには $3n - 6$ 本の線が必要になる。この結果は、イギリスの土木工学の教科書では標準となっている。しかし、エヴァリットは次のように書いている*。そこには「例外が存在する」のであり、「マクスウェルが自分の定理について述べた元来の言明では、それらの変則事例をカバーするために必要な制限条件が正確に具体的に述べられている」。だが、マクスウェルは、これらの変則事例がどれほど興味深いかを予見していなかった。それは、ある野心的な工学者にして夢想家である人物に残されたのだが、それは、ほかでもないバックミンスター・フラー（1895 ～ 1983）である。

ジオデシック（測地線）ドーム、あるいはしばしばバッキー・ドームと呼ばれるものは、最も見事な剛性構造の一つである。フラーは 1954 年に、数学ではな

く、実地の作品に基づいてその特許を取った。最も単純な例は、六つの交差する五角形からできており、各々の頂点は、隣の五角形の頂点とその中点でつながっている。それは、60本の線で結ばれた30の点をもち、したがって、制約なしのマクスウェルの定理に対する反例になっている。

バッキー・ドームについてのもう一つの考え方は、三角形を形成するように交差する大円からなるネットワークを考えることである。アパッチ族によって建てられたウィグワムにはそれとほぼ同じ効果があったようである。産業史におけるそのようなドームの最初の例は、1920年頃にツァイス光学機器製造会社の主任技師によって設計されたものだろう。それは、プラネタリウムをそこに収容するためであった。フラーはそうしたすべての球体を「テンセグリティ球」と名づけ、これにより、「張力の統合（tensional integrity）」を省略した名称をもつテンセグリティの科学を創始した。フラーは、張力と圧縮の間のバランスに基づいたテンセグリティによって、剛性の概念を強化したのである。それは、規模の大きいところと小さいところの両方において膨大な工学的結果をもたらしてきた。

フラーは、自分のドームが建築に革命をもたらすと考えており、都市まるごとをドームで覆うことさえ夢見ていた。（これは良いアイディアではない、というのも、様々な圧力に持ちこたえるために必要な素材は実用可能ではないからだ。）通常の住まいとしては、生活習慣を根本的に変えないかぎり、ドームというのは悪い考えである——ふつうの工業製品としての家具は、そのすべてが箱の原理に基づいて組み立てられており、曲がった領域には経済的にフィットしない。（ウィグワムをもつアパッチ族は、別の生活様式をもっており、自分たちの住まいにまったく異なる仕方で調度を備えていた。）さらに悪いことに、バッキー・ドームは、角のところで雨が漏りやすい。しかしながら、キャンパーのために設計された軽量なジオディシックテントには人気商品がある。そのテントでは、専用にデザインされた、テント素材でできた一つながりの天幕をテンセグリティフレームが支えている。

現在、テンセグリティ原理を使って設計された最大の構造物は、オーストラリアのクイーンズランドにある、サイクリストと歩行者のためのクリルパ橋である（2009年10月開通）。一方、フラーの原理を使って作られた最小の構造はフラーレンと名づけられている。バッキーボールと呼ばれる球状のフラーレンは、炭素分子の一つ、すなわち炭素の同素形である。最初（1985年）に作られたのは、$C_{60}$であった。1992年頃、地質学者たちが地表において天然のフラーレンを検出した。「人工的」と思われていた素材が、「自然界にも」存在することが判明したのだが、人のほうがそれをもっとうまく作り出しているようだ。カーボンナノ

チューブは、球状フラーレンの一般化であり、これまで作られたなかで最も頑丈な素材だ。

かくして、驚くべきことに、バッキー構造に対する最大の関心は、人間サイズの建築物にあるのではなく、メソ物理学（ミクロとマクロのあいだ）——たとえば、カーボンナノチューブの領域——にあることがわかってきた。これらの話は、どれほど大きいにしろ、小さいにしろ、すべて工学の話である。ただし、ミクロではない。われわれはいまだ量子レベルにいるわけではないからだ。これは、応用科学であり、応用数学ですらない——が、テンセグリティは、純粋数学としか呼ばれようのないのものから独自の分野として生み出されてきた。

そのことにすぐに戻るが、その前にフラーの想像力のもう一つの例に向かおう。彼は、この宇宙の幾何学が稠密に詰め込まれた四面体から構成されていると考えていたように思われる。この論証は、球体をぎゅう詰めにすることに関するいくつかの結果と、文字通り万物の安定性のためのグローバルな要求に関するいくつかの結果に基づいている。プラトンの『ティマイオス』の正当性が証明されたのだ！ もしかするとフラーは、テトラパックで牛乳を売っている町を訪問していたのかもしれない。四面体のミルク容器はスウェーデンで発明され、1951 年に最初にマーケットに登場した。そしてただちにヨーロッパで受け入れられ、それから世界中の多くの場所で受け入れられるようになった。（私は、1960 年代にウガンダで初めてそれを使った。）四面体は、半リットルの牛乳を入れるための表面を最小にする、格別効率的な種類の容器だ。さらにまた、与えられた体積のなかに、他の形のものよりも多くの容器を詰め込むことができる。では、その最良のやり方はどういうものだろうか。空いた空間の量を最小にするように、どれほど「効率的に」四面体を詰め込むことができるだろうか。これは変分法の問題だ。

ヒルベルトの 18 番目の問題の一部は、球体の充填にかかわっている。この予想はケプラーにちなんで名づけられているが、それは、最良の充填には立方体か六角形がふさわしいと彼が提案していたように思われるからだ。この予想は、10 年以上前に、コンピュータによる場合の取り尽しによって確証（そしてたぶん証明）されたのである。ついでながら、ヒルベルトは、四面体の充填問題にも言及している。パズル好きの人たちならば、便利なプラスチックの小さな物体、つまりダンジョンズ・アンド・ドラゴンズのダイス〔四面体状のサイコロ〕を使って実験できるだろう。慣れた人なら、コンピュータシミュレーションを使えばよい。

これは「レクリエーション数学」にすぎないかもしれないが、実際には 2006 年にジョン・コンウェイがこの問題を攻略したのを機に、一種の下位分野として

立ち上がったのである。(彼は真に革新的な数学者であるが、§2.28で「ライフゲーム」とのつながりで出会い、§3.10でモンスターを名づけ「ムーンシャイン」と叫んだ人物として出会ったように、パズルマニアでもある。)彼は、72パーセントの充填効率を得た。それはあまりにも低かった。その後『ネイチャー』や『サイエンス』のような雑誌には、一連の改良がすべて公刊されてきた。現在のベストは、2010年現在で85.63パーセントだ。

ちなみに、この種の一般的な瓶詰問題に対しては、興味深いいくつかのケースで解けることを別とすれば、それを解く多項式アルゴリズムがあるかどうかは知られていない。しかし、この一般的な問題は、専門的な意味では、最も困難なNP問題と、少なくとも同じくらい困難であり、P＝NPに対する反例でさえあるかもしれない。ここにあるのは、異なったタイプの探索（私はそう呼びたいのだが）どうしの混合である。あるタイプの研究では、物質的な対象を使ってそれらの配置の可能性を調べ、別のタイプの研究では様々な配置をコンピュータでシミュレートする。こうした混合は、それほど非典型的というわけではない。ある者たちは実践的な興味から、ある者たちは遊び心からというように、それらの探索は様々な関心から始まる。そのあとに、われわれは純粋数学における真に深い問題へと導かれる。

これは、純粋数学なのか、応用数学なのか。それは遊びなのか、ディープな数学なのか。プラトンとバックミンスター・フラーは真剣に宇宙の構造について思弁していたのに対して、コンウェイやその他の人は遊んでいただけなのだろうか。そういう問いが効力を失い始める。

## 26 剛性の数学

剛性については素晴らしい数学が存在する。ある人々はそれがユークリッドにも読み取れると言うが、その基本定理は、ラグランジュのアイディアを足場にして1814年にコーシーによって初めて証明された。いくつかの固い板から多面体を作ることを考えてみよう。各々の辺どうしは角度が変えられるように蝶番でつなぎ合わせることとしよう。だがもしその多面体が凸多面体であれば、つなぎ目を蝶番にして可動にしたにもかかわらず、その多面体は剛性をもつ。すなわち、それを変形することはできない。（厳密に言えば、コーシーはこれを「ほとんど」証明した。補題をきちんと整頓するのに一世紀以上かかった。）ここでわれわれは、まじめな実践的問題（どんな構造ならしっかりと立つか？）から「純粋」数学へと移

行している。トポロジーの一部となる、まるごと一つの分野がここから発展している。だが、それから実生活が逆襲してきて、今度は数学者たちが工学者たちから学ぶのだ。

19世紀の終わりにフランスの工学者ラウール・ブリカールは、柔軟な非凸多面体を発見した。というのも、これが可能であるのは、コーシーの定理は凸構造についての定理だったからである。この物語は、多くの点でラカトシュの『数学的発見の論理——証明と反駁』（Lakatos 1976）を再現している。ラカトシュの本は、星状多面体——誰もが真っ先に思いつくであろう非凸多面体——を説明するものであり、この星状多面体は、オイラーの定理に関しては、ラカトシュが「モンスター」と呼んだものになっているからである。ある者たちは、それらが「本物の」多面体ではない、あるいは少なくとも定理が「意味していた」ものではないと主張しようと試みる。ラカトシュの教訓は、モンスター排除は悪い方法論だということであった。なぜなら、それは新しい概念とより深い数学を禁じることになるからである。柔軟な多面体は、コーシーにとっては「モンスター」と考えられるが、それらを物理的に実現したものは、ラカトシュの星状多面体よりもたぶんもっと興味深いものだろう。それらであることができるからだ——それらを曲げて変形することができる！

いまでは剛性理論と呼ばれるこの分野は、1960年にアトル・セルバーグによって証明された一連の定理から始まったと言われている。彼については、§1.12で、素数定理の証明に関して言及した。剛性理論を独立した分野として作り出したのは、本物の純粋数学者であった！　実際、彼は数学者の数学者、純粋中の純粋と呼ばれてきた。

最近のテンセグリティ数学をけん引してきたのはロバート・コネリーである。過去半世紀のあいだに出現してきた多くのタイプの安定構造についての簡単な説明については、Connelly（1999）を見てもらいたい。1977年に彼は、柔軟な多面体の全クラスを詳細に調べ始めた。このことは実践的な結果をもたらすだろうか。明らかにそうではない。誰も、住居として、あるいは何らかの他の予見できる目的のために、柔軟な多面体を組み立てようとはしないだろう。だが、アプリ6「意図されていない応用」がある。展示用に柔軟な多面体を作って、あらゆる年齢の子どもたちが直に触って調べることができるようにすることもできる。ワシントンの国立アメリカ歴史博物館にそれが一つ存在する。（それを備えておくのに似つかわしくない場所のように聞こえるかもしれないが、この博物館は、歴史と技術の博物館として始まり、名前が変わったのである。）

230　　第5章　応用

柔軟な多面体は四次元空間でも知られている。それよりもっと次元の高いところでは存在するのだろうか。これは現在、純粋に「美的」理由から研究されている問いだ。その答えは知られていない。したがってこれは純粋——目下のところは。

宇宙についての深遠な物理学やウィグナーの理屈に合わない有効性からいまや大分離れたところに来てしまったと思われてはいけないので、私は、コネリーの研究がパーコレーション理論（浸透理論）を含むことに言及すべきであろう。いまやこの理論は、想像できるかぎり最も応用的な主題に聞こえるだろう。一片の多孔質材が与えられたとき、天辺に注がれた液体が底にまで達するチャンスはどれくらいか。これは、点と辺、頂点のランダム群の理論につながっている。

それは、モデリングの鮮やかな実例だ。挽かれたコーヒー、あるいはもっと興味深いものとして地球の表面の下にある石灰の層といった本物の素材は、雑多な寄せ集めである。そこで、われわれはそれらの顕著な特性を捉えようとして、きわめて単純な表現を作るのだが、これが次には真に困難な数学的問題を生み出すのである。表現 - 演繹的描像は、ここでは正しい道をたどっているように思われる。

多面体は、それらの点、辺、頂点によって特徴づけられる。だから、パーコレーション理論を多面体の統計的理論と考えることもできただろう。あらゆる種類の多面体をランダムに詰め込むことによって作り上げられる地層を想像し、液体の滴下がそれを通ってどのように浸透するかを考えよう。うまくモデル化されれば、これは「純粋な」探究になる。だがその後、それは、電磁相互作用についての統計力学に組み込まれる。今度はこれが、ウィグナーの理屈に合わない有効性の古典的事例ということになる。つまり、それは、量子場の理論において中心的な役割を果たす繰り込みの使用へと発展するのである。それが今度はさらに、純粋数学を生み出し、2010 年にスタニスラフ・スミルノフに授与されたフィールズ賞につながる。スミルノフの研究は、ラングランズ・プログラム（§1.13）に埋め込まれており、このプログラムは 1980 年代にすでに、点、辺、頂点の群で、統計的束論におけるイジングモデルの一部になるような群を取り込んでいたのだ。そして、このイジングモデルは、のちに繰り込み理論において応用されるようになった。

剛性の実践と歴史を、表現 - 演繹的描像に適合するように書き換えることもおそらく可能だろうが、それは不合理な再構成になるだろう。その描像は、小さな断片では魅力的だが、より大きな描像を見ようとするとき、それらの現象と数学

とのあいだにあまりに多くの異種交配があって、真実味をもたせることはできないのである。応用数学は、表現と脱表現のあいだで「端から端まで演繹」であることはめったにない。それに対応するように、一方に（純粋）数学があり、もう一方に応用があるだけだというライトゲープ–スタイナーの態度もまた不適切であるように思われる。

## 27　航空力学

揚力（lift）と抗力（drag）、これら二つの四文字語は、（以前印刷できなかった英語の四文字語と同様に）動詞と名詞の両方を兼ねており、航空機の翼についてわれわれが知りたいことを指し示している。揚力は、大雑把に言えば、飛行機を空中に浮かばせ、重力に対抗する力である。抗力は、大雑把に言えば、空気を通して物体の運動を妨害する力である。最初の航空機は、試行錯誤によって設計された。それから、エンジニアたちは応用数学の力を借りることによって、だんだんと良い翼を作るようになった。デイヴィド・ブルアの『エアロフォイル（翼）の謎（*The Enigma of the Aerofoil*, 2011)』は、1909 〜 1930 年のドイツとイギリスにおける翼の設計に関する驚くほど詳細な研究である。

ブルアは、「科学知識の社会学」におけるエディンバラ・ストロング・プログラムの共同創設者としてよく知られており、この科学知識の社会学は、今日サイエンス・スタディーズと呼ばれる学問分野の発展に強い影響を及ぼしてきた。彼の本は、期待されるように、現役の科学技術をその制度的背景に関係づけており、このジャンルの傑出した（そして成熟した）著作の一つである。私はこの本を使うけれども、その多くの優れた点にはほとんど触れない。とはいえ、私が使うものがあまりにローカルすぎて哲学にはかかわらないように思われるかもしれない。というのも、そこで使われるのは、あるきわめて特殊な時点と二つのきわめて特殊な場所とについての例だからである。だが、そろそろ明らかだと思うが、私は、確固とした実例には安直な一般化について教えてくれるべきものが多くあると信じている。

第一に、「謎」とは何か。ブルアが 2000 年に行った講義のタイトル（Eckert 2006: 259 で言及されている）、「なぜイギリスは第一次世界大戦を誤った翼の理論でもって戦ったのか？」がそれを説明してくれる。良い問いだ。ブルアの本はこれに対する一つの長い答えである。

第二に、エアロフォイルとは何か。この語は、空気のなかを動くときに揚力を

生じる構造を意味するものとして、F. W. ランチェスター（1869 ~ 1946）によって 1907 年に発明された用語である。彼がこの語を欲したのは、「エアロプレーン」という語と対比するためであった。「エアロプレーン」は、固定した羽をもつ飛行機械という現在の意味に加えて、たんなる羽を意味するのにも使われていたからである——羽は、空気中を動くプレーンな表面であるから。

　ブルアの謎は、エアロフォイルについてではなく、それらの歴史についての謎である。ランチェスターは、現在では一般に受け入れられている揚力についての描像をおおよそ正しく捉えていたのに、彼のリサーチ・プログラムは、彼自身の（イギリスの）コミュニティによって完全に拒絶された。コミュニティのほうは、退化して捨てられることになるまったく異なったアプローチに賛同していたのである。一方彼のプログラムは、発展してドイツで実を結んだ。なぜか？

　これに答えるためにブルアが分析しているのは、二つの異なったタイプの制度であり、その制度の各々が、数学のその応用に対する関係についてまったく違った考え方を伴っていた、ということなのである。このことは、純粋と応用のあいだの境界が決して主題そのものの本性に根ざしているわけではないということを裏づけている。本章が応用数学についての章だという文脈からすれば、それこそ、私がブルアの本を使用する主要な目的なのである。だが、当然のことながら、この論点はブルアの豊かな歴史にとっては付随的なものにすぎない。

　ストロング・プログラムは対称性テーゼを提唱してきた。歴史的分析は、科学的な諸理論の使用と発展について、それらの理論がのちに真と考えられるか、偽と考えられるかにかかわりなく、斉合的な説明を与えるべきである。つまり、歴史的説明は「対称的」であるべきだ。この学説は、ある程度までは、時代錯誤を避け、ホイッグ的歴史（保守的歴史家ハーバート・バターフィールドがそう呼んだのだが）を構成してはならないというより古い歴史編纂上のアドバイスの鋳直しである——ホイッグ的歴史（ディヴィッド・ヒュームの『英国史』がその良い例だが）とは、起こったことは正しい、過去は現在の状態のための空間を用意しているという考えを助長するような歴史観だ。ブルアの本は、競合するリサーチ・プログラムそれぞれにおいて何が起こったかを判断なしに列挙するという点で、ほとんど必然的に対称的である。

　歴史は、互いを補完するような複数の観点から語ることができる。ミヒャエル・エッケルトの『流体力学の黎明（*The Dawn of Fluid Dynamics*, 2006）』は、ドイツの初期航空工学の歴史に関する権威ある説明である。二つの本はどちらも、ドイツの同じ人物、すなわちルートヴィヒ・プラントル（1875 ~ 1953）に焦点を

合わせているが、エッケルトの説明は当然ながら、ドイツの詳細についてはブルアの説明より豊かである。さらに、エッケルトの本は、技術、科学そして数学の相互作用に関する一つの物語へのたいへん有益なガイドでもある。彼の本の副題は、「科学と技術のあいだの領域」である。エッケルトのそれに比べると、ブルアの方法論では、科学と技術の区別はそれほど強く意識されていない。

## 28 競合状態

　ブルアは、航空学におけるごく初期の技術的問題について書いている。航空機の翼を浮き上がらせるものは何か。飛行機が一定の馬力のエンジンをもつとき、離陸し、飛行し、着陸するための最良の形は何か。最もよく記憶されている初期の飛行機がたいていはアメリカ製かフランス製であったことを考えると、ブルアがドイツとイギリスの科学者たちによる競合理論を選択したのはいささか意外かもしれない。いま思い起こされる初期の成果といえば、アメリカのライト兄弟の成功であり、それよりいくらか有名さにおいて劣るが、1909年のルイ・ブレリオによるイギリス海峡横断飛行である。だが、ドイツとイギリスこそが、どちらも戦争をにらみつつ、研究に公的資金を投じたのであった。（暗示的なことだが、『ウェブスター』は、アメリカ式の綴り "airfoil" が 1922 年に最初に使われたと記載している。これに対し、"airplane" のほうは 1907 年にアメリカで使われるようになった。）

　ブレリオの飛行はイギリス人たちを脅して行動へと駆り立てた。彼らはもはや、海と英国海軍によって守られた難攻不落の島にいるわけではなかった。（ブレリオは、自分の飛行機と有名な飛行に関しては、初期の市場を支配していた彼の自動車用ヘッドランプの利益から、平和的に資金を調達していた。）1909 年に戦争をにらんで、とはどういうことか？　グレート・ブリテンとドイツは、莫大に費用のかかる海軍の軍拡競争にはまり込んでいたが、飛行がそのゲームのルールを変えたのである。

　空における競争は、誰が最も資金を投じるかだけの競争ではない。ブルアの本の副題は、「航空力学における競合理論 1909-1930」である。彼が取り上げる話題では、競合する理論というよりも、二つの異なる伝統のほうにより重きがおかれている。それら二つの伝統は、いつものように、それぞれに異なる制度的取り決めと様々な歴史のセットのなかに埋め込まれている。これらの一つ、イギリスの伝統は、数学者たちに優先権と高い地位を与えてきた。航空機制作の有力者たちはケンブリッジ大学の出身者であり、それに対し、ランチェスターは「ただの」エンジニアであった。彼の飛行に関するアイディアはあまりに単純とされ無視さ

れることになった。他方の伝統、ドイツは、エンジニアたちにもっと注意を払い、その主要な立役者であるルートヴィヒ・プラントルは、ランチェスターの構想をうまく発展させ、より良い翼、より良いエアロフォイルを設計した。これは、おなじみの自明の理にうまく合っている。すなわち、エンジニアは有用な答え、適切にはたらくものの制作につながる答えを欲するのに対し、数学者は正しいと論証できる答え、なぜそれが正しいのかを説明する答えを求めるという自明の理だ。（注意を一つ。ブルアは、ドイツの物語において、ランチェスターに、エッケルトが与えている以上に重要な役割を与えている。）

　この目的の違いを語るには、これまで私が避けてきた語が必要となる。理想化だ。理想化を欲するのは数学者で、エンジニアは乱雑な現実世界を欲しているのだと考えるかもしれない。ところがブルアの話は、それがどれほど誤解を招くものであるかを示しているのである。

　いまわれわれは、流体における固体の運動にかかわっている。たとえば、『水力学』（*Hydrodynamica*, 1738; 先の 21 節）の著者、ダニエル・ベルヌーイの時代には、水は扱いやすい流体であった。だが、空気もまた流体として扱われていた。実際、ベルヌーイのアプローチは、気体の動力学理論を根本的に強化したのである。いくらかの共同作業ののち、彼とオイラーによって発展させられた方程式は、理想気体における運動の豊かな分析を可能にした。ここで理想化は一様な摩擦のない（非粘性の）流体という形をとる。だがもちろん、現実世界を支配しているのは乱流である。

　19 世紀になって初めて、現実の流体の力学について優れた理解が出現し始めた。いまも有効に使われている基本方程式——そのとおり、高性能になった偏微分方程式のことだ——は、ケンブリッジ応用数学を支配していた数学者、ジョージ・ストークスが発展させたものだ。もちろん、マクスウェルのように、ほかにももっと輝いている人物がいたが、ストークスの研究は典型例なのである。彼は、いまなお流体力学の核にある諸方程式を解明した。

　クロード・ルイ・ナヴィエは、フランスの卓越したエンジニアであったが、ここで言うエンジニアとは古風な意味合いである——彼は橋を作った。彼は、オイラーとベルヌーイの研究を、分子間の引力を扱えるように一般化し、かくして粘性流体の表現を与えた。彼のモデルは、のちに重要と認識されるようになった多くの要因——そのいくつかはストークスによって捉えられた——を考慮しないものであったが、形式的には彼の諸方程式は、ストークスが発展させた諸方程式と本質的に同じであった。したがって、それらの方程式はいまはナヴィエ-ストー

クスの方程式と呼ばれているが、私は簡単にそれらをストークスの方程式と呼ぶことにする。われわれは、いまだこれらの方程式がなめらかな解をもつかどうかを知らない。それは、事実、七つの未解決なミレニアム問題の一つなのだ（§2.21）。

　数学者は理想化を欲し、エンジニアは現実世界を欲するのだろうか。この事例ではある意味でブルアの分析は反対の方向へと進んでいる。数学者たちは（はなはだしく単純化しているが）最も現実的に利用可能なモデリングに頼った分析、すなわち、ストークスの方程式の特殊解としてのエアロフォイルの分析を欲していた。エンジニアたちは（再び過度に単純化するが）、ランチェスターから始めて、基本的にベルヌーイ - オイラーの描像で作業しながら、扱いやすい計算で満足していた。したがって、彼らは徹底した理想化に甘んじているのに対し、数学者たちは、より深遠で、より現実的な分析を欲していたのである。


## 29　イギリスの制度的背景

　20世紀のはじめの時点では、ケンブリッジの数学者たちとその学生たちにとって、理想化された非粘性の気体はまったく何の興味もひかないものになっていた。それに関するすべての問題はすでに解決済みであった。したがって、粘性と乱流こそが、次なる研究の標的である。とはいえ、彼らは、ストークスの方程式を完全な一般性をもって解決することはできなかった。（いまでもできない。）それゆえ、なすべき仕事は、本物の空気中をかくかくの速度で移動する翼の形をした物体の事例に対して解を与えることでなければならない。われわれは、形、角度、翼や複数の翼の配置に対する最適解を欲しているのだ。

　ランチェスターは、すでに述べたように、エンジニアであった。様々な技術系の仕事に従事しながら、一連の非常に多くの新機軸を打ち出し特許を取得した。彼は、ガソリンエンジンについて膨大な改良を行い、1899年には、自動車を生産するための会社を設立した。その会社の経営はまずかったが、製品は技術の最先端を行くものであった。有人飛行が成し遂げられるやいなや、彼は、揚力とその制御を改良するような設計に多大の努力を払った。彼は、そこで生じている現象を、極小流体成分からなる、摩擦のない一様な群れ——それらは運動する飛行機、エアロフォイルに力を及ぼす——というアイディアに基づいてモデル化された流体連続体を基礎にしてイメージしていた。だが、あの〔ケンブリッジの〕数学者たちにとって、このイメージは時代遅れのように思われた。本物の気体はそのようなものではない。それゆえ、様々な委員会や研究グループにおいて政府に

よって入会を認められたイギリスの数学的支配層は、ランチェスターの提案をことごとく却下した。

　ブルアは、最初の章の冒頭で 1916 年に書かれた驚くべき文章を持ち出している。その文章は自己風刺にも役立ちそうである。「そうこうするうちに、あらゆる飛行機は未解決な数学的問題の塊とみなされるようになった。そして、これらの問題が、飛行機が最初に空を飛ぶ何年も以前に解決されていたとしても、まったくおかしくはなかっただろう」（Bloor 2011: 9）。まさしく、徹頭徹尾演繹だ。

　ブルアは、その文を書いた人物[†]を、「才気にあふれ、かつ自説に固執する数学者」であり、そして「ラングラー」であったと記述している。ラングラーというのは、ケンブリッジの学部数学優等試験であるトライポス（Tripos）において一級合格者に入った人物のことである。ブルアはしばしば、イギリスにおける数学的航空学の伝統を、トライポス指向と呼んでいる。

　トライポスはただの試験ではなく、ある限られた意味で数学を行うことの、訓練の場でもあり、たいていのラングラーたちのその後の人生の糧になるようなものであった。四つ目のエピグラフの出処である、J. E. リトルウッドは、『数学雑談』（§1.28）で、「興味深い」トライポス問題について一節まるごとを割いている。英語圏の数学の哲学が、応用数学を表現‐演繹的描像で捉えるようになったのには、じつは一般に認められているよりもはるかに、このトライポスの伝統からの影響が大きいと言ってもあながち間違いではないだろう。したがって、この伝統は、語られることもなければ、予測されることもなかった害を及ぼしてきたのかもしれない。それは、私の意見では、G. H. ハーディが『ある数学者の弁明』に書いた純粋数学についてのファンタジーが哲学者たちに多くの害をもたらしてきたのと同じなのである。

　このトライポスのイメージをつかむために次の点に注目しよう。ハーディの素晴らしい教科書『純粋数学教程（*A Course of Pure Mathematics*, 1908）』に載っている多くの練習問題は、それらが出題されたトライポスの年とともに提示されている。第 7 版（1934）の序文ではこう述べられている。「私は、過去 20 年間の数学のトライポス問題のための論文から数多くの新しい例を挿入した」。これらは皆、ハーディが純粋数学と判断した問題だが、ケンブリッジが（ストークスの意味で）応用数学だと判断したものからの問題もたくさん含まれている。毎回のトライポスは、何時間かの試験でラングラーにふさわしい者たちを選り分けるために、実際には研究レベルの問題まで含んでいた。イギリスの支配層は、エア

---

[†] G. H. Bryan のことである。

ロフォイルの問題に、それがまるでとても難しいトライポス問題であるかのように取り組んだのだ。だから、彼らはたんなる自動車エンジニアを見下していたのである。

ここには、これらのあらゆる研究がアプリオリであったということを示唆しようという意図はまったくない。反対に、数学的な表現は、風洞実験を使って絶えずテストされ、改良されていた。20世紀はじめのイギリスの風洞技術は、長いこと世界でも最高水準にあった。こうした実験は、風速、乱流点、その他もろもろを決定するために、非常に多くの新たな設備を必要とする。だが、あとから考えれば、観察された結果によって理論的な分析がはっきりと反駁されたように思われるときでさえ、その観察結果は、ブルアが示しているように、たんに改良を要求するだけのものとして再解釈された。実際には、「反証」はつねにより手近なところにあったのだが、それはまさしく、イギリスの研究プログラムが乱流についての第一級のデータに注意を払っていたからなのである。一方、ドイツの競合する研究プログラムはそれほど多くの経験的事実にアクセスすることはできなかったのであり、それゆえエアロフォイルの設計をどんどん進めることができた。純粋と応用のあいだの関係は、素朴な哲学者が予期するものの逆であることがしばしばあるのだ。


## 30　ドイツの制度的背景

ブルアは、エンジニアと物理学者（あるいはしばしばエンジニア vs 物理学者）という構図だけでなく、さらに「実務家」と数学者という構図を介してこの〔純粋と応用の〕問題を納得できるように提示している。イギリスの場合、理論家たちは、ケンブリッジにおける数学的訓練と切り離しがたく結びついていた。ドイツの場合、工科単科大学（technishe Hochschulen, 英語ではポリテクニックと呼ばれたであろうもの）が大方の研究場所であった。この物語の主要人物はルートヴィヒ・プラントルである。彼は、ブルアによれば、ランチェスターの工学に対して、イギリスの数学者たちよりも好意的であった。プラントルの経歴はミュンヘン工科（単科）大学で始まり、それからハンブルク工科（単科）大学へと移り、そこから、彼の論文がたいへんに称賛され、ゲッチンゲンに呼ばれたのである。

だが、数学の哲学者と数学史家におなじみの数学的ゲッチンゲンではない。それは、ダフィット・ヒルベルトのゲッチンゲンではなく、大学組織のうえで力をもったフェリックス・クライン（1849〜1925）のゲッチンゲンであった。たし

238　第5章　応用

かにクラインは偉大な数学者であったが、同時にまた、純粋と応用にまたがる数学のすべてを統合しようと熱望していた人物でもある。彼は、たとえば、化学と薬学の巨大企業、バイエルの会長との連携のように、活発に産業とのかかわりを追求した。彼らは一緒に、応用物理学と数学の研究のための学会を設立し、それがのちに、1905年に応用数学と力学のための大学内の学科を設置する助けになった。プラントルはその学科の二人の教授の一人であった。クラインは、「工学の専門的知識を数学という道具の習得に結びつけた」人物として、彼の教授指名を要請した（Bloor 2011: 256）。

　多くのゲッチンゲンの数学者たちは、ケンブリッジの数学者集団が「実務家」に対して抱いていたのと同じように、低い地位にある**単科大学**からのこの抜擢に対して敵意を抱いていたことは語られてよい。しかし、ドイツの雇い主たちは、エンジニアたちを支持し、彼らから学ぼうと欲していたのである。20世紀を通して、イギリスは悪名高い科学と産業のあいだの関係不全に悩まされ続けた。彼ら、ドイツの雇い主たちは、めったに企業ともめることはなかった。しかし、このあたりで、こうしたたんなる偶然的な論点から、もっと概念的な事柄へ方向を転換することにしよう。


## 31　力学（あるいは機械学）

　ブルアの重要な第6章「技術的力学（Technishe Mechanik）が作動する」は、私が純粋数学のたんなる片割れとしてあまりにも当然とみなしてきた応用数学という概念そのものが、異なった伝統のもとでは異なった含みをもちうるということを、われわれにはっきりと認識させてくれる。なぜゲッチンゲンでは、学科名称を「応用数学と力学」のようにし、なぜ力学を応用数学の下に帰属させなかったのか。この問い（応用数学についての哲学的な章でしか興味深くないような問いだが）は、力学についていくらか語りたくさせる。

　「策略の観念——そして究極的には暴力の観念——が、「力学」という語には現れている、というのも mēkhanē は「計略」を意味するからだ」（Hadot 2006: 101）。新プラトン主義の偉大な研究者であるピエール・アドーは、科学的態度がプロメテウスに由来することを強調していた。プロメテウスは計略によって神々から火を盗んだのであった。*OED* は、「力学」の意味が「(a) 元来は（そして、通俗的な用法ではいまも）：機械の発明や建造にかかわる理論的および実践的知識の集合体、(b) 応用数学のうち、運動を取り扱う分野」であることを教えてくれる。

力学は、英語の用法では、**まさに応用数学の下に属する**。

　力学（Mechanik）という語は、英語よりはるかに遅れてドイツ語に入ってきており、応用科学とのつながりでは違った意味合いをもっている。ゲッチンゲン研究所は、応用科学と力学のためのものであった。1935年に、あるイギリス人の仲間がプラントルに、空気力学に関する彼の研究はノーベル物理学賞に値するのではないかと述べた。ブルアは、プラントルの返答を引用している（Bloor 2011: 194）。「少なくとも、今日ドイツで当たり前になっている科学の区分に従えば、力学は、もはや物理学の一部だとは考えられていない。むしろ、それは、数学と工学的な科学のあいだの独立した領域として存在している」。

　ブルアは続けて、揚力と抗力の分析に対するランチェスターのアプローチは、そのような環境下でこそ歓迎されるようなものであり、そしてそれゆえに実際にそこで採用され、その分野の中心を占めるようになったのだ、と論じている。だが、ランチェスターのイギリスの本拠地では、数学者たちは、揚力について、粘性と乱流に真剣に注意を払った「より深い」説明を欲していた。あるいは、別な言い方をすれば、ランチェスターの概念的な本拠地は、イギリスで理解されたものとしての応用数学というよりも、むしろドイツで理解されたものとしての力学であった。これが、謎に対するブルアの解答の一部である。

## 32　幾何学、「純粋」と「応用」

　われわれは、多面体の数学が自然科学においていかに繰り返し現れるか、そのいろいろな現れ方に熱狂しているマイケル・アティヤに何度か（最近では§4.10で）言及した。彼は、純粋幾何学者と呼べるような研究者として経歴を開始し、代数的位相幾何学に対して多くの重要な貢献を行った。1960年代にはイシドール・シンガーと一緒に、彼は指数定理として知られている定理を発展させた。それは、微分幾何という形式での純粋数学を、量子場の理論という形式での応用数学と結びつけるものであった。その交流は両方の分野にとって根本的に重要な帰結をもたらしたのである。

　「純粋」と「応用」の再統合とはどのようなものなのかについては、彼の集大成とも言える素晴らしいサーベイ論文「幾何学と物理学」（Atiya, Dijkgraaf, and Hitchin 2010）に見いだすことができるだろう。「純粋」幾何学と物理学を隔てるドアの鍵は開けられたし、数学者たちは物理学者たちのように考えることを学ばないといけなくなった——逆もまた同様である。

240　　第5章　応用

あるケースでは、文字通りの解錠が行われた。ケンブリッジのトリニティ・カレッジは、フェローの80歳の誕生日を祝うために晩餐会を開く。アティヤの晩餐会は、2009年に開かれ、彼は義務になっている食後の講演を行った。そこで彼が語っているところでは、MITにいたとき、彼は数学と物理学を隔てているドアにはずっと鍵がかけられていたことを発見したらしい。なぜか。物理学者たちは、新しいカーペットを敷いたばかりであり、薄汚い数学者たちが、自分たちの靴に着いた泥まみれの雪でそれを台無しにするのを望まなかったのだ。(この講演は、2009年のカレッジの『年報』に採録されている。)

## 33　一般的教訓

アティヤの回顧は一つの寓話だ。この章のパートAで記述された様々な歴史的理由から、純粋数学と応用数学は区別され、それから多くの影響力ある場所において互いに切り離され続けてきた。たぶんこのことが、哲学者の「表現–演繹的」描像を助長してきたのだろう。この描像では、数学は推論の演繹的部分にのみ関与し続け、その一方で、応用は、実験で得られた諸現象、あるいは観察された諸現象を、数学の式や構造によって表現するという問題に帰着する。純粋と応用、二つのあいだのドアは、演繹の始まりと終わりでのみ開かれている。私としては、それが実際の在り方ではないということを、この章で与えてきたごくわずかの例ですら誤解の余地なく示してくれるように、と望むばかりである。それは数学的活動についての有用な描像ではあるが、いつもそうだというわけではない。

「応用数学」という概念そのものが、知的活動と実践的活動についての異なった描像の混ぜ合わせだということ、そしてこれらは異なった伝統においては異なった仕方で分類されるということを、私の様々な例が具体的に示していてくれればよいと思う。いくつかのやり方、たとえば、ブルアによって記述された「トライポス指向」のプログラムなどは、表現–演繹的描像によりよく一致する。他の例はその描像には全然適合しない。たとえば、これまたブルアによって記述された「理論的力学」などはそうである。細部に降りていくにつれて、私のアプリの分類がどんどんあやふやなものに見えてくるのである。

## 34　科学的推論のもう一つのスタイル

諸理論の分節化というクーンのアイディア——とりわけ数学的分析による分節

化——からしてすでに、応用数学として記述されうる活動が多くの仕方で記述されうるということを具体的に示している。単一の記述様式によって欺かれないようにすることが重要なので、私はこの章を、第4章の終わりと同じく、別のモードでもって締めくくりたいと思う。

§4.22 では、私の「スタイル・プロジェクト」——本書のそれとはまったく独立に見える方向性をもつ研究——を紹介した。A. C. クロムビーに従って私が見いだすのは、少数の、根本的に異なる研究ジャンル——のちにグローバルになったいくつかの発見方法——がヨーロッパの科学の歴史において生じてきたということだ。これらの「スタイル」のうち、クロムビーのテンプレートでは3番目のものを、私は短く仮説的モデリングと呼んでいる。クロムビーの元々の言い方では「科学的探究の明確な方法としての類推モデルの、仮説的構成」である（Crombie 1994: i, 431）。ガリレオは、私の見解では、世界を「数学化した」。ものごとに対するこうした見方は、フッサールの 1936 年の『危機』におけるガリレオの章にものすごく影響を受けている（Husserl 1970）。もちろんガリレオはまた、ヨーロッパ的伝統において思考しものごとをなすスタイル、つまり、クロムビーの2番目のスタイルの根源的な変形である実験的探究にも加わっていた。

　クロムビーは、ガリレオ以前の学者たちは類推モデルを作ってきたと記述している。ガリレオ以降、そうしたモデルはだんだんと、物質的あるいは画像的なものから、数学的なものへと変化していった。私はこう主張したい。世界のある相のモデルとして仮説を立てること、そしてそれらのモデルを数学的な形式に投げ込むことは、ヨーロッパ的伝統において科学的推論の基本的なスタイルになった、と（これは、クロムビーの目録では、数学的論証と実験的探究に続く3番目に来る）。この見解は、表面的には、21 節で提示した表現‒演繹的描像と合致する。実際、それをさらに次のように図式化することさえできるだろう。(a) われわれは、ある現象のモデルを数学的形式で作る。それが仮説的モデリングである。(b) そのモデルの数学的諸性質を演繹によって分節化する。(c) (b) の結果を世界に対して実験的にテストする。さすがにこのままの形で主張している人はいないが、この整然とした図式 (a) 〜 (c) は、こういうふうに哲学をやってはいけないという悪いお手本であろう。そうではなく、われわれは、科学的活動における異なったジャンルの研究が絶えず相互交流していることを考えるべきである。24 〜 32 節で提示した例は、これらのスタイルが実りある仕方で相互作用する、そのありようを具体的に示している。

# 第6章

# プラトンの名において

Ch.6 In Plato's name

## 1 憑在論

　数学について哲学することは、それがまったく素朴なものであるにせよ、桁外れに洗練されたものにせよ、いずれもプラトニズムによって取り憑かれている。そのプラトニズムは一種の存在論（ontology）と想定されているが、ジャック・デリダの才気あふれる語呂合わせを再利用して、それを憑在論（hauntology）と呼びたくなる（Derrida 1994）。説明しないとまずいだろう。1993年に行われた一組の講義をもとに書かれた『マルクスの亡霊たち』で、デリダは、マルクスとマルクス主義〔の著作〕に繰り返し出現する幽霊語を効果的に利用している。彼は、『共産党宣言』の序文の最初の数語から始める。「亡霊がヨーロッパに取り憑いている——共産主義の亡霊が」。デリダのメッセージはまったく本気で、それは、憑在論は存在論よりも包括的だという主張である。亡霊たちと戦ったマルクスが、それらに屈服したハムレットと対比されている。

　いったん定着してしまえば、語呂合わせはいろいろなところでたやすく再利用される。イギリスの音楽批評家サイモン・レイノルズはUKエレクトロニック・ミュージックを記述するために「憑在論的（hauntological）」を使っている。UKエレクトロニック・ミュージックというのは、基本的にはサンプルを操るアーティストたちによって創造される音楽だ。想像された未来についての音調の良いイメージ、あるいは心を乱すようなイメージのいずれかを呼び起こすために、彼らはそれらのサンプルを過去（たいていは、古いワックスシリンダー録音、古典的なレコード、収蔵音源、あるいは戦後のポピュラーミュージック）から選び出す。レイノルズはそれを、「大昔と現代の居心地の悪い混合」と呼んでいる。数学の哲学における現代のプラトニズムに当てはめようというならば、まさにこれと同じ語がふさわしいように思われる。

　プラトンの亡霊ほど、あらゆる西洋哲学に、これほど印象的に取り憑いたもの

243

はない。憑在論は、多くの場面に適合する観念だが、しばしば亡霊を呼び起こす
マルクスを別にすれば、プラトンと存在論以上にそれにうまく適合するものはな
い。恐ろしい光景が真夜中の霧を通して不意に立ち現れる。プラトンとマルクス
の亡霊たちに取り憑かれた墓場だ。多くの者が悪魔払いの祈祷者を気取ったが、
誰も成功しなかったのである。

## 2 プラトニズム

　プラトンの言葉は、何千もの学説を世に送り出してきた。その多くは彼にちな
んだ名を冠している。これらの多くは、いたずらに彼の名前を取り入れているだ
けではないかと感じるかもしれない。その印象は、数学の哲学という狭い業界の
内部ですら正しい。§1.18で述べたように、私の大文字化する〔傍点をつける〕
取り決めは、ここではまったく役に立たない。小文字〔傍点なし〕の「プラトニズム」
を、しばしば高度に意味論的な成分を含む最近のアイディアを表すのにとってお
き、歴史的なプラトンとつながっているのがもっともだと考えられるものを表す
のに大文字 P を取っておくというのは、たしかにお手軽である——だが、歴史
的なプラトンとは何か。奇妙なことだが、誰も決して彼の名前のこうした使用を
疑ってこなかったように思われる。

　そういうことを行った一人の哲学的論理学者は、ウィリアム・テイト*であ
る（Tait 2001）。彼による諸学説についての説明はやや理解しがたいところもあ
るが、彼がつけたラベルは示唆的である。「数学的存在と真理について外的な基
準が存在し、数、関数、集合等々はそれを満たしているという見解は、しばしば
「プラトニズム」と呼ばれているが、プラトンにとってそれはふさわしくない」。
テイトは、通常のいわゆるプラトニズムを**超実在論**と呼んでおり、彼はそれに
よって、とりわけ、数学は探究されるべき「そこ」にあり——そしてさらに、そ
こには数学的対象が住まうのだという考えのことを言っていると私は考える。で
は、プラトンにはどんな学説がふさわしいのか。それは、テイトが**実在論**と呼ぶ
もっと穏当な学説であり、それを彼は「デフォルトの立場」と記述している。こ
のデフォルトの立場は、部分的には、よく引用される格言「問題は数学的対象の
存在ではなく、数学的言明の客観性だ」（Dummett 1978: xxxviii）に表明されて
いるように思われる。これは、マイケル・ダメットが、ヴィトゲンシュタインの
*RFM* に関するジョージ・クライゼルの書評に帰している格言だ。クライゼルが
実際に書いているのはこうである（Kreisel 1958: 138 n. I）。「ついでながら、ヴィ

244　　第6章　プラトンの名において

トゲンシュタインは、数学的対象（おそらくは実体）という観念に反論している
が、しかし少なくともいくつかの箇所（IV, §35, 243; III, §71, 197; あるいは III,
§50, 250f）では、形式的諸事実についての彼の認識を介した数学の客観性に格
別反論しているわけではない」（Wittgenstein 1956 からとったクライゼルの節番号
を、Wittgenstein 1978 に変更している）。

テイトの「デフォルトの立場」は、分別もあるし魅力的でもあるが、私の知る
かぎり、歴史的なプラトンとのテキスト上のつながりはない。またそれは、「プ
ラトニズム」の現在の既定的意味でもない——こちらのプラトニズムは、最近の
歴史においては、「超実在論」というラベルによってぴたりと言い表されており、
存在論と数学的対象の存在（あるいは非存在）にはるかに関係が深い。

テイトは、プラトンの立場をかなり平凡な実在論と呼ぶのがふさわしいと考え
ている。私は、自分の哲学者たちには大胆であってほしいので、プラトンは——
そんなことがそもそも意味をなすとすればだが——超実在論以上のものにふさわ
しいと言いたい。彼は、常識はずれだが大胆不敵なピタゴラス主義の帝王に値す
る。だが、それは現在主流の考え方ではない。

名前をめぐる紛争を避けるために、この章は、ラベル「プラトニズム」を自明
なものと受け取る 3 人の数学者たち（一人はそれを率直に認め、二人はそれを軽蔑
する）をめぐって構成されている。自称プラトニストの超実在論が興味深いのは、
その立場が、数学的宇宙のある断片だけが超実在的である、あるいは彼が述べる
ところでは、原初的であると主張するからである。


## 3 『ウェブスター』

数学者たちに進む前に、ふつうの人々は、プラトニズムをどう理解しているの
か——かりに彼らが何かを理解しているとすればだが——を見ておこう。ここで、
これが最後の機会になるが、辞典を調べることにしたい。ウェブスターの『新国
際英語辞典』第 3 版である。§2.4 からわかるように、これが 1961 年に出版さ
れて以来、ほとんどそのままであるということを思い出そう。奇妙なことに、こ
の辞典はアメリカ英語の基準を示しているにもかかわらず、これほど早く時代遅
れになる辞典もない。というのも、その編集方針はいわゆる「正しい」用法よ
りも当時の実際の使われ方を重視するというものだったからである。かくして、
50 年前当時の最新の用法が記録され、当然のことながらすぐに時代遅れになり、
しかし結局ほとんど改訂されることなく今日に至っている。とはいえ、異なった

時代区分ごとにどれくらい多くのことがプラトンの名義でなされてきたかをわれわれに思い出させるのには役に立つ。

**Platonism 1** 　通常は大文字で：　以下を強調するプラトンの哲学。すなわち、究極の実在は、知識の真の対象である超越的で永遠の普遍者たちからなること、知識は、感覚知覚の刺激のもとでこれらの普遍者の想起からなること、感覚の対象は完全に実在的ではなく、イデアの実在性を分有すること、人間は、前もって存在する不滅の魂であって、それは、欲望のはたらき、気概のはたらき、そして理性の三つの部分からなること、理想的な状態は貴族主義的であり、職人、武人、哲学者 – 統治者の三つの階級から作られていること。

**5** 　ときに大文字で：その言語のうちに、クラスのような抽象的あるいはより高いレベルの存在者を組み込んだ論理的ないし数学的理論——唯名論と対比される。

**nominalism 1a** 　……とくに中世の思想家ロスケリヌスが提案した埋論で、類や種を指し示す普遍名辞および、動物、人間、木、空気、都市、国家、荷馬車のようなあらゆる集合的な語ないし名辞は、それらに対応するいかなる客観的で真なる実在ももたず、むしろたんなる語、名前ないし名辞、あるいはたんなる音声的な発話にすぎないのであって、特定の物や出来事だけが存在するとする理論。

**1b** 　その言語から、クラスのような抽象的ないししより高いレベルの存在者を排除した論理的あるいは数学的理論——プラトニズムと対比される。


## 4　そのように生まれた

　詩人であり、哲学者でもあり、その他いろいろであったサミュエル・テイラー・コールリッジは、「すべての人間はアリストテレス主義者かプラトニストに生まれついている」という考えを抱いていた（Coleridge 1835, I: 192）。これには一抹の真理がある。すなわち、たとえば、私自身はいつも本能的に、大雑把には唯名論的な立場（なんとなくオッカムを思い起こさせるが、あまりに粗削りでアリストテレス主義とも呼べないような、まだ洗練されていない中世的な意味でのそれ）をとってしまうのだが、なぜそうなのかを問うことには意味がないということである。私はそのように生まれ育ったということにすぎないのである。グッドマン、クワイン、ラッセル、ミルそしてホッブズを含む何人かの主要な人物もそうだったのだと、軽率に言う人もいるかもしれない。これらの偉大な哲学者たちのうちに、一定の気質とたぶん好みの傾向があることはそれとなくわかる。唯名論が、これらの哲学者の他の相と形式的には相容れないように思われるときでさえ、そういう傾向は残っている。たとえば、クワインは、数や他の数学的対象は現代の科学にとって不可欠であり、したがって科学は数等々の存在を前提にしているという議論を

行ったために、いまではプラトニストとして言及されている。私はそのような立場
を、自由民として生まれた唯名論者の弱々しいプラトニズムと呼びたい気がする。


## 5 出典

『ウェブスター』の唯名論の項にあるロスケリヌス、すなわち、コンピエーニュ
のロスケリン（1050 ~ 1121）というのは、誰でも知っているような名前ではな
いし、フランスでさえそうである。何年ものあいだ、現存することが知られて
いる彼の唯一のテキストは、彼の有名な弟子ピエール・アベラール（1179 ~ 42）
への本当に不快な手紙であった。ロスケリヌスは、三位一体における三つの位格
は三つの異なったものでなければならないと主張したが、これは彼が考案した名
前の理論の帰結だと言われている。彼は、その当時にあっては、アンセルムス
（1033 ~ 1109）の嘲るような非難を通して最もよく知られていた。

　ある人の評判が、アンセルムスやアベラールのような力量をもった敵対者たち
がその人のアイディアについて語ったことを介して記憶されているというのは
（そもそも記憶されているとしてだが）、良いことではない。背けば破門を宣告され、
追放されたり民衆に石もて追われたりすると脅されて、ロスケリヌスは自説を撤
回しなければならなかったようだ。にもかかわらず、彼はそれでもなお自らの言
語哲学を教え続けた。最近の研究では、彼は興味深い人物で、首尾一貫した思索
家として描かれている（Mews 1992, 2002）。

　明らかにこうしたことのどれも数学にはかかわっていない。けれども、かの辞
典がわれわれに思い起こさせてくれるのは、唯名論がその時代にあっては、今日
そうであるよりもはるかに大変な窮地に人を追い込むことがありえた、というこ
とである。

　1950 年代の後半には、1961 年の『ウェブスター』のようにプラトニズム（「通
常は大文字で」）を定義したアメリカの哲学者たちを数多く見いだせたであろうが、
今日同じだけ多くの哲学者がそうするとは思えない。

　クワインのある学生が、数学の哲学にかかわる定義に関して助言を求められた
と想像してみてもよい。助言を求められたのは、（『ウェブスター』における）プラ
トニズム（定義5）とその反対、唯名論（定義1b）についてである。数学の哲学
における唯名論はクワイン以降どんどん変化し続けてきたが、たいていの分析的
な数学の哲学者は、辞典項目の**これらの**部分は正しい方向を指し示していると言

247

うだろう。われわれのなかでも杓子定規な者たちは、プラトニズムというのは「クラスのような抽象的あるいはより高いレベルの存在者を組み込んだ数学的理論」ではなく、ある数学の理論で許される名前についての哲学的理論なのだと物言いをつけるかもしれない。唯名論の項目にも同様な修正が必要である。たぶん辞典が言いたいのは、クラスのような抽象的あるいはより高いレベルの存在者を組み込んだ数学的理論はプラトニズム的だということだろう。

## 6 意味論的上昇

プラトニズムは、どのように定義されようと、古代のものであり、プラトンに結びついているのに対して、唯名論はスコラ哲学の産物である。そのとおり、たしかにアリストテレスは反プラトン的な中世唯名論の種を植えつけたかもしれないが、それらは、中世になって初めて発芽し、それから花開いたのだ。『ウェブスター』はその点では正しい。

あらゆる種類の唯名論はある意味で意味論的である、というのも、その名称が含意するように、それらは名前についての理論だからである。『ウェブスター』の定義（1）における古き良きスタイルのプラトニズムは、何が存在するかについての学説であるが、ウェブスターの定義（5）のプラトニズムは言語的学説、つまりどんな語を使うべきかについての学説である。同様に、唯名論（1b）は、どの語を使うべきでないかにかかわっている。（5）のプラトニズムは、数を表す名前を含めて、「抽象的対象」を表す名前を歓迎し、そして唯名論（1b）はそれらを排除するか、もしくはそれらを分析して取り除こうとする。

『ことばと対象』の最後の節（Quine 1960: 270-6）で導入されたクワインの見事な言い回しでは、プラトニズム（5）は、プラトニズム（1）にごく緩くしか結びついていない何かについての意味論的上昇の結果である。最近の分析哲学者の多くは、プラトニズム（5）が、プラトニズム（1）の定義によって表されている野心的な願望のごた混ぜを理解する唯一のやり方だと論ずるかもしれない。

私は意味論的上昇を避けようと試みている。ジョンが何かを言い、ジョアンがそれは真ではないと応ずるとき、これを自然に理解すれば、ジョアンは、ジョンが語ったことについて何かを言っている——「意味論的上昇」。何の問題もない。だが、意味論的上昇が、ものごとについての思考を、言葉についての思考に変えることを意味するならば、私はそれを可能なかぎり避けようと試みたい。明らかに私は、言葉がどのように使われるかに強い関心を抱いており、そしてある使用

から別の使用への誤った一般化がいかに哲学的困難を助長してきたかに強い関心を抱いている。だが、私自身の哲学の実際的なやり方は、「対象レベル」にこだわろうとすることである。すなわち、いかに語るべきかの論争に移行していくのではなく、われわれがそこから出発したレベルにこだわることなのである。これは、残念なことに、『語と対象』の最終節でなされた意味論的上昇の申し分のない擁護に理解を示すことではない。それは、クワインの独特なスタイルでもって、実に素晴らしく書かれているために、それに理解を示さないことをほとんど後悔したくなるほどなのだが。

　伝統的な唯名論と数学の哲学における最近の唯名論との違いを復習しておくことは重要だ。中世の唯名論は、集合名詞「荷馬車」に結びつけられたものとしての「荷馬車性」のような普遍者は存在しないと主張する。個々の荷馬車は存在するが、荷馬車性は存在しない。「荷馬車には 14 パーセントの税がかけられる」のような布告は、個々それぞれの荷馬車には販売価格の 14 パーセントが税としてかけられるということを述べている。中世の唯名論者に従えば、それは、荷馬車のクラスについて何かを語っているわけではない。個別の荷馬車しか存在しないのである。

　したがって、中世の唯名論は、時代錯誤的に言えば、「荷馬車」のような集合名詞の使用についての哲学的学説として理解されうるが、それらの名詞の使用を禁ずる学説として理解されるわけではない。

　現代の唯名論はレベルを一つ上げている。汝、抽象的対象を表すどんな名前も発するなかれ！　汝、数について語るなかれ、なぜなら、それらは抽象的だからだ。それともそうではないとでも言うのか？　古い時代からよみがえった（そして再構成された）唯名論は次のように論ずるだろう。数学においてそうした言葉は、そもそも抽象的対象の名前として**用いられて**はいない。だから、それらを排除する必要なんかないのだ、と。

## 7　議論の構成

　以上の前置きを踏まえて、21 世紀の二人の重鎮数学者、アラン・コンヌとティモシー・ガワーズ＊の対立する見解に向かおう。これらの見解を、コンヌの年上の同僚で、ブルバキに一定のルーツをもつ数学者のアンドレ・リヒネロヴィッツによって増補する。彼らのそれぞれの考えは、（いわゆる哲学としてよりもむしろ）数学的生活に対する**態度**として最もうまく記述できる。したがって、それらは、「哲

学」という語の通俗的な（しかし敬意を払われるべき）意味で、対立する哲学になっている。

これらの「哲学」は、自分たちの生涯を注意深い分析に捧げてきた哲学者たちによる専門的な学説ではない。それらは、生涯を創造的な数学に捧げてきた人間の背景をなす考えなのだ。彼らの哲学の対立は、数学の研究への関与の仕方にはあまり影響せず、むしろ彼らが自分たちの活動をどのよう捉えるかについての違いにつながっている。それらは、生きていくための哲学なのである。各々の数学者の哲学は、その個人にとって意味をもつが、ある人物にとって数学を意味あるものにしてくれるものは、他の人にとって意味あるものにしてくれるものの正反対であるかもしれない。

対立する数学の哲学は、しかしながら、数学者たちによる数学の教え方には違いを生み出すかもしれない。たとえば、リヒネロヴィッツは、アメリカで「ニューマス」として知られている数学教育（9節を見よ）の急進的改革を主導してきたが、その程度の違いは生み出すかもしれない。

数学についての一連の哲学的思索において、少数の数学者たちのどちらかと言えばざっくばらんな（しかし心からの）反省的考察にこれほど多くのページを費やし、一方で最新の数学の哲学には触れないというのは、奇妙に思われるかもしれない。われわれは第7章で断片的にそういう哲学に向かうが、そこでもアプローチの仕方はふつうとは違う。最初にわれわれは、「プラトニズム」という名詞が数学の哲学にどのように入り込んできたのかを考察するだろう。それは、1930年代にたまたま生じたことであり、その時点では、プラトニズムは、唯名論にではなく、直観主義に対立させられていたのであり、もっと特定して言えば、総体についての問いに向けられていたのである。最初にプラトニズムについて語ったパウル・ベルナイスは、総体について考える際の二つの**傾向**について語った。私が強調した「態度」と「傾向」という二つの語は、いずれも私が引用した著者たちからもってきたものだが、私の意見では、それらはいわゆる形而上学的な争点にとって適切な語である。そういった論争においては、これらの語を使うことで、一方の党派が他方の党派の願望に対して敬意を払うようになってくれるように私は願っているのである。

第7章では時間をさかのぼり、自分たちの研究の本性について大きく意見を異にしていたデデキントとクロネッカーというさらに以前の数学者を取り上げる。彼らの考えはそれ自体で興味深いのだが、さらに、少し離れてみれば、彼らがガワーズやコンヌとはかなり違った仕方でどのように形而上学的パイを切り取った

か、ということがきわめて印象深い。このことは、数学的形而上学について一つの教訓を与えてくれるかもしれない。

　第7章の終わりになって初めて私は最近の哲学に向かう。それは、プラトニズムを回避しようと努めるあらゆる型の唯名論を伴った、魅力的な研究分野である。われわれはある対比に注目するであろう。本章のプラトニズムと反プラトニズムは、数学者が自分たちのやっていることをどのように考えているかにとって重要な意味をもつ。それらは数学的生活にとっての哲学だ。第7章Aで導入されるプラトニズム vs 直観主義は、数学者が実際に行うことに違いを生み出す。だが、第7章Bで論じられるプラトニズム／唯名論論争は、私にとっては、いくらか副次的であるように思われる。それらは、彼ら自身の談話の外では、何に対してもほとんど違いを生み出さないからだ。

## A　プラトニスト、アラン・コンヌ

### 8　非番のときと非公式のとき

　私の21世紀の二人組は、プラトニストであるアラン・コンヌ（1947年生まれ）と徹底した非プラトニストであるティモシー・ガワーズ（1963年生まれ）だ。私はこの二人に、故アンドレ・リヒネロヴィッツを加えたい。彼には、証明と数学的対象の起源についての彼の変わった提案——エレア学派——をめぐって§4.14ですでに出会っている。彼は、構造主義、ブルバキの意味であって（§2.12）現代分析哲学の意味ではない構造主義について、われわれのスポークスマンになるだろう。彼によれば、構造主義は「根本的に非存在論的」である（CL&S 2001:25）。

　この章で私は、傍点なし（小文字）のプラトニズムについてではなく、傍点つき（大文字）のプラトニズムについて語るつもりだが、それは、3人の数学者たちがプラトニズムによって言わんとしていることが一般に理解されている歴史的プラトンを思い起こさせるからである。もっと重要なのは、それが、現代のプラトニストや反プラトニストがしばしば抱いている意味論的な関心とほとんど関係がないからだ。最後に、そうすることが私に引用を楽にしてくれるということがある。というのも、ガワーズははっきりと大文字Pで書いており、コンヌとリヒネロヴィッツの翻訳者たちもそうしているからである。

　多くの数学者たち——数学基礎論や証明論にかかわっている人々だけでなく——は、自分たちの行っていることについて哲学的な意見をもち続けているが、

251

いまの時代、それが公表されることは少なく、活字になっているものといえばさらに少ない。本書では、ウィリアム・サーストン「証明と進歩について」（§2.15〜18、とくに§2.20）と、数学が「歴史の偶然」であることについて論じたドロン・ザイルバーガー（§2.24）のものを含めて、いくつかの率直な見解を引用してきた。だが、数学におけるプラトニズムについて、表立って、しかもある程度まで詳しい支持の表明や拒否が出版されているのを、われわれはめったに見つけることはない。そのような表明をしている一人は、才気煥発な『本当のところ、数学とは何か』（Hersh 1997）におけるリューベン・ハーシュ（ヘルシュ）だ。ハーシュは、自分の同僚の多くを自己満足なプラトニズムと規定しながら、同時にそうしたプラトニズムに我慢がならない最高のうるさ方だ。（この同僚の規定が正しいということの、いかなる統計的証拠も私は知らない。）すでに2節で言及したウィリアム・テイトは、ハーシュがふつうの「プラトニスト的」信念を特徴づけるのに使った一連の命題を一通り調べたうえで、それらの命題が特徴づけているのは「超実在論」ではなく、彼がごくふつうの「実在論」とみなすものでしかないと論じている（Tait 2001）。私はそれよりも、他の3人の数学者たちのあからさまに「非番」のときの、だがより穏当な所見を参照するほうを選びたい。

われわれはすでに§3.7〜9でコンヌに出会った。そこでは、彼は、ある数学的事実がまったく予期せぬ形でわれわれを待ち受けているなどということがどのようにして起こるのかを例証するために、モンスターを用いていた。そしてもっと簡単にではあるが、§2.18でティモシー・ガワーズに出会った。そこで彼は大胆にも、一世紀以内にコンピュータが数学者に取って代わるかもしれないと示唆していた。さらに§3.17でも出会ったが、そこでは彼は「自然主義」というラベルを進んで受け入れようとしていた。以降で私は意識的に両人がやや即興的に発した意見を使う。それは、どちらかといえばその場の思いつきで言ったにしろ〔その後検討を経て〕出版のために承認された意見というのは、余計なニュアンスを含まない率直なものになっていることが多いからである。両者とも、すでに触れたように、フィールズ賞のメダリストという名声をもっている。

コンヌは、非番のときの仕事、たとえば、Changeux and Connes（1989）に対する彼の寄与をどう捉えているのかを問われて、こう答えた。「それは、数学的活動（l'activité mathématique）についてより一般的な反省を行っていく一つのやり方なのです。私はそれを、副次的ではあるけれども、有用な仕事だと考えています」（Connes 2004）。ガワーズは、§3.17で引用したように、数学的実践についての適切な哲学的説明は数学者たちの現実の活動に基礎を置くべきだと

言っている。この二人の人間は、**それ**については完全に一致している。いざというう段になれば、彼らは、様々なイズム、プラトニズムや構造主義や自然主義や形式主義のようなイズムを、**態度**と見ているのであって、学説としてはあまり見ていない。(「態度」という語のコンヌの使用に関しては、以下9節を、ガワーズについては17節を見よ。)二人が一致するのはここまでで、ここから先の論点については、彼らは袂を分かつように思われる。

## 9 コンヌの昔からある数学的実在

ここでは、"*La Recherche*"で行われたアラン・コンヌのインタヴュー(Connes 2000)をさらに使い続けよう。この雑誌は、週刊の『ニュー・サイエンティスト』よりも『サイエンティフィック・アメリカン』のほうに分類されるような、一般向け科学雑誌である。ジャン゠ピエール・シャンジューとの論争のなかで、彼は、数学が探究されるべくまさしく「そこ」にあるという感覚を具体的に説明した。だが、コンヌは見境のない「プラトニスト」ではない(プラトンもそうではない)。彼は、数学者たちによって考案されてきた道具の大部分が発明であって、発見ではないことに同意する。そのような道具を表すのに彼が使うラベルは「投影的」だ。それらの道具は、彼が**昔からの数学的実在**(archaic mathematical reality)と呼ぶものを探究するために使われている(Changeux and Connes 1995: 192)。それこそが「そこ」として考えられているものだ。

ここには翻訳の問題がある。"archaïque"である。Changeux and Connes (1995)の翻訳者は"archaic"(「昔からの」)を使っているが、これに対し、もう一つの討論である『思考の三角形(*Triangle of Thoughts*, CL&S 2001)』の翻訳者は"primordial"(「原生の」)を使っている。この論争は、私が使っているコンヌの雑誌インタヴューの主題でもあり、それゆえ私は頻繁にそれに立ち返って言及するだろう。私がConnes (2000)から翻訳するとき、Changeux and Connes(1995)の翻訳者と同様に"archaic"を使うつもりだが、その理由の一部は、それが英語ではよりなじみのない語だからである。

ここでCL&SのLにあたるアンドレ・リヒネロヴィッツについてもう少し語ったほうがよいだろう。彼は、コレージュ・ド・フランスではコンヌの年上の同僚であり、卓越した微分幾何学者であり数理物理学者であった。彼は、数学を構造の研究として見るブルバキの観点に大きく影響された。彼の指揮のもとに準備されたフランス教育省へのあるレポートは、しばらくのあいだ、数学の教授法に強

い影響を及ぼした。初等教育は集合論と論理学から始まるべきであり、数学が構造についての学問であることを強調すべきだ、と彼は訴えている。アメリカでは「ニューマス」として知られるようになったこの観点は、1960年代にアメリカの小学校で推奨された。そこでは、スプートニク（1957）の余波のなかで、ロシアに追いつくために数学教育を改良しようという動因が追加されたのである。（ブルバキ、リヒネロヴィッツ、およびフランスとアメリカ両方のニューマスについては、Mashaal 2006 を見よ。）

3人目の鼎談者、マルセル＝ポール・シュッツェンベルガー（1920～96）は、博識な数理生物学者で専門分野にとどまらず広範なトピックについて発言する文化人であった。カール・ポパーと同様に——ただしポパーとは違って確率論に関連するいくつかの理由から——彼は、現在の進化論の大部分に対してひどく批判的であったが、そのことが結局は彼の名前をとりまく悪評に結びついてしまったのである。彼は朗らかに自らを「ピタゴラス主義者」と記述している（CL&S 2001: 27）。

"archaic" に戻ると、これはフランス語と英語の両方において比較的新しい語である（英語に関しては 1832 年の引用があり、フランス語については 1776 年の引用がある）。フランス語では、それは、archaeology（考古学）に見られるような、接頭辞 "archae-" をわれわれに思い起こさせるが、たいていの英語の読者にはそういうことはないのではないかと思う。この語は、"archaism"（「古語」）として、古いあるいはほぼ廃れてしまった言葉を現代の会話や書き言葉のなかで用いることを指す単語として、フランス語に入ってきたように思われる。英語はそのあとに続いた。*OED* では、"archaic" の項目は、私のコンピュータ画面のわずかに半分を埋めているのに対して、*OED* に並ぶフランス語の最高の辞典 *Trésor de la langue française* では、"archaïque" の項は少なくとも三つの連続画面を埋め尽くしている。これらの語は必ずしも**偽の友**（Faux amis, 空似言葉）なのではなく、フランス語のほうがはるかに多くの用法と含蓄をもっており、しかも元々のギリシャ語、古代の源泉、ものごとの始まりないし起源をよほど意識しているのである。

もちろんこの語には他の用法もある。古典期以前（基本的にギリシャの古典期以前、たとえばホメロス時代）を意味する「アルカイック（Archaic）」は、アルカイック時代と名づけたドイツの芸術史家たちから来ている。ドイツ語の "archaishe" あるいは "Archaik" は、英語と同様にフランス語から来たものであり、基本的には哲学的な意味をもっていた。1980 年頃の会話のなかで、ミッシェル・フーコー

は、私に対して次のことを請け合った。すなわち、『知の考古学』のなかに出てくる"archive"という語の"arch"は、たんなる古い文書の集まりではなく、源泉、そして起源という意味を思い出させるように意図していたと。その意味を英語の「アーカイヴ」に聞き取ることはできない。

　当然のことだが、人々は、「昔からの数学的実在」という言葉で何を言わんとしていたのかとコンヌに問いかけてきた。彼はConnes（2000）で説明した。繰り返すが、これはインタヴューである。英語圏に比べるとフランスでは、インタヴューはある種の芸術形式とみなされる傾向にあるが、それでもインタヴューなのである。インタビューを受けた者は、インタビューアーが書き起こした内容を一語一句チェックできるし、そのうえでそれに承認を出しているのである。

> すべての数学者がそれを認識しているわけではありませんが、「昔からの数学的実在」が存在します。外的世界と同じように、これはアプリオリに組織化されてはいませんが、しかし探索に抵抗し、斉合性をあらわにします。非物質的なのは、それが時間と空間の外に位置するからです。

　「アプリオリに組織化されているわけではない」は何を意味するのか。それは、われわれがそれに出会うときには、この原生的実在はいかなる構造ももっていないということを意味する。われわれがそれに帰属させる組織は、われわれの概念化の帰結だということである。コンヌはわれわれのまわりにある物質的世界についても同じように考えている。われわれが出会うものは構造化されておらず、われわれがそれに投影する概念でもってわれわれはそれを組織化するのである。だが、どんなやり方でもそれを組織化できるわけではない。物質的世界と昔からの数学的実在は、概念化に対してひどく抵抗する。それらはそれ自体の斉合性をもっており、われわれはそれに応対しなくてはならない。これが私のコンヌの読み方だが、間違っていることも十分ありうる。たくさんの哲学的お荷物が屋根裏に隠されてあって、私は誤ったスーツケースを取り上げたのかもしれない。

　いずれにせよ、数学的実在を調べ始めるとき、われわれは自分たちが遭遇するものによって強く制約されている。「私の態度、そして他の数学者たちの態度は、概念を練り上げるのに先行して数学的実在が存在すると言うことにほかならないのです」（Connes 2000）。

> 私は、研究の対象、たとえば素数の列と、その数列を理解するために人間精神が精巧に仕上げる概念とのあいだに本質的な区別を設けています。昔からある数学的実在は研究の対象です。外的実在が諸感覚によって知覚されるのとまったく同じで、それはアプリオリに組織化されているわけではありません。人間

精神が組織化してきたものを見てとるために、昔からある数学的実在と、それを理解するために案出された人間精神の概念とは鋭く区別されるのです。

コンヌが群を昔からあるとみなすかどうか、あるいは元来の実在にわれわれが押しつけた投影的構造の一部とみなすかどうか、私にはわからない。彼がフレンドリーな巨人（あるいはモンスター）について書いていることから読み取れるのは、われわれがモンスターを探究し記述するために用いる諸概念は、実在に投影されているということ、しかしその巨大な群はある意味でわれわれが遭遇する基底的実在の斉合性の一部だ、ということである。カントならそれをヌーメナル（物自体の）と呼んだかもしれない。われわれは、これらのかなり洗練された問いから始めるのではなく、むしろごく最初の疑問から始めるべきだろう。数の列は、昔からある、原生的な所与である。「私が「原生的な数学的実在」と呼んでいるものは、本質的には算術的真理に限定されているのです」（CL&S 2001: 29）。

それは、証明可能な真理の集合を意味しているのではなく、数についての諸事実からなる「プラトン的」総体を意味している。標準仕様のプラトニストであれば、整数の列が「そこ」にあるならば、正整数の**集合**もまた「そこ」の昔からある実在の内にあると結論するだろう。私はそうではないと言いたい。私がコンヌを理解するところでは、集合、そして集合という概念そのものは、われわれによって発明される。われわれは集合というアイディアを整数の列に投影する。そのことは、正整数の集合が「存在」しないということを意味するのではなく、それは昔からあるのでもなく、原生的でもないということを意味するにすぎない。この区別は、私がコンヌを「興味深い」プラトニストだと考える理由の一つだ。

§7.8〜10で議論されるクロネッカーは、数に対してこれとはかなり異なった態度をとっていた。コンヌと同様、彼は整数列を所与と考えたが、ドイツの彼の同時代人の多くと同じように、たいていの数学的概念と数学的対象はわれわれによって作られたものだと考えていたのである。とはいえ、彼は、数についての真理の領域を、それらの数だけを使って証明されうるものに限定していたように思われる。われわれはコンヌが投影と呼ぶどんなものも使うべきではないし、正整数の集合さえも使うべきではないとクロネッカーは考えた。それゆえ、プラトニストであるコンヌの前提ときわめてよく似た前提から出発しながらも、彼はむしろ構成的数学の、そしてある程度までは直観主義の先祖なのである。昔からある実在というコンヌの学説は、奇妙にもある点ではクロネッカーに似ているが、それはちっとも厳格ではなく、それゆえ、別の点ではクロネッカーのライバル、

デデキントにも似ているのだ。デデキントは、われわれの数学的創造のどんな産物（「創造」を「投影」と読んでいただければよい）の使用にも好意的であった。


## 10　不完全性とプラトニズムについての挿話

「昔からある」以外の語を使うことはできなかったのか、とインタヴュアーは尋ねる。「もちろん、たとえば原初的数学的実在と言い換えることもできます。本質的なのは、人が行おうとしている探究にそれが先行していること——外的な実在にいくらか似ている——を理解することです。それは、ゲーデルの定理によって更新されたプラトニズム的立場なのです」。

コンヌは、ゲーデルの第一不完全性定理が彼のプラトニズムを支持すると信じているが、それは、再帰的算術を表現するのにふさわしいどんな無矛盾な公理化をも超えたところに発見可能な真理が存在するという根拠に基づいてであった。とすれば、この定理は、プラトニズムを**支持する論証**としてではなく、むしろ数学的実在、「そこにある」の本性への素晴らしい新たな洞察として理解されるべきだろう。そういう実在は、いかなる再帰的な公理系によっても捉えられないほどそちらにある、というわけだ。

ゲーデルは自ら認めるプラトニストであったが、私の知るかぎり、彼がその考えを正当化するのに自分の不完全性の諸結果を引き合いに出したことはない。すでに§1.20で示唆していたように、彼はライプニッツ主義者であるほどにはプラトニストではなく、いったんわれわれが適切なアイディア（現在通用しているよりもはるかに深い集合についての理解）をもつならば、たとえば、選択公理や連続体仮説の真理をわれわれは立証できるであろうと信じていたのである。だが、私はゲーデルの学風を信奉しているわけではない。

分析哲学における現代のプラトニストは、一般に、不完全性の結果を自分の学説を支持するために利用することはない。コンヌはプラトニストだ。彼は、数列そのものと一緒に端的に与えられる、数学的真理の総体が存在すると考えている。ゲーデルのおかげで、その総体は、それ自身の統語論を表現するのにふさわしいどんな再帰的な公理系によっても特徴づけられえないことをわれわれは知っている。これはプラトニズムを支持する議論ではない。それは、新たな深さの理解を伴ったプラトニズムの拡充なのである。

実在に対する、そして不完全性に対する一つの態度として、これは私には非の

打ちどころがないように思われる。だが、誤解を避けるために繰り返さなければ
ならないのだが、その真理すべてを損なわないまま、昔からの算術的実在の存在
を立証する議論としては、それは論点先取を犯している。もしあなたがその実在
を前もって与えられたものと考えていないならば、そのとき、無矛盾で適切などんな公理系に関しても、真と呼ぶ根拠をもつがその体系では証明可能ではないある文をゲーデルは提示してみせる。だが、このことは、あらゆる算術的真理からなる総体が現実に存在するということを示してはいないのである。

## 11 二つの「態度」、構造主義者とプラトニスト

　このインタヴューはコンヌに対して、鼎談のなかでアンドレ・リヒネロヴィッツが次のように主張していることを指摘している。「数学者たちは、したがって、自分たちが推論を行使する「対象の存在」がいかなる重要性ももたないことを学んできたのです」。リヒネロヴィッツはさらにこうも言っている。「われわれが数学を行うとき、大文字 B の存在（Being）には注意を払いません」（CL&S 2001: 24）。（この見解がどういう文脈で述べられているかについては、第 7 章の最後の一節を見よ。）これは §4.12 ですでに引いた引用の直後の発言である。そこではさらに、ガロアと群論の最初の兆しが見えてのち、「ギリシャ数学の発展にとって障害であったものの一つ——数学的「対象」の存在——が、それによって克服された」と彼が語っているのを引用した。数学的対象、かつて存在すると考えられていたものは、発展にとって決定的な邪魔者だったのだ！

　これに対し、コンヌは、数学的実在に関する問いに関しては二つの態度があると切り返している。一つはリヒネロヴィッツの態度、すなわち「形式主義者もしくは構造主義者」の態度である。

> それは、公理から出発して、言語の内部で得られる論理的演繹のシステムとして数学を扱うことにほかなりません。この立場は、ある意味で、数学的実在の存在論的性格を否定することにつながっているのです。数学的対象の意味（*signification*）についての問いは空虚なものとされるのです。一方、私を含むその他の数学者たちの態度は、概念を精巧に仕上げるのに先行して数学的実在が存在するということにその本来の趣旨があるのです。（Connes 2000）

　二つの哲学的態度のあいだの違いについて、こうした特徴づけはまさしく正しいように思われる。

## 12　数は何ではありえないか

これはポール・ベナセラフ＊による有名な論文（Benacerraf 1965）のタイトルである。彼は、現在、集合論による数の標準的な定義として流通している複数の方法を比較し、それらが同値ではないという事実から、それらのどれも、数の正しい、真なる定義ではありえないと推論した。その論点は Parsons（1964: 184-7）でも主張されているが、こちらは主として、数が対象だというフレーゲの説明の文脈で述べられている。

ここまでのところは、コンヌも完璧に同意するだろう。彼がこの問題を取り上げるとすれば、ベナセラフのタイトルを称賛するに違いない。ベナセラフは、数が、たとえば上で述べたような集合論的に定義された存在者のどれでもありえないことを示した。だが、コンヌは、ベナセラフが踏み込まないところへと進み、整数はそれらの集合論的存在者のどれよりも先立っており、それら以上のものだと言うだろう。数が複数の仕方で定義できるということが示しているのは、整数とは、われわれがそれらのうちに見いだす構造以上のものだということである。それらの構造は、コンヌの用語を使えば、「投影的」なのである。それらは、整数列を探るためにわれわれが道具として開発したものなのである。一方、ベナセラフの多くの読者は、整数とは構造以外の何ものでもないという反対の結論を引き出してきた。

マーク・ウィルソンに従えば、フレーゲのような創始者たちは、自分たちが数の一意的に正しい定義を作り出してきたのだとは決して思っていなかった（Wilson 1992）。もっとも、「フレーゲは、自分自身の選択が他のどんな選択肢よりも自然であると考えていたに違いない」（Parsons 1964: 184）のではあるが。事実、クワイン（Quine 1960: 263, 邦訳, p.438）は「それでもなお、……フレーゲ方式の直観性を擁護して、次のように論じられるかもしれない」と示唆している。

「一意性の問題」が、フレーゲの頭をまともによぎったことはなかったと思う。彼らは、重要な概念について説明的分析を与えようと欲していたのであり、のちの何人かの分析哲学者たちを悩ませてきたような妄想、すなわち、分析は前もって与えられた意味の一意的な摘出を確固として目指すのだ、という妄想を抱いてはいなかった。クワインは、いつもの模範的な明晰さで、これについて次のように書いている。

　　もし、当面の仕事が、何らかの方式での数を提供することを要求しているなら

259

ば、人はその仕事にかなうようにその場その場で、フレーゲ方式またはフォン・ノイマン方式、あるいはまた別の方式、たとえばツェルメロの方式を使用する。……自然数の解明としてそれらがいずれも適切であることは、区別可能などんな意味でもクラスに加えて自然数をわれわれの領域に算入する必要がないことを意味している。以上の三つの数列さらにはそれ以外のいかなる数列も、自然数の役割を果たすであろうし、どの数列も、他の数列が適さない仕事に適していることが起こりうる。(Quine 1960: 263, 邦訳, p.439)

　クワインの結論は、自然数をわれわれの存在論に含める必要はないということだ。「解明は消去なり」である。

　フレーゲは、数が対象であるという考えに深く関与していた。1965 年におけるベナセラフの主たる矛先はフレーゲに向けられていた。彼は、その当時、たいていの分析的な数学の哲学者たちにあがめられていたのである。そしてベナセラフはこう論じた (Benacerraf 1965: 70)。「したがって、数はまったく対象ではない。というのも、数の諸性質（すなわち、必要十分な性質）を与えるにあたっては、**ある抽象的構造を特徴づけるだけでよいからである**——その違いは次の事実にある。その構造の「要素」は、同じ構造のほかの「要素」に相対的な性質以外にいかなる性質ももたない」。ベナセラフ (Benacerraf 1965 と 1973) に対するフレーゲの「対象」の擁護に関しては、Wright (1983) を見よ。

　プラトニストは動じないだろう。数の列は原初的である。たしかに、数の列の諸性質を与えるには、抽象的構造を特徴づけるだけでよい。抽象的構造こそが、数を研究するためにわれわれが使う当のものだからである。だがそれは、数が、諸構造——それらをよりよく理解するためにわれわれが投影する構造——に先行するものではない、という議論ではまったくない。

　驚くべきことではないが、リヒネロヴィッツのような構造主義的な数学者たちはベナセラフに完全に同意する。彼らは、数——あるいはほかのどんな数学的「対象」であれ——が何であるかは気にしない。最近では、別なタイプの構造主義を公言する分析哲学者たち（§7.11）が、数とは、数のまともな定義によって共有される構造的性質が何であるにせよ、そうした性質以上のものではないと結論している。数は構造における「位置」なのだ (Shapiro 1997)。奇妙なことに、彼らはそれでもなお、数が本当のところ何であるのかを語るという問題に縛られているように思われる。

　プラトニストはバトラー主教のスローガン「すべてのものはそれそのものであって、別のものではない」(Butler 1827: preface) を繰り返したくなるかもしれない。このスローガンは、文脈を無視すれば数についてのプラトニズムによく

260　　第 6 章　プラトンの名において

適合する。他方、G. E. ムーアは 1903 年に『倫理学原理』のためのエピグラフ
としてこのスローガンを使ったが、彼自身はバトラーをよく理解しており、それ
が、ムーア以後道徳哲学において自然主義的誤謬と呼ばれるようになったものに
ついてのバトラーのエレガントで強力な言明の一部であることも知っていた。た
とえそうであれ、やはりプラトニストは、数 17 はそれそのものであって、別の
ものではないと言うだろう。(もちろん集合でもないし、クラスでもないし、ある構
造上の位置でもない。)

では クワインについてはどうか? プラトニストは呆然として叫ぶ。「解明は
消去なりだって? いったいそれを支持する議論て何なんだ?」クワインの統制
の哲学の内部では、それは意味をなす。しかしプラトニストは当然、クワイン的
な統制のなかに魅力的なものを何も見いださないだろう。

自然数の「消去」は、第 7 章 B で、数学の哲学における現代のプラトニズム /
唯名論論争を扱うときに、再びわれわれに取り憑くことになるだろう。

## 13 ピタゴラス主義者コンヌ

コンヌは、外的な物理的実在によく似た数学的実在——ただしそれは時間と空
間の外にある——が存在するという言明を確固として信じている。これはたんな
るアナロジーに終わる主張ではない。

> 数学的実在はなおわれわれにとって多くの偉大な予期しない驚きを蓄えている
> と私は信じています。いつかわれわれは物質的実在が実のところは数学的実在
> の内部に位置づけられるということを発見するだろうと言うにやぶさかではあ
> りません。…… シャンジューとの本の終わりで私はすでにそれを示唆していま
> した。私は、外的な物理的世界を真に理解する規準の一つは、数学的世界の内
> 部でそれを理解することだと信じています。もちろんわれわれはまだそれから
> は遠いところにいる。しかし、十分な兆候があるのです。たとえば、元素の周
> 期表。それは、化学における実験的結果から出発して、メンデレーエフによっ
> て演繹されましたが、それがまことに印象的なのは、実際にそれが極端に単純
> な数学的諸事実の帰結であることを理解したときなのです。(Connes 2000)

このインタヴュアーはたいていの人よりもプラトンをよく理解している。とい
うのも、彼はこう言葉を差し挟んでいるからだ。「それは、最も深遠なプラトニ
ズムへとあなたを連れ戻すのですね!」コンヌは同意する。両者とも、プラトン
がピタゴラス主義者であったことを知っているのだ。分析哲学者のなかのほとん
どのプラトニストは、ピタゴラス主義者であるとは告白しないだろうが、このコ

ンヌの所感は、哲学者たちが思っているよりも広く数学者のあいだに行きわたっている。非可換代数に関するコンヌの印象深い研究は、自らが別のインタヴュー（Connes 2004）で主張しているように、量子力学によって動機づけられている。§5.18で見たとおり、繰り込みの厳密な理解に向けて彼がなした貢献の一つは、*Communications in Mathematical Physics*で出版されている。彼の研究は、ピタゴラス主義の色彩を帯びた物理学なのである。

　コンヌのファンで、数学における自然主義にシニカルな人ならば、この〔ピタゴラス主義という〕ラベルがどれほど締まりがなく、どれほど多義的かがわかるだろう。自ら自然主義者と公言するすべての者は、たしかに、反プラトニストであり、反プラトニストであり、その他のそういったものである。しかし、コンヌの哲学的観点を信奉する者は、彼こそが、適切に理解されたものとしての自然（大文字のNature）を探究している人物なのだと主張するかもしれない。いわゆる自然主義者のたいていはたんなる経験主義者であり、自然について貧しい捉え方をしている、とプラトニストは訴えるかもしれない。

　私はコンヌの確信を共有しているわけではないが、私の個人的な意見には何の重要性もない。われわれは永続的な問題にかかわっているのである。賭けてもいいが、コンヌの態度は、まだ生まれていない世代を通じて生き残るだろう。この態度は、多くの数学者たちの経験そのものに対する応答として啓発的である。だが、それは、リヒネロヴィッツが証明するように、唯一の応答なわけではない。次に見るのは、もう一つの可能性、リヒネロヴィッツの態度に似てはいるが、決して同一というわけではないある態度のより詳細な表現である。

## B　反プラトニスト、ティモシー・ガワーズ

### 14　公によく知られた数学者

　ティム・ガワーズについては、一世紀以内にコンピュータが数学者に取って代わるのではないかという彼の疑念、それとインターネットによる共同作業、とくにポリマス・プロジェクトに関して、§2.18で手短に言及した。組み合わせ論数学についての重要な貢献を別にすれば、彼は『数学（*Mathematics: A Very Short Introduction*, 2002）』を書いている。この本は明晰さと簡潔さの見本である。また『プリンストン数学大全（*Princeton Companion to Mathematics*, 2008）』の編集責任者でもある。これは、（数学に関する）事実、アイディア、そして意見を集めた注目すべき概要書だ。彼は、オープンアクセス出版の主要な提唱者でもあ

262　第6章　プラトンの名において

り、エルゼビア社の雑誌のボイコットを組織した。彼はこう論じている。エルゼビアの数学の出版物は信じられないくらい高額であるだけでなく、この会社は、雑誌のどれかを買おうとすれば、ある分野の彼らが出している**すべての**雑誌を買うよう図書館に義務付けている。（彼が言っているやり方は「一括販売」と呼ばれている。）

要するに、彼は、すすんで公の発言をし、哲学にかかわろうとさえするとてもよく知られた数学者なのである。2012 年 6 月の女王誕生記念叙勲では、「数学への貢献に対して」ナイトに叙せられた。こうしたすべてが、何人かの数学者にとっては彼をうさん臭く感じさせているのかもしれない。

コンスのインタヴューに似たものとして、私は、ケンブリッジ大学で数学の哲学についての新しい討論クラブを開設するためにガワーズが 2002 年に行った講演を使いたい。私は通常は URL を引用しない。というのも、それらは長続きしない傾向にあるからだが、ガワーズの場合には、オープンアクセスを提唱しているのだから、「数学は哲学を必要とするか」のアドレス（2012 年 8 月時点ではまだアクセス可能）を提示しないほうが不作法だろう。

www.dpmms.cam.ac.uk/~wtg10/philosophy.html.
ページの参照は印刷版、Gowers（2006）によっている。

ガワーズはある意味では完璧に型にはまらない数学者だ。彼は、数学について考えるときに、ヴィトゲンシュタインの『哲学探究（*PI*）』をまったく厳格に受け取っている。講演のなかで彼はこう繰り返している。「自分が後期ヴィトゲンシュタインのファンであることを告白すべきでしょう、しかも私は、「語の意味とは、その言語内におけるその使用である」（*PI*§43——実際には「多くの場合に」それが当てはまると言うことによって、ヴィトゲンシュタインはそれに制限を加えている）という彼の言明におおむね同意しています。」この格言には 23 節で立ち返る。


## 15　数学は哲学を必要とするか？　答えはノー

イエスでもありノーでもあるとガワーズは答えている。彼の基本的な答えは、数学は哲学を必要とはしないということだ。彼が言わんとしているのは、哲学は数学者たちがやることに何の違いも生み出さないということである。明日、ある哲学者が、数学についての現在の哲学的思考を完璧に変えてしまう新しいアイディアを注入したとしても、それは、数学的活動にまったく何の違いも生み出さないだろう。彼は、この全面的な主張のある形での修正には暗黙に同意している。

その私なりの説明はこうだ。論理学、数学基礎論および証明論は長く数学の分野であり続けてきた。そして、それをやっている人たちの多くは強い哲学的動機をもっているし、その研究は哲学的な突然のひらめきによって変えられるということもありうるだろう。だが、それは、たいていの数学的実践にとっては周辺的な事柄にすぎないだろう。こう修正されれば、彼の主張は、今日、ほぼ確実に正しい。§7.7で確かめるように、たとえば1884年には、哲学は何人かの数学者たちにとって、2014年におけるよりも大きな意味をもっていたのである。

ガワーズは、自分の感覚を伝えるために、ヴィトゲンシュタインを引用している（まったく文脈を離れて）。「ひとがまわすことはできても、それと一緒に他のものが動かないような車輪は、器械の一部ではない」（Wittgenstein 2001: §271, 邦訳, p.109）。この引用は切り取られている。もとの所見は、ヴィトゲンシュタインの試行錯誤モードで述べられている。それは「ここで私は言いたい」で始まる。「ここ」は、「私的言語論証」と呼ばれるものを受けている。しかしながら、この章の話題であるプラトニズムについて言えば、ガワーズは、大概の現代数学者たちにとって図星であることを述べているように私には思われる。

> 次のような論点がそのまま残っている。もし数学者Aが、プラトン的な意味で数学的な対象が存在すると信じていたとしても、彼の外に現れるふるまいは、それらの対象が虚構的な存在だと信じている同僚Bのふるまいと何ら違わないだろう。そして次にそのBのふるまいは、それらの対象が存在するかどうかという問いそのものが無意味だと信じているCのそれとまったく同じだろう。（Gowers 2006: 198）

「外に現れるふるまい」によってガワーズが言わんとしているのは、もちろん数学的探究と諸結果の提示におけるふるまいであって、私が「非番の」仕事と呼んだものにおいて、ではない。したがって、コンヌとリヒネロヴィッツは数学的「実在」について意見が一致しなかったかもしれないが、そんなことは彼らが研究を行うやり方にはほとんど違いを生み出さない、とガワーズは主張するだろう。そのとおり、数学の実際のやり方にはまったく異なったいくつかのスタイルがある（Mancosu 2009b）が、ガワーズは、人がどのスタイルを選ぶかは哲学的態度によって影響されないと信じている。

私はそうした主張について確信をもっているわけではないが、その反対を示す強い証拠をもっているわけでもない。それを立証したり反証したりすることは、数学的実践の社会学にとって重大な課題である。今日、自らプラトニズム的と公言する数学者たちは、プラトニズム的なルーツを否認する数学者たちとは違った

形で数学を行っているのだろうか。

　私は「今日」を強調しているが、それは、「基礎論」についてのあの偉大な論争の時代には、直観主義者たちは実際に、プラトニストたちとは違ったやり方でものごとを行おうと試みていたからである。第7章Aで見るように、「プラトニズム」という語そのものは、その違いを印すために作られた。だが、これらの古い論争は歴史へと追いやられたと考えることにしよう。しかしながら、数学者たちのあいだにはきわめて現代的で熱を帯びた論争が存在し、それらの論争は哲学的思考を誘発しているように思われるのである。それはコンヌを見ても十分わかる。彼は超準解析にはまったく懐疑的である。彼はそれを頻繁に批判してきたが、それは、この章のはじめのほうで記述されたプラトニズムに結びつくような根拠に基づいてである——一つの見本としては、CL&S（2001: 15-21）を見よ。超準的な「無限小」は、彼が主張するには、数学的対象などではない。彼の立場は、カノーベイ、カッツ、モーマンによって、かなり論争的に批判されてきた（Kanovei, Katz and Mormann 2013）。彼らは、ここで述べたよりも多くコンヌの論証を参照し、その歴史について彼らの立場からの見方を提示し、そのうえで、彼の論証全体の誤りの責任を彼のプラトニズムに帰している。ここでは、実のところ、数学者たちが数学を実際に行おうとする、そのやり方が問題になっている。これは、哲学は数学者たちが数学をやるやり方には何の違いももたらさないというガワーズの主張の一変種に対する反例のようにも見える。


## 16　反プラトニストになることについて

　ガワーズは、彼自身の「何も考えていなかった子供時代のプラトニズムからの改宗」（2006: 193）について述べている。それは、連続体仮説が集合論の他の公理から独立であることを彼が学んだときのことであった。連続体仮説という、見かけの上ではこれほどまで具体的な言明が証明もできなければ、反証もできないとなれば、それが真であるとか、偽であるとか言うためにどんな根拠が存在しうるのか。（興味深いことに、彼の話は選択公理についての所見も含んでいるが、それだって一蓮托生だと考える人もいるかもしれない。）

　さて、このガワーズの改宗は、「それについては何の確定した事実もないような観念（no-fact-of-the-matter idea）」という現象に反応する一つの方向だ。連続体仮説は集合論の標準的公理と無矛盾だということをゲーデルが示してのち、ポール・コーエン（1934 ～ 2007）が、その否定もまた無矛盾であることを示した。

265

これによって彼は 1966 年のフィールズ賞——これまで数理論理学に与えられた唯一のフィールズ賞——を獲得した。だがそのとき、彼は、否定的にではあるが、ヒルベルトの第一問題をまさに解決したのである。この主題についての彼自身の本の最後で、コーエンはこう書いている。「著者が、最終的に受け入れられるであろうと感じている一つの観点は、CH（連続体仮説）は<u>明らかに偽</u>だというものである」（下線は原文どおり：この本はタイプ打ちの原稿から出版された）。彼が言わんとしているのは、単純に社会的な意味で、やがてこの仮説は何の異論もなく信じられなくなるだろうということであって、より深い公理からそれが反証されるだろうということではない。

　ゲーデルはコーエンの証明を大いに称賛し、望みうる最良の結果だと考えた。だが、われわれが皆知っているように、コーエンとは違って、連続体仮説はこれほど明晰で理解可能なのだから、その正しさを立証する（あるいは立証しない）基底的な事実が存在しなければならないとゲーデルは考えていた。

　心を動かされ、それによって改宗させられることと、どのような方向へと改宗するかということとは別の事柄である。ガワーズの方向が動かされる唯一の方向だというわけではない。コーエンとゲーデルは、この問題についてまったく正反対の解釈をしていた。それこそが、プラトニスト的態度と反プラトニスト的態度に関しての実情なのである。真に根本的な事実に関してはいずれの方向に進むこともできるのである。


## 17　数学は哲学を必要とするか？　イエス

　ガワーズは論文のはじめのほうで様々な○○イズムの名前を挙げ、それらを「学派」、「立場」そして「態度」などといろいろに呼んでいる（Gowers 2006: 183f）。その論文の終わりで彼は、「現代の数学者たちは形式主義者であり、彼らがそうであることは良いことだというかなり厚かましいテーゼ」（2006: 199）を提案している。形式主義は、20 世紀のはじめからかなり多くの異なった意味で使われてきた。ガワーズは、哲学者の精査を通るような正確な学説に言及しているのではなく、むしろ数学的活動に対する一つの態度に言及しているのである。

　彼は、「形式主義は多かれ少なかれプラトニストの態度だ」と説明している。戯画化した数学的研究のプロセスと彼が呼ぶものを説明したうえで、彼はこう結論する。

266　第 6 章　プラトンの名において

このプロセスの終わりで、われわれが知っていることは、その定理が「真」で
あるとか、実際に存在するいくつかの数学的対象が、われわれが以前に気づい
ていなかったある性質をもつというようなことではなく、一定の言明が、一定
の操作のプロセスを介して、他の一定の言明から得られるということにすぎな
い。(2006: 183, 強調は引用者)

　現代の数学者たちが形式主義者だという彼の証拠は何だろうか。(ルーベン・ハー
シュはまったく正反対のことを考えている。ここでは〔どちらが正しいかを決めるため
の〕データが足りないが、そうした欠陥の修復は思うほど容易なわけではない。という
のも、何が問題かがわからないからだ。) 自らの自然主義的な態度に忠実に、ガワー
ズは、数学者たちが未解決の問題を論じるときに、彼らがお互いどうしで語って
いることに目を向ける。「彼らは、真理を明らかにしようとするというよりは、
むしろ、証明を発見しようと試みているのです」。彼らは補題を考案し、それら
について議論する。「その補題がおそらく真であり、見かけの上で重要そうだと
いうのは、基本的な最低条件ですが、もっと重要なのは、その補題が実現可能に
見える研究戦略の一部をなしているかどうかであり、それが意味しているのは、
どれほどおぼろげであれ、それを含んだ論証を想像できるかどうかということな
のです」(2006: 199)。(プラトニストは同意する！)

　ガワーズはこう示唆する。「成功を収めた数学者はたいていこの原理をよく自
覚しています」。そして、「それを明確に表現するというのは良い考えです……
そして、それは、プラトニズムよりも形式主義により自然に受け入れられる原理
なのです」(2006: 199)。彼はまた、それが良い教育方法だと論じている。定義
を教えるときに重要なのは、「その対象が定義されることによって得られる基本
的な諸性質であり、これらをなめらかにたやすく使えるように学ぶことは、その
概念の本質を把握するというよりも、適切な置き換え規則を学ぶことを意味して
います。もしあなた方が、今学期に私が教えているような基礎的な学部数学に対
してこの態度をとるならば、多くの証明が自ずと書き出されるのがわかるでしょ
う」。ここでヴィトゲンシュタイン的な背景に注目したい。その生徒が学ぶのは、
その数学言語における様々な名辞の使用——なめらかな使用——であり、人は、
それらの「意味」についてそれ以上の何かを言いたくなる誘惑に抵抗すべきである。

　教育方法とのつながりで言えば、最近出版された論文 (Gowers 2012) では、
群の概念を導入する二つのやり方が対比されている。一つは抽象的な定義による
ものであり、もう一つは、群について考える眼目が何であるかを説明するのに生
き生きとした物語を使うというものだ。ここでは、ある程度普通の物語と比べて

267

ではあるが、どれが最も効果的かを見てとることはわれわれにゆだねられている。とはいえ、後者のやり方はたいていの学習者には当てはまるけれども、すべてに当てはまるわけではないと付け加えたくなるかもしれない。私は、別の章で言及した一人の主要な群論研究者を思い浮かべることができる。彼は、おそらく単刀直入に、文字通り抽象的なやり方で群について説明されるほうを好むだろう。

　最後に、コンヌはリヒネロヴィッツを「形式主義者もしくは構造主義者」と呼んだ（先の 11 節）が、彼は、かなりの程度ガワーズの意味での形式主義者でもあったと言えるのではないかと思う。この二人の反プラトニストは、異なる伝統のもとから出てきて、異なった表現法でものを書いているが、彼らの態度はかなり似ている。ただ一つの点では彼らは違っているように思われる。教えるということである。

> われわれが数学者として使う標準的なトリックの一つは、ある概念を別の概念に「還元」することです。――たとえば、正の整数は「集合から作り上げ」られることを示すように。人々はときどきそのような構成を記述するのに行きすぎた言語を使用します。その結果、まるで彼らの主張していることが、正の整数が**本当に**特別な種類の集合であるかのように聞こえてしまうのです。そのような主張は、もちろんばかげたものであり、おそらく、問い詰められれば、ほとんど誰も自分たちがそれを実際に信じているとは言わないでしょう。(Gowers 2006: 189)

　別の文脈では、彼は、「順序対が「じつは」特異な集合である」という考えを拒否して、次のように述べている「(そのような見方は明らかに間違っています、というのも、まったく同じようにその仕事を果たす多くの異なった集合論的構成が存在するからです。)」(2006: 192)。(Benacerraf 1965 と比較せよ。) 彼が括弧で付け加えているのは、もし教師が学部学生に対して、順序対は一定の集合論において**本当は集合なのだ**と教えるならば、「彼らを不必要に混乱させるであろう」(2006: 199) ということである。これは、リヒネロヴィッツによって開拓された「ニューマス」とまったく調和しないように思われる。「ニューマス」では、そもそも最初から子供たちに集合を教えるところから始めるのだから。

## 18　存在論的コミットメント

「私はそれを受け入れてはいませんが、一つの見方は、少なくとも何らかの存在論的コミットメントが数学的言語のうちに暗黙に含まれている、というもので

す」（Gowers 2006: 189）。この有名〔存在論的コミットメントという〕な言い回しはクワインのものである。それは、第7章Bで議論される現代のプラトニズム／唯名論論争にとって本質的に重要なものであり、この言い回しそのものについては、§7.18〜20である程度詳細に議論される。ここでは次のように言えば十分だろう。ガワーズは反プラトニストであるが、そのことは、彼をこれらの論争における唯名論者にするわけではない。現代の唯名論者は数は存在しないと言う。ガワーズは数が存在することを否定しているのではない。彼は、数がまさに存在すると主張すること——あるいはそれらは存在しないと主張すること——は意味をなさないだろうと考えているのだ。

　古典的論文「なにがあるのかについて」のなかで、クワインは、歴史家たちが実在論、概念論、そして唯名論と呼ぶ「中世の三つの主要な観点は」「20世紀の数学の哲学を展望するときに、新しい名前のもとで、再び現れてくる。それらは、論理主義、直観主義、形式主義である」（Quine 1953: 14, 邦訳, p.20）と述べた。したがって、彼は形式主義を、唯名論的な性向を引き継ぐものだと考えていたことになる。ガワーズが形式主義と称する立場を持ち出せば、こうしたすべてがうまく収まる。リヒネロヴィッツは、アベラールよりもオッカムのほうがずっと興味深いことに気づいたと言っている。彼のオッカムは、「実在論者と唯名論者は無をめぐって戦っている」と考えた（CL&S 2001: 37）。彼のオッカムは、私が先によみがえらせ、再構成した唯名論者に少しばかり似ているように見える（7節の終わり）。私がリヒネロヴィッツを理解するところによれば、われわれは、数やその他の抽象的「対象」が存在することを主張しているのでもなければ、否定しているのでもない。それは無をめぐって戦うことにほかならないからだ。そこで、ガワーズならこうアドバイスするだろう、その代わりにこれらのものを表す名前がどのように使われているのかを見よ、と。

　私は黙っているほうを好むのだが、次のような陳腐な議論をへこますために一言述べておくべきだろう。「無限に多くの素数が存在するんでしょうか？」「はい！」「ところで、素数は数なのでしょうか？」「ええと、そうですね、それってどういう意味ですか？　もちろん素数は数ですが、それで何が言われたことになるんですか？」「よろしい、もし素数が数であり、無限に多くの素数が存在するなら、数は存在します！」

　ガワーズは、ルドルフ・カルナップによって立てられた区別を利用している（Carnap 1950）。問いには、内的な問いと外的な問いが存在する。素数についての言明は数学的談話にとって内的な主張だ。たとえば、私が、少なくとも47個

の完全数が存在し（§5.17, **アプリ5**）、その5番目は33550336だ、と言ったとしても、それは同様に内的な主張である。だが、素数についての上の対話はその談話にとって**外的**な主張、すなわち数が存在するという言明で終わっている〔これは問いのすりかえ、内的な問いと外的な問いの混同である〕。ガワーズはこのことを、「あなたが内的な意味で与えた答えによって、あなたが何か外的で哲学的な立場にコミットさせられることはないのです」と言っている。言うべきことはまだたくさんあるだろうし、哲学的分析の本も次々と書かれている。だから、ガワーズがここで話を打ち切ったのは賢明であった。彼は、このように言うことで、存在論的コミットメントの論争から手を引こうとしているのである。

　私は、ケープタウンで誤った番号にダイヤルしたときの、外的談話の不合理さを思い出させられた。きわめて断固とした録音音声がこう告げた。「あなたのおかけになった番号<sup>ナンバー</sup>は存在しません」。さて、**それはある数の非存在である**。南アフリカの電話番号という談話にとって内的な。かの古き良き時代に、私が、機械とではなく、人と話していたと想定しよう。私は自分の住所録を見て、650 3316と読み上げる。「あなたは私に、その番号は存在しないと言っているのですか？」交換手は答える、「いいえ、その番号は存在します。もう一度かけ直してください」。交換手はどんな哲学的立場にもコミットしていない。

　しかし、これでその問題が完全に終わったというわけではない。ピタゴラス主義者は興味深い考えをもっている。実在する数というのは、物理学に深く埋め込まれた数だけだ、というのである。『思考の三角形』の第三の人物、ポール・シュッツェンベルガーはこう主張した。「私の意見では、物理学の外では、整数のようなものは存在しません。結果として、われわれは空虚な数学に従事しているのです」（CL&S 2001: 90）。彼はこれをピタゴラス主義のテーゼと呼んでいる。彼に強い影響を与えたのは、たとえば、結晶学においては一定の固有の整数関係が存在するということである。そこが、整数の生きる場所なのである。そして、もし世界のなかにいかなる場所ももたない整数があるならば、それは存在しない。それゆえ、いくつかの整数は——その文脈、「内的な」文脈においては——存在しないかもしれない。これは、ダイヤルした番号が存在しないと私に告げた南アフリカの録音音声と同等の言明だ。

## 19　真理

ガワーズの講演を聞いていた誰もが、彼がかなり頻繁に「真な」という形容詞や、

さらには「事実（fact of the matter）」を使用している（そしてたんに言及しているのではない）ことに気づいたであろう。彼はプラトニストのように語っているのではないのか？「ほとんど確実に真であるように思われるもう一つの予想は、双子素数予想——$p + 2$ もまた素数であるような素数 $p$ が無限に存在する——です」（2006: 196）。「ほとんど確実に真であるように思われる」とはどういうことか。そっけない答えは、それが証明可能であるかのように見える、というものだ。17 節で引用した彼のいくつかの言葉を思い出そう。予想を論じている数学者たちがやろうとしているのは、「真理をあらわにしようと試みることというよりは、むしろ証明を発見しようと試みること」なのである。重要なことは「その補題が実在論的に見える研究戦略の一部をなしているかどうかであり、それが意味しているのは、どれほどおぼろげであれ、それを含んだ論証を想像できるかどうかということなのです」。いずれにせよ、哲学者たちが際限なく議論してきたように、形容詞「真な」を使用したからといって、その話者が真理の対応説[†]にコミットしたことになるわけではない。ガワーズにプラトニズムを背負い込ませるためには、対応説が必要なのである。

　ガワーズに特徴的なのは、特定の事例を見るということである。彼はなぜ双子素数予想が真だと感じるのだろうか。その理由として、彼は発見的な考察に言及している。素数は「ランダムに分布」しているように思われる。（もし双子素数が尽きたとすると、素数はランダムではないということになる。）「素数に関する理にかなって見える確率的モデルは、双子素数予想が真であることを示唆するだけでなく、どれだけの頻度でそれらが現れるかについてのわれわれの観察とも一致しているのです」。この対談はこのように進む。私は、ガワーズが「真」とか「事実」のような語を使うときにはいつでも、それらを消去して、言われたことをもっと長ったらしい仕方で言い換えることができると思っている。


## 20　観察できる数と抽象的な数

　ガワーズは、議論を続けて、量化子について問うている。素数予想は「かくかくであるすべてのものに関して、しかじかのものが存在する」という形式をもっている。彼は、ある「事実」が存在すること、すなわち、あなたが選んで特定した任意の $n$ に関して、少なくとも $n$ 個の双子素数が存在すること、をまず間違いのないことだと考えている。「任意の（any）」は「すべての（every）」とはちょっ

---

† ある命題が真であるのは、その命題がある事実（実在）と対応しているときだという学説。

と違っている。すべての $n$ に関して、少なくとも $n$ 個の双子素数が存在すると言うことについては、彼はもう少し慎重だ。たぶんこれは、数学が数学的な哲学からの助けを必要とすることに彼が同意するもう一つの事例ではないだろうか。なぜなら、$\forall x \exists y$ 言明は、証明論がまさに扱うべき事柄の一つだからである。

彼はそういう問題については独自の線引きをしており、その線引きは、彼も同意するだろうが、二つの可能な態度（この言葉をもう一度使う）の一つである。彼は、数についての「観察できる」言明を「抽象的」言明から区別する。「観察できる」言明は、理解可能であるほど十分に小さい数についての言明であり、少なくとも現在それらをチェックすることについて語ることが意味をもつようなものである。だが、$10^{10^{100}}$ という量の数は、「実際にはわれわれにとって純粋に抽象的な $n$ 以上の何ものでもありません」（もしかすると彼は、10 の 10 乗の 100 乗と言おうとしていたのかもしれない）。それゆえ、「すべての $n$ に関して」言明は、

> ある点からあとは、一般的言明以上の具体性はなくなってしまいます。すなわち、形式主義者が主張するような、その証拠がある一定の記号操作からなるような言明です。したがって、ある意味で、一般的な定理の「本当の意味」は、その定理の小さな「観察できる」代入事例、つまり、われわれが応用に使いたいと考える事例が真であることをその定理が簡潔なやり方で教えてくれるということにあるのです。

ここで彼が念頭においているのは、マンダースが数学から数学への応用と呼ぶものであって、SIAM のメンバーたちが行うような応用ではないと私は思っている。

次はガワーズ自身の例である。アスコルド・イヴァノビッチ・ヴィノグラードフ（1929 〜 2005）（もっと有名なもう一人のロシア人数学者イヴァン・マトベーヴィッチ・ヴィノグラードフ（1891 〜 1988）と混同しないでもらいたい）による一つの定理があって、それは、あらゆる十分に大きな奇整数は三つの素数の和であるということを述べている。現在のところ、「十分に大きな」を、少なくとも $10^{13000}$ とするのがよいのだが、ガワーズが教えてくれるように、それより大きい素数は 79 個しか知られておらず、それゆえその定理はほとんどいかなる観察できる結果ももたない。

数学の哲学者たちによって使われるあの主要商品、すべての偶数は二つの素数の和であるというゴールドバッハの予想を考えてみようと、彼は言う。多くの数学者は、ヴィノグラードフの定理がゴールドバッハの予想を「基本的に解決する」と考えている。しかし、現在のところわれわれがもてあそぶことができるのは

272　　第6章　プラトンの名において

79 個の素数だけなのだから、これは決してガワーズの役に立つわけがない。したがって、彼が言うには、自分の態度はたいていの（純粋）数学者たちの態度とは違っている。彼自身の態度は、組み合わせ論という彼の専門分野が、整数におけるパターンを観察したり、それらの一般的妥当性をチェックしたりしながら、多くの実験数学によって進んでいるという事実から結果として得られたものである。だから、現在誰も操作できない抽象的な数ではなく、いじくりまわすことのできる観察できる数を**彼**は欲するのである。

　ガワーズは、このタイプの懸念を抱いた最初の人物だというわけでは決してない。第 7 章でわれわれは、数学における「プラトニズム」という、パウル・ベルナイスがこしらえたラベルを吟味するであろう。彼がそれを行った 1937 年の講義のなかで、彼は次のような観察を行っている。

> 数を構成する再帰的方法によって要求される諸演算が、きわめて大きな数に関しては具体的な意味をもつことをやめてしまうという可能性を、直観主義は決して考慮に入れたりはしない。二つの整数 $k, l$ からただちに $k^l$ へ進むことができる。このプロセスは、若干のステップで、経験のなかに現れるどんな数よりもはるかに大きい数へと導いてしまう……［彼は、67 を 257 乗し、その全体を 729 乗する例を挙げている。］
>
> 　直観主義は、通常の数学と同様に、この数はアラビア数字によって表現されうると主張する。直観主義が存在主張について行う批判をさらに推し進め、次のように問うことはできなかったのだろうか。先の数を表すアラビア数字の存在を主張することは何を意味するのか、と。というのも、現実にはわれわれはそれを得る立場にはいないからだ。（Bernays 1983: 265）

　ガワーズが行った「観察できる」数とたんに抽象的な数との対比は、おそらくこの議論を続けていくのに有用だろう。ガワーズの観察可能なものは、1934 年にベルナイスにとって可能であった数よりもはるかに大きいだろう。何しろガワーズは、今日の最も強力なコンピュータを使うことができるからである。たぶんもっと重要なのは、特定の数を名指すわれわれの能力の役割と限界にベルナイスが力点をおいていることだ。数字を書くためのわれわれの標準的な体系は、シュメール人に始まると思われる一つの重要な発明に依存している。それは、われわれが「ゼロ」と呼ぶものを、無を表す記号としてだけでなく、数字の位の場所を確保するための装置としても使う、その用法だ。アラビア数字の体系において、それはわれわれの記号 "0" である。（マヤ人もこれに比較できるプレースホルダー（位などの場所を確保する装置）をもっていた。）1, 2, 3, …… と数えることは、明らかに永遠に続くのであり、したがってわれわれには無限の概念があると言われる

ことがよくある。いや、とんでもない、数えることは明らかに永遠には**続かない**——〔「……」のような〕プレースホルダー（やその他の発明）なしには。

「厳格有限主義」のような「主義」や「イズム」で終わる様々な名前は、ベルナイスやガワーズらの考え方にラベルを貼るために提案されてきたが、私は、さらに別の学説やドグマを定式化するよりも、彼らの例について反省してみるほうが得るところが多いと考えている。

1959 年にヴィトゲンシュタインの *RFM* を書評したベルナイスは、とくに表記法と大きな数についてのヴィトゲンシュタインの所見に興味をもっていたということを付け加えておいてよいだろう（Bernays 1964）。たいていの哲学者はそれらの見解に感銘を受けなかったし、それ以外の者はそれらに導かれて、ヴィトゲンシュタインをある種の「有限主義者」として分類するようになってしまった。ベルナイスは、これらの節を読むたいていの人々よりもこの〔表記法と大きな数にかかわる〕現象にさらに一歩近づいているが、それは、彼が「主義」についてよりも、数学的経験のほうにより関心があるからなのである。

## 21 ガワーズ対コンヌ

私は、この二人の数学者を、二つの異なる態度の主唱者として扱い、彼らを対立者として戦わせてきたが、あくまでそれは想像上の対立であった。しかし、ガワーズの話のなかに、たまたま一つだけ現実に生じた対立があった。それは、彼らの相違の核心にあるわけではないが、手短に（そして文脈を離れて）それに言及すべきだろう。コンヌは、たぶん無防備にだが、「無限への直接的な接近」について語っており、これがガワーズの怒りを掻き立てているのだ。次はコンヌの発言だ。

> この無限への直接的な接近——ユークリッドの推論を特徴づけており、あるいはもっと成熟した形ではゲーデルの推論を特徴づけている——は、還元主義的なモデルと相容れないような特質ではあるけれども、実際には、われわれのような生き物の特質なのです。ロジャー・ペンローズは類似した議論を展開してきました。（CL&S 2001: 157,「ユークリッドの推論」というのは、無限に多くの素数が存在するというユークリッドの証明を指示している。ペンローズの論証は、Penrose（1997）にある。）

哲学者たちにとって、この論証は、ジョン・ルーカスの論文「心、機械そしてゲーデル」（Lucas 1961）を思い起こさせる。ルーカスは、ゲーデルとチューリ

ングに基づいて、心は機械ではないと論じた。これが公刊された当時から、たいていの分析哲学者たち（未熟だった私自身を含めて）はこれに懐疑的であった。ルーカスの議論については、たとえば、Benacerraf（1967）を見てもらいたい。

　ガワーズは、つねにコンピュータについては楽観的であるが、この種の考察に対しては次のように反応した。「コンピュータには私たちが行うような数学はできない、なぜなら、それらは有限の機械であるのに対して、私たちは無限への神秘的な接近をもてるのだから、という議論を私は何度か目にしてきました。たとえば、次は有名な数学者アラン・コンヌからの引用です」（いま引用した CL&S でのコンヌの言葉）。ガワーズの切り返しは、語がいかに使われるか——そしてそれらを使うために教えられねばならないこと——を見ようという彼の好みを反映している。

> しかし、コンピュータに順序対が何であるかを教える必要がないのと同様に、コンピュータに「無限のモデル」を埋め込む必要はありません。私たちがなさねばならないのは、もっぱら、無限という**語**を気をつけて扱うためのいくつかの統語論的規則をそれに教えることです——それは、学部学生を教えるときに私たちがやっていることでもあります。私たちは、集合について語るときに、しばしば集合論的言語を忘れようとしますが、それと同様に、直接無限を指示している言明を正当化するときには、私たちは無限について語るのを避けるのです。（Gowers 2006: 193）

　ガワーズは抑制的だ。想像をたくましくすることに夢中になるな！　われわれの推論がいかに**平常**であるかを見よ。無限に多くの素数が存在することを証明するときに、「無限」という語がどのように**使われている**かを見よ。

　私がほのめかしている格言、意味を問うな、使用を問え、を吟味しよう。そりゃ素晴らしい、しかしそれをどう使うかは全然明らかじゃない。私はそれを厳格なものというよりも、示唆的なものと考えているが、だとしてもその〔この格言の〕価値は減らない。ガワーズ[†]は、私の知るところでは、ポール・ベナセラフが標準的な意味論的説明と呼んできたものに対抗してそれを使っているわけではない。（Benacerraf 1973: 664, その論文でベナセラフはいつも「標準的」という語を注意を促す引用符に入れている。）

---

[†] 原本ではコンヌとなっているが、ガワーズの間違いだと思われる。

## 22 「標準的」意味論的説明

ベナセラフの最高の論文「数学的真理」（Benacerraf 1973）は、プラトニズム / 唯名論の哲学的論争にとって、根本的な基準点である。これは読まれるべきであって、要約で済ますべきではない。この論文は一つのディレンマを措定している。その二つの角〔対立する選択肢〕は、次のものである。

（α）(2)「17 より大きい少なくとも三つの完全数が存在する」のような言明は、標準的意味論に従って分析されるべきであるか、あるいは、

（β）そうではないか。

これらからわれわれは興味深いディレンマへと導かれる、すなわち、

（γ）プラトニズムは、数学的定理が何についてのものかを教えてくれる。すなわち、数とその他の「抽象的対象」である。ところが現在の分析的認識論は、何であれある対象について何ごとかを知るためには、われわれはその対象へのある種の因果的関係をもたねばならないと主張する。われわれは、時間と空間のうちにないものについて因果的関係をもつことはできない。したがって、プラトニストたちは、自分たちが何について語っているのかを教えてくれるが、彼らがそのような「対象」について何らかの知識をもちうるのはいかにしてかを教えてはくれない。

（δ）逆に、証明を重視する非プラトニストたちは、彼らがいかにして数学的真理を知るのか教えることができるが、彼らが何について語っているのかをわれわれに教えることはできない。

ベナセラフの論文に触発された膨大な文献において、ほとんどの著者が最初のステップ、αのβに対するディレンマに注意を向けていない。ここで言われている「標準的」意味論的説明とは何か。

それは私が「表示的（denotational）」と呼ぶものである。この呼び方は、二人の文法学者にして哲学者——こう呼ばれてしかるべきと思うのだが——クリストファー・ケネディとジェイソン・スタンレーの最近の論文での用法に従っている（Kennedy and Stanley 2009）。これよりもなじみ深いラベルは「指示的（referential）」かもしれないが、それを避けるのは、あまりにややこしすぎてここでは説明できない理由のためである。表示的意味論は、言葉 – 世界の関係を、意味論的上昇というレパートリーを最大限活用して、明らかにどちらにも偏らな

276　第 6 章　プラトンの名において

い仕方で表現する一つの方法だ。核となる特徴は、われわれの言葉が、世界内の事物と断片的な仕方で連結することをこの意味論が許しているという点にある。

それは、(1)「ニューヨークよりも古い大都市が少なくとも三つ存在する」のような言明にうまく適合する。「より古い」は、より古いものであるという関係を表示し、「ニューヨーク」はある都市を表示する。私がミルとラッセルによって使われた古めかしい動詞「表示する」を使っているところで、他の人々は「名指す（names）」、「表す（stands for）」、「指示する（refers to）」あるいは「指し示す（designates）」と言うだろう。それらの微妙な違いはここではどうでもよい。ベナセラフは最初はそれらすべてを避けているが、私がラッセルの「表示」を使って表そうとしている決定的に重要な観念が入ってくるやいなや、「指示」という語を導入している。

表面上では、(1) 都市についてと (2) 17 より大きい完全数については、文法的にはとてもよく似ているように見える。それらは、ベナセラフがそう呼ぶところの、同じ「論理文法形式」をもつのだろうか。一見すると、表示的意味論は (1) に適合する。では、それは (2) に適合するのだろうか。もし適合するなら、この言明のなかの「17」はある数を表示するだろう。もちろんそれは表示する。だからどうだと言うのか。

ここにきて、錬金術が顔を出し始める。「ニューヨーク」の位置に現れる名辞が何を表示するにせよ、そのための一般的なラベルが欲しい。他の人々なら軽率にもとっさに「対象」について語り出すのだろうが、ベナセラフは代名詞「存在者（entity）」を選んでいる。われわれは、次にその論理文法的形式をもつ文に関するタルスキ的真理条件へと進み、これらの条件が成り立つことをわれわれはどのように知りうるのかと問う。それは、たとえば「ニューヨーク」や「17」によって表示される存在者についてわれわれが知る場合に限られる。知識についての標準的な見方においては、ある存在者について知識をもつことができるのは、それを知る者と知られる存在者とのあいだに何らかの種類の因果関係が存在するときに限られる。われわれ人間は、時間と空間にある存在者としか因果関係をもつことはできない。それゆえ、ディレンマの一角（γ）。それは、プラトニストたち、抽象的対象としての数を喜んで受け入れるが、それらについてどのように知るのかを説明できないプラトニストたちにとっては厄介な角である。たいていのプラトニストは、知識への多くの非因果的道筋があるのだと論じながら、この認識論的前提に異議を唱える。

そうすると、われわれはどのようにして角（δ）にたどりつくのか。角（β）

を拒否することによってである。それによってわれわれ自身を角（α）に縛りつけてしまうのだ。ベナセラフは（β）を実現可能な代案とみなしており、過去において多くの偉大な思想家たち——そのなかで最も著名なのはダフィット・ヒルベルトだが——が（β）を選んできたことに注目している。だが、彼は、数学言語に関するわれわれの意味論はわれわれが使う言語の残りの部分と統一的であるべきだと実質的に述べるような要求を立てている。私は、意味論的統一性（semantic uniformity）に向けたこの要求に「SU」というラベルをつけることにする。SU は次のような要求だ。

> 数学の意味論的装置は、自然言語——数学はそのなかで行われる——の意味論的装置の一部でなければならない。したがって、われわれの言語に属する名前——あるいは，より広く単称名、述語、量化子——に対して与えられる意味論的説明がどういうものであるにせよ、その説明は、数学言語として分類されるわれわれの言語の一部分をも包括するものでなくてはならない。(Benacerraf 1973: 408)

ベナセラフは、ヒルベルトが SU に同意しないであろうことを見てとっていた。現在、プラトニズム対唯名論について進行中の論争に加わっているたいていの哲学者はまさしくこの SU に同意する。それは、現代のプラトニズム／唯名論論争のための枠組みそのものの一部なのであり、これについては、第 7 章 B でもう一度戻ることにする。

ヴィトゲンシュタインはこう問うた。「数学的命題が数学的対象に関する言明とみなされること——したがって数学はこれらの対象の探索とみなされること——が、すでに数学的錬金術を特徴づけるものなのか」(*RFM*: v, §16b, 274, 邦訳，p.283)。私が記述してきたのは、ディレンマ α／β からディレンマ γ／δ への錬金術にほかならない。

ヴィトゲンシュタインを真面目に受け取る人ならば、誰も、数学に適用された表示的意味論に同意することはありそうにない。このことは、『論考』以後、ヴィトゲンシュタインが、SU は言語についての深い誤解を表現しているという結論にいたったからだけではない。それはまた、数学に関する表示的意味論が、いくつかの機会にガワーズが引いたあの有名な格言、「意味を問うてはならない、使用を問え」に背くように思われるからである。それがなぜかを見ることにしよう。

## 23  有名な格言

過去には、アフォリズムへの熱狂の波が何度かあった。ヴィトゲンシュタインの『哲学探究』が出版されたすぐあと人々のお気に入りになったものの一つは、「意味を問うてはならない、使用を問え」であった。私は不親切にも、§1.2では、それをジャーゴンと一緒に押し込んでおいたが、その理由の一部は、それが輝かしく響くにもかかわらず、どのように活用すればよいのかが全然明らかではなかったからである。たぶんそれが、最近ではこの格言がそれほど頻繁に引用されなくなった理由である。対照的に、ガワーズは、自分が『探究』からどれほど多くを学んだかに言及するときにはいつでも、この格言を引き合いに出している。彼が指摘するように、それは、ヴィトゲンシュタインが実際に書いたことから切り取られた一節である。『哲学探究』§43には次のようにある。

> 「意味（meaning）」という語を利用する**多くの**場合に——これを利用する**すべ**ての場合ではないとしても——ひとはこの語を次のように説明することができる。すなわち、語の意味とは、言語内におけるその使用である、と。
>
> 　そして、名の意味を、ひとはしばしば、その**担い手**を指示することによって、説明する[†]。

> Mann kann für eine *große* Klasse von Fällen der Benützung des Wortes, Bedeutung' – wenn auch nicht für *alle* Fälle seiner Benützung – dieses Wort so erklären: Die Bedeutung eines Wortes ist sein Gebrauch in der Sprache. ［(英語の) 翻訳では一か所しか強調されていないが、ドイツ語の原典では両方が強調されている。たぶん「説明する（explain）」よりは、あるいは「解明する（explicate）」よりも、「定義する（define）」のほうが好ましいであろう。］
>
> 　Und die *Bedeutung* eines Namens erklärt man manchmal dadurch, daß man auf seinen *Träger* zeigt.

私がここでドイツ語をすっかりコピーしたのは、フレーゲの有名な 1892 年論文「意義と意味について（*Über Sinn und Bedeutung*）」を思い起こすためである。Bedeutung という語は完璧にふつうのドイツ語であり、『哲学探究』§43 のアンスコムによる翻訳はまったく正当である。しかしながら、フレーゲは、完全にふつうのドイツ語の単語にいくらか特異な捻りを加えた。フレーゲは「表示（denotation）」の意味でこの語を用いたのだとラッセルが考えたいくらかの証拠もある。これ（denotation）は、Frege（1967）を翻訳するときにモンゴメリー・ファースによって選択された語でもある。Frege（1949）では、ハーバート・ファ

---

† 邦訳, p.49。ただし、邦訳の「慣用」を本文に合わせて「使用」とした。また、傍点による強調も、本書に合わせて太字に変えた。

279

イグルは、*Sinn und Bedeutung* を訳すときに「名指されるもの（nominatum）」を選んだ。Frege（1952）では、マックス・ブラックは「指示（reference）」を選んでいる。その後何年ものあいだ、この論文は "On sense and reference" として知られていた。これが Frege（1980）において改訂され、"On sense and meaning" になったのである。これを受けて、マイケル・ダメットは次のように述べている。

> フレーゲの専門的な用語のいくつかの翻訳を除けば、翻訳は同じままである。これらの変更のうち、これまでで最も重要なのは、Bedeutung の翻訳として、「指示（reference）」に代わってそれを「意味（meaning）」に置き換えたことである。私の考えでは、この翻訳語が最初の版で採用されなかったというのはたいへん残念なことである。そのとき以来、大部分はギーチ／ブラックの翻訳の影響を介して、フレーゲを論じたり示唆したりする英語の哲学的著作において、「指示」という語が標準となっており、28 年を経ての考え直しを尊重していまその語を放逐したとしても、少なくともそれによって大多数の注釈が理解不能にならざるをえないのである。（Dummett 1980, 強調は引用者）

*The Frege Reader*（1997）を編集したマイケル・ビーニーは、お手上げだとばかりに、ドイツ語の原語で Sinn と Bedeutung をそのまま残すことを選択している。

いずれにせよ、「指示」という語は、フレーゲを論ずるときだけでなく、分析哲学全般において標準的なものになった。この用法の手近な例としては、ベナセラフ自身が、自分は「真理、指示、意味、ならびに知識についての哲学的に満足のいく説明」を欲していたと語っているが（Benacerraf 1973: 404. 邦訳, p.246）、意味についての話をただちに回避しようとして書かれた注において、「指示が、おそらく真理と最も密接に関連しているものであり、私が指示に集中するのはこの理由からである」と主張している（404. 邦訳, p.269）。先に 12 節で、Benacerraf（1965）への手引きとして言及した Parsons（1964）では、使われている用語は徹底して「指示」である。

ヴィトゲンシュタインは幸いにもこうしたことを何も知るよしがなかったが、彼はフレーゲの特異な用法にはなじんでいた。彼は、『探究』においてしばしば名詞 Bedeutung を使っており、ときにはフレーゲの用法がその近くにあったと推測するのはばかげたことではない。『探究』の §1 から始めよう。これは、人間の言語の本質に関するある特定の描像を示唆している。

> 言語に含まれている一語一語が対象を名ざしている——文章はそのような名ざ

しの結合である——というのである、——こうした言語像のうちに、われわれは、どの語も一つの意味［Bedeutung］をもつ、という考えの根源を見る。この意味は語に結びつけられている。それは、語が指示する対象なのである。（邦訳，p.15）

　ここでヴィトゲンシュタインは、アウグスティヌスと自分自身の『論考』について語っていた。だが、彼がフレーゲの初期型の表示的意味論をも念頭においていたということはありえないだろうか。「木星は四つの月をもつ」が「木星の月の数は4である」へと変形され、後者においては「4」のトークンが対象4を表示するという帰結がもたらされるとき、読者は、Bedeutung を問うてはならない、使用を問えと抗議しないだろうか。ガワーズは、彼が「直接的な指示」と呼ぶものについて議論することをはっきりと謝絶している（Gowers 2006: 186）が、そこでこの格言を引っ張り出すこともできただろう。

　自らの哲学が進展するにつれて、ヴィトゲンシュタインは、意味論の統一性という前提 SU には断固として抵抗した。それゆえ、彼は表示的意味論をまったく使わなかった。だが、彼の格言、Bedeutung を問うてはならない、は、それを拒否するための特別なインペトゥス（動機）を与えている。実のところ、私は表示的意味論が少なくともヨーロッパの諸言語については**一つの**有用なモデルだと考えているにもかかわらず、言語を分析する唯一の正しいやり方としてはそれを拒否する理由の一つがそれなのである。（英語を分析する唯一最良の方法が存在するわけではないのは、自然数概念を分析する唯一最良の分析が存在するわけではないのと同様である。）


## 24　チョムスキーの疑念

　ヴィトゲンシュタインとチョムスキーのあいだには一致していると考えられるような論点はほとんどないが、チョムスキーもまた表示的意味論には疑いを抱いていた。それは 1950 年代に始まり、彼の疑念はいまも続いている。次は、2000 年に彼がそれを回想したものだ。

　　意味論についてはどうかと言えば、言語使用を理解しようとするかぎりにおいて、指示ベースの意味論（内在主義的な統語論的ヴァージョンは別にして）を支持する議論は、私には弱いように思われる。自然言語が統語論と語用論しかもたないということは可能である。すなわち、ヴィトゲンシュタイン、オースティンその他に影響を受けた 40 年前の生成文法における最も初期の定式化を引用すれば、「この道具——その形式的構造と表現の潜在性が統語論的研究の主題であ

る——が、ある会話コミュニティにおいて実際にどのように使用されるかの研究」の意味でしか自然言語は「意味論」をもたないのである［彼はここで 1955年から 1957 年の自分の出版物を振り返っている］。(Chomsky 2000: 102f)

この見解は現在ではきわめて少数派の意見である。「指示ベース」ないし表示的意味論について気にしていたのだから、チョムスキーは、オースティンと並んでストローソンの「指示について（On referring, 1950)」に言及することもできたはずである。

## 25　指示について

20 世紀中には、われわれが今日、指示の理論と呼ぶものに対して三つのセンセイショナルな貢献があった。第一は、ラッセルの「表示について」(Russell 1950)。次が P. F. ストローソンの「指示について」(Strawson 1950)。最後が、ソール・クリプキの固定指示の理論 (Kripke 1980) だ。言い回しの変化に注意しよう。表示（denotation)——指示（reference)——指示（designation)。ラッセルは表示をジョン・スチュアート・ミルから受け継いだ。ミルは、名詞と名詞句は表示（外示、denotation）と内包（connotation）の両方をもつが、名前は表示しかしないという昔からの伝統を保持し続けていたのである。いくつかの点で、クリプキは車輪を完全に一回転させ、ミルの内包なしの表示＝指示（designation）へと戻ったのである。

われわれが面識をもたず、記述を通してのみ知っている人々の名前は、隠された確定記述であること、それゆえ、とてもよく知られるようになった方法で（その名前を）分解して消去できることをわれわれはラッセルから学んできた。この方法は §7.16 で簡潔に記述されるだろう。ミルにとって、それらは単純に名前であった。クリプキは、著名な自然種の理論において、このアイディアを物質やその他のものを表す普通名詞へと拡張した。だが、ストローソンの「指示について」は、こうした車輪の回転すべての局面で、路傍に取り残される傾向にあった。

ストローソンは、言語行為の重要性を力説した J. L. オースティンの親密な同僚であったが、「表示について」で提示されたラッセルの確定記述理論は端的に**誤っている**と論じた。それが誤っている理由の一つは、ストローソンの次のような観察によって指摘されている。「「言及する」や「指示する」は表現が行う何かではない、それは、ある人が表現を**使って**行うことのできる何かである。言及すること、あるいは指示することは、表現の**使用**の特徴を示している」(Strawson 1950: 326, 強調は引用者)。その次のページで、彼は意味と指示することをはっき

りと対比させている。私は、マックス・ブラックがフレーゲを翻訳するときに、「意義」と対比される概念として「指示」を選択した理由の一つがそれではないかと考えている。もしそうなら、その選択は、それらが異なるカテゴリーに由来する、すなわちそれらは同じ存在者には適用できない、というストローソンの論点をまさしく見落としていたことになる。表現は意味をもつが、われわれは指示を行うためにある表現を使うのである。

1950年代の論文で提示された、前提（presupposition）と真理値ギャップというストローソンのアイディアは、広く受け入れられるようになってきた。使用の機会をめぐる彼の論点は、指標詞の理論と状況意味論においてうまく展開されてきた。ところが、彼の最初の教訓、語が指示を行うのではなく、話者が指示を行うために語を使用する、という教訓は、大部分忘れられてきたように思われる。しかしながら、私がKennedy and Stanley（2009）に従って、「標準的な」意味論的説明を、指示的ではなく、むしろ表示的と呼ぶのは、ストローソンの論文を記憶しているがためである。

私は、使用についてのヴィトゲンシュタインの格言をガワーズがどう使ったかということから大きく道を逸れてしまったが、それは、表示（指示）の理論という伝統に対して別の立派な伝統があることを思い起こさせるためであった。われわれは第7章Bでこの問題に戻るが、そこでは、§7.20において、トーマス・ホフウェーバーの最近の研究が、数への存在論的コミットメントを避ける方法をどのように示唆しているかを示すつもりである。

しかしながら、重要なメッセージは短く簡潔に述べることができる。ベナセラフは、彼の有名なディレンマが意味論的統一性と表示的意味論を当然の前提にしていることを包み隠さず明らかにしている。「ニューヨーク」がある都市を表示するのと同じように、「17」がある数を表示するという前提なしには、このディレンマは生じない。

# 第7章

# プラトニズムに対抗する立場

Ch.7 Counter-platonisms

## 1 さらに二つのプラトニズム——とそれらへの反対者

第6章の数学者たちのプラトニズムは、人間の精神とは独立に数学的実在が
ある、と主張する。そしてこの実在は、われわれが自分たちの生きている物質的
世界についてだんだんと多くのことを学んでいくのとまったく同様に、人間が研
究し、探索し、発見するものである。自称プラトニストのアラン・コンヌは、数
の系列からなる、昔からある実在の存在に深くコミットしてきた。反プラトニス
トのアラン・リヒネロヴィッツとティム・ガワーズは、この「実在」が道理にか
なったものであることを否定する。彼らは、自分たちを、実在を探索し、真理を
発見しているとは考えず、むしろ証明されうるものを発見しようとしているのだ
と考えている。3人ともみな、自分たちの見解を、体系的な学説としてよりも態
度として記述している。これらの態度は、数学的生活の展望、すなわち、数学者
として彼らが行っていることについての展望を表現している。

さてここからは、哲学的な学説に向かおう。それらの学説は、数学者たちの態
度に対応しているが、異なった関心から生じてきている。この長く続く論争にお
いて、プラトニズム陣営を理解するのには、それに反対しているのはどのような
立場なのかを見るのがいちばんよい。私は、プラトニズムに対抗する立場を、二
つの異なったタイプのものに区別したい。第一の、以下パートＡで導入される
反プラトニズム的な立場は、数学における直観主義的かつ構成主義的な傾向に結
びつけられる。それは、数学とのつながりで「プラトニズム」という語を導入す
るようベルナイスを促した立場だ。パートＢにおいて扱う第二の立場は、表示
的意味論という背景に対して生じてきたものであり、分析哲学者たちのあいだで
行われている現在のプラトニズム／唯名論論争の主要な争点になっている。

この章は、第二のグループ、現代の論争に向けられていると期待する向きもあ
るかもしれない。それらは、とりわけ、数学に関する今日の哲学的著作の核心に

位置する論争だからである。だが、私はそれらをまったく確固としない理由から素通りする。なぜか？　本書の登場人物の何人かが述べてきたように、これらの議論は現場の数学者たちにとってほとんど関心のないものだからである。たとえどのような合意が形成されようと（同意に向けての進展があるという、ありそうもないことが起こったとして）、それが数学者の活動に対して、あるいは数学者たちが自分たちが行っていると考えていることについて、大きな違いを生み出すということはありそうもないのである。出回っている議論の寄せ集めについてのきちんとした研究をしようと思えば、別の本を書く必要がある。幸いなことに、これらの問題にまだ精通していない読者でも、興味があれば、オンラインのスタンフォード哲学百科事典ですぐに、個別のプログラムについてつねに最新の状態に保たれた概説を調べることができる。それらの項目はその分野の専門家によって書かれており、標準的な文献のリストが付されている。

　たいへんよろしい、だが、数学とのつながりにおいて「プラトニズム」という名前の最初の現代的使用にまで立ち返るのはなぜなのか？　それは、その最初の使用が数学の哲学の別のもう一面、かつては大きな重要性をもっていたが、いまでは棚上げにされている一面を具体的に示してくれるからである。また、さらに時間をさかのぼって、その側面の生成場面にまでいたるならば、強力な哲学的見解をもつ19世紀後半の二人の数学者の人物に出会うことができるからである。彼らは、§6.7で用いた表現を使えば、形而上学的パイを、われわれ現代の者とは違った仕方でカットする。私はこのことが、数学についてのプラトニズム的な哲学を永続的なものにし続けるのは何かについて、われわれの理解を真に補強してくれるのだと言いたい。実際、それは、なぜそもそも数学の哲学が存在するのかについての物語全体の一部である。それは第3章の議論を改めて確証してくれる。すなわち、数学の哲学が存在する理由の一つは古代にあり、その根をプラトンにもつということ、そして探索の経験と証明の経験のゆえにそれらの問題が生じているということ、である。あるいはむしろ、すべて複数形で、様々な探索と様々な証明についての様々な経験のゆえ、と言うべきだろうか。探究と証明という概念そのものが進化するにつれて、そうした経験もまた進化するのである。

　そのうえで、二つの種類のプラトニズムを記述することになるだろう。直観主義的な傾向によって反対されたプラトニズムと、次にもっと簡潔にだが、現代的な種類の唯名論によって反対されるプラトニズムとである。どちらも、あの数学者たちによって論じられたプラトニズムに、はっきりわかる形で関係しているが、それぞれが異なった関心と敵対者を呼び起こすのである。そうした反対学説、す

285

なわちプラトニズムに対抗する立場は、一見すると、第6章での数学者たちのせっ
かちな反プラトニズムよりもはるかに繊細である。

## A　直観主義に敵対する、総体化についてのプラトニズム

### 2　パウル・ベルナイス（1888 ～ 1977）

「パウル・ベルナイスは、間違いなく、20世紀で最も偉大な数学の哲学者であ
る」。これは、カーネギー・メロン大学におけるベルナイス・プロジェクトの「プ
ロジェクト概要」の最初の文だ。本書の話題は、ベルナイスの主要な貢献とはほ
とんど関係ないとはいえ、この判断に異議を申し立てるつもりはない。彼の仕
事の紹介は、ベルナイス・プロジェクトのサイト www.phil.cmu.edu/projects/
bernays に提供されている。

ベルナイスは、ベルリンで、エルンスト・カッシーラー、エドムント・ランダ
ウ、そしてマックス・プランクなどをはじめとする面々に学んだ。彼は、ダフィッ
ト・ヒルベルト、ヘルマン・ワイル、フェリックス・クライン、マックス・ボルン、
およびレオナルト・ネルゾンのもとで研究するためにゲッチンゲンに移った。こ
のことによって彼は、数学や哲学に興味をもつ彼の世代の人々のなかで、ほぼ最
高の教育を受けることになったのである。彼はヒルベルトの助手になり、1933
年に解雇されるまで、ゲッチンゲンで教授であった。幸いなことに、スイスの市
民権を受け継いでいたので、彼はスイスへ移ることができた。戦争前の彼の最も
有名な生徒は、ゲアハルト・ゲンツェンであった。ツェルメロ－フレンケル集合
論の主要な代替理論は、いまでもフォン・ノイマン－ベルナイス－ゲーデル集合
論である。テイトは、公刊されたゲーデルの書簡集について書いたおりに、「ベ
ルナイスとの往復書簡の異様な多さ」に注目している（Tait 2006: 76）。85通が
そこには含まれている（そのほとんどすべてを原文と翻訳の見開きにすると234ペー
ジになる）。多くの読者は彼を論理学者に分類するだろうが、ベルナイス・プロジェ
クトは彼を卓越した数学の哲学者と正しく位置づけている。最後に、彼が生きた
哲学的環境を思い出しておくべきである。それは、現象学的および新カント主義
的環境だ。

ここで私は、ベルナイスが「プラトニズム」というラベルを導入したことにの
み着目する。「プラトニズム」という語が、数学に関連して、すでに世に出回っ
ていたことに疑いはない。だが、ベルナイスは、現在まできちんと残っている
印刷物のなかでそれをそのように用いた最初の人物であったように思われる。

Bernays（1935a）は、ジュネーヴで 1934 年に彼が行った講演を出版したものである。それは、チャールズ・パーソンズによって翻訳された（Bernays 1983）が、パーソンズは、フランス語では小文字が必須のため、「プラトニズム」の p を小文字のままにした。このことは、私の取り決めには便利なのだが、何の重要性もない。というのも、ベルナイスは通常はドイツ語で書いており、ドイツ語では必ず大文字の P にしなければならないからだ。パーソンズがベルナイスの *nombres entiers*（1935a: 53）を「整数（integers）」と翻訳していることに言及しておこう。以下では私は「整数（whole numbers）」を使うが、これは、たとえばクロネッカーのドイツ語 ganzen Zahlen に対応している（以下の 7 節）。

## 3　状況設定

　1934 年にジュネーヴ大学は、「数学的論理学」という一般的な表題のもとに一連の講義（ベルナイスの講演はそれらの講義の一つ）を組織した。それは、ベルギーの哲学者マルセル・バルザン（1891 ～ 1969）の論文から始まる。その論文には、「数学における現在の危機について」というタイトルがつけられていた。Barzin（1935: 5）では、この「現在の」あるいは「いまの」危機という観念を、ヘルマン・ワイルの基礎論における**新たな危機**についての論文（*die neue Grundlagenkrise der Mathematik*, 1921）から得たものだとしている。したがってこれは、たとえば、アンチノミーによって引き起こされた古い「危機」ではない。

　連続体に関するワイルの 1918 年の本（Weyl 1987）は、われわれがブラウワー以降、直観主義と呼んでいるものの精神に基づいて連続体を分析しようという提案であった。この「新たな」危機における主要プレーヤーたち（ベルナイス、ブラウワー、ハイティング、ヒルベルト、そしてワイル）に関しては、マンコスの素晴らしいアンソロジー（Mancosu1998）を参照してもらいたい。ブラウワーの直観主義は、この 1934 年の連続講義から公刊された一連の論文ではたいへん大きく取り扱われており、ベルナイスは、ブラウワーがその年の 3 月にほぼ同じ聴衆相手に話をしたと述べている。

　しかしながら、ベルナイスは、〔数学が〕「危機」にあるという前提を全面的に拒否することから始めている。「**本当のところは、数学的科学はまったく安全に、調和を保って成長し続けている**」（Bernays 1983: 258, 強調は引用者）。彼は考えを変える理由をまったくもたなかった。1959 年に彼はヴィトゲンシュタインの『数学の基礎』を書評した。ヴィトゲンシュタインが矛盾の重要性をはねつけた

ことは、哲学者たちのあいだに多くの論争を巻き起こした。ベルナイスは、「彼
［ヴィトゲンシュタイン］の説明から見えてこないのは、数学における矛盾がまっ
たく周辺的な外から挿入された部分においてしか見いだされず、他のどこにも見
いだされないということだ」（Bernays 1964: 527）ということしか言っていない。
今日でも依然として矛盾はたんなる可能性以上の現実味をもっているというヴォ
エヴォドスキーの考え（§1.22）を聞けば、ベルナイスは驚かされたに違いない。

　1934 年のジュネーヴ講義におけるベルナイスの貢献は、プラトニズムについ
ての論文だけではないことに注意しよう。彼は、「メタ数学に関するいくつかの
本質的論点について」という控えめなタイトルの論文（Bernays 1935b）をこれ
に続けて発表している。これは、最先端の研究成果の見事な解説だ。私は、いま
問題になっているプラトニズムに対抗する立場を直観主義的と呼んできた。実際
のところ、「直観主義的」とヒルベルトの「有限的」の区別は、ベルナイスの講
義のなかで初めて明確に語られた。彼は、ジャック・エルブランが出した諸結果
についてきわめて注意深い説明を行いながら議論を進めていく。エルブランの、
1930 年と 1931 年の二つの論文（Herbrand 1967a,b）は、ゲーデル以前の、ヒ
ルベルト・プログラムへの最後の貢献であった。彼は、算術の主要部分の無矛盾
性を証明し、そのうえで、彼の結果が、ちょうど知らされたばかりであった不完
全性定理となぜ衝突しないのかを説明する補足を付け足した。エルブランは山に
登り、齢 23 で滑落死した。

　エルブランの仕事を（ベルナイス自身の学生、ゲアハルト・ゲンツェンの最初のい
くつかの結果に言及しながら）提示したのち、ベルナイスは、ゲーデルの結果の
明快な説明へと進む。Dawson（2008: 94）では、第二不完全性定理への疑いは、
ヒルベルトとベルナイスの古典『数学の基礎』の第 2 巻において、1939 年に非
の打ち所のない証明が公刊されるまで、「静まる」ことはなかった、と述べられ
ている。いまとなってみれば、ベルナイスのジュネーヴ講義に出席していた人の
頭のなかにどんな疑いが残っていたのかを見てとるのは難しい。そのような事柄
は、その主題の歴史にとって根本的な重要性をもつが、この章で私はかなりささ
いなこと——数学とのつながりにおいて、プラトニズムという観念がどう出現し
たか——にしかかかわらない。


## 4　総体

自然数の総体についてわれわれは明晰な観念をもつだろうか。それはすごく簡

単に思える、1, 2, 3 などなど——それらのすべてとして。しかし、ベルナイスは、われわれがここで正当化されないアナロジーを使っているのではないかと示唆する。私はいま1ダースの卵を買ったところだ。その観念は明晰である。さて、私は、ちょうどこれらのメンバーをもつ集合の観念を形成する。それは明晰な観念だろうか。もちろんそうだ。われわれはこの一手を次のようなアナロジーによって行うことができる、すなわち、1ダースの卵が入った紙パックが目の前にあるとき、われわれは個々の卵——それらは、たとえばパックのなかの位置によって同定されたりする——について語るが、それだけではなく、12個の卵からなるパック、集合、集まり、あるいはグループの観念をも形成する。われわれは卵についてだけでなく、1ダースの卵からなる集合についてもたしかに推論することができる。

私はこの総体について明晰な観念をもっている。実際、私はそれらの卵を一つのパックで買った。そして、アナロジーによって、整数列のどんな数についても、私は、その数までのすべての整数からなる総体という観念を形成できる。観察可能な数（§6.20）に対比されるものとしての抽象的な数にどんな懸念を抱くにせよ、それよりもはるかに問題があるのは、一つの総体としてのすべての整数という明晰な観念をわれわれがもっているという信念のほうだ。われわれは、1ダースの卵についても、パン屋の1ダース（13個）のロールパンについても、そして「その他もろもろ」についても、それらからなる一つの総体という観念を理解しているように思われる。われわれはそれから、それらと類比的な、すべての整数を一つの集合に集めるという観念を自分たちは理解していると想像する。われわれはこれを明晰に理解しているのか？　ある人たちは、理解していないと考えた。ベルナイスは、そのような集まりをちゃんと理解されたものとして扱おう——それらをわれわれがどのように理解するようになるのかとは独立に——という傾向に対して、プラトニズムという名前を与えた。

ベルナイスは、すべての同級生たちと同様に、新カント主義の環境、そして現象学が大きな影響力をもっている環境で成長した。〔その環境下では〕思考する者と思考内容のあいだの関係が中心的な重要性をもっていたが、それは、心理学の問題としてではなく、客観的知識を基礎づけるものとしてであった。たとえば、ベルナイスは、ユークリッドによって基礎づけられたものとしての幾何学と、ヒルベルトによって基礎づけられたものとしての幾何学とを対比しているが、それは、明らかに表面的な意味での対比ではない。「ユークリッドは図形が作図される（constructed）と語るが、これに対し、ヒルベルトにとって、点、直線、平面のシステムは最初から存在している」（1983: 259; 強調は、ベルナイスではなく翻訳

者による）。

> この例は、われわれの語っている傾向が、対象を、反省主体とのあらゆるつな
> がりから切り離されたものとして見ることに存するということをすでに示して
> いる。
> 　この傾向は、プラトンの哲学においてとくに主張されていたのだから、それ
> を「プラトニズム」と呼ぶことを許してもらいたい。(1983: 259)

　ラカトシュからもってきた私の2番目の、ヘーゲル的なエピグラフをまねて
言えば、ヒルベルトの点や線は、それらを作り出す反省主体から「疎外され」て
きたのである。だが、それは、ヘーゲル的な疎外ではない。すなわち、数学とい
う生命をもち成長していくような新たな有機体の創造ではない。ヒルベルトの点
や線は、反省主体から切り離された、冷たく、無限に遠くにある対象である。

　多くの哲学者が身体化された心を強調する現代にあっては、次のように抗議す
る者もいるかもしれない。ユークリッドですら、自分のダイアグラムを、反省的
な精神ではなく、定規とコンパスを使って、そして手と腕と鉛筆ないし尖筆を使っ
て作図しているではないか、と。私は、それがとても重要なことであり、にもか
かわらず同時にそこには多くの理想化があると思っている。あなたが描いている
円は完全な幾何学的円ではない、という陳腐な考えを言いたいわけではない。複
雑な作図はしばしば、繰り返される誤りに満ちており、最後まで仕上げることが
そもそもできないのである。実際に私が正十七角形の作図をやってみようとした
とき（§1.28）、どうやっても円を17の等しい円弧へと正確に切り分けるなどと
いうようなことはできないままに終わった。その作図を行ったのは、ベルナイス
が反省的精神と呼ぶものであって、不注意な手がそれを行ったわけではない。

　ベルナイスは最初に算術についてプラトニズムを説明する。「算術によって導
入される「プラトニスティックな」仮定で最も弱いのは、整数の総体という仮定
である」(1983: 259)。

　それは、「**限定されたプラトニズム**であって、いわば、思考の領域の理念的な
投影以上のものであると主張しているわけではない」(1983: 261, 強調付加)。だが、
彼は即座にこう続けている。

> 幾人かの数学者や哲学者は、プラトニズムの諸方法を概念的実在論の意味で解
> 釈し、純粋数学のあらゆる対象と関係を含む理念的対象からなる世界の存在を
> 前提している。アンチノミーによって維持できないことが示されてきたのは、
> この絶対的プラトニズムにほかならない。

　定義可能なあらゆる数学的対象と関係の存在を主張する絶対的プラトニズム

は、維持できない。残るのは、相対的プラトニズムだ。ベルナイスによって記述された最も弱くかつ興味深いプラトニズムは、整数の総体の存在を主張する。ベルナイスが、数学の哲学に「プラトニズム」という語を導入したのちは、ただのプラトニズムについて語ってはならず、もし語るのであれば、整数のクラスとか、任意のツェルメロ－フレンケル集合とか、何でもよいが、そのようにある対象領域に限定されたプラトニズムについて語るべきだ、ということは明らかだったはずである。おそらくは、フォン・ノイマン－ベルナイス－ゲーデル集合論において、すべての ZF 集合からなるクラスのようなものについて語る場合でさえ〔そうなるはずだったのである〕。

## 5　他の総体

　私は歴史におけるある時点、すなわち数学についての哲学的思考において「プラトニズム」が打ち立てられた時点を取り上げた。総体に焦点を合わせること自体が実質的に時代遅れだと思われるかもしれない。たしかに、直観主義や構成的証明についてのたいていの説明は総体を強調してはいない。しかし、しばしばそれ〔総体〕こそがより最近の議論の背後に潜んでいるものなのである。

　一つだけ例を挙げたい。ジョージ・ブーロス（1940 ～ 96）* は、「われわれは集合論を信じなければならないか？」と問うた。彼はわれわれに、大きいが法外なわけではない基数 $\kappa$ について考えるよう求めた。この基数は、「まったく小さく、巨大基数を研究する人々からすれば、実際ごく小さい」。「だが、以前に集合論に触れたことのない人々の視点からすれば、それは**かなり大きい**数であり、少なくとも $\kappa$ 個の対象が存在するという主張を含むようなどんな理論の真理も疑問視されるほど、大きいと私には思われるような数である」（Boolos 1998: 120）。

　ブーロスは、そんなに多くのものが存在するかどうかを疑っていたのだが、彼のエレガントな議論を追いかけるつもりはない。彼はさらに、集合論の入門講義で最初の一週間でおなじみになる公理、べき集合公理へと向かう。「どんな集合に関しても、その部分集合のすべてからなる集合が存在するという命題は、もしかすると成り立たないのではないかと考えることは、不合理であるとは私には思われない」（Boolos 1998: 131）。彼は、ゲーデルの 1951 年講義（Gödel 1995: 306）を引用しながら、集合についてのわれわれの理解——ブーロスの反復的集合観（Boolos 1971, 邦訳（1995））——が、べき集合公理のような項目をわれわれに〔受け入れることを〕強いていると説いて議論を終えている。（強いるというメタ

ファーは Gödel（1983）にも現れている。ゲーデルはべき集合公理のようなものについて語っていたのであって、たとえば、選択公理について語っていたのではない。）ブーロスは、ベルナイスが念頭においていたことにたいへんよく似た種類の、反省主体の経験——ブーロスはしばしば反省について語っている——へとわれわれを導いている。だがそれは、現象学的な枠組みにおいてではない。

　ベルナイスの語彙では、ブーロスは用心深いプラトニストだ。彼は整数の総体についていかなる問題も感じていないが、その存在がツェルメロ－フレンケル集合論の内部で選択公理を用いて証明されるような集合については、大きな懸念を抱いている。しかし、彼の懸念は、彼の生涯を通じて続いていた現代的な唯名論／プラトニズム論争とは何の関係もない。パート B で見るように、これらの論争は、典型的には「抽象的」対象の否定を巻き込んだ議論になっている。ブーロスは、数の存在を否定する人々を冷やかしている。もちろん、われわれは、星々と相互作用するように、何らかの物理的過程によって、数と相互作用するわけではない。だからどうだっていうんだ、とブーロスは言う。

> われわれ 20 世紀都市の住人は、いつだって抽象的対象に言及している。われわれは自分たちの銀行残高をぞっとしながら気にしている。われわれはラジオ番組を聞く。考えられているすべてが抽象的対象なのだ。われわれは、本の書評を読んだり、書いたりし、新聞記事によって落胆させられたりする。ある者はソフトウェアの一部を書く。ある者は詩や回文を書く。われわれは誤りを正す。砂や板の上に三角形を描く……
> 　物理的ないし物質的対象、あるいは時空領域、あるいは哲学者たちがわれわれに教えてくれるものが何であれ、存在する対象はそれらだけだというのは、まったく哲学者の見解だ。…… 数は抽象的であって物理的対象ではないからという理由でもってそもそも数なんか存在しないと主張することは、もちろん誰だって物理学のことは尊重するわけだけれども、その敬意の払い方としてはかなりばかげているように思われる。（Boolos 1998: 128f）

## 6　算術的総体と幾何学的総体

　私は、ベルナイスの論文の、哲学的な興味の度合いが最も少ない側面にだけ注意を払ってきた。私が欲していたのは、「プラトニズム」というラベルが使われるようになった文脈を思い起こすこと——そして、われわれがプラトニズムと呼んでいるものは、現代のプラトニズム／唯名論論争の文脈とはかなり違った文脈で生じてきたと主張すること——だけであった。プラトニズムの論点が何である

かは、たいていは明瞭ではない。ベルナイスにおいては、様々なプラトニズムの論点は完璧に明らかである。ひとかたまりの興味深い数学がいろいろあるとき、それらに到達するためには、どんな総体が仮定されなければならないのか？　完全に古典的な数学者にとっては、地上から見上げられる空が限界なのではなく、〔プラトニスティックな〕天国が限界なのかもしれない。ベルナイスは、結果として、現代的な証明論の主要な研究路線を描いていたことになる。現代の証明論では、与えられた数学的な結果を導くために、どんな論証原理やどんな総体が仮定されなければならないかを研究しているからである。

　1934 年におけるベルナイス自身の数学の哲学は、次の言明によってうまく指し示されている。「この二つの傾向、直観主義的傾向とプラトニズム的傾向は、両方とも必要である。それらは互いに補い合っており、どちらかを捨て去ることは、自らを害することになるであろう」(1983: 269)。二つの傾向。それは、二つの態度と言うのにも似ているが、傾向のほうがより強い表現だと思う。

　この二つの傾向が相補的であることを示すのに何が十分だろうか。直観主義的傾向は算術にふさわしく、プラトニスト的傾向は幾何学にふさわしい。そしてここでものごとは紛糾する。「連続体の観念は、解析学が算術の観点から表現する幾何学的観念である」(1983: 268)。われわれは第 1 章での驚きに連れ戻される。それは、いかにして算術と幾何学は、何度も繰り返し、「同じ素材」であるらしいことが判明するのか、という驚きだ（§1.4〜）。

　ベルナイスはカントにこだわり続けている。彼は算術と幾何学が同じ素材だとは考えなかった。彼はまさしく「算術と幾何学の二重性」について語っており、それは「直観主義とプラトニズムのあいだの対立と無関係ではない」(1983: 269) と言っている。だが、この二重性と対立は、「完全な対称性」を形成するわけではない。というのも、「数の概念は算術に現れる。それは直観的な起源をもつが、そのうえで、数の総体という観念が重ね合わせられる」。しかし他方、「幾何学においては、空間というプラトニスティックな観念が根源的（primordiale）である」からだ。

　この考えは明らかにカントに由来する。われわれは、時間における反復から数の観念を把握する。それは、継続していくが、決して完結しない列の観念しか与えてくれない。われわれは、線と形、そして立体から空間の観念を把握するが、それは完結したものだ。連続体についての 1918 年の本で、ワイルは、連続体に対して本質的に直観主義的なアプローチを企てたが、ベルナイスはそれを不満足なものだと見ていた。ベルナイスは、実数がなす連続体上の点を、デデキント切

293

断という究極的には算術的な仕方で定義するという分析でもって、基本的には満足していた。だが、われわれが時間と空間を根本的に異なったやり方で理解する、そのやり方のゆえに、そして「反省主体」が客観的存在者としての時間と空間の観念にいたる異なった道筋のゆえに、算術と幾何学は「同じ素材」とはみなされ得ないのである。

## 7 当時といま：異なる哲学的関心

　ベルナイスによるプラトニズム／直観主義の対比と、21世紀におけるプラトニズム／唯名論論争のあいだの著しい相違は、次のように説明するのが手っ取り早い。ベルナイスはこう書いている。「クロネッカーについてのある誤解が最初に晴らされなければならない。その誤解とは、整数は神によって創られたが、数学における他のすべては人間の仕事だという彼のしばしば引用されるアフォリズムから生じたものだ。もしそれが本当にクロネッカーの意見ならば、彼は整数の総体という概念を認めたはずである」（Bernays 1983: 262）。だが、クロネッカーはその概念を拒否した。だから彼はこのアフォリズムを口にしたはずがない。

　生涯にわたってクロネッカーと彼に続く構成主義を擁護したハロルド・エドワーズ（1936生まれ）、は、クロネッカーについて多くの有用な論文を書いてきた。それらのなかには、クロネッカーのある研究プログラムを構成主義的に完成させた結果と伝記的な評価の両方が含まれている（Edwards 1987）。ベルナイスと同様に彼は、あのアフォリズムが語っているように思われることをクロネッカーが語りえたかどうかを疑っている。実際、かなりのあいだ、あのアフォリズムは「でっちあげ」だと彼は考えていたのである（2012年6月のeメール）。

　古めかしい唯名論者なら、エドワーズやベルナイスとはまったく違ったふうに反応するだろう。もし神が正の整数をまさに創造したとすれば、神は個々の数の列を創造したことにはなる。しかし、神はこれらの数すべてからなる集合は創造しなかった。結局のところ、集合は存在しない。個体の集合さえ存在しない。存在するのは個体だけなのだ。

　そのような思考はベルナイスの精神とは決して交わらない。私は、クロネッカーの精神とも交わらないのではないかと思う。

　逆に、21世紀のプラトニストならこう言うだろう。正の整数は抽象的対象である。クロネッカーは、神がそれらを創造したと言った。だから彼はそれらが存在すると考えたのだ、と。それは、一種の——数についての——プラトニズムで

ある。彼はきわめて穏健なプラトニストではあったが、それでもやはりプラトニストだったのだ。

このような思考もベルナイスの精神とは決して交わらないように思われる。というのも、彼はプラトニズムを、「抽象的対象」ではなく、総体という観点から考えていたからである。ベルナイスのプラトニズム／直観主義は、現代のプラトニズム／唯名論とは完全に異なる文脈で生じている。

上のアフォリズムに関してもう少しだけ議論しよう。それはわれわれをさらに別の議論へと導くだろう。クロネッカーとデデキントの対立した態度は、コンヌとガワーズによって明言された対立とはたいへんに違っている。私は以下で、これこそクロネッカーが言わんとしていたことだという解釈を提案するが、それは、歴史や解釈における練習問題としてではなく、これら二つのより古い態度がもつ力を浮き彫りにするためである。私はクロネッカーのアフォリズムを、信念の表明としてというよりも、デデキントとの根本的な不一致を表明するための、比喩的ではあるが鋭い表現として読む。

このアフォリズムはどこからやってきたのか。クロネッカーの著作や遺稿からではない。それがやってきたのは、よき友人で同僚だったハインリッヒ・ウェーバーによる追悼記事からである。ウェーバーは、この格言は彼の読者にはよく知られているだろうと述べている。ウェーバーが教えるところによれば、それは、1886 年のベルリン自然研究者集会でクロネッカーが行った講演で使われた、Der ganzen Zahlen hat der lieber Gott gemacht, alles anderes ist Menschenwerk という表現からきている（Weber 1893: 15, 異同については Ewald 1996: 942 を見よ）。この講義は残っていないが、それはどうやら、1883年以降クロネッカーの主要な関心事であった楕円関数についての話であった。ウェーバーはこの出来事の 5 年か 6 年後に報告していることに注意すべきである。ご承知のとおり、口述の歴史は、油断ならない。

この格言は、「主が整数を創りたまわれ、他はすべて人間のわざなり」と翻訳されうる。


## 8　さらに二人の数学者、クロネッカーとデデキント

私はこのアフォリズムが何を意味するかに立ち返るつもりだが、ここは、数学的実在に対する多くの可能な哲学的態度そのものについてもう一度考える良い機会でもある。一世紀をゆうに超えるほど昔の態度が、21 世紀に表明された何ら

かの態度と同一だ、ということはほとんどありえないだろう。世界は変わり続けている。マネが1882年に、フォリー・ベルジェール劇場のバーを背景に女性を描いた当時の人々と同じ態度を、われわれはこの劇場（あるいはそこで働く踊り子たち）に対してとることはできない。それと同様に、哲学志向のドイツの数学者たちがあの10年間にとっていたのと同じ態度を数学に対してとることはできないのである。

レオポルド・クロネッカー（1823〜91）とリヒャルト・デデキント（1831〜1916）は、ほぼ同時代人であった。どちらもガウスの継承者であったが、それは、この導師が作り上げた数学の計り知れない遺産のなかで彼らが成長したということだけでなく、ガウスの哲学を受け継ぐ者だという意味でもある。そこには、§5.9で少しばかり素描したことも含まれる。§5.9では、算術は純粋数学であり、そのことによって、代数もまた純粋だが、その一方で幾何学は総合的だ、ということに触れた。しかし、彼らがガウスから受け継いだ哲学はこれよりもはるかに大きい。「数の概念」（Kronecker 1887）と題する論文において、クロネッカーは、「数はわれわれの精神の産物にすぎない」という学説がガウスのものだということをはっきりと述べている（Stein 1988, 243 による引用。クロネッカーは、そこで1830年4月9日のガウスによる手紙を引いている）。

したがって、算術と代数の分析性とアプリオリ性——世界がどのようになっているかからの独立性——は、それらが思考の対象、すなわち人間精神（the human mind）の「創造物」についてのものだという事実に負っている。この人間精神とは、あなたの精神でもなく、私の精神でもなく、「ザ」マインドである。このアイディアは、ディリクレによって広められたが、そこに彼は、われわれが数を**創造する**というデデキントがよく使った考えを盛り込んでいる。次の節の引用（4）を見よ。

これらの数学者たちは、ある哲学的心理学、あるいは「心の理論」とまで言ってよいかもしれないが、そういうものを共有していたと言われるかもしれない。それは、21世紀からするとかなり異質な考え方である。彼らは皆、ブール（1815〜64）を知っている人にはおなじみであるような考え、論理学は思考の法則の研究であり、そしてその法則は同時に人間精神の法則であるという考えを当然のことと受け取っている。過去何年にもわたって、たいていの分析哲学者は、そのような「心理主義」を——非難はしないまでも——回避するほうが洗練されていると考えてきたに違いない。だが、ベルナイスのような、新カント主義や現象学の背景をもつ哲学者にとっては、そういう考え方はそれほどまで異質だったわけ

ではない。

フレーゲは、デデキントを心理主義だと言って酷評した。マイケル・ダメット
は、デデキントの仕事を「できそこない」と呼び（Dummett 1991: 49-52）、フレー
ゲの反駁を「決定的」（1991: 80）と言うことによって、侮辱の上に非難を積み
上げた。テイトは、この点に関しては、十分うまくデデキントを擁護している（Tait
1996）。キット・ファインは、これに比較できるような擁護を、カントールにお
ける関連する話題について行っている（Fine 1998）。デデキントは、いくつかの
説明に関してカントールに心から感謝していたのである。数学についての分析哲
学という自信過剰な世界の内部でさえ、問題はそれほど単純ではないことを示す
のにはこれで十分だ。

## 9 デデキントが語ったいくつかのこと

唯名論やもっと最近のプラトニズムはそもそもデデキントのダンスカード（予
定表）にはなかったことを思い出しながら、彼の態度を手短に調べてみよう。繰
り返すが、その目的は、ガワーズ vs コンヌの態度とも、21 世紀における唯名論
との苦闘ともひどく違った、様々な態度を指摘することにすぎない。私は、古代
の遺物を集めた美術館を見て回っている人のような気持ちで書いており、それゆ
え、一次資料を引用している二次資料にもっぱら頼ることになるだろう。その多
くは現代の分析哲学者の耳には奇妙に響くのだから、われわれの目の前には、異
なった含蓄と前提を伴ったいくらか異なった議論の脈絡がある、ということがわ
かる。そのため、私が以下で引用する言葉は、多くの仕方で解釈されてきた。私
は大方、それらをただ見ることを優先するが、クロネッカーのアフォリズムにつ
いては、それらに照らして自覚的な解釈を提案するつもりだ。

デデキントの言明に番号を振ることにしたい。ホセ・フェレイロスは、デデキ
ントから引いた二つのエピグラフから始めている（Ferreirós 1999, ch. VII）。一
つは、1888 年の有名な『数とは何か、そして何であるべきか』からの引用である。

> (1) 科学においては、証明できることは証明なしに信じられてしまってはなら
> ない。（邦訳, p. 44）

これは、見かけほどありきたりな言明ではない。彼は、算術の最も初等的な真
理は証明されなければならないと言っている。それは公理を含む。多くの著者た
ちは、算術の公理をペアノの公理ではなく、デデキント－ペアノの公理と呼ぶの

を好んでいる。しかし、証明は、公理をおけばそれでおしまいというわけではない。それらは、論理、思考の法則を必要とする導出なのだ。

デデキント自身が『数とは何か』に付したエピグラフを、§5.9 で引用したのを覚えておられるだろうか。

(2) 人はつねに算術する。

フェレイロスは、(1) のあとに、以下の第二のエピグラムを続けているが、それは、読者の意見がどうであろうと、ありきたりでないことだけは確かである。そのエピグラムは人間の本性についての途方もない主張であり、たぶん (2) の解明をねらったものであろう。

(3) 人間の精神が自分の生活を簡便なものにするために、すなわち、思考がその本質たる仕事をなすために、得ることのできる助力のうち、数の概念ほど、それがもたらす結果の点で豊かであり、人間精神の内的本性に切り離しがたく結びついているものはない。……思考するあらゆる人間は、たとえ自分では明確に認識していないとしても、数の人間、算術家なのである。(Ferreirós 1999: 215, デデキントの日付のない草稿からの引用)

最後に、デデキントの集合論の発明について一言。われわれが今日「集合」という語を使うところで、彼は「システム」を使った。フェレイロスは、こう書いている (1999: 226, 強調は彼自身による)。

(4) 彼は、「**事物**」をわれわれの思考の対象であると定義することから始めた。…… 集合の概念は次のように説明された。……「異なる事物 $a,b,c,\cdots$ が、何らかの理由で同一の視点から捉えられ、理知の世界のなかでひとまとまりに扱われる、ということが大変頻繁に起こるが、このときには、それらは**システム** $S$ を形成すると言い、これらの事物 $a,b,c,\cdots$ を**システム** $S$ **の要素**と言（う）」(カギ括弧内のみ邦訳, p.60)

その当時のほかの誰とも同様に、デデキントは、いまなら普遍的包括公理とでも呼ばれるようなものを当然として受け入れていた。何らかの理由で同一の視点から捉えられた任意の事物は、一つの総体、システムないし集合へとひとまとまりにされうるという公理だ。明らかに、彼のアプローチのこの部分は改訂を必要とする。

私がデデキントの引用を借用したいもう一人の研究者はスタインである (Stein 1988)。デデキントはハインリッヒ・ウェーバー（デデキント、クロネッカー両方のよき友人）に手紙を書いていた。ウェーバーは、与えられたクラスに相似な

クラスからなるクラスが数だという、数の「ラッセル的」定義を提案していた。この定義は一対一写像の概念を当然の前提としており、スタインとフェレイロスが主張するように、デデキントが初めて写像という考えを強固で十分に一般的な基盤の上においたのである。実際、デデキントは、「写像する」能力が基礎的な人間の知的能力であり、それが数学を可能にすると信じていた。

デデキントは、ウェーバーに対して友好的に返答し、今日、デデキント切断――実数を定義するための現在の標準的道具――と呼ばれているものについての所見で〔その手紙を〕締めくくっている。

> (5) 私がさらに助言すべきだと思うのは、数によって理解されるべきは、そうしたクラス（互いに相似な有限システムすべてからなるシステム）ではなく、むしろ精神が創造する新しい何かだということです。われわれは神の種に属しており、たんに物質的なもの（たとえば鉄道や電信）においてだけでなく、まったく格別に知的なものにおいても疑いなく創造の能力をもっているのです。…… あなたは、無理数は切断そのもの以外の何ものでもないとおっしゃいますが、それに対して、私は、切断に対応するが、（切断とは異なる）何か新しいものを創造するほうを選びます。(Stein 1988: 248; Ewald 1996: 835 の別翻訳も参照)

実数は一定の有理数列と同一ではないという意見は、ガワーズとまったく同じ精神のもとにあるように聞こえる。ガワーズは、複素数がまさしく順序対であるとか、あるいは整数は何らかの集合であると言うのはばかげたことだと語っているからだ。ここで興味深いのは、創造という観念である。**われわれは神の種である**、だって。それって、ちょっと大げさでは！

デデキントの哲学がもつ別な側面のいくつかに言及しておくべきだろう。彼は、基数を定義することから始めた人々とは対照的に、順序数を基本的なものと考えた。第二に、整数について、彼は根本的に異なる考えをもっていた。ほとんどすべての人はこう考えるだろう。われわれはまず整数の概念から出発し、たぶんハミルトンがやったような仕方で（§4.4）、数の概念を拡張させていくのだ、と。デデキントは、ハミルトン（Hamilton 1837）をよく知っていたし、その恩恵も受けていた。しかし、単純に無限な集合とは、その部分集合のあるものに写像されうるような集合だという特徴づけに深い感銘を受け、数の特徴づけはむしろそこから始まるに違いないと考えたのである。

## 10 クロネッカーは何に抗議していたのか？

　ベルナイスやエドワーズのような、クロネッカーを非常に高く称賛する者たちは、神が整数を創造するというアフォリズムに手こずっていたのだから、これについては、二つの選択肢を考えてもよいかもしれない。第一の選択肢は、クロネッカーの発言が友人ウェーバーによって誤って報告されていたというものである。しかしウェーバーの報告がなされる5年か6年前、ウェーバーの読者たちのなかには実際にクロネッカーの1886年講演に出席していた人もいただろう〔よってこちらの可能性は考えにくい〕。もっとありそうな選択肢は、クロネッカーがこの有名なアフォリズムのようなことを何か本当に言った、という可能性である。だとすると、彼は何を言わんとしたのだろうか。

　たぶんこうである。彼とデデキントは、同じ哲学的背景と数学的背景をもち、同じヒーローをもち、そして同じプロジェクトを抱えていた。私が提案したいのは、彼は先の（1）〜（5）のそれぞれにほぼ同意するが、そこには一つの決定的な但し書き、すなわち「われわれが整数を創造するのでは**ない**！」を伴うだろう、ということである。人の心を捉えるような比喩がお好みならば、それらは主によって与えられるのである。彼の態度は、まさにこの点で、アラン・コンヌおよび「昔からある実在」の態度である。だが、コンヌは、われわれが「投影」を創造することに何の問題も抱えていなかった。われわれはその投影を使って、整数からなるはっきりしない実在のうちに組織を創造するのである。また、コンヌは、われわれが関心を抱く程度の集合論には何の問題も感じていなかった。その点では、コンヌはデデキントに似ている。

　対照的に、数学的実在を適切に把握する唯一の方法は、われわれが発見するものとしての数を介してだ、とクロネッカーは考えた。人間精神の自由な創造は称賛に値する。πが超越数である、すなわち、それがいかなる代数方程式の解でもないと証明したことに対して、彼はリンデマンを祝福したと言われている。これは偉大な仕事だが、あくまで人間の創造の領域でなされたことであって、実在の領域においてなされたことではない。（しかしながら、この逸話にはさらに続きがある。詳しくはEdwards（2005）の最後の論文を見よ。）

　数学の基礎づけは、まさしく基礎から出発しなければならないのであって、われわれの創造の領域に属するということはありえないと、クロネッカーは考えた。ベルナイスは、クロネッカー自身がいかにして代数的数を整数のみから発展させたかを記述している（Bernays 1983: 263 n.2）。エドワーズは、いくつかのやり

方でこのプログラムを継続してきた。われわれはいまや、構成主義数学を、クロネッカーが思い描いたプログラムの延長だと見ている。だが、われわれが忘れているのかもしれないのは、それが、ある決定的な違いを伴っているとはいえ、彼がデデキントと共有していた、数学と精神についてのある考え方から出てきたものだ、ということである。

　繰り返すが、数学の基礎は、われわれの創造の領域に属することはできない。それこそが、主が整数を創ったが、残りは人間の仕事だとクロネッカーが言った理由なのだ（と私は提案したい）。クロネッカーは、一つの数学的実在、整数からなる実在が存在すると考え、真理を求めようとするあらゆる数学はそこから組み立てられねばならないと考えたのである。

　デデキントは、神の種であるわれわれ人間が数学的実在を創造すると考えた。整数、整数の集合、そして必要とあらばカントール的上部構造全体はすべて、その実在の一部であり、その実在はわれわれが構成するものにほかならない。

　コンヌのプラトニズムをデデキントとクロネッカーの興味深いブレンドと読むこともできる。われわれの創造によらないものがあり、それはすなわち、自然数の列である。「昔からある」は「神が創った」に適合する。そののちは、すべてのものがわれわれの創造であり、われわれはそれを原初的実在に投影する。だが、われわれがそれを創ったということは、デデキントの鉄道の例が虚構ではないのと同様に、それがたんなる虚構だということを意味するわけではない。われわれが実在の創造者であり、その実在をわれわれは昔からある実在を探究するために使うのである。その投影を使ってわれわれが発見しうるものについてクロネッカー的禁止条項は存在しない。

## 11　数学者の構造主義と哲学者の構造主義の違い

　現在最も元気な数学の哲学は構造主義と名づけられているが、それは、われわれが語ってきたあの数学者たちの構造主義とは緩くしかつながっていない。その提唱者のなかには、レズニック（1981, 1988）、ヘルマン（1989, 2001）、パーソンズ（1990, 2008）、シャピロ（1997, 2000）そしてチハラ（2004, 2010）といった人たちがいる。私がそれをここで紹介するのは、その直接の扇動者ベナセラフ（1965）とともに、デデキントがその先行者としてしばしば引き合いに出されるからである。ベナセラフ（§6.12）は、数が集合論における数の分析のどれとも同一ではありえないことを見てとった。というのも、これらの分析は互いに同一

ではないからである。せいぜいのところ、整数は、それらの健全な分析すべてによって共有される構造でしかありえない。スタインは、数を構造と同一視することについてのデデキントの見解の多くが、ベナセラフによって提案された見解に似ていることに言及している（Stein 1988: 248）。

デデキントは「構造主義者」というラベルを使わなかった。ブルバキはたしかにそれを使った。のちの、アンドレ・リヒネロヴィッツのようなフランス人数学者の多くはこのラベルに満足している。エリック・レックの言い回しを借用すれば、彼らの態度は、「意味論的および形而上学的な争点」に関心を抱いている「最近の哲学者たちの態度とは別のカテゴリーにあるか、あるいはまったく異なった種類のもの」である（Reck 2003: 371）。どんなラベルもうまくフィットしないので、ブルバキ型の構造主義を**数学者の構造主義**と呼び、最近の分析哲学のそれを、**哲学者の構造主義**と呼ぶことにしよう。

例で説明しよう。たとえば、ある哲学者は次のようなことを言うかもしれない、「構造は、それらが非構造的領域で具体的に実現されていようといまいと、存在する。……数学では、いずれにせよ、数学的構造における位置は、どんな対象とも同じくらい本物なのだ」（Shapiro 1997: 89）。構造主義をとるある数学者は、これとは対照的に、自らを「根本的に非存在論的」（Lichnerowicz in CL&S 2000: 25）と記述するだろう。哲学者の構造主義は徹底して存在論的である。たとえその構造主義が唯名論的であるとしても、存在者のリストが貧相なだけで、存在論的であることに変わりないのである。

チハラの構造主義は、公然と唯名論的である（Chihara 2004, 2010）。ヘルマンの本のタイトル『数なしの数学』（Hellman 1989）は、その唯名論的傾向を明らかにしている。もっとも彼のヴァージョンは、論理的必然性の概念に訴えており、それは、クワインの古典的唯名論の嗜好にはほとんど合わないのだが。ヘルマンは、いろいろなタイプの構造主義を区別している（Hellman 2001）。レックは、ありがたいことに、様々なタイプの構造主義を３ページで要約してくれている（Reck 2003: 370-4）。そのうえで彼は、現代的構造主義のそれぞれのタイプのうちに含まれる、デデキントの考えに一致するとみなされうるような要素を提示し、それと同時に、そこにはデデキントとは調和しない他のいくつかの要素があることを指摘している。彼は、今日の分析哲学における議論の脈絡でデデキントのアイディアを捉えるために、「論理的構造主義」と呼ばれる考えを提案している。

哲学的な構造主義者たちの多くは、プラトニズム的傾向を好むというよりも、唯名論的な性向を明言しているように思われる。私はそれに立ち入るつもりはな

いが、それに対する標準的な反論はこうだ。彼らの多くは数学的対象の存在を否定するが、数学的構造の存在を主張する——そして、それらの構造は構造主義哲学の新たな対象となる！　変わろうとすればするほど、もとのところへと戻ってしまい、結局構造主義は新しい衣装をまとったプラトニズムにすぎない、というわけである。これに近いものとして、構造的実在論と名づけられた学説が科学哲学にはある（Worrall（1989）によって始められた。サーベイについては Ladyman（2009）を参照）。そこでは、「実在論」が公言されている。観察可能でない理論的なものの存在を主張しないが、構造の実在性をまさしく主張するのである。類比的に、数学の哲学における「構造的実在論」は、数の存在を主張しないが、数的構造の存在を主張するだろう。

　これら哲学的イズムのすべてに共通する、ある種の最大公約数が存在する。次の言明は過度に単純化しているが、有用な定型ではあるかもしれない。**哲学者の構造主義はつねに標準的な表示意味論（§6.22）を当然のものとして認めているが、数学者の構造主義はそれをまったく当然視していない。**これはもっと一般的な現象の一事例である。哲学者のあいだで行われている今日の唯名論／プラトニズム論争は、典型的には表示的意味論の枠組みのなかでなされている。そこで、これらの論争を簡潔に、かつ表面的に一瞥することにしよう。

## B　現代のプラトニズム／唯名論論争

### 12　免責条項

　分析的な数学の哲学のここ 30 年間の中心的な争点は、様々な型のプラトニズム——ベルナイスが最初にプラトニズムという言葉を作ったときのプラトニズムとはたいへん違った型ではあるが——に対立するものとしての様々な型の唯名論にかかわってきた、と論ずることもできたかもしれない。次節で詳しく述べられる理由から、それらが数学的活動とか、証明とか、応用数学者たちの実際の研究とかに大いに関係しているとは私は思っていないので、それゆえ、それらは、私が本書のはじめに告知した話題（証明、応用、その他の数学的活動）のなかには入らない。したがって、私はこれらの問題についてどれかに加担するような立場をとるつもりはまったくない。だが（前に一度言及したように）、批評家たちは、私が自らを哲学的な関心のスペクトルのどこに位置づけるのかを一度も示したことがない、としばしば文句を言う。そこで、これらの係争点が私にどのように見えているのか、そしてどこに自らを位置づけるのかを、かなり手短に提示したい

——私の個人的な立ち位置は何の哲学的な意義ももたないのだが。数学の哲学における現代のプラトニズム / 唯名論論争について厳密な検討を欲するならば、1節で先に示唆したように、スタンフォード哲学事典の関連する記事を出発点とすべきである。

## 13　今日の唯名論の短い歴史

ジョン・バージェスとギデオン・ローゼンは、『数学の唯名論的解釈のための諸戦略』[†]（Burgess and Rosen 1997）というたいへん有益なサーベイを始めるにあたって、数学に関する 20 世紀の哲学的思考を連続する三つの期間に分けて記述している。最初にやってくるのは、その世紀のはじめの基礎における動揺である。ここで彼らが言わんとしているのは、一つには「危機」のことであるが、それはたんなるラッセルのパラドクスではなく、もっと一般的に、ベルナイスがわれわれに指し示した総体についての問いのことでもある。「数学の哲学はそれから比較的静穏な時期に入った［と彼らは書いている］。それは、この世紀の中頃に何十年か続いたのである」。

> 唯名論（現代の数学の哲学において理解されるものとしての）は、数学の哲学がそれ以外の面ではかなり静穏であった世紀の中頃に生じてきた。それは、数学そのものの内部での発展に対する応答として、数学コミュニティにおいて生じたのではなく、むしろ哲学者たちのあいだで生じ、今日まで、その動機の大部分は、正統的な数学を、知識の本性についての一般的な哲学的説明に適合させることの難しさにある。この困難の大部分は、正統的な数学によって見かけ上は存在すると仮定されている特別な「抽象的」対象——数、関数、集合、およびその同類——が、日常の「具体的」対象とはきわめて異なっているという事実から生じている。唯名論は、そのようなどんな対象の存在も否定する。（Burgess and Rosen 1997: vii）

彼らは、「唯名論が哲学者に特有の関心事である」ことに言及し、「数学の哲学という分野は、今日、プロの哲学者たちのあいだでは、格別威信があるわけではないにしても、正当なものとみなされる傾向があり、プロの数学者たちのあいだでは、おそらく害はないが疑わしい道楽とみなされる傾向がある」と報告している（1997: vii）。これが、私がなげやりな態度をとっていることの弁明である。多くの数学者が哲学を気にかけている。アメリカ数学会による『思考の三角形』（CL&S 2001）の翻訳と出版がその証拠だし、グロタンディークとヴォエヴォド

---

[†] これは、彼らの本の副題で、本来のタイトルは『対象なしの主題』である。

スキーは言うまでもなく、コンヌとガワーズを見てもそのことがわかる。だが、現在アカデミックな哲学者たちを夢中にさせている唯名論の諸問題は、数学者にとって、あるいは数学にとってたいした問題ではない。それらの問題は、数学的活動にはほとんどまったくかかわっていない。それが、これらの話題へ私が束の間の言及しかしない理由なのである。

ついでながら、ジョン・バージェスが唯名論者ではないということは言っておいたほうがよい。彼はその理由を、1983年に書かれ Burgess（2008）に再録された一連の例外的に明晰な論文の一つで説明している。

以下の七つの節においては、上の引用にある注意喚起のための引用符を採用し、**抽象的対象**ではなく、「抽象的」対象について語ることにしよう。21節で現代のプラトニズムに戻ったとき、こういう引用符は削除するつもりである。

## 14　唯名論のプログラム

「唯名論は、「数、関数、集合、およびその同類」のようなどんな対象の存在も否定する」。私はそれを、**数学における唯名論**と呼ぶつもりだが、この章ではしばしば、簡潔にするために、たんに唯名論として言及する。それは、中世の唯名論とつながってはいるが、際立って現代的である。以下では、「抽象的」対象一般を考察することはめったにせず、議論を数という特定の事例に限定したい。したがって、数学における唯名論のコアは、次のように理解されるだろう。すなわち、**それは数が存在することを否定する**。

現代の論争では、**数学におけるプラトニズム**は、数学における唯名論と対立している。このプラトニズムは、数（そしてその他多くの「抽象的」対象）が存在すると主張する。明らかに、これは、直観主義に対立するものとしてのプラトニズムとは、まったく違っている。したがって、二つの異なったタイプのプラトニズムそれぞれに対抗する立場があることになる。第6章で見た数学者たちの反プラトニズムは、さらに別の何かである。というのも、その立場は、数が存在することを主張もしなければ、否定もしないからである。その立場は、そのような主張に意味があるとは考えないのだ。

グッドマンとクワインは、ラッセルその人に従って（19節以下）、体系的で形式的な唯名論的理論を作り出そうという勇敢な企てを行った（Goodman and Quine 1947）——それが彼らの「構成的唯名論に向けての歩み」である。しかし、クワインによる科学的知識の組織化は、結局、クラスを一掃することはできなかっ

305

た。たとえ、クラスのあれこれの使用を、断片的には解明し、それゆえ消去できたとしても、それらを一掃することはできなかったのである（§6.12におけるように「解明は消去にほかならない」）。かくして、彼は、私が弱々しいプラトニストと呼ぶものになった。ついでながら、クラスが「抽象的」であることによって——それはいまや唯名論の嫌われ者になった——彼はたいして問題を抱えることにはならないことに注意しよう。「クラスが問題を起こすのは、（抽象性自体に問題があるとはとても思われないから）たんにクラスが抽象的だからではない」（Quine 1960: 266, 邦訳, p.444）。これは、『ことばと対象』の陽気な一節§55「どこまでクラスで通すか？」から引いてきた。

　その後、事態はほとんど膠着したままであったが、やがて数学における現代的な唯名論の最初の主要なプロジェクトが提出されることになる。その最初のプロジェクトが、ハートリー・フィールドの『数なしの科学：唯名論の擁護』（Field 1980）だ。この著作は、いまなおこのプログラムの、比類のない基準点である。このタイトルは、つねに数なしでことを行おうと試みる他の人々によって、様々な仕方で模倣されてきた。構造主義者ジェフリー・ヘルマンの『数なしの数学』がその端的な実例である。私は12節で、唯名論／プラトニズムは「応用数学者たちの実際の仕事」には注意を向けないと述べたが、そのことは、フィールドや彼に続く人々が応用には関心がないということを意味するわけではない。というのも、彼らの心を大きく動かした不可欠性論証は、数学が科学にとって必要不可欠だという事実に依拠しているからだ。唯名論者たちは応用数学者たちが行うことにめったに注意を向けないということを、私は言いたいにすぎない。SIAMは彼らの道とは交わってこなかったと言ってもよい。そして、クワインとは違って、現代の唯名論者は、抽象性をきわめて「問題のあるもの」と見ている。それは、抽象的対象がいかにして物質的世界とつながりうるのかを彼らは見てとることができないからである。

　ジョージ・ブーロスは、抽象的対象への嫌悪に対する解毒剤になるかもしれない（Boolos 1998: 129）。彼は、からかうようにこう問う。「われわれはいつ**プログラムなしの計算機科学**が現れると期待するだろうか？」——プログラムは数とまったく同じように抽象的対象なのだから。先の5節でのブーロスを思い出せばわかるように、彼もまた「抽象的」対象についての懸念に対して驚くほど素っ気なかった。彼は、数が存在しないというテーゼを「発狂した」と表現している。

## 15 なぜ否定するのか？

　科学者や数学者はいったいどういう理由で、数なしの科学や数学を行いたいと思うのだろうか？　短い答えは、誰もそんなことは望んでいない、というものである。多くの数学者は整数に魅了され、その一方で、他の者たちは自分たちの生涯を実数に捧げる。整数は、コンヌの「昔からある実在」であるし、クロネッカーの比喩では、人間に対する神の贈り物だ。数なしの数学や科学に参加しようと試みるなどということは、リヒネロヴィッツやガワーズのような反プラトニストには決して起こりえないだろう。たしかに彼らは、数が存在すると主張はしないが、それは、そう主張することが、彼らの見解では何の意味もなさないからである。同様に、数が存在することを否定することも意味をなさないのである。

　『思考の三角形』における第三の人物、ポール・シュッツェンベルガーによる、かなり変わっているが首尾一貫している意見に言及してもよい。数なしで科学を行おうと試みるよりも、むしろ彼は、整数は物理学のうちにしか存在しないと主張する。「私の意見では、物理学の外では、整数などというものは存在しないのです。結果として、われわれは空虚な数学にしかかかわっていないのです」(CL&S 2001: 90)。彼はこれをピタゴラス主義のテーゼと呼ぶ。彼に強い印象を与えたのは、たとえば、結晶学においては、一定の内的な整数関係が存在するということである。それこそが整数の生きる場所なのである。そして、もし世界のうちにいかなる位置ももたない整数があるとすれば、それは存在しない。それゆえ、多くの整数が存在しないというのは大いにありそうなことなのである。その文脈、内的な文脈において、この言明は、私がダイヤルした番号は存在しないと告げる南アフリカの録音メッセージと同等なのである（§6.18）。

　そうすると、なぜある哲学者たちは数なしに数学や科学を行うことを欲するのだろうか。第一に、明晰さのためだ。フィールドは、数なしに科学を行いたいと思っているわけではなく、われわれは数なしで済ますこともできた、ということを示したいだけなのである。しかし、誰であれ、それを望むのはなぜなのか？　数学における唯名論のルーツを検討しよう。それらのルーツは、私の意見では、§6.22で素描したように、表示的意味論と絡み合っている。だが、それは少しばかり入り組んでいる。その道筋は分岐したり合流したりするので、唯名論のルーツについてよりも、唯名論へいたるルートについて語るほうがよいかもしれない。

　一つのルートは、ベナセラフによって提起された問題を引き受けることである（Benacerraf 1973）。数を利用しているたいていの日常的言明に関して、表示的

307

意味論は、数が存在することを含意する。分析的な認識論研究者は、今日では通常こう主張する。すなわち、あなたがある対象について知りうるのは、あなたが問題の対象に対して何らかの種類の因果的ないし歴史的関係性をもつ場合に限られるのだ、と。われわれが数のような「抽象的」対象に対して因果的もしくは歴史的関係をどのようにしてもちうるかは、不明瞭だ。先に引用したように、バージェスとローゼンが、「正統的な数学を、知識の本性についての哲学的な一般的説明に適合させることの難しさ」について語っていたのは、まさにこの理由からなのだ。多くの読者はいまや、ベナセラフがプラトニズムに反対する議論を提供していたのだ、と想定しているように思われる。§6.22 で述べたことを繰り返せば、彼は一つのディレンマを、そのディレンマのいずれの角（選択肢）をとっても生じる困難とともに、提示していたのだ。

　もう一つのルートは、以下 19 節で素描するクワインの不可欠性論証に続くものであり、それには、一階量化子についてのわれわれの理解がかかわっている。

## 16　ラッセル的ルーツ

　スコラ哲学の唯名論者は、個体は存在するが、他の多くは存在しないと信じていた。この宇宙には、個体に加えて、個体の集まり、クラス、普遍者、あるいは他のたんに知的な装備品、すなわち、心の創造物があるわけではない。§6.4 で述べたように、ラッセルとクワインは、生まれつきはこれに似た意味での唯名論者であった。やがて、数学的経験と哲学的経験からくる苦境によって子供時代のひとりよがりの考えが打ち砕かれることになるとしても、最初はそうであった。（ラッセルは、実際には、ヴィクトリア朝末期のヘーゲル主義という意味での観念論者として出発したが、しかしそれは、彼の幼年期であって、子供時代ではない。）クワインは存在論的相対主義者になった——あなたの語り方が、あなたが存在すると信じなければならないものを指し示す。そして、あなたは、現在の科学的知識に最もふさわしいやり方で語るべきである。それは、「自然化された認識論」であり、これが現在の分析哲学において標準的な教えになってきた。

　唯名論者ラッセルは、生来の気質からしてクラスは存在しないと言いたくなっただろうが、実際に、無クラス理論と彼が呼んだものを発展させようと試みている。この理論は、彼が「科学的に哲学する際の、至高の格率」と呼んだもの、すなわち、「**可能なときにはいつでも、推論された存在者を論理的構成によって置き換えるべきである**」（Russell 1917: 155, 強調は原文、1924: 386 も参照）という

308　　第 7 章　プラトニズムに対抗する立場

格率に密接に結びついている。基数の論理的構成を記述したあとで、彼は、「私がほかのところで示してきたように、同様な方法がクラスそのものにも適用されうるのであり、したがって、それらのクラスは形而上学的実在性をもつと想定される必要はなく、むしろ記号的に構成された虚構とみなされうるのである」（1917: 156）と主張した。

『スタンフォード百科事典』のバーナード・リンスキーによる論理的構成についての記事（Linsky 2009）は、これに関係する複雑な手順と、それがいかに失敗に終わったかに関する、簡潔で最良の説明である。クラスを避けようというラッセルの企てが成功したのかどうかをめぐって、研究者たちはいまでも論争している。たとえば、クレマー（Kremer 2008）vs ソームズ（Soames 2008）など。私は個人的には、彼が成功したとは考えていないが、議論は続いている。しかし、そのすべてが始まったのは、もっと以前のラッセルの「表示について」（Russell 1905）からである。

彼はばかげた文「現在のフランス王ははげている」を取り上げた。この文の主語表現は、確定記述「フランス王（the King of France）」である。この文が真であるのは、ある現在のフランス王（a present K of F）が存在し、たかだか一人のフランス王が存在し、そしていまフランス王（a K of F）であるすべてのものがはげているとき、そのときに限る。かくして、ラッセルが表示句と呼び、いまは単称名辞と呼ばれる確定記述が消去されうる。すなわち、現在のフランス王（the present King of France）についての言明が、そのいずれもがこの表示句「現在のフランス王（the present King of France）」を含まない三つの言明の連言として言い換えられうるのである。残るのは、問題ないと考えられる述語「現在のフランス王である（a present king of France）」だけである。三つの部分からなる連言文を偽にしているのは、「ある現在のフランス王（a present K of F）が存在する」と語っている連言肢だ。

1905 年には明白であったに違いないラッセルのちょっとしたジョークには、誰も注意を払ってこなかったようだ。元ネタは、はるかリチャード・ホエートリー（1787 〜 1863）にさかのぼる。現在のフランス王は、『論理学綱要』の第 4 版で標準版の Whately（1831）に出てくる。いまは忘れられてしまったが、これは、英語圏では、1826 年に『エンサイクロペディア・メトロポリターナ』の一冊として出版されて以来、その世紀の残りを通して最も広範に使われた論理学の教科書であった。マックス・フィッシュは、C. S. パースが自分がどうして論理学にとりつかれるようになったのかをしばしば語ったと報告している（Fisch 1982:

xv)。彼が 12 歳のとき（すなわち 1871 年）、ハーバードにある彼の兄弟の部屋からホエートリーの教科書を手に入れ、それからはわき目も振らずに突き進んだのである。この本の主要部分は（しばしば練習問題と一緒に）1870 年代まで出版され続けていたことがわかる。たとえば、Whately（1874）〔は原著の抄録である〕。ホエートリーの「現在のフランス王」は次の一節に出てくる。「われわれが現在のフランス王について語っていると想定しよう。彼は現実に、パリか他のどこかにいるのでなければならないし、座っているか、立っているか、あるいは何か別の姿勢でいるのでなければならないし、そして、これこれの服を着ているのでなくてはならない、などなど」（1831: 128, 強調は原文）。これが、いまや時の砂のなかに失われてしまったラッセルのジョークだ。1831 年においてすら、フランス王はいなかったのである！　ルイ 18 世が君臨したのは 1814 〜 24 年、シャルル 10 世は 1824 〜 30 年。これらの言葉は 1826 年に書かれたのかもしれないが、印刷されて何十年も残り、その間にそんな王はいなくなったのである。

　たわいもないユーモアから論理学に戻ると、現代の唯名論は、この消去をめぐるゲームだとも言える。「抽象的」対象、そしてとくに数を表示するあらゆる単称名辞を、科学的言語から消去せよ。それゆえ、ハートリー・フィールドの『数なしの科学：唯名論の擁護』というわけだ。

　クワインが簡潔に述べたように、ラッセルは、「名前の助けを借りて語るどんなことも、名前をまったく退けた言語で語られうる」ことを示した（Quine 1953: 13）。この論点は一般的である。クワインは、『プリンキピア・マテマティカ』からの選集（序論、第 3 章、「不完全記号」、§1、「記述」）に魅力的な入門的解説を書いた。彼は、クラスやその他多くを消去するために記述の理論を使う方法を、忠実に要約した。

> もっと一般的に言えば、記述を消去するホワイトヘッドとラッセルのやり方は、クラス抽象だけでなく、変項を除いて、あらゆる他の単称名辞をも同様に一掃することを可能にしてくれる。定項としての単称名辞や固有名、たとえば "$a$" を仮定する代わりに、われわれはつねに、その対象 $a$ にしか当てはまらない述語 "$A$" を仮定ないし定義することができ、そのうえで、"$a$" そのものを、消去可能な記述 "$(\iota x)Ax$"〔$Ax$ であるような唯一の対象 $x$〕を表す省略とみなすことができる。（Quine 1967: 217）

したがって、統制された言語においては、あらゆる単称名辞が消去される。それらが何を表示するかについての問題は存在しない、何も残らないのであるから。

## 17　存在論的コミットメント

　しかしクワインは、ラッセルよりさらに先に進んだ。1948 年のあの偉大な論文「なにがあるのかについて」（Quine 1953）で、「あるということは変項の値であることである」というアフォリズムと一緒に、「存在論的コミットメント」という素晴らしい表現を作り出した。これらは、競合する存在論のあいだで裁定を下すために使われるのではなく、「ある主張なり説なりが、前もって設定された存在論的基準に合致しているかどうかをテストするためのものである」。「存在論との関連で束縛変項に注目するのは、なにがあるかを知るためではなく、ある主張や説が、われわれのものであれ他人のものであれ、なにがあると**言っている**のかを知るためである」（1953: 15, 邦訳 , pp.22-23）。

　これらの考えは、彼の不可欠性論証と呼ばれるようになったものと一緒になって、私がいくぶんぶしつけに弱々しいプラトニズムと呼んだもの（§6.4）へとクワインを導いていった。なぜ弱々しいのか？　それが人をたいしたものにコミットさせないからだ。クワインのプラトニズムは、プラトンや、何ならアラン・コンヌを持ち出してもよいが、彼らの心を動かしたはずのどんなものにも似ているようには感じられないのである。

　「なにがあるのかについて」は、まさしく分析哲学における新しい方向をわれわれに印象づけた。最初の 4 ページは、どんな種類の存在者があるのかについての意見の不一致をいかにして首尾一貫した仕方で表明できるかを吟味している。5 ページ〔邦訳 , p.8〕で、われわれは「いわゆる単称記述についての」ラッセルの理論に出会う。これはしばらくのあいだ、クワインの目的に役立つのだが、そこから彼はこの論文の主要な一手を打つ。「これ、すなわち、束縛変項を用いることが、われわれが存在論的コミットメントをもつことになる**唯一**の仕方である」（1953: 12, 邦訳 , p.18. 強調は原文）。

> 量化の変項、すなわち「なにか」、「なにも」、「すべて」は、われわれの存在論が何であれ、その全域にわたる。そして、われわれがある**特定の存在論的前提**をもっていると宣告されるための必要にして十分な条件は次のものである。すなわち、われわれが肯定する言明のいずれか一つを真にするためには、われわれの変項が及ぶ存在者のなかに、この前提されていると言われたものが入っていなければならないという条件である。（1953: 13, 強調は引用者、邦訳 , p.19）

　彼の読者のほとんどすべてが「存在論的コミットメント」——なんと心をつかむフレーズであることか！——について語るにもかかわらず、たとえクワインの

311

颯爽とした言葉遣いを損ねることになるとしても、私は「存在論的前提」のほうがより満足のいく表現だと考える。これは数学の問題ではないが、私がどうしてそちらを選ぶのかを簡単に説明したい。

## 18　コミットメント

コミットメントは道徳哲学の領域内にある。そしてまた神学の領域内にもある。というのも、信仰は、まさにたんなる信念よりもはるかに強いという理由から、コミットメントについて多くを語るからである。私は自らある目的にコミットする。結婚は一つのコミットメントであり、伝統的には、「誓います（I do）」という言葉によって表明される。

私が、入国監査官への陳述や、警察への申告、あるいはその他の形式的な宣言を行うとき、とくに宣誓のうえでそうしたことを行うならば、私がはっきりしたコミットメントを表明していると言うことは自然である。自分が宣言を行うことで、私は我が身を危険に晒しているのである。なぜなら、私の語ったことが真実でないならば、私は偽証したことになり、ついには刑務所へ行くことになるからだ。

もし私が、私の専門的地位——医学と法学は長いことそうした専門職の典型であった——に由来する権威をもって専門家として語っているならば、私の義務、私の地位に由来する義務は、宣誓を行うことに伴う義務に近いものになる。一定の文脈で行使されるあらゆるタイプの権力が、その地位に応じて、そのような義務をもつ。科学者、教師、歯医者、あるいはジャーナリストしかり。外交官や政治家たちが、われわれが彼らにそうあって欲しいと望むほどには、自分たちが語ることの真実にコミットしていないことを、われわれははっきりと認識している。われわれは、実験科学者たちが結果を報告することについては、高度な水準でのコミットメントを明らかに期待している。もし彼らがやったと言っていることをやっていなかったら、あるいは、彼らが生じたと言っていることが生じなかったなら、彼らはそれを暴かれ、恥ずかしい思いをし、解雇さえされる。そこまでいかなくても、もし私が何かを話して情報を伝えているとき——たとえば、フォーラムへのいちばんいい道筋を教えるなど——、私は自分が言うことの真理にコミットさせられている（あるいは、コミットさせられるべきだ！）と言うことは不自然ではない。

私自身の専門的職業は哲学の教師であり、それには大きな責任が伴う。これは

あくまで例だが、私が自分の授業で、5番目の完全数は3350336だと言うとしてみよう。私はそれを黒板に書く。その言明によって私は何にコミットさせられているのか？　たいしたことはないが、それを私は気にかけている。ある生徒が手を上げて、こう言う。「何かおかしいです、それはあまりに小さいように思えるのですが」。私は見て、同意する。私は "5" を落としていたのだ。5番目の完全数は33550336だ。私はクラスに謝罪する。私のコミットメントは結局こういうことになる——私は誤ったならば、謝罪すべきである。

　私は、33550336がその数自身を除く約数の和であることをチェックするために計算すら行っていなかった。ネットで調べただけである。だが、手計算でその計算をチェックすることはできる。「それが**5番目の完全数であること**をあなたは確かだと思っているのですか？　8128より大きいけれども、もっと小さい完全数を見落としているんじゃありませんか」。そんなに簡単ではない！　これらの比較的小さい数についてさえ、私は権威（たぶんネット上の）に訴えるだろう。それが私のコミットメントを裏づけるやり方なのだ。

　「しかし、少なくともあなたは、いくつかの完全数の存在にコミットしているのでは？」面白い問いだが、答えはイエスである。なぜなら、6と28は明らかに完全数であり、8128をチェックするのも十分簡単だからだ。「それじゃあ、あなたは数の存在にコミットしているのですね？」この場合には一つ問題がある。というのも、このコミットメントを裏づけるのに、いったい私は何ができるだろうか。そのコミットメントを引き受けないために私は何ができるだろうか。

　　　裏づけたり、あるいは引き受けたりできないコミットメントは、そもそもコミットメントではない。

これが、存在論的前提と言ったほうがよいと私が信じる理由なのである。


## 19　不可欠性論証

　クワインの意見によると（§3.30で指摘したように）、われわれのまわりの世界に対するいかなる「応用」も知られていないような、本当に「純粋」な数学は、とても真と呼ばれるには値しない。たとえば、完全数についての言明は、私にはかなり「純粋」であるように思われる。何人かのスコラ学者たちが完全性そのものを理解するという望みのもと、完全数を研究していたこと（§5.17、**アプリ6**）を思い出すまで、私には応用を思いつくことはできなかったからだ。クワインの

見解では、完全数についての一般化された諸言明は、厳密にはそもそも真でも偽でもない。それらはたんに証明されうるか、されないかでしかない。したがって、われわれは、それらの言明が何についてのものかとか、完全数を表す名前が何かを表示しているか否かということにまったく悩む必要はない。

しかし、自然科学はたえず数を援用する。ウィリアム・トムソン、すなわちケルヴィン卿（1824 〜 1907）は、もしあなたが何かを測定できないならば、それについては何も知らないに等しいと述べたことで悪名高いが、このような意見が出てくるほどに、自然科学は数を援用している。もっと重要なことに、あらゆる理論科学は、数式とさらに複雑な関数を不可欠なものとして含んでいる。しかしそれがすべてではない。応用数学は、数や関数、そしてその同類の上を量化する。それゆえ、クワインの存在論においては、応用数学はそれらの存在を前提している。

物理学は形式存在論の諸問題を議論している分析哲学者たちのお気に入りの亡霊ではあるが、こうしたすべてが科学に特有だというわけではない。2012 年オリンピックのときに、何百万もの人々がウサイン・ボルト（「これまでで最速の男」）について話をしている。彼がこれまでで最速の男であることを、数の上を量化することなしに言えるかを試みてほしい。数の上を量化することなしに、100 メートルの世界記録が 9.63 秒であること、すなわち、その 100 分の 1 秒という数が、ボルト以外の誰かが 100 メートルを走るときのどんな秒数よりも小さいことを言えるか、試してみよ。

ウサイン・ボルトについての会話は、数が存在することを本当に前提しているのだろうか？　現実に眼を向けよう。彼の記録はまさに膨大な量のテクノロジー、計時器、カメラ、そして、すべてのレーンが一律の長さになるように正確に 100 メートルのトラックを設計することを含めて、現代競技の道具立ていっさいを前提にしている。それなしには、9.63 秒という数が記録年鑑に記されることもなかっただろう。私は少しばかり、「コミットメント」について以前に行った反省を「前提」についても続けたいという気になっている。計時器と測定装置が前提にされているというときのその意味は、数が前提されていると言われるときのそれとはかなり違っている。

いずれにせよ、次は、不可欠性論証の古典的で簡潔な表明である。

> 数学的対象の上への量化は、形式科学と物理科学両方の科学にとって不可欠である。したがって、われわれはそのような量化を受け入れるべきである。だが、このことは、問題となっている数学的対象の存在にわれわれをコミットさせ

314　第 7 章　プラトニズムに対抗する立場

る。このタイプの論証は、もちろん、クワインに由来する。彼は何年ものあいだ、数学的対象の上への量化の不可欠性と、人が日常前提としているもの存在を否定することの知的不誠実さの両方を強調してきた。（Putnam 1979: 347; cf. 1971）

　この論証はしばしばクワイン–パトナム論証と呼ばれるが、クワインとは違って、パトナムはそれをたいして繰り返えさなかった。1990 年のクワインを称えるカンファレンスでの講演の冒頭でパトナムは、不可欠性論証を含めてクワインの見解のいくつかをリストアップして、自分は、「ハーバードの学生であった 1948 ～ 1949 年［「なにがあるのかについて」の年］以来ずっとそれらの見解を共有してきた」と語っている。「しかし、私は告白しなければならないのだが、それらは、いま私が批判したい見解なのである」（Putnam 1994: 246）。彼は続けてこう言っている。いま 1990 年における自分の見解は「カルナップの哲学よりも、むしろ後期ヴィトゲンシュタインの哲学と共通した諸特徴をもって」いる、と。

　パトナムによるヴィトゲンシュタインの見直しは、長い時間をかけて進展してきたが、それは哲学にとってきわめて重要であり、それ自体として読まれなくてはならない。しかし、私はここではカルナップに関して一言述べたい。存在についての内的主張と外的主張という彼の区別についてである。それはもっと注意深い研究を必要としているが、不可欠性論証に対するカルナップ的応答は、数の上への量化によって前提されている存在言明には、純粋に形式的で外的なものしかない、というものになるだろう。それらの存在言明はいかなる「存在論的」意味合いももたない。

　リギンスは、パトナムもクワインも、いま理解されているような不可欠性論証をかつて提唱したことはなかったと、文献的な根拠に基づいて論じている（Liggins 2008）。それは、歴史的、伝記的かつ解釈的問題であるが、ここではこの問題には取り組まず、§6.12 ですでに引いた輝かしいアフォリズム「解明とは消去にほかならない」（Quine 1960: 263, 邦訳, p.439）を繰り返すにとどめておく。数は多くのやり方で解明できる、そしてそれによってそれらを消去できるのだ、とクワインは推奨してきた。しかし、クラスはしつこく抵抗する。彼の「全体論」は読者たちによってひどく強調されてきたために、彼が漸進的に進む方をどれほど頻繁に選んでいるのかということにほとんどの人は気づいていない。「しかしながら、コナント（Conant）とともに、科学を、一つの進化しつつある世界観としてではなく、複数の作業理論［の寄せ集め］として考えるならば、唯名論や、抽象的対象を拒否する（唯名論と実在論のあいだの）様々な中間段階を認める余地

はなお残るのである」（Quine 1960: 270, 邦訳 , p.450. 一部改変；引用中言及されているのは Conant 1952: 98ff）。

> 唯名論者は、いくつかの特定の分野で自分の好みを実現することができ、その分野の理論的進歩を誇らしげに言い立てることができる。これと同様に、職責上実在論者である数学者でさえ、たとえばかつては数の関数や数のクラスに依存すると考えられていたいくつかの特定の数学的帰結が、数以外の対象に言及せずに証明し直すことができると知ったならば、いつでも喜びを感ずる。（Quine 1960: 270, 邦訳 , p.450）

数学者は、職責上プラトニストなのだ！

上で引用したパトナムの言明に戻ると、たとえ彼が何を意図していたにせよ（何を意図していたかはリギンズその他の人に任せよう）、彼がまさしく示しているのは、「日常的に前提しているものの存在を否定すること」に対する反感である。ここには二つの動詞があり、それゆえ二つの問いが生じる。(1) 形式科学や物理科学に関与しているときに、どんな意味で数の存在が前提されているのか？ (2) 否定するのを辞退したならば、それによって数の存在を主張しなければならないのか？

明白なことだが、第 6 章の反プラトニストたちは、数の存在を否定するつもりもなければ、主張するつもりもない。問い (2) に対する彼らの答え、私が正しいと信じている答えは、確固とした「ノー」である。その観点からすれば、不可欠性論証は数学における唯名論に不利に作用する。だが、不可欠性論証は、それによって、それ自体何らかの種類のプラトニズムやプラトニズムを支持するわけではない。プラトニズムの傾向をもった数学者が、自分たちの確信を裏づけるために不可欠性論証を使うというのを、私は想像できない。科学的実践における数学的存在者の上への量化をどのように消去するかを示すという目的で、数学者たちがフィールドのプログラムに取り掛かることはありえた（考えられる）という意味での連関を除けば、不可欠性論証は数学とは無関係なのである。そのようなことを研究するのは、数学科でテニュアを求めている若い人物にとって見込みのある経歴ではないと言いたい。

それゆえ、前提についての問い (1) に向かおう。

## 20　前提

まるまる 40 年の間（「なにがあるのかについて」(1948) から 40 年の 1988 年頃

の時点まで、ということであるが）、クワインの不可欠性論証はいかなる組織立った反論も受けてこなかったように思われる。その後ゆっくりと、きわめて高い学識に裏打ちされた不満のつぶやきが現れ始めた（たとえば、Sober 1993; Melia 1995, 2000; Maddy 1997, 2007; Yablo 1998; Azzouni 2004）。彼らはそれぞれに異なる方針をとっている。ペネロプ・マディは、自然主義的哲学を強く支持しているが、クワインのよく知られた全体論に疑問を呈している。物理科学は数学を要求するが、物理学＋数学におけるすべての言明をあらゆる他の言明と同等に扱う必要はない。科学の言語は、それよりももっと構造化されており、異なったタイプの存在論を伴う諸部分の共存を認める。あるタイプの研究における存在主張と存在前提は、他の研究におけるそれらとはきわめて異なっているかもしれない。私自身が諸科学の様々な不統一（どちらも複数形で）を支持して論じてきた以上（Hacking 1996）、それがたぶんマディのそれよりもより広い根拠に基づいているとしても、このマディの考えに共感しないわけにはいかない。

　ジョディ・アゾーニ、ジョセフ・メリア、そしてスティーヴ・ヤブローは、存在というものについての過度に単純化された理解を、様々な仕方で問題にしている。距離をとって見れば、彼らは、内的言明と外的言明を区別しようとするカルナップの衝動とつながっているが、時を経た分だけ、彼らの分析のほうがはるかに洗練されている。こうした研究に対して、『スタンフォード哲学百科事典』における不可欠性についての有益な論文の著者であるマーク・コリヴァンは、「唯名論への容易な道はない」と論じている。彼が言いたいのは、量化についていくら繊細な研究をやっても、それによって、Benacerraf (1973) に由来する唯名論への第一のルートがかかえる基本的な問題、すなわち表示的意味論を乗り越えることはできないということだと私は思っている。

　彼は正しいと私は思う。もっと抜本的に異なったアプローチが必要なのであり、そしてもちろん私のアプローチは、ヴィトゲンシュタインの格言（§6.23）の改編版「表示 (Bedeutung) を問うてはならない、使用を問え」から出発するだろう。不可欠性論証に対する批判者で、私が知っている者のうち、この格言に最も近いところまできているのは、トーマス・ホフウェーバーである（Hofweber 2006, 2007）。2007 年論文（この論文の出版は遅れたので、執筆は 2006 より先かもしれない）のタイトルは、「無害な言明と、それらに対応する形而上学的な含みをもつ言明」である。「木星は 67 個の確認された衛星をもつ」は無害だが、これに対し、「67 は木星の確認された衛星の数である」は形而上学的に誘導的である——少なくとも表示意味論においては。ホフウェーバーは、後者の言明から形而上学を誘導し

ないように望んでいる。

　ホフウェーバーはヴィトゲンシュタインの格言を使っていない。そこで私は彼にどの程度までそれに同意するか、さらに§6.24で引いたチョムスキーの反意味論的意見にどの程度まで同意するかを尋ねた。2012年8月29日のeメールから許可を得て引用する。

　　　あなたが送ってくれたチョムスキーとヴィトゲンシュタインの引用について、私はいずれにも完全に同意はできないと思いますが、精神においては彼らに一致していると思います。私がまさしく信じているのは、自然言語に対する意味論の有用なプロジェクトは存在するが、そのようなプロジェクトは、表現がその言語の話者によってどのように使われるかということから切り離されえないし、ある意味ではそうした使用に対して二次的だ、ということです。私が見てきたいくつかの事例、たとえば、数を表す語の場合で言えば、重要な問いは、話者たちが数を表す語を会話で使うときに、彼らが何を行っているかであり、ここで決定的に重要な区別は、彼らが対象を指示するという意図をもってそれらを使っているのか、それともそうではないのかです。そのとき、話者たちが使う言語の意味論は、そこから派生するものであり、それゆえ、ある意味では使用がBedeutungの前にくるのです。

　私は、意味〔の研究業績〕について十分精通しているわけではないが、知らないなりの意見としては、このリサーチ・プログラムを歓迎している。ホフウェーバーは同じメールでさらにこう書いていた。彼のプログラムのゴールの一つは、

　　　数について語るとき、われわれが何をやっているかを発見することです。ここには、そのような語りがもつ不可解な特性があり、そしてわれわれが理解する必要があるのは、数についての語りがなぜこうした不可解なふるまいを示すのか、とくに、数を表す語はなぜ限定詞と単称名辞のいずれとしても現れるのか、そしてそれらはなぜ、ある使用では対象を表す名前として、他の使用ではそうでないものとして使われるように見えるのか、です。数についてのわれわれの不可解な語りを理解することが、そのゴールであり、そしてもちろん、こうしたすべてのことから、算術の哲学に関してわれわれがどのような結論を引き出すことができるかを見てとることが、その最終的なゴールなのです。

　ヴィトゲンシュタインの格言（使用を問え）についての明らかな不満は、それが曖昧なものを招き入れることである。ホフウェーバーの研究において、われわれはついに「使用」の核心に踏み込もうとする人の姿を見いだすことができる。彼はたんに例を羅列するのではなく、それとは反対に、場合によっては意味論の理論において表すことさえできるような一般化を、自ら進んで生み出そうとしているのである。

　私は、彼が「精神において一致している」と述べたあの有名な一文を越えてそ

318　　第7章　プラトニズムに対抗する立場

れ以上に何か、ホフウェーバーがヴィトゲンシュタインの言葉に同調している、と言いたいわけではない。しかし、ヴィトゲンシュタインの思索の多くの面と考え方が合っているとまさに感じている人——私がそうであるように——ならば、誰でも、ホフウェーバーの研究が、不可欠性論証と数を表す語の使用に関する最近の著作の大半よりもはるかにヴィトゲンシュタインの考えにしっくりくることを見いだすだろうと思っている。

## 21 数学における現代のプラトニズム

唯名論については、それをはっきりと支持する詳細な議論が非常に多くあり、上で引用したのは、そのうちのごくわずかにすぎない。しかし、プラトニズムについては、それがデフォルトの立場であるためだろうが、同じことは言えない。数学に関するかぎり、プラトニストの数は、唯名論者のそれを何倍も超えているが、唯名論の哲学的説明は、プラトニズムの哲学的説明よりも数の点ではるかにまさっている。それゆえ、ジェームズ・ロバート・ブラウンの『数学の哲学』(Brown 2008)* が存在するのは嬉しいことである。これは、初心者のための教科書であると同時に、いくつかの哲学的なアイディアを立証しようとする熱のこもった論証もあるという、遺憾ながら今日ではめったにない古めかしいジャンルの典型例だ。この本は、12ページにおいて、「プラトニズムとは何か？」という問いを立て、3ページにわたってプラトニズムの七つの教義を述べることで、その問いに答えている。私は、明晰さと簡潔さという点で、これらの教義を強く推奨する。優柔不断なところがまったくない。次は、最初の命題である。強調は原典のままだ。

**数学的対象は完全に実在的であり、われわれとは独立に存在する。**

過剰形容詞「**完全に実在的**」に注意しよう。ある対象は不完全に実在的なのだろうか。過剰形容詞というのは、最初にカントにおいて（§3.19で）着目したように、平明な言明ではすべてを語り尽されていない気がするが、それ以上語りうるものがないという感じを表現するサインのようなものだ。用心せよ。ブラウンは続けて、われわれがこれらの対象を発見する、と言っている。「数学の、正しく形成されたどんな文も真か偽かであり、それをそのようにしているのは、それが指示する対象なのである」。

ブラウンは即座に表示的意味論とのつながりを明らかにしている。「プラトニズムと標準的意味論（しばしばそう呼ばれる）は手に手を取って進む」。ブラウン

の例：メアリーはアイスクリームが大好きである、と仮定しよう。ブラウンは意味論的上昇を用いて、次のように想定せよと促している。

> 文「メアリーはアイスクリームが大好きである」は真である。それを真にしているのは何か？　そのような問いに答えるとき、われわれはこう言うだろう。「メアリー」は人物メアリーを指示し、「アイスクリーム」はその物質を指示し、「大好きである」はメアリーとアイスクリームのあいだに成り立つある特定の関係を指示する、と。このことから、メアリーが存在することはかなり当たり前に帰結する。(2008: 13)

私がこれを素晴らしいと思うのは、非常に率直だからである。これは私にもう一度、学者ぶったやり方をするのを許してくれる。「指示する」が日常の用法からどれくらい離れてしまっているかに注目しよう。**われわれはこう言うだろう**〔とブラウンは言っている〕。この「われわれ」とは、「標準的な」指示的（表示的）意味論を実践してきた人々のことである。ここで私の本能は、ストローソンの「指示について」（§5.24）を思い起こすように告げている。私なら、「大好きである」がある関係を指示するなどとは言わないだろう。もし私がメアリーについて何かを言い、そして「どのメアリーか？」と問われたならば、私はこう答えるかもしれない。「私はメアリー・ポピンズに言及しているのであって、メアリー・マグダレン（マグダナのマリア）ではない」。（そして、メアリー・ポピンズが存在するということは、全然帰結しない！）私は、自分が動詞「大好きである」を、何かを指示するために使ったと語るような機会を思いつくことができない。ストローソンが主張したように、表現が何かを指示するのではなく、指示するためにわれわれが表現を——私の場合はメアリー・ポピンズを——使うのだ。

ブラウンは、文「7 ＋ 5 ＝ 12」へと向かう。いま引用したばかりの一節と同じ思考の連鎖に則って、"＝"は、和 7 ＋ 5 と数 12 のあいだに成り立つある関係を指示するということが、かなり当たり前に帰結すると言われる。それゆえ、数 12 は存在する。

ブラウンの解説の最大の長所は、標準的な意味論的説明の中心性が、誰にでもわかるように、一般的な言葉で前面に押し出されていることである。脚注で彼は、ボブ・ヘイルの本『抽象的対象』（Hale 1987）で十分な議論が行われていることに言及している。

ベルナイスは、どんなプラトニズムも相対的でなければならない、と正当に主張している。もはや、数学的対象は完全に実在的だと言うことはできない。あなたは、自分の念頭にある対象を明確化しなくてはならない。さもなければ、矛盾

が生じてしまうからだ。私との会話のなかで、ブラウンは、自分がベルナイスの助言を受け取るべきであったことに同意した。彼が数学的対象について書いたとき、そこに彼はツェルメロ－フレンケル集合を含めるように意図していたのだと語った。しかしながら、許可を得たうえで引用するが、2012 年 6 月 14 日の e メールで彼はこう書いている。

> 私はもはや、かつての自分がそうであったような集合論のファンではありません。集合論からやってくるプラトニストたちは、真理、指示等々についての議論によって影響されています。これらはオーケーですが、私に最も強い印象を与えた種類の事柄は直観なのです。これが、たいていの人々をプラトニズムから遠ざけるものなのです。彼らは、そのような認識論を不合理だと考える。しかし、これほどに多くの数学者たちが、これほどしっかりとして並外れた直観をもつという事実は、ある独立した実在が生じていることの知覚のような何かが存在することを示唆しています。

実際、彼の 4 番目の教義は、「**われわれは数学的対象を直観し、数学的真理を把握する**」である。「数学的な存在者は、「心の目」によって「見てとられ」たり、「把握され」たりしうる」。ここで、ブラウンは、チャールズ・パーソンズによる直観についてのたいへん注意深い検討（Parsons, 2008, ch.5）を利用してもよかったかもしれない。


## 22　直観

本書の最初から、私は「直観」を遠ざけてきた（§1.30）。その理由は部分的にはそこで述べたとおりである。少なくとも西洋哲学においては、視覚（sight）は、つねに知識のための主要なメタファーであったし、それには十分な理由がある（Ayers 1991）。そしてもちろん、洞察（insight）という言葉もある。ブラウンが論じているような種類の数学的な存在者についてはどうだろうか？　それらの存在者の一つは数 27 である。私はかなりうまく 27 を扱うことができる。見ただけで、それが 3 の立方であることがわかるし、ちょっとした暗算でそれを確かめることもできる。だが、私は、自分の心の目でもって、数 27 を見てとっているとか、把握しているなどと自らを記述するつもりはない。あなたはどうだろうか？　数を色で見る人々がいる。それは、共感覚と呼ばれるものの一変種であるが、めったにない神経学的状態だと主張されている。本当に優れた数論学者は、多くの興味深い数に対して個人的な直接把握をもつのだという記述は有効で

ありうるだろうし、そうした記述を視覚的なメタファーで支持してくれる数学者もいるだろう。まあ、よろしい。だが、多くの人は、自分たちをそのようにはまったく記述しない。それは、数論をうまくやれることにとって本質的であるようにも思えない。

　私は専門用語としての直観を遠ざけてきたが、もちろんわれわれは直観をもつ。そしてもちろん、数学者たちも、たとえば数や結び目、あるいは非可換代数について直観をもつ。われわれには、十分な理由がないままに、何かに対して疑いを抱くという経験がある。さらにわれわれは、ある人々の直感（hunches）が概して他の人々の直感よりもあたるということを知っている。だから、ほかの知識が欠けているようなときには、彼らを信頼するかもしれない。たとえば、人物を判断するようなとき、ジュディスの直観は私の直観よりはるかに優れている。彼女は、初めて会ったペテン師を5秒で見抜くことができるが、私にはできない。数学において、そのような感じは、ある話題を探究するときに、重要な役割を演ずる。それらの感じがいろいろな予想を示唆し、研究プログラムを促進する。一連の行動についてすばやい決定を行わなければならないとき、直感こそがわれわれが頼るべきすべてであるかもしれない。しかし、この意味での直観は、確固とした信念のための十分な根拠では決してない。ただし、彼女は人々についてたいていは正しい、オイラーは数についてたいていは正しかった、というように帰納的に考えているなら話は別だが。

　他方、§1.30 で挙げたデカルトの文句を思い出そう。「曇りのない注意深い精神によって形成される疑いようのない概念的把握である。それは、理性の光のみから生み出され（る）」。これは、ある数学者たちが懸命に求めていたもののかなりうまい記述だ。そして、彼らは、これを直観という語で語るかもしれない。まあ、よろしい、だが、述べてきたように、私は先例に従うことを謝絶する。

　ブラウンの言うとおり、最近は、多くの数学者が直観について語る。直観について語ることが、いつ数学において当たり前になったのか？　これは、数学の歴史社会学者が取り組むべき興味深い問いになるだろう。この語の使用の一事例として、この章の最後の引用を見てもらいたい。その引用は、本書の結語としても役立つだろう。

　数学における直観は単純にわれわれが「元々もっていた」というようなものではない。それらの直観は涵養されるのだ。それらは、一連の数学的説明と教育のなかで教えられる。最近の **abc 予想**はその見事な例である。それは、2012 年 8 月の終わりに望月新一によってオンライン上に投稿された証明によって、2012

年9月に突然有名になった（Ball 2012）。この予想は、1980年代に初めて出現したが、数論に関して多くの強力な帰結をもつことが判明している。この予想は、フェルマーの最終定理が入っているのと同じバッグ、すなわち、素数に関するいろいろな事実と予想が詰め込まれたバッグのなかに入っている。これが述べているのは、素数にかかわる一定の条件を満たすような、正整数の三つ組みは有限個しか存在しない、ということである。バリー・メイザー（日付データなし）には、要するにそれがどういうものかについての美しい説明がある。いくつかの基礎的な事項を提示したのち、彼はこう書いている。「しかし、少しばかりの直観を育てるために、いまは後戻りすべきときかもしれない。そうすれば、どの方程式が……ほとんど解をもたないと期待できるか、そしてどの方程式が多くの解をもつと期待できるかについて、思いきって推量できるようになるかもしれない」（日付データなし：8）。実際、望月の研究についての様々なブログをざっと見てみると、このような仕方で直観をはたらかせることについて、どれほど多くの人が語っているかには目を瞠らされる。

　本書の執筆時点では、たいていの人は、望月の証明は途方もなく難しく、とても長く（500ページ）、そして数学のコミュニティにとってなじみのない新しい対象が導入されていると言っている。もしそれがうまくいくなら、革命的なことになるだろうと考えられている。私は、それが多くの興味深い哲学的反省を生み出すように期待している。実際、ある者はこの予想について深い直観をもっている。彼らはそれについてどう考えればよいかを知っている。だが、その意味での直観は、ブラウンの主張（数学者たちは数学的対象を直観する）とはかけ離れている。同じ語の異なった使用に注意せよ！

## 23　プラトニズムの眼目は何か？

　表示から離れて、直観へ向かうというブラウンのギアチェンジを、私はとても啓発的だと思っている。実際にブラウンを動かしたのは、画像的証明への強い興味である（Brown 2008）。彼は画像的論証の推進派であり、彼の本の副題は「証明と画像の世界」となっている。画像的論証がいかにしてこれほど説得的であるのかについて、プラトニズムは最高の物語を提供している、というのはかなりありうることだろう。〔証明において〕視覚のメタファーはおそらく避けられないであろうからだ。

　ブラウンのプラトニズムについて私が個人的に好きなのは、ここではプラトニ

ズムというアイディアが何らかの形ではたらいているという点である。私の考えでは、数学における現代のプラトニズムの多くは、数学的実践について何も説明できていない。ブラウンは画像的証明のプラトニズム的説明を提供している。おそらく、それはデカルト的証明（§1.17）、すなわち、人がその精神の内にまるごと取り込むことのできる証明の説明さえ提供しているのかもしれない。だが、そうした画像的論証は、今夜読まれる公刊論文に出てくる証明はもちろん、今日の午後に数学のセミナーで研究されるような典型的な証明についても、何ごとかを説明しているようには私には思われない。しかしこれは個人的な反応であり、人によってはこの種のプラトニズムをたいへんに役立つものと考えるだろう。

　何はともあれ、ブラウンのプラトニズムを、バラガーに負うところのもう一つの変種と対照してみるのもよいだろう。彼は、数学におけるプラトニズムに賛成したり反対したりする非常に多くの論証を詳細に調べ、それらの大部分が決定的でないことを発見している（Balaguer 1998）。彼自身が好んでいるのは、彼が「生粋の（full-blooded）」プラトニズムと呼ぶものであり、これによって彼が言わんとしているのは、あらゆる可能な抽象的対象が存在するということである。

　この生粋のプラトニズムという考えが首尾一貫したものかどうかという問いから始めると、多くの屁理屈が可能になってくる。そうした屁理屈はばかげた言いぐさに堕落しかねない。先の5節で取り上げたブーロスを思い起こそう。そこで示唆されていたのは、**ラジオ番組**が抽象的対象だということであり、さらにまた、アメリカのナショナル・パブリック・ラジオにおけるある長寿番組、「**総合的に考えてみると（All Things Considered）**」は抽象的対象だということである。そこで、あらゆる可能なラジオ番組を考察し始めるとどうなるか。これらの可能な対象はすべて存在するのだろうか？

　そういう屁理屈はさておき、生粋のプラトニズムが真であったり、偽であったりすることがどのようなことであるのかについて、私はまったく検討がつかない。いくつかの無矛盾な抽象的対象だけが存在するということ、あるいは、それらのいずれも存在しないということは、どのようなことなのだろうか。私は、バラガーの生粋のプラトニズムがどんな違いを生み出すのかを見てとることができない。それは私には血がかよっていない（bloodless な）ように思われる。

## 24　パース：かつて人間文化を進歩させてきた唯一の種類の思考

　もしかすると、われわれは樹を見て森を見ておらず、あまりに多くの小さなも

のに焦点を合わせてきたがゆえに、大きな描像を見ていないのかもしれない。私は、前章から続けてきた議論を、チャールズ・サンダース・パースからもってきた大きな描像で締めくくる。残念ながら、彼はそれを表現するのに、難解で座りの悪い語を使っており、あるときはそれを "hypostatization" と綴り、またあるときは "hypostatisation" と綴った。現在の辞書でもこの語は座りがよくない。『ショーター・オックスフォード』はその語を削除している。ボールドウィンの『哲学と心理学事典』(1902) はパースと同時代の事典である。実際、パースはこの事典の多くの項目に寄稿したが、この語については寄稿しておらず、それは、J. M. ボールドウィン自身によって書かれている。「実体化する (hypostasize、ときに hypostasise と書かれる) という動詞は、抽象的な思考 (conception) を現実化すること、あるいは実在的なものとみなすことについて使われる」。私は、"s" を使っている一節を引用する場合も含めて、"z" を使い続ける。

辞書のこの項目のあとには、この語および同語源語の、3 世紀と 4 世紀のキリスト教神学 (そこにプロティヌスを加えてもよいだろう) における起源についての説明 (執筆者名の記載なし) が続いている。その説明はこう終わっている。「こうした事柄の歴史は、いまだ明確に理解されたと言うには程遠い」。少なくとも何人かの神学についての歴史家はいまでもその文言を繰り返すだろう。どんな語を使うにせよ、その語源がどのようなものであるにせよ、**抽象的な思考を現実化すること、あるいは、それらを実在的なものとみなすこと**という言い回しは、これまでの 2 章で起こっていたことをうまく捉えているかもしれない。

数は抽象的な思考である。プラトニズムはそれらを現実化し、あるいはそれらを実在的なものとみなす。スコラ哲学の唯名論と現代の唯名論はいずれもその策略を拒絶する。たぶんここで、実体化という考えは新しい思考方法を提供するだろう。プラトニストは、数は実在的**である**と言う。実体化する者 (hypostasizer、さらなる醜い造語だ) は、それらを実在的とみなすか、あるいはそれらを現実化する。実体化することは、何かを行うことである。それは行為としての思考である。パースは、それを行うわれわれの能力はわれわれの偉大な資源の一つだと考えた。文脈から判断するに、次の「直観」はおそらくカントを思い起こすように意図されている。

> 直観とは、諸関係を現実的に実体化して考えることによって、抽象的なものを具体的な形で捉えることであり、それが有益な思想を産む唯一の方法である。きわめて皮相的なのは、そういうことは避けるべきであるという一般の考え方である。それは、理性は多くの誤謬を犯してきているので理性は避けるべきで

325

あると言うのと同じであり、それとまったく同じ凡俗な思想に属していると言えるだろう。そしてそれは唯名論の精神とよく一致しているので、誰もそれを主張していないのは意外である。正しい準則は実体化を回避することではなく、それを賢明に行うことである。(Peirce *CP* 1: 383 (1890), 邦訳, p.75)

この原稿はここで中断している。これは、「謎にたいする推測」というタイトルがつけられた本の草稿の一部である。どのように賢明に実体化すべきかに関しては何の示唆も残されていない。この数年後には次のような記述が見いだせる。

> 数学的な推論（これは唯一の演繹的推論である、絶対的にというわけではないが、少なくとも著しい程度においては）は、ほとんど完全にと言っていいほど、抽象的なものをそれらが対象であるかのように考えることに依存している、と言えるかもしれない。そのような実体化に対する唯名論の抵抗は、…… それがかつて考えられていた形であれ、現在考えられている形であれ、たんに、人間文化をこれまで進歩させてきた唯一の種類の思考に対する抵抗にほかならない。(*CP* 3: 509 (1897))

これは、『モニスト』誌に発表された長い論文「関係項の論理」からとってきた一節である。この論文やそれに似た論説の重要性については、論理学者としてのパースについて書かれた Putnam (1982) を見られたい。省略したのは、「中世の愚か者たちの空虚な論争」についての不作法な所見の部分である。私は、ここで、実体化についてのパースの考えを解明しようというつもりはない。抽象化についての彼の数多い所見を見れば、彼のアイディアのさらに深い把握が得られるだろう。私は、樹よりも森を見るための一つのやり方として、それを記録しておきたいだけなのだ。なんとずうずうしい言明であることか――「人間文化をこれまで進歩させてきた唯一の種類の思考」とは。

伝統的にインド・ヨーロッパ語族と呼ばれてきた言語は、実体化にたんなる手助けという以上の力を貸してきた。われわれは、おなじみのどんな対象を表す名前も、それが「抽象的」であれ、「具体的」であれ、文法的主語としてはたらくような文を使用している。これは、ずっと以前にニーチェによって強調された論点にまで行きつく。すなわち、ヨーロッパ言語は、主語位置にある名辞に対して存在前提を要求する、ということだ。ヨーロッパ文法は、実体を生成する。ここにはめったに気づかれることのないもう一つの哲学的偏向がある。ニーチェは、このことが終わりのない悪い哲学を作り出してきたのだ、と考えた。パースは、部分的にはこれに同意しなければならなかった（「中世の愚か者たち」の部分がそれを表している）が、その一方で、それがまさしく人間文化をその程度まで進歩させてきたものなのだ、と主張した。

パースは、実体化を抽象化の問題として扱っている。私はそれを名前の魔術、すなわちヴィトゲンシュタインの言う錬金術とみなしている——§6.22で引用した次の一節を思い起こそう、「数学的命題が数学的対象に関する言明とみなされること——したがって数学はこれらの対象の探索とみなされること——が、すでに数学的錬金術を特徴づけるものなのか」。錬金術、名前の魔術、たとえどんなに侮蔑的な形容を選ぼうとも、人間文化を進歩させるために、われわれはそれを必要としているのかもしれない。

## 25　現在のプラトニズム / 唯名論論争における私の立場

言うまでもなく、私はこの問いにどう答えるかを重要だとは考えていない。私は、オッカム主義者として診断されることに何の不満もない。§6.18からの引用を繰り返せば、リヒネロヴィッツのオッカムは、「実在論者と唯名論者は無をめぐって戦っている」と考えた（CL&S 2001: 37）。彼のオッカムは、私がよみがえらせ、再構成したスコラの唯名論者にいくらか似ているように見える（§6.6の終わり）。われわれは荷馬車に課税することができるし、荷馬車への課税について語ることができる。だが、そうするために、荷馬車性が必要なわけではない。われわれはあらゆるときに数を使う。より高尚な精神の持ち主はそれらに魅了され、それらの性質を研究する。だが、われわれは抽象的な対象を必要とするわけではない。表示を問うのをやめよ、使用を問え。

現代の哲学的な諸問題のあり方に関心がないからといって、それが数学の哲学を退けるということにはならない。私は依然として、数学の哲学がそもそも存在する理由そのものにこだわり続けている。何千もの著者たちがそのディレンマを表現してきたが、私は単純にラングランズを再引用したい（より完全なテキストは§2.1にある）。「数学そのもの——数学の基礎的概念だけでなく——が、われわれとは独立に存在することを示唆する言葉として、やってくるからである。これは、簡単に信じられるような観念ではないが、プロの数学者たちがそれなしでやっていくのは難しい、そういう観念なのである」。

それは、数学の哲学が永続的である理由の一つである。

私はまた、次の謎についても、われわれがいまなお解明できていると考えているわけではない。その謎とは、§1.2から再引用すると、「数学の自然との、そして自然による数学の謎めいた適合」である。いったいなぜ、幾何学的ラングランズ・プログラムという完全に「純粋な」数学を、弦理論の大家であるエドワー

ド・ウィッテンが取り上げ、**この世界**（あるいは、それはどの世界でも同じなのか？）における電気と磁気の双対性の説明として採用する、などということが起こるのか（§1.15）。

## 26　最後の一言

　私としては、プラトンの名前にちなんだこれら二つの長い章の締めくくりを、アンドレ・リヒネロヴィッツ、すなわち、第6章で出会った形式主義的な反プラトニストにゆだねたい。彼は、自分が創造的な仕事をしているときには、数学的「存在（beings）」を使っているのだと述べている。「存在」というのは彼自身の言葉である。彼はそれらの存在を体験する。彼はそれらの存在に慣れ親しむようになる。それらの存在は、哲学者たちが考えるような「抽象的」対象ではなく、むしろ生き生きとした実在である。とはいえ、そのプロセスの最後では、リヒネロヴィッツは自分自身が、何か違う種類のことを行っていると見ており、それは、厳密な形式的証明を生み出すということである。新しい数学を作り出すという望みをもって、仕事に従事し、探究を行っているとき、彼は自らをプラトニストであるかのように**体験する**。しかし証明を書き上げようとするとき、そうしたすべては背後に押しやられて、形式主義に立つのだが、その形式主義もまた同時に彼にとっては抗いがたいものなのである。

　これは不毛な形式主義ではない。反対に、それは数学の応用可能性の核にあるものなのだ。「われわれはモデルを構成する能力を獲得してきました。水力学の問題にかかわっているときに、静電気学で言えることと正確に同じことを語ることができる、というのも、どちらの分野でも同じ方程式に出会うのだから、と語る能力です。数学を行うとき、われわれは大文字Bの存在（Being）には注意を払わない……ことを学んできました。この抽象化、根元的な抽象化こそが、数学にその理論的な力と実在との豊かなつながりの両方を与えるものなのです。」

> とはいえ、人が数学者になるのは、これらの理由から、すなわち、厳密で否応のない証明を作り出すためではありません。あらゆる数学者たちは、自分自身のうちで、そしてごく近しい少数の仲間うちでさえ、それとは何の関係もない会話を行います。われわれは、広くコミュニケーションするための会話と、数学における創造の文脈とのあいだにはっきりとした区別を引かなくてはなりません。一般に合意されているのは次のようなことです。数学者が仕事をするとき、彼は実際に、自分がそこで数学的存在に出会うところの、ある一定の領域について熟考し、それらの存在が自分になじんでくるまで、それらと戯れることに

なります。それからは、彼は、散歩をしながらでも、あるいは、退屈な相手と会話をしながらでも、仕事をすることができます。これはいくらか消耗するような活動なのですが、われわれが皆経験してきたものなのです。ある時間のあと、それは1ヶ月のこともあるし、1年のこともありますが、われわれは、何も見つけられず、何の成果も得られないか、あるいはさもなければ、何らかの結果を手に入れることを成し遂げるかの、いずれかなのです。そこから厄介な仕事——数学のコミュニティの便宜のために、可能なかぎり反論の余地のない磨き上げられた論文を書き上げるという義務——が始まるのです。

　結果として、ここには二つのタイプの活動が存在します。もし人が数学者になろうとするならば、それは創造的活動、直観のゲームのためであって、出版という重荷のためでは全然ないのです。あまりに頻繁にこの二つが混同されているのです。(CL&S 2001: 24f)

# 情報開示

以下は，本文中で＊をつけた箇所についての短い注釈集である。

議論のなかの事例として誰の仕事を使うかを選ぶに際しては、個人的な知り合いであるとか、仕事上でつながりがあるとかいったことが大きく影響している。そのことが論証自体の正しさにとって問題になるとは思わないが、ここではその人たちとの関係について、いくつか純粋に個人的な観点からコメントしておく[†]。

§1.15 **ロバート・ラングランズ**は、私と同じブリティッシュ・コロンビア大学の卒業生である。彼の卒業は 1957 年で、私は 1956 年である。われわれはともに、非常に小さな数学と物理学の学部プログラムに在籍していたので、多くの授業を一緒に受けていた。その後、彼はすぐにプリンストン高等研究所の常勤職につくことになる。20 世紀数学を代表する大物となるべき人と最初に知り合えたのに、その機会を十分に活かさなかったのは私の失敗である。

§1.22 ジュシュー数学研究所（パリ第 7 大学）の**マイケル・ハリス**は、パリで何度も私に会いに来てくれて、§1.13 で言及したフィールズ賞シンポジウムのあいだにも何度か話をさせてもらった。ウラジーミル・ヴォエヴォドスキー（§1.22）やアレクサンドル・グロタンディークの断片（§1.26）への言及は、ハリスの教えによるものである。

§1.27 **イムレ・ラカトシュ**と私は、同じ 1956 年の秋学期にケンブリッジに入った。彼はすでに多くの修羅場をくぐってきた革命家で、私はまだ垢抜けない植民地人であった。彼のことをよく知るようになったのは 1958 年頃で、彼の博士論文の大部分を読ませてもらった（その論文については Hacking (1962) で一章まるごと割いて論じている）。彼の「証明と反駁」（Lakatos 1963 ～ 4）の草稿も読んでいたが、本になった 1976 年版には、私が見たことのない内容がさらに加わっていた。この本の 3 番目のエピグラフもその一部である。そうした草稿を読んでいてときどき、彼の英語がおかしいところを思いきって指摘したら、彼はシェークスピアを引用して返してきたものである。また、「証明と反駁」の初版の序文では多くの人に混じって、学位をようやくとったばかりの「I. ハッキング博士」にも謝辞をくれた。本書に対するイムレの影響は、目に見えるよりもはるかに大きい。

§2.3 ペルシャ語についてはカーヴェ・ラジェヴァルディ、ロシア語はジェーン・フランセス・ハッキング、日本語は岡澤康浩、中国語は台湾国立大学のクリスティアン・ヴェンツェルにお願いした。

§2.7 **J. L. オースティン**。1957 年（かその頃だったと思うが）オースティンは、ケン

---

[†] 原文ではほとんどの項目でその主題に強調がついており、強調がない項目はつけ忘れだと思われる。そこで他と比較して適当だと思われる場合には強調を足している。

ブリッジ道徳科学クラブに講演に来た。その前にトリニティ・カレッジの何人かの学部生とお茶をしてくれたのだが、そのときには彼は冷ややかにこう言い切っていた。「ムーアとフレーゲ、注意深い哲学者は彼ら二人だけだ」。

§2.12 ここでリオタールの言葉を使っているからといって、何か別の意味で彼の見解を私が支持しているとは思わないでいただきたい。『ポストモダンの条件——知・社会・言語ゲーム』（Paris: Minuit, 1979）が出版されてしばらくあとに、当時はミネアポリス大学出版局にいたリンゼイ・ウォーターズが、その本の翻訳依頼について私に意見を求めてきた。私はたいそう非好意的なレポートを返したのだが、それは間違っていた。もちろんその本は英語に翻訳されるべきだったのだ。

§2.14 私は、G. E. M. アンスコムからヴィトゲンシュタインのタイプ原稿のカーボン・コピー（正本は彼のタイピストが打ち込んだものである）を借りることさえできた。彼の遺稿のいくつかは紛失してしまっているのだが、それがなぜなのか、いまではよくわかる。

§2.18 この位相幾何学者とはオルセー（パリ第 11 大学）のラリー・ジーベンマンである。彼は、シャンジューとコンヌの『思考の糧』（Changeux and Connes 1989）を、これが出版された年のクリスマス・プレゼントとして私にもってきてくれた。それが、§3.7 〜 8 や §3.15 で引用した文章について考えるようになったきっかけである。彼ら著者たちと実際に知り合う 10 年前のことであった。

§2.18 デイヴィッド・エプスタインのことは 1956 年から知っている。ケンブリッジの学部生だった頃の私がいちばんよく知っていた数学者である。彼が手紙のなかで 50年代後半のことを「われわれが学生だったとき」と言っているのはそういうわけである。

§2.21 スティーヴン・クックは、トロント大学での私の同僚である（彼は数学および計算機科学部所属である）。

§3.17 最近見つけて驚いたのだが、キッチャーの『数学的知識の本性』（Kitcher 1983）についての私の書評のタイトルは「数学はどこから来るのか」だった（Hacking 1984）。第三デカルト講義のタイトルはこれにすればよかったくらいである。ただし、このタイトルを選んだのは編集のロバート・シルヴァースであって私ではない（なにぶんずいぶん前のことなので記憶はあてにならないが）。当時キッチャーからは、ミルとの対比についてはそのとおりだという手紙をもらった。

§3.20 カシミア・レウィは、「注意深い分析哲学者」とはどういうものかについての私のロールモデルである。彼の業績と人となりについては、私の追悼記事からいくらか感じとってもらえると思う（Hacking 2006）。ウィキペディアには、この私の先生のことを「カシミア・レウィ、ヴィトゲンシュタインの元学生」と書いているが、これはひどく誤解を招く書き方である[†]。たしかにレウィはヴィトゲンシュタインの講義の多くに出席し、ヴィトゲンシュタインが彼について話しているのもノートに残っている。しかし、レウィの指導教員は、のちにその遺稿管理人と

---

[†] 現在はすでに修正されているようである（2016 年 7 月 22 日アクセス）。

もなった G. E. ムーアである。レヴィはムーアから「注意深い分析哲学者」とはどういうものかを学んだのである。

§3.22 **定義不可能**とは？ 初期ラッセルの哲学的な理解では、W. E. ジョンストン（1858 〜 1931）が書いているような「私の解釈では……仮言「$a$ ならば $b$」は、$a$ と $b$ でないの連言が偽であるということを意味する」というシンプルな路線をとることはできなかった。$PM$ の初版ではこの困難は解消されている。「われわれに必要な形式における含意の観念は、定義可能である」（$PM$ 第 2 版：44）。続いてこう定義されている。［*1.01. $p \supset q.=. \sim pvq$ Df］。ここでは否定と選言がプリミティブであるが、第 2 版ではシェッファーの棒がそれらに取って代わっている。

§3.22 「**必然性**」（Moore 1900）。1900 年の段階でムーアが必然性の概念についてきわめて懐疑的で、様々な程度をもつ実質含意があるだけだと考えていたというのは少し驚きである。トーマス・ボールドウィンの考えでは、ムーアは 1903 年までには考えを変えたようである。「彼は内在的価値に関する根本的真理に、ある特別な、絶対的な地位を与えた」のである（2010 年 9 月 10 日の e メール）。ムーアはそれらの真理を、現実的なものだけでなく可能的存在者にも適用される「普遍者」とみなしていた。さらに、「ラッセルの『数学原理』についての未出版の書評のなかで、ムーアは、ラッセルは帰結関係（entailment）と含意を区別すべきだったと論じている」そうである。

§3.32 オーラル・ヒストリーを少し。クリプキが直観主義論理の意味論（Kripke 1965）を発表したのは、オックスフォードで 1963 年に行われた学会である。最初のコメントは、その若さですでに名をはせていた論理学者、リチャード・モンタギュー（1930 〜 71）からであった。「これは歴史的瞬間だ。直観主義論理が初めて理解可能なものになった」。これは、直観主義論理にクリプキがなした根本的な貢献に対する、きわめて**論理主義的**な反応である。（また、誰かが「これは歴史的瞬間だ」と言うときはだいたいそんなことはないのだが、あとにも先にもあのときだけは、本当に歴史的瞬間であった。）

§4.12[†] **リヴィエル・ネッツ**は、私にとってはずっと、ギリシャにおける証明についてのこの上ない案内役であるが、彼からの批判にはまったくと言っていいほど応えられていない。彼は意外なトピックについても書いていて、『有刺鉄線—近代性の生態学』（Wesleyan University Press, 2004）は心を捉えてくる本である。

§5.10 ここでの**ジェルゴンヌ**への参照にはこれまであまり知られていないものも含まれているが、それらのいくつかはヴァンサン・ギインに教えてもらった（彼は最初、拙著『マッド・トラベラーズ』で、ジャン＝アルベール・ダダの最期を突き止めるのを助けてくれた人物である）。

§5.13[‡] 間違いなく、私ほどスミス賞の授賞式に出席した人間はほとんどいないはずである。1960 年に、私はこの賞をキース・モフィットと分け合った。私の論文は様相論理についてであり、彼のは磁気流体力学乱流についてのものであった。彼は 1980 年

---

[†] 原文では §4.17 への参照。
[‡] 原文では §5.15 への参照。

332　　情報開示

から 2002 年までケンブリッジの数理物理学講座をもっていた。

§5.13 ハーディの『純粋数学』。1954 年のクリスマス以来私がもっているのは、第 10 版（1952）である。

§5.16 フォン・ミーゼスについての情報は、ウィーン学団研究所の創設者であり所長のフリードリヒ・シュタドラーによる。

§5.17 （アプリ 6）チャンドラー・デイヴィス（1926 年生まれ）はトロントですぐ近くに住んでいる。彼は何といっても、長年にわたって *The Mathematical Intelligencer* の編集長であった。

§5.20 ワインバーグ。この参照は、いまトロント大学で真空についての博士論文を書いているアーロン・シドニー・ライトからの教示による。

§5.25 スタンフォードで重力観測衛星 Gravity Probe B のディレクターをしているフランシス・エヴァリットは、私の『表現と介入』の関連部分についての主要な情報提供者であり、また、マクスウェル関係全般についての私のアドバイザーでもある。

§6.2 ビル・テイトは、イリノイ大学シカゴ校で短期間だけ教えたときの同僚である。当時はルース・バーカン学科長のもとで「シカゴ学団」と呼ばれていた。

§6.7 コンヌとガワーズは、彼らの研究主題である数学の本性について根本的に異なる見解をもったきわめて好対照のペアであり、それゆえ客観的に見てもこの章の目的によくかなっている。しかしながら、彼らとの個人的な関係も情報開示しておくべきだろう。コンヌはコレージュ・ド・フランスにおける同僚であり、ガワーズはケンブリッジ大学トリニティ・カレッジのフェローである。そこは私が若い頃に学び、そしていまでは名誉フェローを務める場所である。二つの組織の創設者、フランソワ一世（コレージュ・ド・フランス、1530 年）とヘンリー八世（トリニティ、1546 年）が金襴の陣（the Field of Cloth of Gold）で会見し不可侵条約に合意したという事実は、私を嬉しくさせる。彼らは当時、それぞれ 26 歳と 29 歳であった（この二人の若人はレスリングの試合も行った。結果はフランソワがヘンリーを打ち負かした）。

§6.12 ポール・ベナセラフ。1960 〜 61 年に私はプリンストンで「個人指導教師」として雇われていて、ポールはそこの若い助教だった。われわれは数学についてとても多くのことを議論した。

§7.5 ジョージ・ブーロス。プリンストンにいた頃に、ベナセラフと私とで、彼の卒論を審査した。その時点で、このままいけば彼がのちに論理学と数学の哲学に大きな貢献をなすだろうということは明らかだった。

§7.21 ジェームズ・ロバート・ブラウンは、トロント大学哲学科の同僚である。

# 訳者あとがき

　本書は、Ian Hacking, *Why Is There Philosophy of Mathematics At All?* の全訳である。この書名を直訳すれば「なぜそもそも数学の哲学などというものが存在するのか」という具合になるだろうが、邦訳では『数学はなぜ哲学の問題になるのか』とした。「数学の哲学」という限定的な用語を避けたかったことと、このタイトルでも著者の意図は十分反映されていると考えたからである。他の多くの著作がそうであるように、本書でもハッキングの博学多才ぶりはいかんなく発揮されており、読んで面白いエピソードには事欠かない。とはいえ、その面白さの背後にはかなり鋭い刃が隠されていることは期待していただいてよい。そして本書を理解し味わうために、必ずしも分析的な「数学の哲学」という観点に立つ必要はないのである。実際、ハッキングは本書では「数学の哲学」という用語をかなり広い意味で使っている。

　著者のハッキングは、確率論の歴史から、科学哲学、社会構成主義、彼独特の歴史的存在論にいたるまで数々の著作をものしてきた哲学者である。主要な著作の多くは邦訳されているから、いまや彼はわが国でもかなり名前の知られた人物の一人であろう。彼の経歴の詳細は他の翻訳の解説に譲るが、本書でも述べられているように、このように多才なハッキングも、その出発点は実は「数学の哲学」に関する博士論文であった。しかし、このテーマにかかわる論文はその後の経歴の中でいくつか公表されてきたものの、彼自身はこれまで「数学の哲学」を広範かつ本格的に論じてきたわけではない。それが、ここにいたって本書が刊行されたのである。とすると、本書はハッキング自身の「数学の哲学」を満を持して開陳したものなのかと考えたくなるかもしれない。だが、原著のタイトルから推察されるように、この本は、通常の意味での「数学の哲学」本ではない。もちろん、数学について書かれた哲学の本という意味でなら、本書も数学の哲学のまっとうな一冊である。しかし、彼の他の著作、たとえば本書とよく似たタイトルの『言語はなぜ哲学の問題になるのか』や最近訳された彼の出世作『確率の出現』を読まれた方などはお気づきと思うが、本書はそれらと共通する、ハッキングならではのきわめて独特なアプローチで書かれている。

　とすると、最初に問題になるのは、本書がどのような意味で通常の「数学の哲学」本ではないのか、そして次に、本書がいったい何をねらった著作であるのか、

334　　訳者あとがき

そして彼の独特のアプローチがいかなるものか、ということであろう。その答え
は本書を読めば自ずと、ということになるかもしれないが、ここでは本書の特異
性を理解するための手がかりをいくつか指摘して、あらかじめ本書にまつわって
生まれかねない誤解を取り除いておきたいと思う。

　そのようなことをあえて行う理由は次のような事情にある。本書の刊行以来、
かなりの数の書評が出されてきた。私はそのすべてに眼を通したわけではないが、
いくつかを読むかぎり、その評価は思ったほど芳しいものではない。ハッキング
の独特なアプローチが必ずしも理解されているとは言えないのである。多くの書
評が指摘しているのは、本書で用いられている概念の規定が明確ではない（たと
えば、「デカルト的証明」と「ライプニッツ的証明」）とか、話に繰り返しが多いとか、
全体としてとりとめがないといったようなことである。しかし、そのような評価
は、この本を通常の「数学の哲学」についての本の一冊として捉えたことによる
誤解であるように思われる。したがって、そのような誤解を晴らし、本書のねら
いをいくらかでも明らかにしておくことは、長年培われてきたハッキングの哲学
的方法論の一端を明らかにし、ひいては本書の意義をある程度明確化することに
資するはずである。

　さて、本書は、タイトルからも、また最初の数ページを読んだだけでもわかる
ように、数学（数学的活動）と数学の哲学についてメタ的な視点から書かれた本
である。そういう視点から書かれた書物が興味深いものであるためには、対象と
なっている活動自体が活況を呈していなければならない。（衰退していく活動につ
いての面白い研究はもちろんたくさんあるが、もし「数学の哲学」が誰も顧みないよう
な領域ならば、それについてあえて歴史的なメタ認識論を試みる意義は大きくないだろ
う。）あるいは、そうした活動が少なくともリサーチプログラムとしてあまり退
行的であってはまずいであろう。（ただし、リサーチプログラムという語を使ったか
らと言って、そこに単一の方法論的な何かがあると言いたいわけではない。）その点で
は、数学的な活動については何も問題はないように思われる。現在の数学研究が
停滞しているという話は聞かないし、数学の諸分野への応用が行き詰っていると
いう話も聞かないからである（本文で指摘されているように、もちろんそこに何の変
化もないということではない）。

　では、数学の哲学についてはどうであろうか。じつは、数学の哲学もここ数十
年はたいへんな活況を呈している。このことはわが国の状況を見ているだけでは
わからないかもしれないが、少なくともハッキングをとりまく文化圏においては、
刊行される書籍や論文の数も膨大であるし、博士論文産出の機構としても機能し

ているのである。『フィロソフィア・マセマティカ』という数学の哲学に特化した雑誌も出版されているくらいである。そして、大事なのは、こうした数学の哲学の隆盛がここ数十年の特異な一時的現象ではないということである。二千数百年に及ぶ哲学の歴史において、数学をめぐる哲学的議論の活発化は何度も生じてきた。ハッキングは、これを本書では「永続的」という言葉を使って言い表している。まずは、このような背景的状況を踏まえておきたい。

　では、こうした数学の哲学が繰り返し活発化してきたという歴史的事実から、われわれは何をくみ取ることができるであろうか。議論が活発に行われるということは、そこに異なる意見の対立があるということである。そして、その対立が十分に解消されないまま、歴史的に見て、そうした対立が何度も繰り返されている。もちろん、そこで生じている対立が、いつも同じ話題をめぐっての対立だというわけではない。しかし、こうも繰り返し対立が生じてきたという事実は、数学、あるいは数学的活動そのもののうちに、そうした対立を引き起こすような何らかの要因があるのではないか。ひどく大雑把に言えば、本書の大筋をこのような流れの話として読むことはできるかもしれない。そして、数学的活動のうちにあって、哲学的な対立を引き起こす要因が何であるかについての示唆も本文中にはきちんと述べられている。

　先に、本書が通常の「数学の哲学」の本ではないということを述べた。それがどういうことなのかを次に見てみよう。こういう場合、通常の「数学の哲学」についての本をもってきて比較してみるのが手っ取り早い。次は、シャピロという人が書いた数学の哲学への入門書『数学を哲学する』（筑摩書房，2012 年）からの一節である（自分が翻訳した本を持ち出すのは気が引けるが、他に適当な邦訳がないので、あしからず）。

> この本は数学についての哲学書である。まず、形而上学の問題がある。数学は何についてのものなのか。それは主題となる対象をもつだろうか。この主題となる対象は何か。数、集合、点、線、関数、等々は何か。それから意味論的な問題がある。数学的言明は何を意味するのか。数学的真理の本性は何か。そして認識論。数学はどのように知られるのか。その方法論は何か。観察が入り込んでくるのか。それともそれは純粋に心的な活動なのか。数学者たちの間での論争はどのように裁かれるのか。証明とは何か。証明は、絶対に確実で、合理的な疑いを免れたものなのか。数学の論理は何か。われわれの知りえない数学的真理は存在するのか。（シャピロ，邦訳，iv）

　数学の哲学における多くの本、とくに分析的な数学の哲学の本は、典型的には、上の引用にあるような問いに対して答えを与えようとする。たとえば、「数学は

何についてのものなのか」という問いについてであれば、プラトニストは「数や集合といった抽象的な数学的対象が存在し、数学はそれらの対象に関する真理を明らかにする活動だ」と主張するだろうし、構造主義者ならば、「そのような対象は存在せず、あるのは一定の構造だけだ」と答えるであろう、という具合である。しかし、ハッキングは本書においてこのような答えを探ろうとしているわけではない。

　それでは、ハッキングはいったい何をやろうとしているのか。彼は一応は分析哲学の系統に属する哲学者だとみなされているし、本人もそう自覚している。しかし彼自身は、分析哲学の方法、あるいは分析哲学的な問題設定をつねに全面的に肯定しているわけではない。とくにフーコーからの明らかな影響のもと、彼は様々なところで次のように指摘している。すなわち、重要なことは、ある哲学的な問いが発せられ、その問いにいかに答えるべきかが論じられるとき、そこには、暗黙に一定の前提がはたらいているということである。ハッキングは、そのような問いにいかに答えるかよりも、その問いそのものが、あるいはその問いを含む問題圏が、いかにして成立しているのかに興味を抱いている。ここはハッキング自身に語ってもらうほうがよいかもしれない。次は、『知の歴史学』の第13章「ライプニッツとデカルト—証明と永遠真理」からの一節である。

> というのは、いまある憶測が私の頭を悩ませているからだ。それは証拠があることでもないし、独創的なものでもないが、こういうことである。すなわち、哲学的問題の「空間」は、それらの問題提起をそもそも可能にしている条件によって、大部分決定されるのではないか。ある問題は、ある一定の概念を用いることではじめて、一個の問題として立てられる。そして、それらの概念を用いてそもそも何ができるかは、当の概念が出現してくるための前提条件によって、呆れてしまうほどに決定されてしまっている。そうした「問題の空間」のもつ性質をわれわれは認識できないが、それが容易には見通せないほどの広がりをもつこともまた確かである。問題の肯定的な解決であれ、否定的な解決であれ、さらには問題の解消であれ、結局それらはすべてそうした空間の内部で行われるのではないか。(邦訳, pp.396-397)

　この発想を、ハッキングはのちに「推論のスタイル」および「歴史的存在としての概念」というアイディアにつなげていく。このうち、前者の「推論のスタイル」は、本書でも第4章の22節で「科学的推論のスタイル」として取り上げられている。また、後者についても、第1章にある一文「証明こそが現在の数学者たちが目指す最高基準である（そしてかつてはユークリッド的な最高基準であった）というのは、偶然的な歴史的事実にほかならない」からも推察されるように、

本書の基調を形作っている。つまり、「証明」のような概念ですら、特定の時代や文化に限定された概念であり、ある特定の推論スタイルのもとで初めて、「証明」が証明としての意義をもちうるのだとハッキングは言いたいわけである。もう少し言えば、ハッキングは、何が真で、何が偽であるかに興味を抱いているわけではない。彼が関心を抱いているのは、あるものを真であったり、偽であったりする候補とするものは何か、ということである。あるものをそうした候補にするものが、上で言う「問題の空間」であったり、「推論のスタイル」だったりするわけである。そしてそのような空間やスタイルを探るには、そこに登場する概念がどのような歴史的経緯を経てきたかをたどってみるしかないのである。

もしハッキングがこのような関心を抱いているのだとすれば、通常の「数学の哲学」で扱われるような問いそのものについて彼が比較的冷淡である理由も明らかであろう。彼はそもそも「数学が何についてのものか」とか「数学的真理の本性は何か」といった問いに答えようとはしていないのである。彼がやろうとしているのは、そのような問いを成立させている数学の哲学の問題圏そのものの由来を問い、その問題圏を成立させている基本前提を明らかにすることであり、そうした基本前提のなかでわれわれが暗黙に受け入れてしまってきた前提を問い直すことなのである。

そのように見てくれば、本書の全体的な構造も比較的容易に理解できるのではないだろうか。たとえば、現代の数学の哲学は、「数学」というものを「当たり前のもの」として、すなわち「誰から見ても数学が何であるかは明らかなもの」として受け取っているのではないか。だが、そのようなことをはたして前提にしてしまってよいのだろうか。この問題は、本書の第2章で集中的に扱われている。次に証明。われわれは、数学には証明がつきものだと思っている。そして、「証明」とか「合理性」といった概念は、「誠実さ」とか「狂気」のような概念とは異なり、固定的で、時代や社会によってその中味が変わるようなものだとは思っていない。だが、すでに先取りして述べたように、ハッキングによればそれは思い込みである。ハッキングは、「デカルト的証明」と「ライプニッツ的証明」という両極端な捉え方を提示しつつ、「証明」概念が多様なものであること、さらには証明のない数学の可能性までも考察している。これが第4章である。そして第5章では、同様の問題意識でもって、数学の「応用」や純粋数学と応用数学の区別が取り上げられている。

そして最後に6章と7章。第6章では、数学者が自らの数学的活動（あるいは数学的生活）をどのように捉えているのかという観点から、プラトニズムという

哲学的態度（ここは学説ではなく、態度であることが重要）とプラトニズムに反対する哲学的態度とが比較対照されている。これは、第7章で、哲学者のプラトニズムや反プラトニズムを、数学者のプラトニズムや反プラトニズムと対比するための背景を用意するという意味もある。その上で、第7章において、現代の数学の哲学における中心的な論争、すなわちプラトニズムと唯名論の論争がいかにして成立してきたかが論じられるのである。ここにいたって、ハッキングは、議論の対象を、「証明」や「応用」といった個別的な概念から、「プラトニズム vs 反プラトニズム」の論争そのものの来歴へとシフトさせている。そして、そのようなプロセスを介して、彼は、これまでの「数学の哲学」が暗黙の前提にしていた事柄のいくつかを明快に取り出してみせている。以上が、本書の大まかな流れである。

　こうした全体的な流れのなかで大事なのは、これらの議論を、ハッキングは概念的な分析によって行っているのではなく、歴史的な様々な事実の積み重ねをもって行っているということである。だから、これらの章での議論は、すべて上で指摘したハッキングの方法論——「推論スタイルの分析」や「歴史的な存在としての概念」——を数学に適用した結果にほかならない。

　数学の哲学という分野では、近年、数学的活動を捉えるために使われる様々な既成の概念を自明のものとすることをやめて、それらをもっと社会学的な視点から理解しようとしたり、歴史的な文脈に位置づけられたものとして理解しようという傾向が強まってきており、その一部は本書でも言及されている。とはいえ、本書におけるハッキングほどそれを徹底した哲学者はほかにはいないように思われる。

　翻訳にあたっては、第1章、第2章、第5章、第6章、第7章を金子が、第3章と第4章、および情報開示を大西琢朗が担当した。第3章、第4章については伊藤遼氏、高木俊一氏に訳稿のチェックをお願いした。その後、森北出版の丸山隆一氏を交えて三者で訳文のチェックを行った。この間、金子が多忙であったため、担当した章のチェック・改訂にあたっては大西・丸山両氏に多大の労力をおかけしたことを記して、感謝したい。ハッキングは、口語的な短い文章を畳みかけるように書く傾向があり、そのままでは文意が通りにくいため、大胆に意訳した部分もある。〔***〕の部分は訳者による補足である。

2017 年 6 月 12 日

金子洋之

# 参考文献

Almeida, Mauro W. and Barbosa, D. 1990. Symmetry and entropy: mathematical metaphors in the work of Lévi-Strauss. *Current Anthropology* 31: 367-85.

Ambrose, Alice. 1959. Proof and the theorem proved. *Mind* 68: 435-45.

Anderson, Philip. 1972. More is different: broken symmetry and the nature of the hierarchical structure of science. *Science* 177: 393-6.

Appel, K. and Haken, W. 1977. Every planar map is four colourable. Part i: Discharging. *Illinois Journal of Mathematics* 21: 429-90.

Appel, K., Haken, W., and Koch, J. 1977. Every planar map is four colourable. Part ii: Reducibility. *Illinois Journal of Mathematics* 21: 491-567.

Aristotle. 1984. *The Complete Works of Aristotle*, revised Oxford translation, ed. Jonathan Barnes, 2 vols. Princeton University Press.

Aschbacher, Michael and Smith, Stephen D. 2004. *The Classification of Quasithin Groups*. Mathematical Surveys and Monographs vols. 111, 112. Providence, RI: American Mathematical Society.

Asper, Markus. 2009. The two cultures of mathematics in ancient Greece. In E. Robson and J. Stedall (eds.) *Oxford Handbook of the History of Mathematics*. Oxford University Press, 107-32

Aspray, William and Kitcher, Philip. 1988. *History and Philosophy of Modern Mathematics*. Minneapolis: University of Minnesota Press.

Atiyah, Michael. 1984. An interview with Michael Atiyah. *The Mathematical Intelligencer* 6: 9-19.

n.d. Sir Michael Atiyah on math, physics and fun. Available at: www.super stringtheory. com/people/atiyah.html.

Atiyah, Michael and Sutcliffe, Paul. 2003. Polyhedra in physics, chemistry and geometry. *Milan Journal of Mathematics* 71: 33-58.

Atiyah, Michael, Dijkgraaf, Robbert, and Hitchin, Nigel. 2010. Geometry and physics. *Philosophical Transactions of the Royal Society* 368: 913-26.

Austin, John Langshaw. 1961. The meaning of a word. In *Philosophical Papers*. Oxford: Clarendon Press, 23-43.

Ayer, A. J. 1946. *Language, Truth and Logic*, second edn, revised. London: Victor Gollancz; first edn 1936.（A. J. エイヤー『言語・真理・倫理』吉田夏彦訳，岩波書店，1976）

Ayers, Michael. 1991. *Locke*. London: Routledge.

Azzouni, Jody. 2004. *Deflating Existential Consequence: A Case for Nominalism*. Oxford University Press.

Bacon, Francis. 1857-74. *The Works of Francis Bacon*, ed. J. Spedding, R. Ellis, and D. Heath, 3 vols. London: Longman.

Baker, Alan. 2008. Experimental mathematics. *Erkenntnis* 68: 331-44.

Baker, G. P. and Hacker, P. M. S. 2005. *Wittgenstein. Understanding and Meaning: An Analytical Commentary on the Philosophical Investigations*, second extensively revised edn by Peter Hacker. Oxford: Blackwell; first edn 1980.

Balaguer, Mark. 1998. *Platonism and Anti-Platonism in Mathematics*. Oxford University Press.

Ball, Philip. 2012. Proof claimed for deep connection between primes. *Nature* 12 September. Available at: www.nature.com/news/proof-claimed-for-deep-connection-betweenprimes-1.11378.

Baron-Cohen, Simon. 2002. The extreme male brain theory of autism. *Trends in Cognitive Sciences* 6: 248-54.

2003. *The Essential Difference: Men, Women and the Extreme Male Brain.* London: Allen Lane.

Baron-Cohen, Simon, Wheelwright, S., Scott, C., Bolton, P., and Goodyear, I. 1997. Is there a link between engineering and autism? *Autism*, 1, 101-9.

Barzin, Marcel. 1935. Sur la crise contemporaine des mathématiques. *L'Enseignement mathématique* 34: 5-11.

Benacerraf, Paul. 1965. What numbers could not be. *Philosophical Review* 74: 47-73.

1967. God, the devil, and Gödel. *The Monist* 51: 9-32.

1973. Mathematical truth. *Journal of Philosophy* 70: 661-79.（ポール・ベナセラフ「数学的真理」飯田隆訳，飯田隆編『リーディングス数学の哲学—ゲーデル以後』所収，pp.245-272．勁草書房，1995）

Benacerraf, Paul and Putnam, Hilary. 1964. *Philosophy of Mathematics: Selected Readings.* Englewood Cliffs, NJ: Prentice-Hall.

1983. *Philosophy of Mathematics: Selected Readings*, second and much modified edn. Cambridge University Press.

Bernays, Paul. 1935a. Sur le platonisme mathématique. *L'Enseignement mathématique* 34: 52-69.

1935b. Quelques points essentiels de la métamathématique. *L'Enseignement mathématique* 34: 70-95.

1964. Comments on Ludwig Wittgenstein's *Remarks on the Foundations of Mathematics*, trans. from the German original. *Ratio* 2 (1959): 1-22, in Benacerraf and Putnam (1964: 510-28). See also the online Bernays Project, available at: www.phil.cmu.edu/projects/bernays/, text 23.

1983. On platonism in mathematics, trans. Charles Parsons of Bernays (1935a). In Benacerraf and Putnam (1983: 258-71). For a slightly revised translation, see the online Bernays Project, available at: www.phil.cmu.edu/projects/bernays/, text 1.

Blake, William. 1957. *The Complete Writings of William Blake*, ed. Geoffrey Keynes. London: Nonesuch Press.（ウィリアム・ブレイク『ブレイク全著作』梅津済美訳，名古屋大学出版会，1989）

Błaszczyk, Piotr, Katz, Mikhail, and Sherry, David. 2013. Ten misconceptions from the history of analysis and their debunking. *Foundations of Science* 18: 43-74.

Bloor, David. 2011. *The Enigma of the Aerofoil: Rival Theories in Aerodynamics 1909-1930.* Princeton University Press.

Boolos, George. 1971. The iterative conception of set. *Journal of Philosophy* 68: 215-31. Reprinted in Benacerraf and Putnam (1983: 486-502).（ジョージ・ブーロス「反復的な集合観」中川大訳，飯田隆編『リーディングス数学の哲学—ゲーデル以後』所収，pp.135-160．勁草書房，1995）

1987. The consistency of Frege's *Foundations of Arithmetic*. In Richard Jeffrey (ed.) *Logic, Logic and Logic*. Cambridge, MA: Harvard University Press, 183-201.（ジョージ・ブーロス「フレーゲ『算術の基礎』の無矛盾性」井上直昭訳，岡本賢吾・金子洋之編『フレーゲ哲学の最新像』所収，pp.79-112．勁草書房，2007）

1998. Must we believe in set theory? In Richard Jeffrey (ed.) *Logic, Logic, and Logic.* Cambridge, MA: Harvard University Press, 120-31.

Borcherds, Richard. 2011. Renormalization and quantum field theory. *Algebra and Number Theory* 5: 627-58.

Bourbaki, N. 1939. *Éléments de mathématique.* Paris: Hermann. There are nine postwar volumes of the project; a final fascicule, on commutative algebra, appeared in 1998.（ブルバキ『数学原論』東京図書，1984-1986）

Boyer, Carl B. 1991. *A History of Mathematics*, second edn, revised by Uta C. Merzbach. New York: Wiley.（C. B. ボイヤー『ボイヤー 数学の歴史 1~5（新装版）』加賀美鐵雄・浦野由有訳，朝倉書店，2008）

Brooks, R. L., Smith, C. A. B., Stone, A. H., and Tutte, W. T. 1940. The dissection of rectangles into squares. *Duke Mathematical Journal* 7: 312-40.

Brown, Gary I. 1991. The evolution of the term 'Mixed Mathematics'. *Journal of the History of Ideas* 52: 81-102.

Brown, James Robert. 2008. *Philosophy of Mathematics. A Contemporary Introduction to the World of Proofs and Pictures*, second edn. London: Routledge.

2012. *Platonism, Naturalism, and Mathematical Knowledge*. London: Routledge.

Burgess, John P. 2008. *Mathematics, Models, and Modality: Selected Philosophical Essays*. Cambridge University Press.

Burgess, John P. and Rosen, Gideon. 1997. *A Subject with no Object: Strategies for a Nominalistic Interpretation of Mathematics*. Oxford: Clarendon Press.

Burnyeat, Miles. 2000. Plato on why mathematics is good for the soul. In T. J. Smiley (ed.) *Mathematics and Necessity: Essays in the History of Philosophy*. Oxford University Press for the British Academy, 1-82.

Butler, Joseph. 1827. *Fifteen Sermons Preached at the Rolls Chapel*. Cambridge: Hilliard and Brown; Boston: Hilliard, Gray, Little, and Wilkins.

Buzaglo, Meir. 2002. *The Logic of Concept Expansion*. Cambridge University Press.

Carey, Susan. 2009. *The Origin of Concepts*. Oxford University Press.

Carnap, Rudolf. 1950. Empiricism, semantics, and ontology. *Revue Internationale de Philosophie* 4: 20-40. Reprinted in Benacerraf and Putnam (1983: 241-57).

Cartwright, Nancy. 1983. *How the Laws of Physics Lie*. Oxford University Press.

Cauchy, Augustin-Louis. 1821. *Cours d'analyse de l'École Polytechnique*. Paris: Imprimerie Royale.（コーシー『コーシー解析教程』西村重人訳，高瀬正仁監訳，医学評論社，2011）

Chemla, Karine and Guo Shuchun. 2004. *Les neuf chapitres: le classique mathématique de la Chine ancienne et ses commentaires*. Paris: Dunod.

Changeux, Jean-Pierre and Connes, Alain. 1995. *Conversations on Mind, Matter, and Mathematics*, Princeton University Press. French original, *Matière à penser*. Paris: Odile Jacob, 1989.（ジャン=ピエール・シャンジュー，アラン・コンヌ『考える物質』浜名優美訳，産業図書，1991）

Chevreul, Eugène. 1816. Recherches chimiques sur les corps gras, et particulièrement sur leurs combinaisons avec les alcalis. Sixième mémoire – examen des graisses d'homme, de mouton, de bœuf, de jaguar et d'oie. *Annales de Chimie et de Physique* 2: 339-72.

Chihara, Charles. 2004. *A Structural Account of Mathematics*. Oxford University Press.

2010. New directions for nominalist philosophers of mathematics. *Synthese* 176: 153-75.

Chomsky, Noam. 1966. *Cartesian Linguistics: A Chapter in the History of Rationalist Thought*. New York: Harper and Row.（ノーム・チョムスキー『デカルト派言語学：合理主義思想の歴史の一章』川本茂雄訳，みすず書房，2002）

2000. *New Horizons in the Study of Language and Mind*. Cambridge University Press.

Cipra, Barry. 2002. Think and grow rich. In *What's Happening in the Mathematical Sciences*, vol. v. Washington: American Mathematical Society, 77-87.

Cohen, I. Bernard. 1985. *Revolution in Science*. Cambridge, MA: Harvard University Press.

Cohen, Paul J. 1966. *Set Theory and the Continuum Hypothesis*. New York: Benjamin.

Coleridge, Samuel Taylor. 1835. *Specimens of the Table Talk of Samuel Taylor Coleridge*, ed. Henry Nelson Coleridge, 2 vols. London: John Murray.（S. T. コールリッジ『コールリッジ談話集』野上憲男訳，旺史社，2001）

Colyvan, Mark. 2010. There is no easy road to nominalism. *Mind* 119: 285-306.

2011. Indispensability arguments in the philosophy of mathematics. In *Stanford Encyclopedia of Philosophy*, ed. Edward N. Zalta (spring 2011 edn). Available at: http://

plato.stanford.edu/archives/spr2011/entries/mathphil-indis/.

Conant, J. B. 1952. *Modern Science and Modern Man*. New York: Columbia University Press.
（ジェームズ・コナント『現代科学と現代人』坂西志保訳，時事通信社，1958）

Connelly, Robert. 1999. Tensegrity structures: why are they stable? In M. F. Thorpe and P. M. Duxbury (eds.) *Rigidity Theory and Applications*. New York: Kluwer Academic/Plenum, 47-54.

Connes, Alain. 2000. La réalité mathématique archaïque. *La Recherche* 332: 109. 2004. Repenser l'espace et la symétrie. *La Recherche* 381: 27.

Connes, Alain and Kreimer, Dirk. 2000. Renormalization in quantum field theory and the Riemann – Hilbert problem. i. The Hopf algebra structure of graphs and the main theorem. *Communications in Mathematical Physics* 210: 249-73.

Connes, Alain, Lichnerowicz, André, and Schützenberger, Marcel Paul. 2001. *Triangle of Thoughts*. Providence, RI: American Mathematical Society. French original: *Triangle des pensées*. Paris: Odile Jacob, 2000.

Conway, John. 2001. *On Numbers and Games*, second edn. Natick, MA: A. K. Peters.

Conway, John, Burgiel, Heidi, and Goodman-Strauss, Chaim. 2008. *The Symmetries of Things*. Wellesley, MA: A. K. Peters.

Corfield, David. 2003. *Towards a Philosophy of Real Mathematics*. Cambridge University Press.

Corry, Leo. 2009. Writing the ultimate mathematical textbook: Nicolas Bourbaki's *Éléments de mathématique*. In E. Robson and J. Stedall (eds.) *Oxford Handbook of the History of Mathematics*. Oxford University Press, 565-87.（『Oxford 数学史』斎藤憲・三浦伸夫・三宅克哉監訳，共立出版，2014）

Courant, Richard and Robbins, Herbert. 1996. *What is Mathematics? An Elementary Approach to Ideas and Methods*, second edn, revised by Ian Stewart. Oxford University Press.

Crombie, A. C. 1994. *Styles of Scientific Thinking in the European Tradition: The History of Argument and Explanation Especially in the Mathematical and Biomedical Sciences and Arts*, 3 vols. London: Duckworth.

Dahan-Dalmedico, A. 1986. Un texte de philosophie mathématique de Gergonne (mémoire inédit déposé à l'Académie de Bordeaux). *Revue de l' Histoire des Sciences* 39: 97-126.

Daston, Lorraine. 1988. Fitting numbers to the world: the case of probability theory. In Aspray and Kitcher (1988: 221-37).

Davis, Chandler. 1994. Where did twentieth-century mathematics go wrong? In Sasaki Chikara, Sugiura Mitsuo, and Joseph W. Dauben (eds.) *The Intersection of History and Mathematics*. Boston: Birkhäuser, 120-42.

Davis, Martin. 2000. *The Universal Computer: The Road from Leibniz to Turing*. New York: Norton.（マーティン・デイヴィス『万能コンピュータ：ライプニッツからチューリングへの道すじ』沼田寛訳，近代科学社，2016）

Dawson, John. 2008. The reception of Gödel's incompleteness theorem. In Thomas Drucker (ed.) *Perspectives on the History of Mathematical Logic*. Boston: Birkhäuser, 84-100.

Dedekind, Richard. 1996. What are numbers and what should they be? In Ewald (1996: 787-832). (Translation of *Was sind und was sollen die Zahlen?* Braunschweig: Vieweg, 1888.)（リヒャルト・デデキント『数とは何かそして何であるべきか』渕野昌訳，筑摩書房，2013）

Dehaene, Stanislas. 1997. *The Number Sense: How the Mind Creates Mathematics*. London: Allen Lane/Penguin.（スタニスラス・ドゥアンヌ『数覚とは何か？：心が数を創り，操る仕組み』長谷川眞理子・小林哲生訳，早川書房，2010）

Dennett, Daniel. 2003. *Freedom Evolves*. New York: Penguin.（ダニエル・C・デネット『自由は進化する』山形浩生訳，NTT 出版，2005）

Derrida, Jacques. 1994. *Specters of Marx: The State of the Debt, the Work of Mourning, and the New International*. New York: Routledge. Original: Spectres de Marx. Paris: Galilée, 1993.（ジャック・デリダ『マルクスの亡霊たち：負債状況＝国家，喪の作業，新しいインターナショナル』増田一夫訳，藤原書店，2007）

Descartes, René. 1954. *The Geometry of René Descartes*, trans. from the French of 1637 and Latin of 1649 by D. E. Smith and M. L. Latham. New York: Dover. (ルネ・デカルト『幾何学』原亨吉訳．筑摩書房．2013)

　　1971. *Philosophical Writings*, ed. and trans. E. Anscombe and P. T. Geach. London: Nelson. Douglas, Mary and Wildavsky, Aaron

Detlefsen, Michael. 1998. Mathematics, foundations of. In E. Craig (ed.) *Routledge Encyclopedia of Philosophy*, 10 vols. London and New York: Routledge, vol. vi, 181-92.

Dirac, P. A. M. 1939. The relation between mathematics and physics. *Proceedings of the Royal Society (Edinburgh) 59 (ii): 122-29. Reprinted in The Collected Works of P. A. M. Dirac, 1924-1948*, ed. R. H. Dalitz. Cambridge University Press, 1995, 907-14.

Douglas, Mary and Wildavsky, Aaron. 1982. *Risk and Culture: An Essay on the Selection of Technological and Environmental Dangers*. Berkeley: University of California Press.

Doxiadis, Apostolos and Mazur, Barry (eds.). 2012. *Circles Disturbed: The Interplay of Mathematics and Narrative*. Princeton University Press.

Dudeny, Henry Ernest. 1907. *The Canterbury Puzzles, and Other Curious Problems*. London: Nelson. Available online from Project Gutenberg. (H. E. デュードニー『カンタベリー・パズル』伴田良輔訳．筑摩書房．2009)

　　1917. *Amusements in Mathematics*. London: Nelson. Available online from Project Gutenberg. (H. E. デュードニー『パズルの王様傑作集』高木茂男訳．ダイヤモンド社．1986)

Dummett, Michael. 1973. *Frege: Philosophy of Language*. London: Duckworth.

　　1978. *Truth and Other Enigmas*. London: Duckworth. (マイケル・ダメット『真理という謎』藤田晋吾訳．勁草書房．1986)

　　1980. Frege and analytical philosophy. *London Review of Books*, 18 September.

　　1991. *Frege: Philosophy of Mathematics*. London: Duckworth.

Edwards, Harold M. 1987. An appreciation of Kronecker. *Mathematical Intelligencer* 9: 28-35.

　　2005. *Essays in Constructive Mathematics*. New York: Springer.

Eckert, Michael. 2006. *The Dawn of Fluid Dynamics: A Discipline Between Science and Technology*. New York: Wiley.

Everitt, C. W. F. 1975. *James Clerk Maxwell: Physicist and Natural Philosopher*. New York: Scribner.

Ewald, William. 1996. *From Kant to Hilbert: Readings in the Foundations of Mathematics*, 2 vols. Oxford University Press.

Ferreirós, José. 1999. *Labyrinth of Thought: A History of Set Theory and its Role in Modern Mathematics*. Basel: Birkhäuser; revised edn with similar pagination, 2007.

　　2007. Ὁ Θεὸς Ἀριθμητίζει: The rise of pure mathematics as arithmetic with Gauss. In Goldstein, Schappacher, and Schwermer (2007: 235-68).

Field, Hartry. 1980. *Science without Numbers: A Defence of Nominalism*. Oxford: Blackwell.

Fine, Kit. 1998. Cantorian abstraction: A reconstruction and a defense. *Journal of Philosophy* 95: 599-634.

Fisch, Max. 1982. Introduction to Volume 1. In *Writings of Charles S. Peirce: A Chronological Edition*. Bloomington: Indiana University Press, xiv–xxv.

Fitzgerald, Michael. 2004. *Autism and Creativity: Is there a Link between Autism in Men and Exceptional Ability?* Hove, East Sussex: Brunner-Routledge. (マイケル・フィッツジェラルド『アスペルガー症候群の天才たち：自閉症と創造性』石坂好樹・花島綾子・太田多紀訳．星和書店．2008)

　　2005. *The Genesis of Artistic Creativity: Asperger's Syndrome and the Arts*. London: Jessica Kingsley. (マイケル・フィッツジェラルド『天才の秘密：アスペルガー症候群と芸術の独創性』井上敏明監訳，倉光弘己・栗山昭子・林知代訳，世界思想社．2009)

　　2009. *Attention Deficit Hyperactivity Disorder: Creativity, Novelty Seeking, and Risk*. New York: Nova.

Fitzgerald, Michael and James, Ioan. 2007. *The Mind of the Mathematician*. Baltimore, MD: Johns Hopkins University Press.

Fitzgerald, Michael and O'Brien, Brendan. 2007. *Genius Genes: How Asperger Talents Changed the World*. Shawnee Mission, KS: Autism Asperger Publishing Company.

Frege, Gottlob. 1884. *Die Grunlagen der Arithmetic. Eine logisch-mathematische Untersuchung über den Begriff der Zahl*. Breslau. *The Foundations of Arithmetic: A Logico-Mathematical Enquiry into the Concept of Number*, trans. J. L. Austin, second revised edn. Oxford: Blackwell, 1953.（G. フレーゲ『フレーゲ著作集〈2〉算術の基礎』野本和幸・土屋俊編, 勁草書房, 2001）

　　1892. Über Sinn und Bedeutung. *Zeitschrift für Philosophie und philosophische Kritik* 100: 25-50.（G. フレーゲ「意義と意味について」土屋俊訳, 黒田亘・野本和幸編『フレーゲ著作集〈4〉哲学論集』所収, pp.71-102, 勁草書房, 1999）

　　1949. On sense and nominatum. Herbert Feigl's translation of Frege 1892. In H. Feigl and W. Sellars, *Readings in Philosophical Analysis*. New York: Appleton-Century-Croft, 85-102.

　　1952. *Translations from the Philosophical Writings of Gottlob Frege*, trans. Peter Geach and Max Black. Oxford: Blackwell; third revised edn. 1980.

　　1967. *The Basic Laws of Arithmetic: Exposition of the System*. Montgomery Furth's translation of selections from *Grundgesetze der Arithmetik*. Berkeley: University of California Press.（G. フレーゲ『フレーゲ著作集〈3〉算術の基本法則』野本和幸編, 勁草書房, 2000）

　　1997. *The Frege Reader*, ed. Michael Beaney. Oxford: Blackwell.

Friedman, Michael. 1992. *Kant and the Exact Sciences*. Cambridge, MA: Harvard University Press.

Gabbay, Dov (ed.). 1994. *What is a Logical System?* Oxford: Clarendon Press.

Galison, Peter. 1979. Minkowski's space-time: from visual thinking to the absolute world. *Historical Studies in the Physical Sciences* 10: 85-121.

Garber, Daniel. 1992. *Descartes' Metaphysical Physics*. University of Chicago Press.

Gardner, Martin. 1978. *Aha! Aha! Insight*. New York: Scientific American.（マーティン・ガードナー『aha! Insight ひらめき思考 (1)』島田一男訳, 日本経済新聞出版社, 2009）

Gauss, Karl Friedrich. 1900. *Werke*, vol. VIII: *Arithmetik und Algebra*. Leibniz: Teubner; reproduced Hildesheim: Olms, 1981.

Gaukroger, Stephen. 1989. *Cartesian Logic: An Essay on Descartes' Conception of Inference*. Oxford University Press.

　　1995. *Descartes: An Intellectual Biography*. Oxford: Clarendon Press.

Gelbart, Stephen. 1984. An elementary introduction to the Langlands program. *Bulletin of the American Mathematical Society* 10: 177-219.

Gergonne, Joseph Diaz. 1810. Prospectus. *Annales de mathématiques pures et appliquées* 1: i-iv.

　　1818. Essai sur la théorie des définitions. *Annales de mathématiques pures et appliquées* 9: 1-35.

Gingras, Yves. 2001. What did mathematics do to physics? *History of Science* 39: 383-416.

Gödel, Kurt. 1983. What is Cantor's continuum problem? A revised version of the paper in *American Mathematical Monthly* 54 (1947): 515-25, prepared for Benacerraf and Putnam (1964) and reprinted in Benacerraf and Putnam (1983: 470-85).（クルト・ゲーデル「カントールの連続体問題とは何か」岡本賢吾訳, 飯田隆編『リーディングス数学の哲学—ゲーデル以後』所収, pp.17-55, 勁草書房, 1995）

　　1995. Some basic theorems on the foundations of mathematics and their implications. The Gibbs Lecture to the American Mathematical Society, 1951. In Solomon Feferman *et al.* (eds.) *Kurt Gödel: Collected Works*, 5 vols. Oxford: Clarendon Press, vol. iii, 304-23.

Goldstein, Catherine, Schappacher, Norbert, and Schwermer, Joachim (eds.). 2007. *The Shaping of Arithmetic: After C. F. Gauss's Disquisitiones Arithmeticae*. Berlin: Springer.

Goodman, Nelson, and Quine, W. V. 1947. Steps toward a constructive nominalism. *Journal of Symbolic Logic* 12: 105-22.

Gowers, Timothy. n.d. The two cultures of mathematics. Available at: www.dpmms.cam.
ac.uk/~wtg10/2cultures.pdf.

2002. *Mathematics: A Very Short Introduction*. Oxford University Press.（ティモシー・ガウ
アーズ『数学〈〈1冊でわかる〉シリーズ〉』青木薫訳，岩波書店，2004）

2006. Does mathematics need a philosophy? In Reuben Hersh (ed.) *18 Unconventional
Essays on the Nature of Mathematics*. New York: Springer Science+Business Media, 182-
201.

(ed.). 2008. *The Princeton Companion to Mathematics*. Princeton University Press.（ティモ
シー・ガワーズ編，ジューン・バロウ゠グリーン／イムレ・リーダー共同編集『プリンストン数
学大全』砂田利一・石井仁司・平田典子・二木昭人・森真 監訳，朝倉書店，2015）

2012. Vividness in mathematics and narrative. In Doxiadis and Mazur (2012:211-31).

Grabiner, Judith. 1981. *The Origins of Cauchy's Rigorous Calculus*. Cambridge, MA: MIT
Press.

Grattan-Guinness, Ivor. 2000. A sideways look at Hilbert's twenty-three problems of 1900.
*Notices of the American Mathematical Society* 47: 752-7.

Griess, Robert. 1982. The friendly giant. Inventiones Mathematicae 69: 1-102. Guéroult,
Martial. 1953. *Descartes selon l'ordre des raisons*, 2 vols. Paris: Aubier.

Haas, Karlheinz. 2008. Carl Friedrich Hindenberg. In *Complete Dictionary of Scientific
Biography*. Available at: www.encyclopedia.com/doc/1G2-2830902007.html.

Hacker, Andrew. 2012. Is algebra necessary? *New York Times Sunday Review*, 29 July.

Hacker, P. M. S. 1996. *Wittgenstein's Place in Twentieth-Century Analytic Philosophy*. Oxford:
Blackwell.

Hacking, Ian MacDougall. 1962. Part i: Proof; Part ii: Strict implication and natural deduction.
Cambridge University PhD, 4160.

1973. Leibniz and Descartes: proof and eternal truth. *Proceedings of the British Academy* 59:
175-188. Reprinted in Hacking (2002: 200-13).

1974. Infinite analysis. *Studia Leibniz* 6: 126-30.

1979. What is logic? *Journal of Philosophy* 86: 285-319.

1982. Wittgenstein as philosophical psychologist. *New York Review of Books*, 1 April.
Reprinted in Hacking (2002: 214-26).

1984. Where does math come from? *New York Review of Books*, 16 February.

1990. *The Taming of Chance*. Cambridge University Press.（イアン・ハッキング『偶然を飼い
ならす：統計学と第二次科学革命』石原英樹・重田園江訳，木鐸社，1999）

1996. The disunities of the sciences. In P. Galison and D. J. Stump (eds.) *The Disunity of
Science: Boundaries, Contexts and Power*. Stanford University Press, 37-74.

1999. *The Social Construction of What?* Cambridge, MA: Harvard University Press.（イアン・
ハッキング『何が社会的に構成されるのか』出口康夫・久米暁訳，岩波書店，2006）

2000a. How inevitable are the results of successful science? *Philosophy of Science* 67:
S58-S71.

2000b. What mathematics has done to some and only some philosophers. In T. J. Smiley (ed.)
*Mathematics and Necessity: Essays in the History of Philosophy*. Oxford University Press
for the British Academy, 83-138.

2002. *Historical Ontology*. Cambridge, MA: Harvard University Press.（イアン・ハッキング『知
の歴史学』出口康夫・大西琢朗・渡辺一弘訳，岩波書店，2012）

2006. Casimir Lewy 1919-1991. *Proceedings of the British Academy* 138: 170-7. 2007.
Trees of logic, trees of porphyry. In J. Heilbron (ed.) *Advancements of Learning: Essays in
Honour of Paolo Rossi*. Florence: Olshki, 146-97.

2011a. Why is there philosophy of mathematics AT ALL? *South African Journal of
Philosophy* 30: 1-15. Reprinted in Mircea Pitti (ed.) *Best Writing in Mathematics 2011*,
Princeton University Press, 2012.

2011b. Wittgenstein, necessity and the application of mathematics. *South African Journal of Philosophy* 30: 80-92.

2012a. 'Language, truth and reason' thirty years later. *Studies in History and Philosophy of Science* 43: 599-609.

2012b. The lure of Pythagoras. *Iyyun: The Jerusalem Philosophical Quarterly* 61: 1-26.

2012c. Introductory essay. In T. S. Kuhn, *The Structure of Scientific Revolutions*, 50th anniversary edition. University of Chicago Press, vii‐xxviii.

Hadot, Pierre. 2006. *The Veil of Isis: An Essay on the History of the Idea of Nature*. Cambridge, MA: Harvard University Press. Original: Paris: Gallimard, 2004.

Hale, Bob. 1987. *Abstract Objects*. Oxford: Blackwell.

Hamilton, William Rowan. 1833. Introductory lecture on astronomy. *Dublin University Review and Quarterly Magazine* 1: 72-85.

1837. Theory of conjugate functions, or algebraic concepts, with a preliminary and elementary essay on algebra as the science of pure time. *Transactions of the Royal Irish Academy* 17: 293-422.

1853. *Lectures on quaternions; containing a systematic statement of a new mathematical method; of which the principles were communicated in 1843 to the Royal Irish academy; &c.* Dublin: Hodges and Smith.

Harris, Michael. Forthcoming. *Not Merely Good, True and Beautiful*. Princeton University Press.

Hardy, G. H. 1908. *A Course of Pure Mathematics*. Cambridge University Press.

1929. Mathematical proof. *Mind* 38: 1-25.

1940. *A Mathematician's Apology*. Cambridge University Press. （G. H. ハーディ『一数学者の弁明』柳生孝昭訳，みすず書房，1975）

Hardy, G. H. and Wright, E. M. 1938. *An Introduction to the Theory of Numbers*. Oxford: Clarendon Press. （G. H. ハーディ／E. M. ライト『数論入門 1，2』示野信一・矢神毅訳，シュプリンガー・フェアラーク東京，2001）

Heilbron, John. 2010. *Galileo*. Oxford University Press.

Hellman, Geoffrey. 1989. *Mathematics without Numbers*. Oxford University Press.

2001. Three varieties of mathematical structuralism. *Philosophia Mathematica* 9: 184-211.

Hempel, C. G. 1945. On the nature of mathematical truth. *American Mathematical Monthly* 52: 543-56.

Herbrand, Jacques. 1967a. Investigations in proof theory: The properties of true propositions. In Van Heijenoort (1967: 525-81). French original 1930.

1967b. On the consistency of arithmetic. In Van Heijenoort (1967: 618-28). French original 1931.

Herodotus. 1972. *Histories*. London: Penguin Classics. （ヘロドトス『歴史〈上〉〈下〉』松平千秋訳，岩波書店，2008）

Hersh, Reuben. 1997. *What is Mathematics, Really?* Oxford University Press.

(ed.). 2006. *18 Unconventional Essays on the Nature of Mathematics*. New York: Springer Science+Business Media.

Hesse, Mary. 1966. *Models and Analogies in Science*. University of Notre Dame Press. （M. ヘッセ『科学・モデル・アナロジー』高田紀代志訳，培風館，1986）

Hobbs, Arthur M. and Oxley, James G. 2004. William T. Tutte (1917-2002). *Notices of the American Mathematical Society* 51: 320-30.

Hofweber, Thomas. 2005. Number determiners, numbers, and arithmetic. *Philosophical Review* 114: 179-225.

2007. Innocent statements and their metaphysically loaded counterparts. *The Philosophers Imprint* 7(1).

Hon, Giora and Goldstein, Bernard. 2008. *From* Summetria *to* Symmetry: The Making of a Revolutionary Scientific Concept. Berlin: Springer.

Horsten, Leon. 2007. Philosophy of mathematics. In *Stanford Encyclopedia of Philosophy*, ed. E. N. Zalta (winter 2007 edn). Available at: http://plato. stanford.edu/archives/win2007/entries/philosophy-mathematics/.

Høyrup, Jens. 1990. Sub-scientific mathematics: observations on a pre-modern phenomenon. *History of Science* 28: 63-86.

2005. Leonardo Fibonacci and the abbaco culture: a proposal to invert the roles. *Revue d'Histoire des Mathématiques* 11: 23-56.

n.d. For much more work, and difficult-to-locate or unpublished papers on *abbaco* culture, see http://akira.ruc.dk/~jensh/Selected%20themes/Abbacus%20mathematics/index.htm.

Husserl, Edmund. 1970. *The Crisis of European Sciences and Transcendental Phenomenology: An Introduction to Phenomenological Philosophy*, trans. from the German edition of 1954 by David Carr. Evanston, IL: Northwestern University Press. (エドムント・フッサール『ヨーロッパ諸学の危機と超越論的現象学』細谷恒夫・木田元訳, 中央公論社, 1995)

Huizinga, Johan. 1949. *Homo Ludens: A Study of the Play-element in Culture*. London: Routledge. Trans. from German (Swiss) edition of 1940. Dutch original online in Digitale Biblioteek voor de Nederlandse Letteren, DBNL. (ホイジンガ『ホモ・ルーデンス』高橋英夫訳, 中央公論社, 1973)

Institute for Advanced Study. 2010. The fundamental lemma: from minor irritant to central problem. *The Institute Letter*. Princeton, NJ: IAS, pp. 1, 4, 5, 7.

Jaffe, Arthur and Quinn, Frank. 1993. 'Theoretical mathematics': toward a cultural synthesis of mathematics and theoretical physics. *Bulletin of the American Mathematical Society* 29: 1-13.

Johnson, W. E. 1892. The logical calculus i. General principles. *Mind* new series 1: 3-30.

Kahn, Charles. 2001. *Pythagoras and Pythagoreans*. Indianapolis: Hackett.

Kanovei, Vladimir, Katz, Mikhail G., and Mormann, Thomas. 2013. Tools, objects, and chimeras: Connes on the role of hyperreals in mathematics. *Foundations of Science* 18(2): 259-96.

Kant, Immanuel. 1929. *Critique of Pure Reason*, trans. Norman Kemp Smith. London: Macmillan. (イマヌエル・カント『純粋理性批判 上・下』石川文康訳, 筑摩書房, 2014)

1992. Concerning the ultimate ground of the differentiation of directions in space. In D. Walford and R. Meerbote, *Immanuel Kant: Theoretical Philosophy 1775-1770*, Cambridge University Press, 365-72. Original 1768.

1997a. *Prolegomena to Any Future Metaphysics that Will Be Able to Come Forward as Science*, trans. Gary Hatfield. Cambridge University Press. (カント『プロレゴメナ』篠田英雄, 岩波書店, 2003)

1997b. *Lectures on Metaphysics*, trans. K. Ameriks and S. Naragon. Cambridge University Press. (『カント全集〈19〉講義録 1』八幡英幸・氷見潔訳, 岩波書店, 2002)

1998. *Critique of Pure Reason*, trans. Paul Guyer and Allen Wood. Cambridge University Press.

Kaplan, David. 1975. How to Russell a Frege-Church. *Journal of Philosophy*, 772: 716-29.

Kapustin, Anton and Witten, Edward. 2006. Electric-magnetic duality and the geometric Langlands program. Available at: http://arXiv:hep-th/0604151.pdf.

Kästner, Abraham Gotthelf. 1780. *Anfangsgründe der angewandten Mathematik. I. Mechanische und Optische Wissenschaften*. Göttingen: Vandenhoeck.

Kennedy, Christopher and Stanley, Jason. 2009. On 'average'. *Mind* 118: 583-646.

Kitcher, Philip. 1983. *The Nature of Mathematical Knowledge*. Oxford University Press.

Klein, Jacob. 1968. *Greek Mathematical Thought and the Origin of Algebra*, trans. E. Brann. Cambridge MA: MIT Press.

Kline, Morris. 1953. *Mathematics in Western Culture*. Oxford University Press. (モリス・クライン『数学の文化史』中山茂訳, 河出書房新社, 2011)

1980. *Mathematics: The Loss of Certainty*. Oxford University Press. (モリス・クライン『不確実性の数学：数学の世界の夢と現実』三村護・入江晴栄訳, 紀伊國屋書店, 1984)

Kochan, Jeff. 2006. Rescuing the Gorgias from Latour. *Philosophy of the Social Sciences* 36: 395-422.

Knorr, Wilbur. 1975. *The Evolution of the Euclidean Elements: A Study of the Theory of Incommensurable Magnitudes and its Significance for Early Greek Geometry*. Dordrecht: Reidel.

1986. *The Ancient Tradition of Geometric Problems*. Boston: Birkhäuser.

Kremer, Michael. 2008. Soames on Russell's logic: a reply. *Philosophical Studies* 139: 209-12.

Kreisel, Georg. 1958. Wittgenstein's remarks on the *Foundations of Mathematics*. *British Journal for the Philosophy of Science*, 9: 135-58.

Krieger, Martin H. 1987. The physicist's toolkit. *American Journal of Physics* 55: 1033-8.

1992. *Doing Physics: How Physicists Take Hold of the World*. Bloomington and Indianapolis: Indiana University Press.

Kripke, Saul. 1965. Semantical analysis of intuitionistic logic. In J. Crossley and A. E. Dummett (eds.) *Formal Systems and Recursive Functions*. Amsterdam: North-Holland, 92-130.

1980. *Naming and Necessity*. Oxford: Blackwell.（ソール・A・クリプキ『名指しと必然性：様相の形而上学と心身問題』八木沢敬・野家啓一訳，産業図書，1985）

Kuhn, Thomas S. 1962. *The Structure of Scientific Revolutions*. University of Chicago Press. （トーマス・クーン『科学革命の構造』中山茂訳，みすず書房，1984）

1977. Second thoughts on paradigms. In Thomas S. Kuhn, *The Essential Tension: Selected Studies in Scientific Tradition and Change*. University of Chicago Press, 293-319; first published 1974.

Ladyman, James. 2009. Structural realism. In *Stanford Encyclopedia of Philosophy*, ed. Edward N. Zalta (summer 2009 edn). Available at: http://plato.stanford.edu/archives/ sum2009/entries/structural-realism/.

Laird, W. R. 1997. Galileo and the mixed sciences. In Daniel A. Di Liscia *et al.* (eds.) *Method and Order in the Renaissance Philosophy of Nature*. Aldershot: Ashgate, 253-70.

Lakatos, Imre. 1963-4. Proofs and refutations. *British Journal for the Philosophy of Science*, 15: Part i, 1-25, Part ii, 120-39, Part iii, 221-45, Part iv, 296-342.

1976. *Proofs and Refutations: The Logic of Mathematical Discovery*. Expanded version of Lakatos (1963-4), ed. John Worrall and Elie Zahar. Cambridge University Press.（I. ラカトシュ著, J. ウォラル／E. ザハール編『数学的発見の論理：証明と論駁』佐々木力訳, 共立出版, 1980）

Langlands, Robert. 2010. Is there beauty in mathematical theories? Available at: http:// publications.ias.edu/sites/default/files/ND.pdf.

n.d. Website collecting Langlands' work. Available at: http://sunsite.ubc.ca/ DigitalMathArchive/Langlands/, but is now kept up at http://publications. ias.edu/rpl/.

Latour, Bruno. 1999. *Pandora's Hope: Essays on the Reality of Science Studies*. Cambridge, MA: Harvard University Press.（ブルーノ・ラトゥール『科学論の実在：パンドラの希望』川崎勝・平川秀幸訳，産業図書，2007）

2008. The Netz-works of Greek deductions. *Social Studies of Science* 38: 441-59.

Lennox, James G. 1986. Aristotle, Galileo, and 'mixed sciences'. In W. Wallace (ed.) *Reinterpreting Galileo*. Washington, DC: Catholic University of America, 29-51.

Lévi-Strauss, Claude. 1954. The mathematics of man. *International Social Science Bulletin* 6: 581-90.

1969. *The Elementary Structures of Kinship*. London: Eyre and Spottiswoode. French original: *Les structures élémentaires de la parenté*, Paris: Presses Universitaires de France, 1949.（クロード・レヴィ＝ストロース『親族の基本構造』福井和美訳，青弓社，2000）

Liggins, David. 2008. Quine, Putnam, and the 'Quine-Putnam' indispensability argument. *Erkenntnis* 68: 113-27.

Littlewood, J. E. 1953. *A Mathematician's Miscellany*. London: Methuen.（リトルウッド著，B. ボロバシュ編『リトルウッドの数学スクランブル』金光滋訳，近代科学社，1990）

Linsky, Bernard. 2009. Logical constructions. In *Stanford Encyclopedia of Philosophy*, ed. Edward N. Zalta (winter 2009 edn). Available at: http://plato.stanford.edu/ archives/ win2009/entries/logical-construction/.

Lloyd, Geoffrey. 1990. *Demystifying Mentalities*. Cambridge University Press.

Lucas, John. 1961. Minds, machines and Gödel. *Philosophy* 36: 112-27.

Lyotard, Jean-François. 1984. *The Postmodern Condition: A Report on Knowledge*. Minneapolis: University of Minnesota Press. Translated from the French of 1979. (ジャン゠フランソワ・リオタール『ポスト・モダンの条件：知・社会・言語ゲーム』小林康夫訳, 水声社, 1994)

MacFarlane, John. 2009. Logical constants. In *Stanford Encyclopedia of Philosophy*, ed. Edward N. Zalta (fall 2009 edn). Available at:http://plato.stanford.edu/ archives/fall2009/ entries/logical-constants/.

MacKenzie, Donald. 1993. Negotiating arithmetic, constructing proof: the sociology of mathematics and information technology. *Social Studies of Science* 23(1): 27-65.

 2001. *Mechanizing Proof: Computing, Risk, and Trust*. Cambridge, MA: MIT Press.

Maddy, Penelope. 1997. *Naturalism in Mathematics*. Oxford University Press.

 1998. How to be a naturalist about mathematics. In H. G. Dales and G. Oliveri (eds.) *Truth in Mathematics*. Oxford University Press.

 2001. Naturalism: friends and foes. *Philosophical Perspectives* 15: 37-67.

 2005. Three forms of naturalism. In S. Shapiro (ed.) *Oxford Handbook of the Philosophy of Mathematics and Logic*. Oxford University Press, 437-59.

 2007. *Second Philosophy: A Naturalistic Method*. Oxford University Press.

 2008. How applied mathematics became pure. *Review of Symbolic Logic* 1: 16-41.

Mancosu, Paolo. 1998. *From Brouwer to Hilbert: The Debate on the Foundations of Mathematics in the 1920s*. Oxford University Press.

 2009a. Measuring the size of infinite collections of natural numbers: was Cantor's theory of infinite number inevitable? *Review of Symbolic Logic* 2: 612-46.

 2009b. Mathematical style. In *Stanford Encyclopedia of Philosophy*, ed. Edward Zalta (spring 2010 edn). Available at: http://plato.stanford.edu/archives/spr2010/entries/mathematical-style/.

Manders, Kenneth. 1989. Domain extension and the philosophy of mathematics. *Journal of Philosophy* 86: 553-62.

Martin-Löf, Per. 1996. On the meanings of the logical constants and the justifications of the logical laws. *Nordic Journal of Philosophical Logic* 1: 11-60.

Mashaal, Maurice. 2006. *Bourbaki: A Secret Society of Mathematicians*. Providence, RI: American Mathematical Society. Translation of *Bourbaki: une société secrète de mathématiciens*. Paris: Belin, 2002. (モーリス・マシャル『ブルバキ：数学者達の秘密結社』 高橋礼司訳, シュプリンガー・フェアラーク東京, 2002)

Masters, Alexander. 2011. *Simon: The Genius in my Basement*. London: Fourth Estate.

 2012. Meet the mathematical 'genius in my basement'. An interview on 26 February with (US) National Public Radio. Available at: npr.org.

Mazur, Barry. n.d. Questions about number. Available at: http://www.math.harvard. edu/~mazur/papers/scanQuest.pdf.

Maxwell, James Clerk. 1882. Does the progress of Physical Science tend to give any advantage to the opinion of Necessity (or Determinism) over that of the Contingency of Events and the Freedom of the Will? (read 11 February 1873). In L. Campbell and W. Garnett, *The Life of James Clerk Maxwell, with Selections from his Correspondence and Occasional Writings*. London: Macmillan, 434-44.

Melia, Joseph. 1995. On what there's not. *Analysis* 55: 223-9.

 2000. Weaseling away the indispensability argument. *Mind* 109: 455-79.

Mews, Constant J. 1992. Nominalism and theology before Abelard: new light on Roscelin of

Compiègne. *Vivarium* 30: 4-33.

2002. *Reason and Belief in the Age of Roscelin and Abelard.* Aldershot: Ashgate.

Mialet, Hélène. 2012. *Hawking Incorporated: Stephen Hawking and the Anthropology of the Knowing Subject.* University of Chicago Press. (エレーヌ・ミアレ『ホーキング Inc.』河野純治訳, 柏書房. 2014)

Mill, John Stuart. 1965 - 83. *Collected Works of John Stuart Mill*, ed. J. Robson, 28 vols. Toronto University Press.

Minkowski, Hermann. 1909. Raum und Zeit. *Jahresberichte der Deutschen Mathematiker-Vereinigung* 20: 1-14. Translated in *The Principle of Relativity: A Collection Of Original Memoirs on the Special and General Theory of Relativity.* London: Methuen, 1923.

Moore, G. E. 1900. Necessity. *Mind* new series 9: 283-304.

Mühlhölzer, Felix. 2006. 'A mathematical proof must be surveyable' - what Wittgenstein meant by this and what it implies. *Grazer Philosophische Studien* 71: 57-86.

Murakami, Haruki. 2011. *IQ84.* New York: Knopf. Translated from the Japanese original of 2009-10. (村上春樹『1Q84 BOOK 1 ～ 3』新潮社. 2009 - 2010)

Ne'eman, Yuval. 2000. Pythagorean and Platonic conceptions of xxth century physics. In N. Alon *et al.* (eds.) *GAFA 2000: Visions in Mathematics Towards 2000.* Basel: Birkhäuser, 383-405.

Nelson, Edward. 1977. Internal set theory: a new approach to nonstandard analysis. *Bulletin of the American Mathematical Society* 83: 1165-98.

Netz, Reviel. 1999. *The Shaping of Deduction in Greek Mathematics: A Study in Cognitive History.* Cambridge University Press.

2009. *Ludic Proof: Greek Mathematics and the Alexandrian Aesthetic.* Cambridge University Press.

Netz, Reviel and Noel, William. 2007. *The Archimedes Codex: Revealing the Secrets of the World's Greatest Palimpsest.* London: Wiedenfeld and Nicolson. (リヴィエル・ネッツ／ウィリアム・ノエル『解読！アルキメデス写本：羊皮紙から甦った天才数学者』吉田晋治監訳, 光文社. 2008)

Núñez, Rafael. 2011. No innate number line in the human brain. *Journal of Cross-Cultural Psychology* 45: 651-68.

Parsons, Charles. 1964. Frege's theory of number. In Max Black (ed.) *Philosophy in America.* New York: Cornell University Press, 180-203.

1990. The structuralist view of mathematical objects. *Synthese* 84: 303-46.

2008. *Mathematical Thought and its Objects.* Cambridge University Press.

Peirce, Benjamin. 1881. Linear associative algebra. *American Journal of Mathematics* 4: 97-229.

Peirce, Charles Sanders. 1931-58. *Collected Papers*, ed. Charles Hartshorne and Paul Weiss, 8 vols. Cambridge, MA: Harvard University Press. References are given by volume and paragraph number, rather than pages, thus *CP* 4: 235 (1902) means paragraph 235 in vol. 4, dating from 1902.

Pierce, Roy. 1966. *Contemporary French Political Thought.* Oxford University Press.

Penrose, Roger. 1997. *The Large, the Small and the Human Mind.* Cambridge University Press. (ロジャー・ペンローズ『心は量子で語れるか』中村和幸訳, 講談社. 1998)

Pickering, Andrew. 1995. *The Mangle of Practice: Time, Agency, and Science.* University of Chicago Press.

Plato. 1997. *Plato: Complete Works*, ed. John M. Cooper. Indianapolis: Hackett.

Polya, Georg. 1948. *How to Solve It: A New Aspect of Mathematical Method.* Princeton University Press. Reprinted 2004 with a valuable foreword by John Conway. (G. ポリア『いかにして問題をとくか』柿内賢信訳, 丸善. 1975)

1954. *Mathematics and Plausible Reasoning*, vol. I: Induction and Analogy in Mathematics. Princeton University Press. (G. ポリア『数学における発見はいかになされるか 1』柴垣和三雄訳, 丸善. 1986)

Poncelet, Jean-Victor. 1822. *Traité des propriétés projectives des figures*. Paris: Bachelier.

    1836. *Expériences faites à Metz, en 1834 ... sur les batteries de brèche, sur la pénétration des projectiles dans divers milieux résistans, et sur la rupture des corps par le choc, suivies du rapport fait, sur ces expériences, à l'Académie des sciences ... le 12 octobre 1835*. Paris: Corréard jeune.

    1839. *Introduction à la mécanique industrielle, physique ou expérimentale*. Metz: Mme Thiel; Paris: Eugène André; first edn 1829.

Popper, Karl. 1962. *The Open Society and its Enemies*, vol. i: Plato. London: Routledge; first edn 1945.（カール・R・ポパー『開かれた社会とその敵 第1部（プラトンの呪文）』内田詔夫・小河原誠訳，未来社，1980）

Putnam, Hilary. 1971. *Philosophy of Logic*. New York: Harper. Reprinted in Putnam (1979).（ヒラリー・パットナム『論理学の哲学』米盛裕二・藤川吉美訳，法政大学出版局，1975）

    1975a. What is mathematical truth? In Hilary Putnam, *Philosophical Papers*, vol. i: *Mathematics, Matter and Method*. Cambridge University Press, 60-78. 1975b. The meaning of 'meaning'. In Hilary Putnam, *Philosophical* Papers, vol. II: *Mind, Language and Reality*. Cambridge University Press, 215-71.

    1979. Philosophy of logic. In Hilary Putnam, *Philosophical Papers*, vol. 1: *Mathematics, Matter and Method*, second edn. Cambridge University Press, 323-57. Reprint of Putnam (1971).

    1982. Peirce the logician. *Historia Mathematica 9: 290-301*. Reprinted in his *Realism with a Human Face*. Cambridge, MA: Harvard University Press, 1990, 252-60.

    1994. Rethinking mathematical necessity. In *Words and Life* ed. James Conant. Cambridge, MA: Harvard University Press, 245-63.

Quine, W. V. 1936. Truth by convention. In Otis H. Lee (ed.) *Philosophical Essays for A. N. Whitehead*. New York: Russell and Russell, 90-124. Original reprinted in Benacerraf and Putnam (1964: 322-45); reprinted with mild revisions in W. V. Quine, *Ways of Paradox*. New York: Random House, 1966.

    1950. *Methods of Logic*. New York: Holt.（W. V. O. クワイン『論理学の方法』中村秀吉ほか訳，岩波書店，1978）

    1953. On what there is. In *From a Logical Point of View*. Cambridge, MA: Harvard University Press, 1-19. (From page 149 of the book: this paper first appeared in the *Review of Metaphysics* in 1948, earlier versions having been presented as lectures at Princeton and Yale in March and May of that year. It lent its title to a symposium at the joint session of the Aristotelian Society and the Mind Association at Edinburgh, July 1951, along with the animadversions of the symposiasts, in the Aristotelian Society's supplementary volume for 1951.)（W. V. O. クワイン「なにがあるのかについて」飯田隆訳『論理的観点から』所収，勁草書房，1992）

    1960. *Word and Object*. Cambridge, MA: MIT Press.（W. V. O. クワイン『ことばと対象』大出晁・宮館恵訳，勁草書房，1984）

    1967. Accompanying note on Whitehead and Russell on Incomplete Symbols. In van Heijenoort (1967: 216-17).

    1969. Epistemology naturalized. In *Ontological Relativity, and Other Essays*. New York: Columbia University Press, 69-90.

    2008. Naturalism; or, living within one's means. In D. Føllesdal and D. B. Quine (eds.) *Confessions of a Confirmed Extensionalist and Other Essays*. Cambridge, MA: Harvard University Press, 461-72; reprinted from *Dialectica* 49 (1995): 251-61.

Ramsey, F. P. 1950. *The Foundations of Mathematics and other Logical Essays*. London: Routledge.

Reck, Erich. 2003. Dedekind's structuralism: an interpretation and partial defense. *Synthese* 137: 369-419.

    2011. Dedekind's contributions to the foundations of mathematics. In *Stanford Encyclopedia of Philosophy*, ed. Edward N. Zalta (fall 2011 edn). Available at: http://plato.stanford.edu/archives/fall2011/entries/dedekind-foundations/.

Reck, Erich and Price, Michael. 2000. Structures and structuralism in contemporary philosophy of mathematics. *Synthese* 125: 341-83.

Resnik, Michael. 1981. Mathematics as a science of patterns: ontology and reference. *Noûs* 15: 529-50.

——— 1988. Mathematics from the structural point of view. *Revue Internationale de Philosophie* 42: 400-24.

Robinson, Abraham. 1966. *Non-Standard Analysis*. Amsterdam: North-Holland.

Ronan, Mark. 2006. *Symmetry and the Monster: One of the Greatest Quests in Mathematics*. Oxford University Press. (マーク・ロナン『シンメトリーとモンスター：数学の美を求めて』宮本雅彦・宮本恭子訳, 岩波書店, 2008)

Rosen, Joe. 1998. *Symmetry Discovered: Concepts and Applications in Nature and Science*. Minneola, NY: Dover; first edn 1975. Cambridge University Press.

Rothstein, Edward. 2010. 'Before Pythagoras' at New York University. *New York Times*, 26 November.

Russell, Bertrand. 1900. *A Critical Exposition of the Philosophy of Leibniz*. Cambridge University Press. (バートランド・ラッセル『ライプニッツの哲学』細川董訳, 弘文堂, 1959)

——— 1903. *The Principles of Mathematics*. Cambridge University Press.

——— 1905. On denoting. *Mind* new series 14: 479-93. (バートランド・ラッセル「表示について」松阪陽一訳, 丹治信春監修『言語哲学重要論文集』所収, 春秋社, 2013)

——— 1912. *The Problems of Philosophy*. London: Williams and Norgate; The Home University Library of Modern Knowledge. (バートランド・ラッセル『哲学入門』高村夏輝訳, 筑摩書房, 2005)

——— 1917. The relation of sense data to physics. In Bertrand Russell, *Mysticism and Logic*. London: Allen and Unwin, 145-79. (バートランド・ラッセル『神秘主義と論理（新装版）』, 江森巳之助訳, みすず書房, 2008)

——— 1924. Logical atomism. In J. H. Muirhead, *Contemporary British Philosophy: Personal Statements*, first series. London: Allen and Unwin, 359-84.

——— 1967. *The Autobiography of Bertrand Russell*, vol. i. London: Allen and Unwin.

Scharlau, Walter. 2008. Who is Alexander Grothendieck? *Notices of the American Mathematical Society* 55: 930-41.

Schärlig, Alain. 2001. *Compter avec des cailloux: le calcul élémentaire sur l'abaque chez les anciens Grecs*. Lausanne: Presses Polytechniques et Universitaires Romandes.

Schmandt-Besserat, Denise. 1992. *Before Writing*, vol. I: *From Counting to Cuneiform*. Austin: University of Texas Press.

Sebald, W. G. 1996. *The Emigrants*. New York: New Directions. (*Die Ausgewanderten*. Frankfurt am Main: Eichborn, 1993.) (W. G. ゼーバルト『移民たち：四つの長い物語』鈴木仁子訳, 白水社, 2005)

Serre, Jean-Pierre. 2004. Interview with J.-P. Serre, by Martin Raussen and Christian Skau. *Notices of the American Mathematical Society* 51: 210-14.

Shapiro, Stewart. 1997. *Philosophy of Mathematics: Structure and Ontology*. Oxford University Press.

——— 2000. *Thinking about Mathematics: The Philosophy of Mathematics*. Oxford University Press. (スチュワート・シャピロ『数学を哲学する』金子洋之訳, 筑摩書房, 2012)

Shen, Kangsheng, Crossley, John N., and Lun, Anthony W.-C. 1999. *The Nine Chapters on the Mathematical Art: Companion and Commentary*. Oxford University Press.

SIAM (Society for Industrial and Applied Mathematics) n.d.. Website available at: www.siam.org/about/more/whatis.php.

Siegmund-Schultze, Reinhard. 2004. A non-conformist longing for unity in the fractures of modernity: towards a scientific biography of Richard von Mises. *Science in Context* 17:

333-70.

Soames, Scott. 2008. No class: Russell on contextual definition and the elimination of sets. *Philosophical Studies* 139: 213-18.

Sober, Elliott. 1993. Mathematics and indispensability. *Philosophical Review*, 102: 35-57.

Solomon, Ronald. 2005. Review of Aschbacher and Smith 2004. *Bulletin of the American Mathematical Society* new series 43: 115-21.

Spencer, Joel and Graham, Ronald. 2009. The elementary proof of the prime number theorem. *The Mathematical Intelligencer* 31: 18-23.

Sprague, Roland. 1939. Beispiel einer Zerlegung des Quadrats in lauter verschie-dene Quadrate. *Mathematische Zeitschrift* 45: 607f.

Stein, Howard. 1988. Logos, logic, and Logistiké: some philosophical remarks on nineteenth-century transformation of mathematics. In Aspray and Kitcher (1988: 238-59).

Steiner, Mark. 1973. *Mathematical Knowledge*. New York: Cornell University Press.

　1998. *The Applicability of Mathematics as a Philosophical Problem*. Cambridge, MA: Harvard University Press.

　2009. Empirical regularities in Wittgenstein's philosophy of mathematics. *Philosophia Mathematica* 17: 1-34.

Stewart, Ian. 2007. *Why Beauty is Truth: A History of Symmetry*. New York: Basic Books. (イアン・スチュアート『もっとも美しい対称性』水谷淳訳, 日経 BP 社, 2008)

Stigler, Stephen. 1980. Stigler's law of eponymy. *Transactions of the New York Academy of Sciences*, 39: 147-58.

Strawson, P. F. 1950. On referring. *Mind* 59: 320-44. (ピーター・F・ストローソン「指示について」藤村龍雄訳, 坂本百大編『現代哲学基本論文集 2』所収, 勁草書房, 1987)

Tait, William. 1996. Frege versus Carnap and Dedekind: on the concept of number. In W. Tait (ed.), *Early Analytic Philosophy: Frege, Russell, Wittgenstein: Essays in Honor of Leonard Linsky*. Chicago: Open Court, 213-48.

　2001. Beyond the axioms: the question of objectivity in mathematics. *Philosophia Mathematica* 9: 21-36.

　2006. Review of Gödel's correspondence on proof theory and constructive mathematics in the Collected Works. *Philosophia Mathematica* 14: 76-111.

Tappenden, Jamie. 2009. Mathematical concepts and definitions. In Paolo Mancosu (ed.) *Philosophy of Mathematical Practice*. Oxford University Press, 256-75.

Tegmark, Max. 2008. The mathematical universe. *Foundations of Physics* 38: 101-50.

Thomson, William (Lord Kelvin) and Tait, Peter Guthrie. 1867. *A Treatise of Natural Philosophy*. Oxford: Clarendon Press.

Thurston, William P. 1994. On proof and progress in mathematics. *Bulletin of the American Mathematical Society* 30: 161-177. (Anthologized in Tymoczko (1998) and Hersh (2006).)

Toledo, Sue. 2011. Sue Toledo's notes of her conversations with Gödel in 1972-5. In Juliette Kennedy and Roman Kossak (eds.) *Set Theory, Arithmetic, and Foundations of Mathematics: Theorems, Philosophies*. Cambridge University Press, 200-7.

Tutte, William. 1958. Originally in Martin Gardner's 'Mathematical Games' column, *Scientific American* 199 (November): 136-44; reprinted as 'Squaring the square', in Martin Gardner, *More Mathematical Puzzles and Diversions*. London: Penguin, 1961.

Tymoczko, Thomas (ed.). 1998. *New Directions in the Philosophy of Mathematics. An Anthology*, revised and expanded edn. Princeton University Press.

Van Bendegem, J. P. 1998. What, if anything, is experiment in mathematics? In D. Anapolitanos et al. (eds.) *Philosophy and the Many Faces of Science*. London: Rowman and Littlefield.

Van Heijenoort, Jean. 1967. *From Frege to Gödel: A Source Book in Mathematical Logic, 1879-1931*. Cambridge, MA: Harvard University Press.

Voevodky, Vladimir. 2010a. Univalent foundations project. Available at: www.math.ias.edu/~vladimir/Site3/Univalent_Foundations_files/univalent_foundations_project.pdf.

2010b. What if current foundations of mathematics are inconsistent? Available at: http://video.ias.edu/voevodsky-80th.

Waismann, Friedrich. 1945. Verifiability. *Proceedings of the Aristotelian Society*, supplementary vol. 19: 119-50.

Wang, Hao. 1961. Proving theorems by pattern recognition ii. *Bell Systems Technical Journal* 40: 1-41.

Weber, Heinrich. 1893. Leopold Kronecker. *Mathematische Annalen* 43: 1-26. Reprinted from *Jahresbericht der deutschen Mathematiker-Vereinigung* 2 (1891-2): 5-31.

Weil, André. 2005. A 1940 letter of André Weil on analogy in mathematics, trans. Martin Krieger. *Notices of the American Mathematical Society* 52: 334-41. Original in Weil, *Œuvres scientifiques: Collected Papers*. New York: Springer, vol. i, 244-55.

Weinberg, Steven. 1997. Changing attitudes and the standard model. In Lillian Hoddeson *et al.* (eds.) *The Rise of the Standard Model: Particle Physics in the 1960s and 1970s*. Cambridge University Press, 36-44.

Weyl, Hermann. 1921. Über die neue Grundlagenkrise der Mathematik. *Mathematische Zeitschrift* 10: 39-79. Translation entitled 'On the new foundational crisis in mathematics', in Mancosu (1998: 86-118).

1952. *Symmetry*. Princeton University Press. (ヘルマン・ヴァイル『シンメトリー』遠山啓訳, 紀伊國屋書店, 1970)

1987. *The Continuum: A Critical Examination of the Foundation of Analysis*, trans. from the German of 1918. Kirksville, MO: Thomas Jefferson University Press.

2009. *Mind and Nature: Selected Writings on Philosophy, Mathematics and Physics*, ed. and intro. Peter Pesic. Princeton University Press.

Whately, Richard. 1831. *Elements of Logic Comprising the Substance of the Article in the Encyclopaedia Metropolitana*, fourth revised edn. London: B. Fellowes.

1874. *An Abstract of Bishop Whately's Logic, to the End of chapter 3, book 2, with Examination Papers*, ed. Bion Reynolds. Cambridge: W. Tomlin.

Whitehead, A. N. 1926. Mathematics as an element in the history of thought. Lecture 2 of the Lowell Lectures, 1925. In *Science and the Modern World*. Cambridge University Press.

Wigner, Eugene. 1960. The unreasonable effectiveness of mathematics in the natural sciences. *Communications in Pure and Applied Mathematics*, 13: 1-14.

Wilson, Mark. 1992. Frege: the royal road from geometry. *Noûs* 26: 149-80.

2000. The unreasonable uncooperativeness of mathematics in the natural sciences. *The Monist* 86: 296-314.

Wittgenstein, Ludwig. 1922. *Tractatus Logico-Philosophicus*, trans. C. K. Ogden. London: Routledge and Kegan Paul. (ウィトゲンシュタイン『論理哲学論考』野矢茂樹訳, 岩波書店, 2003)

1956. *Remarks on the Foundations of Mathematics*, ed. G. H. von Wright, R. Rhees, and G. E. M. Anscombe, trans. G. E. M. Anscombe. Oxford: Blackwell. (ウィトゲンシュタイン『ウィトゲンシュタイン全集 7　数学の基礎』中村秀吉・藤田晋吾訳, 大修館書店, 1976)

1961. *Tractatus Logico-Philosophicus*, trans. D. F. Pears and B. F. McGuinness. London: Routledge and Kegan Paul.

1969. *On Certainty*. Oxford: Blackwell. (ウィトゲンシュタイン『ウィトゲンシュタイン全集 9　確実性の問題』黒田亘・菅豊彦訳, 大修館書店, 1975)

1974. *Philosophical Grammar*, ed. Rush Rhees, trans. Anthony Kenny. Oxford: Blackwell. (ウィトゲンシュタイン『ウィトゲンシュタイン全集 3, 4　哲学的文法』山本信訳, 大修館書店, 1975)

1976. *Wittgenstein's Lectures on the Foundations of Mathematics, Cambridge, 1939: from the notes of R. G. Bosanquet, Norman Malcolm, Rush Rhees, and Yorick Smythies*, ed. Cora Diamond. University of Chicago Press. (コーラ・ダイアモンド編『ウィトゲンシュタインの講義：数学の基礎篇：ケンブリッジ 1939 年』大谷弘・古田徹也訳, 講談社, 2015)

1978. *Remarks on the Foundations of Mathematics*. ed. G. H. von Wright, R. Rhees, and G. E.

M. Anscombe, trans. G. E. M. Anscombe, third revised edn. Oxford: Blackwell.

1979. *Wittgenstein's Lectures, Cambridge 1932-1935*, ed. Alice Ambrose. Totowa, NJ: Rowman and Littlefield. (アリス・アンブローズ編『ウィトゲンシュタインの講義：ケンブリッジ 1932 - 1935 年』野矢茂樹訳，勁草書房，1991)

2001. *Philosophical Investigations*, trans. G. E. M. Anscombe, third revised edn. Oxford: Blackwell. (ウィトゲンシュタイン『哲学的探究 第 1 部，第 2 部』黒崎宏訳，産業図書，1994-1995)

Worrall, John. 1989. Structural realism: the best of both worlds? *Dialectica* 43: 99-124.

Wright, Crispin. 1983. *Frege's Conception of Numbers as Objects.* Aberdeen University Press.

Wronski, J. Hoëné de. 1811. *Introduction à la philosophie des mathématiques et technie d'algorithmie.* Paris: Courcier.

Wylie, Alexander. 1853. *Jottings on the Sciences of the Chinese.* Shanghai: Northern Herald.

Yablo, Stephen. 1998. Does ontology rest upon a mistake? *Proceedings of the Aristotelian Society*, supplement 72: 229-61.

Zeilberger, Doron. n.d. Opinions. Available at: www.math.rutgers.edu/~zeilberg/Opinion110.html.

# 索引

## 英字

EDSAC　88
P = NP 問題 P = NP problem　89，100，229
rein and angewandt　193
S4, S5　28
SIAM　198，210，213，218，221，272，306
Technishe Mechanik　239

## あ

アインシュタイン Einstein, Albert　11，182
アウグスティヌス Augustine　281
アーサー Arthur, James　19
『遊び証明』 Ludic Proof　98
アッシュバッハー Aschbacher, Michael　114
アティヤ Atiyah, Michael
　80 歳の誕生日の講演 eightieth birthday speech
　　240
　純粋、応用幾何学
　　geometry, pure and applied　241
　証明はたんなるチェック proof merely a check
　　111
　正多面体 on regular polyhedra　167
　統合について on unification　18
　ミレニアム懸賞問題 Millennium problems　86
アテネにおける証明の受容 uptake of proof in
　　Athens　170
アドー Hadot, Pierre　239
アナロジー analogy　20，25
アプリオリ a priori
　エイヤー in Ayer　141
　ガウス in Gauss　196
　カント in Kant　125，161
　コンヌ in Connes　255
　総合的 synthetic　8
　- な真理 truth　141
　- な知識 knowledge　125，128，139
　ラッセル in Russell　136
アポストル（ケンブリッジ） Apostles（Cambridge）
　　207
アポロニウス Apollonius　7，187
アラビア数字 Arabic numerals　179，273
アリスタルコス Aristarchus　164
アリストテレス Aristotle　101，127，159，175，
　　180
　混合科学 mixed sciences　188
　十二面体 dodecahedron　167
　弁証法 syllogism　175
　『弁論術』 Rhetoric　175

## 唯名論 nominalism　248

アルキタス Archytas　15，16
アルキメデス Archimedes　8，98，169，181，187
アレクサンドリアのパップス
　Pappus of Alexandria　7
アンスコム Anscombe, Elizabeth　45，73，279，
　　331
アンセルムス Anselm　247
アンダーソン Anderson, Philip　212
アンブローズ Ambrose, Alice　154

## い

イソップ Aesop　164
遺伝子の入れ物 genetic envelope　120
意味論的上昇 semantic ascent　248，276，320

## う

ヴァイスマン Waismann, Freidrich　154
ヴィエト Viète, François　6
ウィグナー Wigner, Eugene　8，167，169，213，
　　218，231
ウィグワム wigwam　225
ウィッテン Witten, Edward　25，328
ヴィトゲンシュタイン Wittgenstein　106
　イエスかノーの問題としての証明 proof as yes-
　　or-no matter　79
　意味、Bedeutung、使用 Meaning, Bedeutung,
　　and use　279，317
　数の概念 number concept　154
　家族的類似 family resemblance　72
　神と論理法則 God and the laws of logic　28，
　　127
　規則 rule　5，134
　規則へと硬化 hardening into a rule　133
　きらめき glitter　22，117
　クライゼルによるレビュー reviewed by Kreisel
　　244
　計算と壁紙 calculus as wallpaper　215
　航空工学者 aeronautical engineeer　208
　雑色の混ぜもの motley　5，73
　ジャーゴンについて on jargon　2
　十七角形の作図 construction of a
　　heptacaidecagon　42
　神秘性 mysteriousness　117
　人類学 anthropology　xi，73
　数学がゲームでなくなるとき when
　　mathematics not a game　98
　数学を数学たらしめるもの what makes maths

maths 71
- とガワーズ and Gowers 123
- とパトナム and Putnam 315
- とフォン・ミーゼス
　and Richard von Mises 209
- とラッセル and Russell 144
- の解釈 interpretation of 74
ハーディの『純粋数学教程』について writes
　notes on Hardy's *Pure Mathematics* 206
必然性について on necessity 31, 287
文の専制 tyranny of the Satz 133
ベルナイスによるレビュー reviewed by
　Bernays 287
マンチェスターのアパート flat in Manchester
　208
無矛盾性について on consistency 31, 287
錬金術 alchemy 278, 327
『論考』 *Tractatus* → 『論考』
論理的な「ねばならない」の頑固さ hardness of
　the logical must 127
ヴィノグラードフ Vinogradov, A. I. 272
ウィルソン Wilson, Mark 156, 218, 259
ウィルダフスキー Wildavsky, Aaron 131
ウィーン学団 Vienna Circle 140, 209
ヴェイユ Weil, André 20, 24, 25, 70
ヴェイユ Weil, Simone 20, 24
ウェーバー Weber, Heinrich 197, 295, 298, 300
ヴェンツェル Wenzel, Christian 330
ヴォエヴォドスキー Voevodsky, Vladimir 31,
　32, 37, 49, 82, 111, 182, 304, 330
ウォーターズ Waters, Lindsay 331
ウォラル Worrall, John 303
ウロンスキー Wronski, J. Hoëné de 200

## え
エアロフォイル aerofoil 232, 236, 238
エイヤー Ayer, A. J. 140
エヴァリット Everitt, Francis 226, 333
エジプト数学 Egyptian mathematics 76, 158,
　161
エッケルト Eckert, Michael 232
エディントン Eddington, Arthur 206
エドワーズ Edwards, Harold 294, 300
エピクロス Epicurus 164
エプスタイン Epstein, David 81, 331
エリオット Elliot, T. S. 108
エルデシュ Erdös, Paul 18
エルブラン Herbrand, Jacques 288
エレア派哲学 Eleatic philosophy 172
エワルド Ewald, William 144, 299

## お
オイラー Euler
　多面体の定理 theorem about polyhedra 40
　フェルマーの定理 Fermat fact 61

平方の逆数の和 sum of reciprocals of squares 49
黄金定理 golden theorem 21
応用 application 211
　アプリ（応用の種類） kinds of application 211
　算術の幾何学への - of arithmetic to geometry
　　5, 10
応用数学 applied mathematics 25, 58, 134,
　186, 189
　応用と純粋の区別の出現 emergence of
　　distinction applied–pure 186
　学問分野としての -
　　as an academic discipline 191
　カントによる初の使用 Kant's first use of term
　　195
　- 原論 angewandten Mathematik 160, 193
　コンピュータシミュレーション？ computer
　　simulaton? 63
　使命指向型の - mission-oriented 26, 210, 213,
　　225
　- と力学 and mechanics 239
　ハミルトン Hamilton 204
　ペルシャ Persian 56
　マディ Maddy 149
岡澤康浩 Okazawa, Yasuhiro 330
オースティン Austin, J. L. 46, 62, 281, 330
オッカム Ockham, William of 246, 269, 327

## か
階級バイアス class bias in history of maths 179
ガウクロガー Gaukroger, Stephen 5, 45
ガウス Gauss
　算術は純粋だが、幾何学はそうではない
　　arithmetic pure, geometry not 197
　十六角形の作図 construction of 17-gon 42
　数学の資金について on funding maths 196
　天文学者としての - as astronomer 196, 204
　- とクロネッカー and Kronecker 296
　- とケストナー and Kästner 193
　- とデデキント and Dedekind 296
　- とユークリッド幾何学 and Euclidean
　　geometry 196
科学的推論のスタイル styles of scientific reasoning
　183, 242
確実性 certainty
　ヴィトゲンシュタイン Wittgenstein 133
　カント Kant 125
　不確実性によってコントロールされた -
　　controlled by uncertainty 51
　プラトン Plato 174
　ラッセル Russell 68
　ラカトシュ Lakatos 39
革命（カントにおける） revolution（in Kant） 160
確率 probability 66, 69, 89, 192, 194, 204,
　209, 210, 254
確率の理論 Doctrine of Chances 193

数 numbers
- の創造 creation of　296
- の存在 existence of　269, 292, 305
存在の否定 denial of　308
カーター Carter, Brandon　13, 157
カッシーラー Cassirer, Ernst　286
ガードナー Gardner, Martin　96, 132, 182
カートライト Cartwright, Nancy　222
ガーバー Garber, Daniel　6
カプラン Kaplan, David　143
カーボンナノチューブ carbon nanotubes　227
神は算術する God arithmetizes　197
カミュ Camus, Albert　20
ガリレオ Galileo　7, 60, 162, 181, 189, 212,
　222, 224, 242
カルダーノ Cardano　179
カルナップ Carnap, Rudolf　269, 315, 317
ガロア Galois, Évariste　24, 174, 258
ガワーズ Gowers, Timothy　262, 299, 333
エルゼビアをボイコット boycott of Elsevier　263
ヴィトゲンシュタインの引用 use of
　Wittgenstein　81, 263, 278
観察できる数と抽象的な数 observable and
　abstract numbers　271
自然主義 naturalism　122
『数学』Very Short Introduction　82, 222
反プラトニズム anti-Platonism　184
ミレニアム懸賞問題 Millennium problems　85
カーン Kahn, Charles　16, 165, 166
含意 implication
- の定義可能性 definability of　129, 332
形式的 - formal　129
厳密 - strict　129
実質 - material　129, 332
完全数 perfect numbers　214, 270, 276, 313
カント Kant　101, 103, 145
過剰形容詞 hyper-adjectives　125, 319
算術と幾何学について on arithemtic and
　geometry　8
ジャーゴン jargon　126
純粋数学はなぜ可能か how is pure maths
　possible?　134
純粋と応用 pure and applied　103, 134
証明の発見 discovery of proof　162
タレスについて on Thales　51
直観 intuition　46
- と応用 and application　2
- と純粋 and pure (rein)　194
- と直観主義 and intuitionism　145
- とベルナイス and Bernays　293
判断 judgement　126
不一致対称物 incongruous counterparts　219
論理について on logic　175
カントール Cantor, Georg　3
カントについて on Kant　105

ファインの擁護 Fine's defence　297
無限 infinite　117, 151
管理職養成学校 école d'application　202

## き
ギイン Guillin, Vincent　332
幾何学 geometry
純粋と応用 pure and applied　240
ギーチ Geach, Peter　45
キーツ Keats, John　107
キープ quipu　158
キッチャー Kitcher, Philip　122, 147, 331
キャベンディッシュ Cavendish, Henry　192
ギャリソン Galison, Peter　11
球面調和関数 spherical harmonics　169
ギリシャ人の議論好きな気質 argumentative
　Greeks　170
キルヒホッフ Kirchoff, Gustav　44
ギングラス Gingras, Yves　60, 189

## く
クイン Quinn, Frank　78
偶然 contingency　94, 148, 150, 181, 186, 189
クシュ Kusch, Martin　ii
クック Cook, Stephen　89, 100, 331
グッドマン Goodman, Nelson　305
クノール Knorr, Wilbur　181
クライゼル Kreisel, Georg　181, 244
クライン Klein, Felix　238, 286
クライン Klein, Jacob　187, 188
クライン Kline, Morris　50, 201
クラヴィウス Clavius, Christopher　6
グラッタン＝ギネス Grattan-Guinness, Ivor　86,
　216
クーラント Courant, Richard　21, 52
クリーガー Krieger, Martin　62
繰り込み renormalization　217, 231, 262
グリース Griess, Robert　113
クリスティー Christie, Agatha　54
クリプキ Kripke, Saul　1082
固定指示詞 rigid designators　75, 77, 282
直観主義論理の意味論 semantics for
　intuitionistic logic　144, 332
必然的に真な同一性言明
　necessary identity　126
分析的、必然的、アプリオリ
　analytic, necessary, a priori　126
クリルパ橋 Kurilpa Bridge　227
クレマー Kremer, Michael　309
クレレ Crelle, A. L.　199
グロタンディーク Grothendieck, Alexander　36,
　37, 107, 182, 304, 330
クロネッカー Kronecker, Leopold　153, 197,
　205, 250, 256, 287, 307
クロムビー Crombie, A. C.　1, 183, 242

359

クワイン Quine, W. V.
　解明は消去 explication is elimination　306,
　　315
　記述についてのラッセル Russell on
　　descriptions　310
　「規約による真理」'Truth by convention'　134
　クラス classes　305
　構成的唯名論 constructive nominalism　306
　ジェルゴンヌについて on Gergonne　199
　自然化された認識論 naturalized epistemology
　　120
　使用と言及 use and mention　34, 62
　数学における真理 truth in maths　141
　「なにがあるのかについて」'On what there is'
　　269
　必然性について on necessity　28, 130
　不確定性 indeterminacy　130
　プラトーニスト platonist　246
　フレーゲを支持 favours Frege　259
　分析性について on analyticity　121, 126
クーン Kuhn, T. S.　5, 81, 223, 224, 241
群論 group theory　24, 90

**け**

ケアリー Carey, Susan　109
計算術（クラインの）logistic（in Klein）　187
形式主義 formalism　124, 266, 269
形式主義者 formalist　258, 267, 272, 328
ケイリー Cayley, Arthur　205
ケストナー Kästner, Abraham　160, 193, 195
結晶化というメタファー crystallization metaphor
　161
ゲーデル Gödel, Kurt　3
　完全性定理 completeness theorem　29
　ゲンツェンについて on Gentzen　87
　- と PM and PM　177
　- と意味論 and semantics　12
　- とコンヌ and Connes　257
　- とフォン・ノイマン and von Neumann　89
　- とベルナイス and Bernays　286
　不完全性定理 incompleteness theorems　62,
　　100
　プラトニスト platonist　29, 257
　べき集合 power set　292
　ライプニッツ主義者 leibnizian　29, 257
　連続体仮説 continuum hypothesis　86, 265
ケネディ Kennedy, Christopher　276
ケプラー Kepler, Johannes　165, 168, 218, 228
ゲーム games
　数学的 - mathematical　97
ゲルー Guéroult, Martial　6
ケルヴィン卿 Thomson, William, Lord Kelvin
　168, 206, 314
ゲルバード Gelbart, Stephen　23
ゲルマン Gell-Mann, Murray　213, 220

現象学 phenomenology　14, 121, 145, 289, 292
ゲンツェン Gentzen, Gerhard　87, 288
　- とベルナイス and Bernays　286
　- とライプニッツ and Leibniz　30
ケンブリッジ大学 Cambridge University　147
　応用数学と理論物理 Applied Mathematics and
　　Theoretical Physics　193
　純粋数学 pure mathematics　205
　純粋数学と数理統計学 Pure Mathematics and
　　Mathematical Statistics　193
　純粋数学のサドリアン教授職 Sadleirian Chair
　　of Pure Mathematics　205
　数学のトライポス問題 Mathematics Tripos
　　237
　スミス賞 Smith's Prize　206

**こ**

講義 lectures
　ガオス - Gaos　iii
　ハウイソン - Howison　iii
　ヘンリー・メイヤーズ - Henry Myers　iii
　ルネ・デカルト - René Descartes　i, 3, 186,
　　210, 219, 331
航空力学 aerodynamics　232
剛性 rigidity　225
構造主義 structuralism　14, 52
　根本的に非存在論的 radically non-ontological
　　70, 251
　様々な - varieties of　251, 260, 301
　数学者の - mathematician's　302
　哲学者の - philosopher's　302
　- とプラトニズム and Platonism　258
　論理的 - logical　302
コーエン Cohen, I. B.　162
コーエン Cohen, Paul　86, 265
コーシー Cauchy, A. A.　50, 182, 229
古代と啓蒙 Ancient and Enlightenment　105,
　145, 148
コナント Conant, James Bryant　ii, 315
コーフィールド Corfield, David　8
コリー Corry, Leo　69
コリヴァン Colyvan, Mark　317
コルテス Cortez　39, 107, 111
コレステロール cholesterol　76
コロッサス暗号解読器 Colossus code breaker　44
コンウェイ Conway, John
　数学的ゲーム mathematical games　97, 114,
　　228
　対称性 symmetry　90
　ムーンシャイン moonshine　113
　ライフゲーム Life（game）　97
根本的に非存在論的 radically non-ontological
　302
コント Comte, Auguste　191
コンヌ Connes, Alain　118, 251, 333

360　索引

繰り込み renormalization　217
クロネッカーとデデキント Kronecker and
　Dedekind　300
ゲーデル不完全性定理の使用 use of Gödel
　incompleteness　257
－とペンローズ and Penrose　274
ピタゴラス主義者 pythagorean　167, 261
プラトニズム Platonism　110, 123, 184
ミレニアム懸賞問題を告知 announces
　Millennium problems　85
昔からある数学的実在 archaic mathematical
　reality　255
モンスターについて on the Monster　111, 113,
　117, 256
コンピュータ・プログラムによる検証 computer
　programmes, checking　50

## さ

最高基準（証明）gold standard（proof）　1, 26,
　51, 106, 148, 181, 184
ザイルバーガー Zeilberger, Doron　92, 150, 154,
　159, 252
サーストン Thurston, William　91, 95, 252
　証明について on proof　78
　数学の再帰的定義 recursive definition of
　　mathematics　82
　導関数について on derivatives　77, 153
サモス Samos　163, 166
サルナック Sarnak, Peter　23, 24

## し

シェブルール Chevreul, Michel-Eugène　76
ジェームズ James, William　131
ジェルゴンヌ Gergonne, Joseph Diaz　198
ジオデシック（測地線）ドーム geodesic dome　226
指示 reference　280, 320
自然主義 naturalism　52, 53, 120
実体化 hypostatization　325
自閉症 autism　65, 113, 115
ジーベンマン Siebenmann, Larry　80, 331
四面体充填 sphere-packing　228
ジャキント Giaquinto, Marcus　ii, 219
ジャコブ Jacob, Pierre　ii
ジャッフェ Jaffe, Arthur　78
シャピロ Shapiro, Stewart　260, 301, 302
シャンジュー Changeux, Jean-Pierre　110, 118,
　119, 123
シュタドラー Stadler, Friedrich　333
シュッツェンベルガー Schützenberger, Marcel-
　Paul　70, 173, 254, 307
シュマント＝ベッセラ Schmandt-Besserat, Denise
　158
純粋数学 pure mathematics　207
　ケンブリッジにおける－ at Cambridge　209
　自然科学で有用 so useful in

natural science　8
純粋と応用の区別の出現 emergence of
　distinction pure–applied　186
ハミルトン Hamilton　204
ラッセルの定義 Russell's definition　68
賞 prizes　18
　アーベル賞 Abel　19
　スミス賞 Smith's Prize　206, 332
　フィールズ賞 Fields Medal　17
　ミレニアム懸賞 Millennium　19, 86, 110
証明 proof
　コンピュータでしか検証できない－
　　checked only by computer　79
　－という体験 experience of　1, 35, 107, 125,
　　182
　デカルト的－ cartesian　26, 32, 48, 107, 128,
　　159, 182
　長い－ too long to comprehend　32, 35, 114,
　　159
　－の発見 discovery of　162
　－の二つの理念 two ideals of　26, 45, 159, 182
　ライプニッツ的－ leibnizian　26, 31, 35, 37,
　　48, 159, 182
証明の突然の進化 sudden evolution of proof　162
ジョーンズ Jones, Alexander　178
ジョンストン Johnston, W. E.　332
シンガー Singer, Isidore　240
新カント主義 neo-Kantianism　14
新プラトン主義 Neo-Platonism　15

## す

図 diagrams　172, 181
推計術 art of conjecturing　191
数覚 number sense　10
数学 mathematics
　応用－ applied　188, 186
　混合－ mixed　134, 188
　実験－ experimental　30, 79, 273
　辞典による定義 dictionary definitions　58
　純粋－ pure　134, 186
　二つの文化 two cultures of　179
『数学の哲学』Philosophy of Mathematics　200
スタイナー Steiner, Mark　iii, 49
　ヴィトゲンシュタインについて on
　　pythagoreanism　133
　応用可能性 applicability　8
　応用数学は数学ではない no 'applied maths'
　　186
　チェス chess　96
　ピタゴラス主義について on pythagoreanism
　　16, 169, 217
　フレーゲと数について on Frege on number
　　140
スタイン Stein, Howard　xi, 1, 159, 163, 182,
　296, 299, 302

361

『スタンフォード哲学百科事典』 *Stanford Encyclopedia of Philosophy* 101
スタンレー Stanley, Jason 276
スチュワート Stewart, Ian 90
スティグラーの法則 Stigler's law 89
ストークス Stokes, G. G. 88, 206, 235
　ナヴィエ‐ストークス方程式 Navier-Stokes equations 88, 235
ストローソン Strawson, P. F. 282, 320
ストロング・プログラム Strong Programme 232
スミス Smith, C. A. B. 43
スミス Smith, Stephen 114
スミルノフ Smirnov, Stanislav 231

## せ，そ
正方形分割 squaring the square 43
ゼーバルト Sebald, W. G. 208
セール Serre, Jean-Pierre 114
セルバーグ Selberg, Atle 17, 18, 154, 230
前提 presupposition 311, 316, 326
総体 totalities 250, 291, 295, 304
　算術的、幾何学的 arithmetical and geometrical 295
即座の把握 subitizing 9
ソーバー Sober, Elliot 317
ソームズ Soames, Scott 309
ソロモン Solomon, Ronald 114
存在論的コミットメント ontological commitment 268, 283, 311

## た
対象 objects
　幾何学的‐ geometrical 15
　数学的‐ mathematical 111, 115, 118, 119, 124, 174, 244, 258, 260, 264, 265, 278, 319
　「抽象的」‐ 'abstract' 55, 57, 124, 174, 248, 249, 276, 292, 304, 306, 320, 324
　フレーゲ in Frege 260
対称性 symmetry 44, 66, 90, 213, 219
台北 101 ビル Taipei 101 building 225
タイリング問題 tiling problems 216
楕円関数 elliptic functions 17, 113, 156, 295
ダグラス Douglas, Mary 131
ダストン Daston, Lorraine 193
タット Tutte, Willian W. 43, 44, 97
タッペンデン Tappenden, James 21
ダメット Dummett, Michael 140, 144, 244, 280, 297
多面体 polyhedra
　柔軟な‐ flexible 230
　星状‐ star 230
　正‐ regular 64, 90, 118, 165, 168
ダランベール d'Alembert, Jean-Baptiste le Rond 191, 193
タルスキ Tarski, Alfred 12

タルタリア Tartaglia 179
タレス（あるいはほかの誰か） Thales (or some other) xi, 76, 81, 159, 160, 161, 166, 172, 173, 175, 180, 182
探検（探究） exploration
　コンピュータによる‐ by computer 30
　数学的‐ mathematical 39, 110, 112, 123

## ち
チェス chess 64, 96
知識の樹 Tree of Knowledge 189, 191, 192
チハラ Chihara, Charles 14, 301, 302
チャウ Ngô Bao Châo 19, 22, 211
中国数学 Chinese mathematics 158, 177, 178
チューリング Turing, Alan 30
　P = NP? 89
　暗号解読 code-breaking 43
　ヴィトゲンシュタインにイラつく annoyed with Wittgenstein 42
　チューリングマシン Turing machine 50, 97, 216, 274
超準解析 non-standard analysis 117, 265
直観 intuition 45, 321, 325
直観主義 intuitionism 10, 100, 104, 124, 144, 273, 305
直観主義論理 intuitionistic logic 144, 332
チョムスキー Chomsky, Noam 46, 109, 281, 318

## つ～と
ツェルメロ Zermelo, Ernst 260
デイヴィス Davies, James iv
デイヴィス Davis, Chandler 214, 333
テイト Tate, John 86
テイト Tait, P. G. 168, 206
テイト Tait, William 244, 252, 286, 297, 333
ティーピー teepee 225
ディラック Dirac, P. A. M. 15, 165, 169, 212
ディリクレ Dirichlet, P. G. L. 296
デカルト Descartes 60, 101, 127
　永遠真理 eternal truths 127
　「幾何学」 *Geometry* 6
　「気象学」 *Meteors* 5
　基礎づけ主義者ではない against foundations 48
　「屈折光学」 *Dioptrics* 6
　算術の幾何学への応用 application of arithmetic to geometry 4, 211
　証明について on proof 4
　精神指導の規則 Rules for the Direction of the Mind 45
　直観について on intuition 45, 322
　‐とヴィトゲンシュタイン and Wittgenstein 3, 48
　必要条件 necessary conclusion 47, 67

『方法序説』Discourse on Method 5
テグマーク Tegmark, Max 15, 165, 212
デザルグの定理 Desargues' theorem 12, 156, 202
哲学的ポートフォリオ philosophical portfolios 131
デデキント Dedekind, Richard 153, 160, 257
　写像 mapping 160, 299
　集合（システム）set (system) 298
　証明 proof 297
　－切断 cut 293
　－とクロネッカー and Kronecker 297
　－と構造主義 and structuralism 71, 302
　－とハミルトン and Hamilton 205, 299
　人はつねに算術する man always arithmetizes 197, 298
　われわれは神の種である we are of divine species 299
　数の創造について on creating numbers 299
デトゥルフセン Detlefsen, Michael 103, 143
デネット Dennett, Daniel 97
デュエム Duhem, Pierre 199
デュードニー Dudeny, Henry 43, 95, 114
デュルケーム Durkheim, Émile 199
デリダ Derrida, Jacques 243
テンセグリティ tensegrity 227, 228, 230
天王星 Uranus 107
ドゥアンス Dehaene, Stanislas 10, 46
トムソン Thomson, J. J. 206
ドリンフェルト Drinfel'd, Vladimir 25
トレド Toledo, Sue 87

## な～の

ナヴィエ Navier, Claude-Louis 88, 235
ナポレオン Napoleon 197, 199, 200, 202
ニーチェ Nietzsche, Friedrich 326
ニュートン Newton, Isaac 38, 60, 63, 83, 104, 121, 153, 165, 192, 208, 225
ニューマス new math 250, 254, 268
認知史 cognitive history 120
ヌニェス Núñez, Rafael 9
ネッツ Netz, Reviel 98, 169, 171, 173, 187
ネーマン Ne'eman, Yuval 213, 219, 220
ネルゾン Nelson, Leonard 286
ノートン Norton, Simon 114

## は

π 15, 300
ハイエノールト van Heijenoort, Jan 144
ハイダー Hyder, David 193
ハイティング Heyting, Arend 144
バークリ Berkeley, George 101, 104, 121, 153
パーコレーション理論 percolation theory 231
バージェス Burgess, John 304, 305, 308
ハーシェル Herschel, William 107

ハーシュ Hersh, Reuben 252, 267
パース Peirce, Benjamin 66
パース Peirce, Charles Sanders 66, 309, 324
パスカル Pascal, Blaise 30
パーソンズ Parsons, Charles 259, 280, 287, 301, 321
バターフィールド Butterfield, Herbert 233
バタフライモデル Butterfly Model 91, 149, 154
バーチ－スウィンナートン＝ダイアー予想 Birch and Swinnerton-Dyer conjecture 88
ハッカー Hacker, Peter 144, 214
ハッキング Hacking, Jane Frances 330
ハーディ Hardy, G. H. 41
　純粋数学 pure mathematics 195, 207, 237
　『純粋数学教程』Course of Pure Mathematics 206
　数学は何かを行うこと mathematics is doing i
　探検としての数学 mathematics as exploration 110
　チェス chess 96
　トライポス問題 Tripos questions 237
　－とラッセル and Russell 206
　ピタゴラスの定理について on Pythagoras' theorem 16
　レトリックとしての証明 proof as rhetoric (gas) 110
パトナム Putnam, Hilary 49, 144
　「意味」の意味 meaning of 'meaning' 54
　ヴィトゲンシュタインについて on Wittgemstein 315
　パースについて on Peirce 326
　不可欠性論証を取り下げる retracts indispensability argument 315
　プラトニズムの二つの擁護 two grounds for platonism 145
ハートマン Hartmann, Stephan ii
バトラー主教 Butler, Bishop 260
バーニェト Burnyeat, Myles 127
バビロニア数学 Babylonian mathematics 9, 76, 158, 161, 178
ハミルトン Hamilton, William Rowan 63, 203
　四元数 quaternion 155
　純粋と応用の違い difference between pure and applied 205
　－とカント and Kant 155
　－とデデキント and Dedekind 299
バラガー Balaguer, Mark 324
ハリス Harris, Michael 32, 37, 330
バルザック Balzac, Honoré de 200
バルザン Barzin, Marcel 287
バロン＝コーヘン Baron-Cohen, Simon 65, 115
反プラトニズム anti-Platonism 82, 262

363

## ひ

ピカリング Pickering, Andrew 155
ヒ素 arsenic 53
ピタゴラス Pythagoras 163, 165
　教団 cult of 15, 16, 27
　「ピタゴラス以前」'Before Pythagoras' 178
ピタゴラス主義 Pythagoreanism 163
　宇宙の秘密 secrets of the universe 165
　コンヌ Connes 167, 260
　シュッツェンベルガー Schützenberger 270
　スタイナー Steiner 16, 169, 217
　ディラック Dirac 15, 165, 212
　テグマーク Tegmark 15, 165, 212
ピタゴラスの夢 Pythagorean dream 16, 166,
　212, 213, 219
必然性 necessity
　クワインによる批判 Quine dismisses 131
　絶対的 absolute 125
　－とヴィトゲンシュタイン and Wittgenstein
　　133
　必然性と永遠性 necessity and eternity 28
　ムーア Moore 130
　もうポートフォリオには載っていない no longer
　　in philosophical portfolio 131
　論理的 － logical 302
必然的 necessary
　－帰結 conclusion 45, 66
　－真理 truth 30, 94, 146, 196
　命題が必然的なものになる
　　propositions become 133
必然的な必然性 necessarily necessary 28
ビーニー Beaney, Michael 280
ヒューウェル Whewell, William 147, 221
ヒューム Hume, David 108, 233
憑依論 hauntology 243
表現－演繹的 representational–deductive 221,
　241
表示意味論 denotational semantics 276, 283,
　303, 307, 317
ヒールブロン Heilbron, John 7
ヒルベルト Hilbert, David 14, 144, 278, 286,
　287
　1900年の問題 problems of 1900 85, 216, 228
　幾何学 geometry 290
　－とブラウアー and Brouwer 145
　－とフレーゲ and Frege 12
　－とベルナイス and Bernays 286, 287
　－・プログラム programme 87, 288
ヒンデンベルク Hindenberg, Carl Friedrich 194

## ふ

ファイグル Feigl, Herbert 279
ファーバー Ferber, Max 208
フィッシュ Fisch, Max 309
フィッツジェラルド Fitzgerald, Michael 65

フィボナッチ Fibonacci 179
フィールズ数理科学研究所 Fields Institute for
　Research in Mathematical Sciences 18
フィールド Field, Hartry 110, 217, 307, 310,
　316
風洞技術 wind tunnel technology 238
フェルマー Fermat
　最終定理 last theorem 17
　－の定理 fact 61, 142
フィールド Field, Hartry 306
フォン・ノイマン von Neumann, John 87, 89,
　97, 260, 291
フォン・ミーゼス von Mises, Richard 209
ふかえり Fuka-Eri 58, 108
不確定性 indeterminacy 130
不可欠性論証 indispensability argument 102,
　308, 319
不可避性と成功 inevitability and success 149
フーコー Foucault, Michel 174, 254
ブザグロ Buzaglo, Meir 154, 156
フッサール Husserl, Edmund 60, 101, 242
フラー Fuller, Buckminster 63, 226, 279
ブラウワー Brouwer, L. E. J. 10, 14, 144, 145,
　287
ブラウン Brown, James Robert 333
　画像証明 picture proofs 42, 323
　スタイナーについて on Steiner 169
　対自然主義 against naturalism 78, 122
　プラトニズム platonism 319
ブラウン Brown, Gary 189, 203
ブラック Black, Max 280, 283
プラトニズム Platonism
　『ウェブスター』の定義 Webster's definition
　　245
　プラトニズム platonism 14, 52, 53, 243
　現代の－ today's 303
　限定された－（ベルナイス）restricted (Bernays)
　　290
　数学における－ in mathematics 305
　絶対的－（ベルナイス）absolute (Bernays)
　　290
　総体化する－ totalizing 287
　弱々しい－ wan 247, 306, 311
プラトン Plato 101, 105
　神は幾何学する God geometrizes 197
　『ゴルギアス』Gorgias 175
　証明について on proof iii, 2, 145
　数学教育 mathematics education 214
　正多面体 regular polyhedra 166
　『ティマイオス』Timaeus 166, 212, 228
　哲学的数学 philosophical mathematics 187
　ピタゴラス主義者 Pythagorean 15, 27, 166,
　　212, 245
　－と数学的探検 and mathematical exploration
　　39

『メノン』*Meno* 16, 32, 41, 61
　理論物理学者 theoretical physicist 166
　論理的必然性はない no logical necessity 127
プランク Planck, Max 286
フランス王 King of France 309
プラントル Prandtl, Ludwig 233, 235, 238, 240
フーリエ Fourier, Joseph 63
ブリカール Bricard, Raoul 230
フリードマン Friedman, Michael 105, 160, 194
『プリンキピア・マテマティカ』*Principia
　　Mathematica* 69, 71, 144, 177, 208, 310
ブール Boole, George 296
ブルア Bloor, David 232
ブルガン Bourgain, Jean 19
ブルケルト Burkert, Walter 166
プルタルコス Plutarch 197
ブルバキ Bourbaki 20, 21, 69, 119, 173, 193,
　249, 251, 253, 302
ブレイク William Blake 38
フレーゲ Frege, Gottlob
　「意味と意義について」*Über Sinn und
　　Bedeutung* 279
　数について on number 139, 259
　写像 mapping 9, 153
　対形式主義者 against formalists 98
　－とラッセル and Russell 205
　－とロッツェ and Lotze 129
　論理主義 logicism 61, 177
フロイト Freud, Sigmund 65
ブーロス Boolos, George 333
　巨大基数 large cardinals 291
　総体 totalities 292
　「抽象的」対象 on 'abstract' objects 292, 306
　反復的集合観 iterative conception 291
　フレーゲの算術 on Frege's arithmetic 140
プロティノス Plotinus 325
分析化 analytification 62
分節化（クーン）articulation（Kuhn）223

**へ**
ヘーゲル Hegel, G. W. F. 123
ヘーゲル主義 Hegelian 290, 308
ベーコン Bacon, Francis 5, 134, 162, 193,
　195, 222
　混合数学 mixed mathematics 188
　知識の木 Tree of Knowledge 191
ヘッセ Hesse, Hermann 215
ベナセラフ Benacerraf, Paul 144, 333
　「数は何ではありえないか」'What numbers
　　could not be' 70, 259, 268
　「数学的真理」'Mathematical truth' 275
　対ルーカス against John Lucas 275
　ディレンマ dilemma 276, 307
　－と構造主義 structuralism 301
ヘルツ Hertz, Heinrich 218

ベルナイス Bernays, Paul 104, 144, 145, 286
　観察できる数と抽象的な数 observable and
　　abstract numbers 273
　算術と幾何学は同じ素材ではない arithmetic
　　and geometry not the same stuff 14
　総体 totalities 250, 293, 304
　直観主義とプラトニズムは両方必要 intuitionist
　　and platonist both needed 293
　「プラトニズム」という単語 the word 'platonism'
　　124, 289
　－とカント and Kant 293
　－とゲンツェン and Gentzen 86
　－の先生たち his teachers 286
ベルヌーイ Bernoulli, Daniel 192, 224, 235
ヘルマン Hellman Geoffrey 301, 302, 306
ペレルマン Perelman, Grigori 87
ヘロドトス Herodotus 164
ヘンペル Hempel, C. G. 12, 87, 140
ペンローズ Penrose, Roger 218
　共形図 conformal diagrams 13, 157, 201
　ゲーデルの定理 Gödel's theorems 274
　コンピュータはチューリングマシンではない
　　computers not Turing machines 50
　－とコンヌ and Connes 274
　ピタゴラス主義者 pythagorean 122

**ほ**
ポアンカレ Poincaré, Henri 24
　－予想 conjecture 87
ホイジンガ Huizinga, Johan 98
ホイヘンス Huygens, Christiaan 224
ホイロプ Høyrup, Jens 159, 179
方法論 methodology 4
ホエートリー Whately, Richard 309
ホーキング Hawking, Stephen 13
ホーステン Horsten, Leon 103
ボーチャーズ Borcherds, Richard 115, 217
ホッジ予想 Hodge conjecture 87
ホッブズ Hobbes, Thomas 116
ポパー Popper, Karl 180
ホフウェーバー Hofweber, Thomas 283, 317
ボヤイ Bolyai, János 194
ポリア Polya, Georg 38, 49
ポリテクニシャン polytechniciens 198
ポリュクラテス Polycrates 163
ボールドウィン Baldwin, Thomas 325, 332
ボルン Born, Max 286
ホワイトヘッド Whitehead, A. N.（『プリンキピ
　　ア・マテマティカ』も参照）181
　純粋数学について on pure mathematics 207
ホン Hon, Giora 90, 220
ポンスレ Poncelet, Jean-Victor
　エコール・ポリテクニーク École Polytechnique
　　201
　軍のエンジニア military engineer 201

365

射影幾何学 projective geometry　156
戦争捕虜 prisoner of war　157
ロシアの計算器 Russian abacus　157

## ま〜も

マクスウェル Maxwell, James Clerk　63，206
　剛性の定理 rigidity results　226
　自由意志 free will　208
マッケンジー MacKenzie, Donald　50
マ ディ Maddy, Penelope　121，189，218，220，317
マーティン゠レーフ Martin-Löf, Per　126
マヤ文明の循環的数システム Mayan circular numbering system　9
マルクス Marx　243
マンコス Mancosu, Paolo　117，144，151，156，183，264，287
マンダ ス Manders, Kenneth　11，25，156，272
ミアレ Mialet, Hélène　13
ミュールヘルツァー Mühlhölzer, Felix　72，74
ミル Mill, John Stuart　101，106，128，331
　ジェルゴンヌについて on Gergonne　199
　指示 denotation　281
　自然主義 naturalism　122
　必然性を非難 denunciation of necessity　132，146
ミレトス Miletus　163，166
ミレニアム懸賞問題 Millennium problems　85，216
見渡せる Übersichtlichkeit　33
ミンコフスキー Minkowski, Hermann　7，10，13，157
ムーア Moore, G. E.　129，208，261，331，332
　帰結関係 entailment　129，332
　「哲学のいくつかの主要問題」Some Main Problems of Philosophy　131
　必然性への疑念 sceptical of necessity　130，332
　『プリンキピア・エチカ』Principia Ethica　208，261
昔からある実在 archaic mathematical reality　253，300，307
無限小 infinitesimals　104，153
村上春樹 Murakami, Haruki　58
メイザー Mazur Barry　323
メガラのユーパリノス Eupalinos of Megara　163
メッリソス（サモスの）Melissus of Samos　173
メリア Melia, Joseph　317
望月新一 Mochizuki, Shinichi　322
モンジュ Monge, Gaspar　201，202
モンスター Monster　49，115

## や，ゆ，よ

ヤブロー Yablo, Stephen　317
ヤン・ミルズの問題 Yang–Mills problem　88

唯名論 nominalism　14，52，53，249，304
　『ウェブスター』の定義 Webster's definition　246
　現代の‐ today's　317
　数学における‐ in mathematics　304
　スコラ哲学の‐ scholastic　308
　中世と現代の‐ scholastic vs today's　249
遊戯 play　95，215
有限単純群 groups, finite simple　49，112，117
ユークリッド Euclid
　完全数 perfect numbers　214
　正多面体 regular polyhedra　112，166
　素数の無限性 infinitely many primes　107，274
　対称性 symmetry　219
　‐と剛性 and rigidity　229
　‐とヒルベルト and Hilbert　289
　ホッブス Hobbes reads　116
ユパナ yupana　158
ユーパリノスの水路 tunnel of Eupalinos　163
四色定理 four-colour problem　79

## ら

ライト Wright, Crispin　260
ライト兄弟 Wright brothers　234
ライトゲープ Leitgeb, Hannes　ii，186，210，222
ライプニッツ Leibniz, Gottfried Wilhelm　101
　計算機械 and computing machine　30
　充足理由律 sufficient reason　98
　証明について on proof　4
　真理について on truth　29
　‐とラッセル and Russell　129
　必然性について on necessity　28，29，45，48，127
　普遍記号法 Universal Characteristic　30
　分析性 analyticity　62
　無限 infinity　152
　無限小 inifinitesimals　153
『ラウトリッジ哲学百科事典』Routledge Encyclopedia of Philosophy　101
ラカトシュ Lakatos, Imre　182，330
　証明はイエスかノーかの問題 proof as yes-or-no matter　79
　『証明と反駁』Proofs and Refutations　ii，38，40，230
　数学的活動 mathematical activity　xi，1，91
　多面体について on polyhedra　167
　‐とヴィトゲンシュタイン and Wittgenstein　40
　‐とカント and Kant　40
　‐と分析化 and analytification　40
　‐とヘーゲル and Hegel　40，290
　‐とマルクス and Marx　40
　プラトニストではない not a platonist　40

366　索引

ラグランジュ Lagrange, Joseph Louis 63. 198. 229

ラジェヴァルディ Lajevardi, Kaave iv. 330

ラッセル Russell, Bertrand 101
　Bedeutung ＝指示 Bedeutung ＝ denotation 279
　カントールについて on Cantor 105
　実質含意 material implication 129
　純粋数学 pure mathematics 205
　定義不可能性 indefinability 128. 332
　『哲学の諸問題』 Problems of Philosophy 131. 136
　- とカントの疑問 and Kant's question 135
　- とハーディー and Hardy 207
　- とフレーゲ and Frege 140
　パラドクス paradox 100
　必然性を捨てる trashes necessity 28. 131
　「表示について」On denoting 282. 309
　唯名論 nominalism 305
　論理的構成 logical constructions 308

ラテン語モデル Latin Model 93. 172. 150

ラトゥール Latour, Bruno
　数学の苦しみ suffering mathematics 108. 171
　誘拐犯プラトン Plato as kidnapper 171. 174

ラプラス Laplace, P. S. de 169. 198

ラムジー Ramsey, F. P. 137. 210

ラーモア Larmor, Joseph 206

ラングランズ Langlands, Robert 330
　ディレンマ dilemma 52. 123. 327
　- ・プログラム Programme 20. 24. 37. 87. 150. 211

ランダウ Landau, Edmund 286

ランチェスター Lanchester, F. W. 233. 235. 236. 240

乱流 turbulence 235. 238. 240. 332

## り

リオタール Lyotard, Jean-François 71. 331

立方体分割 cube dissection xi. 42. 97. 107

リトルウッド Littlewood, J. E.
　『数学雑談』 A Mathematician's Miscellany 43. 60
　トライポス問題 Tripos questions 237
　立方体分割 cube dissection xi. 43. 97

リヒネロヴィッツ Lichnerowicz, André 70. 119. 249. 302. 327
　エレア学派 Eleatics 173
　オッカム Ockham 268. 327
　対数学的対象 against mathematical objects 173. 258

ニューマス new math 253

モデリングについて on modelling 223

リーマン Riemann, Bernhardt
　楕円関数 elliptic functions 156
　非ユークリッド幾何学 non-Euclidean geometry 8
　- 予想 hypothesis 87

量子電磁力学 quantum electrodynamics 217

リギンス Liggins, David 315

リンスキー Linsky, Bernard 309

リンデマン Lindemann, Ferdinand von 300

## る〜ろ，わ

ルイス Lewis, C. I. 129

ルーカス Lucas, John 274

ルジャンドル Legendre, Adrien-Marie 198. 220
　黄金定理 golden theorem 21
　対称性 symmetry 90

ルルス Lull Raymond 305

レイノルズ Reynolds, Simon 243

レイリー Rayleigh, Baron 206

レヴィ Lewy, Casimir 126. 331

レヴィ = ストロース Lévi-Strauss, Claude 70

歴史の偶然 fluke of history 92

レズニック Resnik, Michael 301

レック Reck, Erich 70. 302

レディマン Ladyman, James 303

レトリック rhetoric 117. 159

レング Leng, Mary ii

連続体仮説 continuum hypothesis 86. 100. 104. 257. 265

ロイド Lloyd, Geoffrey 170

ロスケリヌス Roscelin de Compiègne （Roscelinus） 246

ローゼン Rosen, Joe 90. 220. 304

ロッツェ Lotze, Rudolf Hermann 129

ロバチェフスキー Lobachvsky, Nikolai 194

ロビンソン Robinson, Abraham 117. 153

ローラン Laforgue, Laurent 22

『論考』 Tractatus 28. 126. 134. 278. 281

論理 logic
　思考の法則 laws of thought 296
　- と弁論術 and rhetoric 175

論理主義 logicism 55. 67. 71. 124. 143. 177

ワイル Weyl, Hermann 90. 192. 286. 287. 293

ワイルズ Wiles, Andrew 17. 37. 61

ワインバーグ Weinberg, Steven 218. 221

和声学 harmonics 15. 165. 168

ワン Wang, Hao 216

367

## 著 者 紹 介

### イアン・ハッキング（Ian Hacking）

1936 年、カナダ生まれ。トロント大学名誉教授。邦訳されている著書に『表現と介入——ボルヘス的幻想と新ベーコン主義』（渡辺博訳，産業図書，1986 年，筑摩書房，2015 年）、『言語はなぜ哲学の問題になるのか』（伊藤邦武訳，勁草書房，1989 年）、『記憶を書きかえる——多重人格と心のメカニズム』（北沢格訳，早川書房，1998 年）、『偶然を飼いならす——統計学と第二次科学革命』（石原英樹，重田園江訳，木鐸社，1999 年）、『何が社会的に構成されるのか』（出口康夫，久米暁訳，岩波書店，2006 年）、『知の歴史学』（出口康夫，大西琢朗，渡辺一弘訳，岩波書店，2012 年）、『確率の出現』（広田すみれ，森元良太訳，慶応義塾大学出版会，2013 年）、『マッド・トラベラーズ——ある精神疾患の誕生と消滅』（江口重幸，大前晋，下地明友，三脇康生，ヤニス・ガイタニディス訳，岩波書店，2017 年）がある。

## 訳 者 紹 介

### 金子　洋之（かねこ・ひろし）

1956 年、北海道生まれ。北海道大学大学院博士課程単位修得退学。現在、専修大学教授。専門は論理学、数学の哲学、言語哲学。著書に『記号論理入門』（産業図書，1994 年）、『ダメットにたどりつくまで』（勁草書房，2006 年）など、訳書に『フレーゲ著作集 3』（共訳，勁草書房，2000 年）、スチュワート・シャピロ『数学を哲学する』（筑摩書房，2012 年）などがある。

### 大西　琢朗（おおにし・たくろう）

1978 年、香川県生まれ。京都大学大学院文学研究科博士課程修了。現在、京都大学非常勤講師など。専門は論理学、論理学の哲学。論文に「間接検証としての演繹的推論」（『科学基礎論研究』42-2, 2015 年）など、訳書にイアン・ハッキング『知の歴史学』（出口康夫，大西琢朗，渡辺一弘共訳，岩波書店，2012 年）がある。

| 編集担当 | 丸山隆一（森北出版） |
|---|---|
| 編集責任 | 藤原祐介・富井　晃（森北出版） |
| 組　版 | ビーエイト |
| 印　刷 | モリモト印刷 |
| 製　本 | ブックアート |

数学はなぜ哲学の問題になるのか　　　　　　　版権取得　*2014*

2017 年 10 月 6 日　　第 1 版第 1 刷発行　　【本書の無断転載を禁ず】
2017 年 10 月 20 日　　第 1 版第 2 刷発行

訳　　者　金子洋之・大西琢朗
発 行 者　森北博巳
発 行 所　森北出版株式会社
　　　　　東京都千代田区富士見 1-4-11（〒102-0071）
　　　　　電話 03-3265-8341／FAX 03-3264-8709
　　　　　http://morikita.co.jp/
　　　　　日本書籍出版協会・自然科学書協会　会員
　　　　　JCOPY　＜（社）出版者著作権管理機構　委託出版物＞

落丁・乱丁本はお取替えいたします.

**Printed in Japan ／ ISBN978-4-627-08181-9**

# MEMO